Auto-Reparaturanleitung Band 1282

Smart
fortwo und city coupè

Benzinmotoren
0,6 Liter 33 kW/45 PS
0,6 Liter 40 kW/55 PS
0,7 Liter 37 kW/50 PS
0,7 Liter 45 kW/61 PS
0,7 Liter 55 kW/75 PS

Dieselmotoren
0,8 Liter 30 kW/41 PS

Modelljahre 1998 bis 2006

IMPRESSUM

ISBN 978-3-7168-2309-5

Auto-Reparaturanleitung
Band 1282

Redaktion:
Text und redaktionelle Bearbeitung: Silke und Christoph Pandikow, Gunnar Beer

Bilder/Zeichnungen:
Sandra Hauber, Christoph Pandikow, Silke Pandikow, PCI Diagnosetechnik GmbH & Co. KG, Hella KGaA Hueck & Co, Bosch Presseabteilung

Lizenziert von DaimlerChrysler AG.

Herstellung:
IPa, D-71665 Vaihingen/Enz
Druck: Graspo, CZ-76302 Zlin

Lizenznehmer Motorbuch Verlag, Postfach 103743, 70032 Stuttgart
Ein Unternehmen der Paul Pietsch Verlage GmbH & Co. KG

1. Auflage 2019

Inhalt

Inhalt

Folgende Symbole verdienen im Laufe der Arbeit besondere Beachtung:

Sichtprüfung
Teil genau ansehen; besonders beachten.

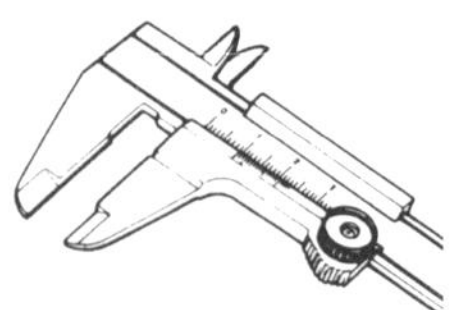

Messen
Schieblehre oder anderes Messwerkzeug nötig.

Achtung
Besondere Vorsicht geboten; Sicherheitshinweise beachten!

Tipp
Wertvoller Hinweis für einfacheres Schrauben; Erläuterung von Bauteilen und Begriffen.

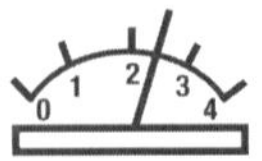

Messen mit elektr. Messgeräten
Multimeter- oder Diagnoseeinsatz erforderlich

1 Einleitung

Modellvorstellung

Mit nur 2,50 Meter Länge, dem sehr kompakten Dreizylinder-Turbotriebwerk und automatisierten Sechsgang-Schaltgetriebe nimmt der Smart eine Sonderstellung in der Welt des Automobils ein. Auch wenn der Verkaufserfolg hinter den Erwartungen zurückblieb: Das einzigartige Design hat längst Kultstatus erreicht.
Erdacht wurde das radikale Konzept eines reinen Stadtwagens bereits in den achziger Jahren von einem Geschäftsmann namens Nicolas Hayek. Dieser hatte die Schweizer Uhrenindustrie erfolreich sarniert und die Marke Swatch zu Weltruhm geführt. Die ersten, von Hayeks Engineering Firma entworfenen Prototypen wurden daher auch Swatch-Mobil genannt.
Um seine Idee zur Serienreife zu bringen suchte Hayek anfangs, der 90 Jahre nach einem renommierten Partner unter den Automobilherstellern. Zunächst wurde ein Vertrag mit Volkswagen geschlossen, der die Weiterentwicklung der Prototypen vorsah. Allerdings sah VW Mitte der neunziger Jahre zu wenig Marktpotential für ein so kleines Auto mit so hohem Entwicklungsaufwand. Für viele überraschend sprang dann 1994 Mercedes ein, wo seit 1989 ebenfalls ein kompakter und ungewöhnlich gestalteter Wagen entwickelt wurde: Die A-Klasse. Dieses Modell hatte auch in anderer Hinsicht weitreichende Konsequenzen für den Smart. Auf Grund fahrdynamischer Probleme beim Elchtest wurde auch der Smart in letzter Minute noch umgestrickt. Das Fahrwerk wurde mit breiterer Spur und indirekter Lenkung gewissermaßen entschärft. Dabei wurde der Schwerpunkt ganz eindeutig Richtung Fahrsicherheit verschoben, wobei manche Kritiker meinten, das Mercedes hier über das Ziel hinausgeschossen sei.
Zahlreiche Modifikationen in diesem Bereich prägten dann auch die Modellgeschichte des Smart. So ermöglichte ab Juni 1999 die Einführung einer Fahrdynamikregelung mit erweiterten Funktionen (Trust plus) eine weichere Fahrwerksabstimmung. Beides konnte auch nachgerüstet werden. Eine tiefgreifende Änderung erfolgte zum Modelljahr 2001. Bei allen ab dem 8.01.2001 produzierten Fahrzeugen übernahmen nun statt der querliegenden Blattfeder aus Kunststoff konventionelle McPherson-Federbeine die Federung an der Vorderachse.
Auch wenn das Grundkonzept ansonsten unangetastet blieb sorgen doch unzählige kleine Modifikationen der Karosserie, bei der Innenausstattung und auch im Softwarebereich für eine Typenvielfalt, die bei der Reparatur oder bei der Ersatzteilbeschaffung leicht für Verwirrung sorgen kann. Umso wichtiger ist es genau zu wissen um welchen Smart es sich handelt.

Fahrzeugidentifikation

Grundsätzlich lautet die interne Bezeichnung für den Smart Fortwo bzw. das City-Coupè TYP 450. Der ebenfalls zweisitzige Roadster wird TYP 452 genannt. Diese Bezeichnung findet sich auch in der +Fahrgestellnummer+ wieder und zwar direkt nach dem Herstellercode, der aus den Buchstaben WME (für Smart GmbH) oder TCC (für MicroCompactCar AG) besteht.
An der siebten Stelle der Fahrgestellnummer befindet sich der Hinweis auf den Karosserietyp (3 für geschlossen und 4 für das Cabrio). Danach folgt eine zweistellige Zahl die den Motortyp identifiziert. Am Ende ab Ziffer 11 folgt die fortlaufende Fahrzeug-Identifikationsnummer.
Hier ein Überblick über die Fahrgestellnummern und ihre Bedeutung (ab 2003):

Stelle	Code	Bedeutung
1-3	Hersteller	WMA=Smart gmbH TCC=MCC AG
4-6	Baureihe	450=city coupe/cabrio 452= roadster
7	Karosserie	3=geschlossen 4=offen
8/9	Motortyp	00=Diesel 30 kW 30=Benziner 37 kW 32=Benziner 45 kW 33=Benziner 35 kW 34=Benziner 60 kW 35=Benziner 40 kW
10	Lenkung	1= Linkslenker 2= Rechtslenker
11	Werkhalle	Hallen J/K/L
ab 12	fortlaufende Produktionsnummer	

Bild 1
Das geklebte Typenschild mit allen erforderlichen Angaben befindet sich im Motorraum

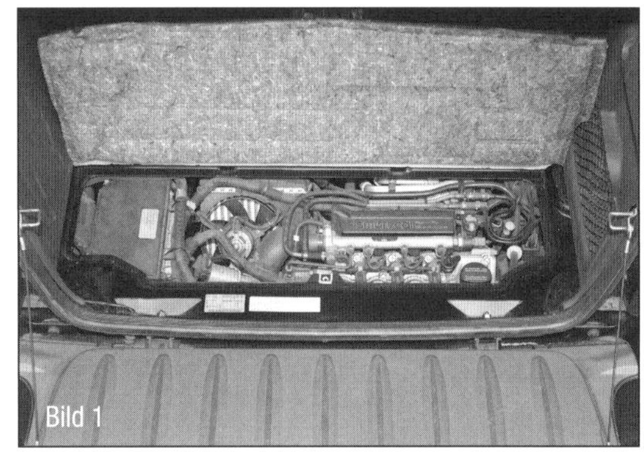

Bilder 2 und 3
Die ins Blech eingestanzte Fahrgestellnummer befindet sich bei den vor September 2001 produzierten Modellen im Einstiegsbereich (Bild 2), danach im Bereich der Spritzwand zum Motor (Bild 3)

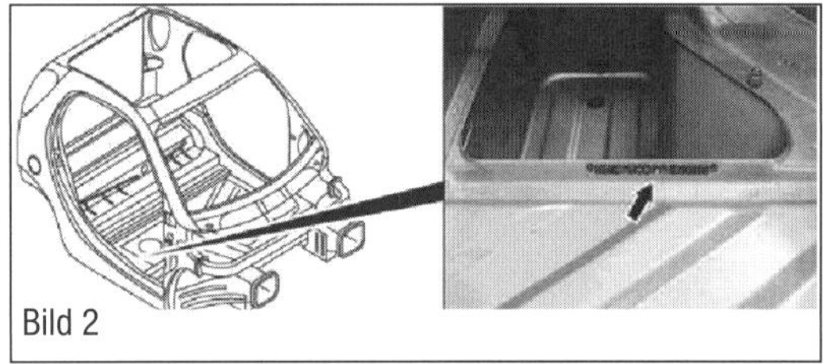

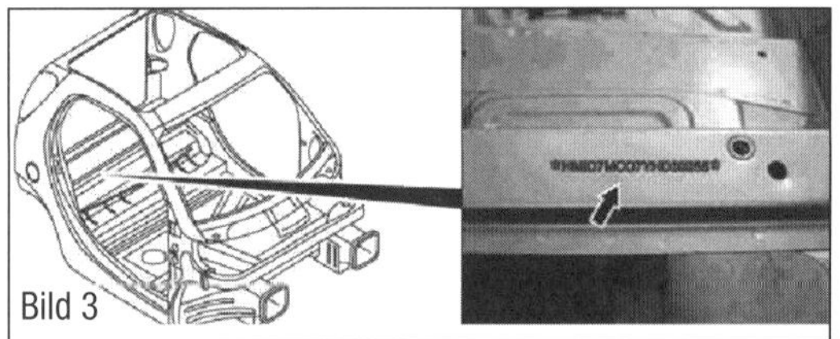

Typ, Motorisierung, Identifikationsnummern und andere Daten sind aber auch auf Datenträgern wie Fahrzeugdatenkarte und Karosserieschild zu finden.
Kennzeichnungen des jeweiligen Fahrzeugmodells sind beim Bestellen von Ersatzteilen oder Austauschteilen unbedingt anzugeben. Viele Teile eignen sich einfach nur speziell für den vom Kunden ausgewählten Typ, obwohl sie Ähnlichkeiten mit Teilen anderer Fahrzeuge haben.

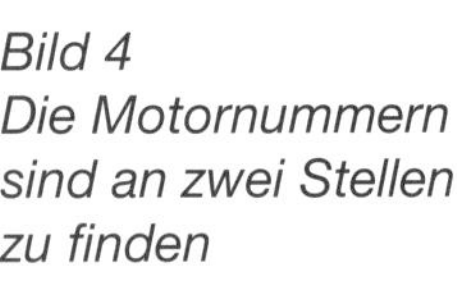

Bild 4
Die Motornummern sind an zwei Stellen zu finden

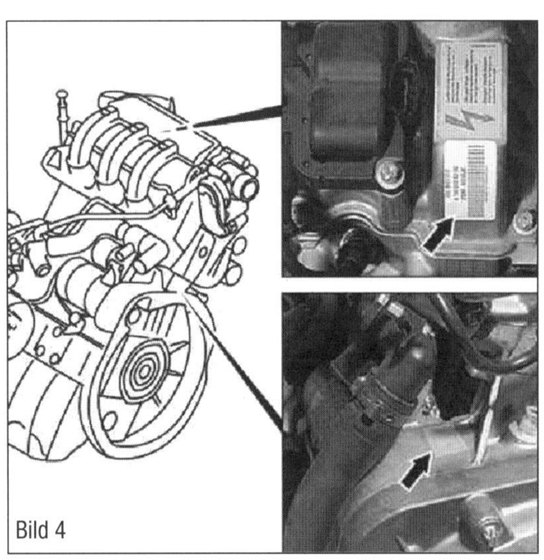

Motornummer

Die Motornummer ist die Identifizierungsnummer jedes Motors. Sie gibt ferner Auskunft über die Ausführung des Motors.
Die Smart-Benziner gehören der Familie M 160 an, der Diesel wird intern M 660 genannt. Die Motornummer befindet sich in Form eines Aufkleber (mit Barcode) am Zylinderkopf und zusätzlich eingestanzt am Block in der Nähe des Getriebeanschlusses.

Die Getriebenummer

Auch das Getriebe verfügt über eine eingestanzte Nummer. Diese beginnt mit 717 und ist an der tiefsten Stelle an der Kupplungsglocke zu finden. Als zweite Zahlenkombination kann 407, 408, 409 oder 476 vorkommen. Die Getriebe sind weitgehend baugliech, unterscheiden sich jedoch in der Übersetzung und der Gangspreizung. Da für die Getriebe auch keine inneren Ersatzteile erhältlich sind, beschreiben wir die Zerlegung nict weiter.

Arbeiten mit diesem Buch

Die folgenden Tipps und Hinweise zu Pflege und Wartung sowie die späteren Anleitungen für Reparaturen sollen Ihnen helfen, möglichst lange störungsfrei unterwegs zu sein und Reparaturen selbst auszuführen. Störungssuche und fachmännische Reparatur werden Schritt für Schritt gezeigt und allgemeinverständlich erklärt. Zerlegung und Zusammenbau wichtiger Baugruppen werden auf der Basis von Herstellerangaben ausführlich dargestellt. Auf Informationen des Herstellers beruhen auch die angegebenen Verschleißmaße und Anzugsdrehmomente.

⚠ Diese Anleitung ersetzt keinesfalls eine mehrjährige Ausbildung und Praxis im Kraftfahrzeughandwerk!

Die Arbeiten erfordern viel Sachverstand, Erfahrung, handwerkliches Können und häufig genug teures Spezialwerkzeug. Ein Grundstock an gutem Werkzeug wird ohnehin vorausgesetzt. Für die häufig unumgänglichen Spezialwerkzeuge empfehlen wir Ausleihe und enge Kooperation mit einer Miet- oder Fachwerkstatt, aber einige Anschaffungen sind auch unerlässlich. Wo das Fachwissen des Lesers an Grenzen stößt, müssen die Arbeiten allerdings der Werkstatt vorbehalten bleiben.

 Betriebs- und Verkehrssicherheit stehen stets obenan.

Wartung und Pflege

Wartung und Pflege beugen Störungen vor und helfen Reparaturen vermeiden. Wir geben Ihnen zunächst eine Übersicht über Sichtprüfungen und Wartungen, die Sie selbst vornehmen sollten.
Schon nach einer Laufzeit von 30 000 Kilometern kann an Baugruppen wie Bremsanlage, Radaufhängung, Reifen und Lenkung Verschleiß auftreten, der vom Fahrer unbemerkt bleibt. Regelmäßige Wartung hält Ihren Wagen in Schuss und dient Ihrer eigenen Sicherheit.
Im Kapitel 15 (»Anzugsdrehmomente und Einstellwerte«) informieren wir Sie über die vom Fahrzeughersteller vorgeschriebenen Anzugsdrehmomente. Halten Sie die angegebenen Werte unbedingt ein.

⚠ Was Garantieleistungen angeht, so erfüllt der Hersteller berechtigte Ansprüche allerdings nur dann, wenn die Wartungsarbeiten rechtzeitig in einer Vertragswerkstatt erledigt wurden.

Sichtprüfung Motor und Motorraum

- Leitungen, Schläuche und Anschlüsse von Kraftstoffanlage, Kühl-/ Heizsystem und Bremsanlage auf Undichtigkeiten und Verschleiß prüfen: Scheuerstellen, Porosität, Brüchigkeit.
- Geringfügig ölfeuchte Stellen sind unbedenklich, da sämtliche Motoren gelegentlich etwas Schmiermittel ausschwitzen.
- Deutlichen Ölnässen oder Ölflecken unter dem geparkten Wagen muss auf den Grund gegangen werden: Motor mit Reiniger und Dampfstrahlgerät säubern, einige Kilometer Probefahrt, dann kontrollieren, wo Öl ausgetreten ist.
- Mögliche Ölaustrittsstellen sind die Abdichtungen von Kurbelwelle und Nockenwellen, die Dichtungen am Zylinderkopfdeckel, die Zylinderkopfdichtung sowie Dichtungen an Öldruckschalter, Ölfilter, Ölkühler und Ölwanne.
- Fahrzeug auf der Hebebühne anheben, Getriebe und Achsantriebe auf Undichtigkeiten prüfen. Ablassschraube, Antriebswellenund Schaltmechanik kontrollieren.
- Lenkung, Dichtmanschetten der Spurstangenendstücke sowie Lenkmanschetten und Schutzhüllen der Achsgelenke auf Beschädigungen, Undichtigkeiten, richtigen Sitz prüfen.
- Alle Mängel unbedingt beheben.

Keilrippenriemen für Lichtmaschine und Klima-Kompressor prüfen

Um den Keilrippenriemen gründlich auf Verschleiß und Beschädigung prüfen zu können sollten Sie das rechte Hinterrad und die Radhausschale entfernen.

- Sehen Sie sich alle Flächen genau an. Oft hat der Keilrippenriemen nur einen einzigen, aber tiefen Riss.
- Auf unregelmäßige Schleifspuren an den Riemenflanken, poröse und fransige Oberfläche oder Unterbaurisse (Anrisse, Kernbrüche, Querschnittbrüche) achten. Wenn die im Querschnitt trapezförmigen Keilrippen spitz geworden sind, sind die Flanken verschlissen.
- Der Riemen darf keine Fett- oder Ölspuren und nirgendwo glasige oder verhärtete Oberflächen aufweisen.
- Auf Lagentrennung zwischen Deckschicht und Zugsträngen, Ausbrüche am Unterbau und Ausfransen der Zugstränge kontrollieren. Sorgfältig auf Querrisse in mehreren Keilrippen und auf Keilrippenausbrüche prüfen.
- Einlagerungen von Schmutz oder kleinen Steinen sowie Gummiknollen im Keilrippengrund beachten!

In allen Schadensfällen muss der Riemen unbedingt ausgetauscht werden, um schwere Folgeschäden zu vermeiden.

Motorölstand prüfen und Öl nachfüllen

- Ölstandskontrolle bei einer Öltemperatur von 60 °C vornehmen (Fahrt von etwa zehn Minuten nach dem Kaltstart). Fahrzeug waagerecht stellen, drei bis fünf Minuten alles Öl in die Ölwanne abtropfen lassen.
- Ölmess-Stab ziehen. Vorsicht! Die umliegenden Motorteile können sehr heiß sein. Stab mit sauberem, flusenfreiem Lappen oder Papiertuch abwischen und bis zum Anschlag einschieben.
- Kurz warten und Stab erneut messen.

Dunkle Färbung des Öls auf dem Stab ist normal (angesammelter Schmutz).

■ Ölstand ablesen. Für einwandfreien Fahrzeugbetrieb ohne Störungen stets im Bereich zwischen den Markierungen halten!

■ Öl nachfüllen, Trichter benutzen. Achtung brandgefahr bei heißem Motor!

☞ Die Nachfüllmenge zwischen den Markierungen MIN und MAX beträgt 1,0 Liter. Ein halber Liter genügt, wenn der Ölstand die untere Markierung nicht unterschreitet. Niemals zu viel Öl nachfüllen! Überschuss muss abgesaugt werden.

Kühlflüssigkeitsstand prüfen und Wasser nachfüllen

■ Kühlmittelstand bei kaltem Motor prüfen. Das Kühlsystem ist dann drucklos.

■ Bei kaltem Motor soll der Pegel zwischen den Markierungen am Ausgleichsbehälter stehen.

Bei warmem Motor kann Kühlmittel über Maximum stehen.

■ Nachfüllen: Kleinere Mengen können bei warmem ebenso wie bei kaltem Motor eingefüllt werden. Bei warmem Motor Lappen über Verschlussdeckel legen und langsam aufdrehen, um den Druck abzubauen.

Das Kühlmittel dehnt sich bei Erwärmung aus, das Kühlsystem steht dann unter Druck.

■ Ausgleichsbehälter bei kaltem Motor nicht über die obere Markierung hinaus füllen.

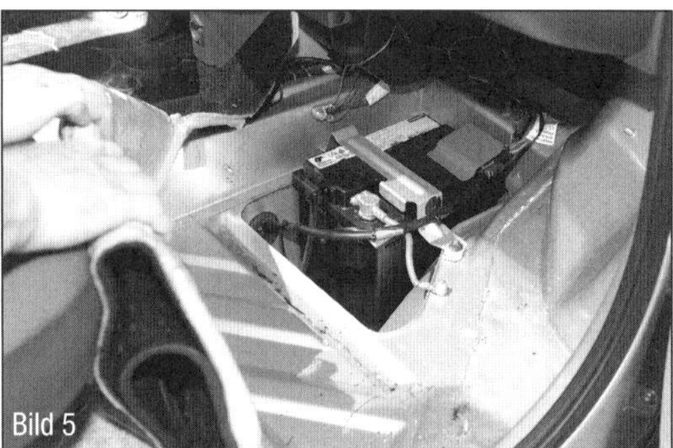

Bild 5
Die Batterie befindet sich im Beifahrerfußraum unter dem Teppich und ist erst nach Ausbau des Pannensets zugänglich

Sichtprüfung Batterie

■ Batterie freilegen. Dazu im Beifahrerfußraum den Teppich zurückschlagen und das Pannenset ausbauen.

■ Feststellen, ob es Schäden am Gehäuse gibt. Wenn Säure ausgelaufen ist: Betreffende Stellen mit Säurewandler oder Seifenlauge behandeln.

■ Sind die Batteriepole (Leitungsanschlüsse) beschädigt? Dann könnte der nötige Kontakt der Klemmen nicht mehr gewährleistet sein.

■ Sind die Batteriepolklemmen korrekt aufgesteckt und festgezogen? Sonst kann es zu Leitungsbränden und Funktionsstörungen der elektrischen Anlage kommen.

■ Bei zentraler Entgasung, also Gasaustritt sämtlicher Zellen an einer definierten Stelle,

⚠ darf der Austritt, möglich ist ein Schlauch, nicht verstopft oder geknickt sein.

Beleuchtungsanlage überprüfen

■ in angemessenen Abständen die Einstellung der Scheinwerfer überprüfen lassen (Aktionen von ADAC, TÜV und DEKRA).

■ Regelmäßig die Beleuchtung kontrollieren. Vom Gesetzgeber ist das vor jedem Fahrtantritt vorgeschrieben.

Deshalb mindestens einmal wöchentlich überprüfen: Zündung einschalten und dann nacheinander Standlicht, Abblendlicht, Fernlicht und Nebelscheinwerfer durchschalten.

■ Am Heck: Rücklichter, Kennzeichenleuchten, Rückfahrscheinwerfer und Nebelschlussleuchte testen. Blinkleuchten und Einstiegswarnleuchten überprüfen.

☞ Zu empfehlen ist ein Vorrat mit den wichtigsten Lampen (nach Kennzeichnung auf Sockel oder Glaskörper).

■ Bei ausgeschalteter Zündung auf den Druckschalter der Warnblinkanlage drücken. Alle vier Blinklampen, die Blinkerkontrollleuchten und der Schalterknopf sollten im gleichen Rhythmus aufleuchten.

■ Bei eingeschalteter Zündung Blinkerhebel drücken. Leuchten auf der entsprechenden Fahrzeugseite und Blinkerkontrolle müssen im gleichen Rhythmus blinken.

■ Fahrzeug mit Heck zu einer Wand stellen, Bremspedal drücken. Die Wand muss rot aufleuchten.

Im Stand das Bremslicht per Rückspiegel überprüfen: Gegenstände müssen gleichmäßig in rotes Licht getaucht sein. Wenn Bremsleuchten nicht funktionieren: Sicherung und Bremslichtschalter prüfen!

■ Bei eingeschalteter Zündung das Fernlicht kontrollieren. Fernlicht und Fernlichtkontrolle müssen aufleuchten (Lichthupe). Ansonsten zunächst die Sicherungen, dann die Relais prüfen.

Geht immer noch nichts, dürfte der Lichtumschalter im Hebelschalter defekt sein.

Servicemeldungen abfragen

Für den Smart werden zwei unterschiedliche Wartungsstufen ausgewiesen, die an unterschiedliche aber aufeinander abgestimmte Wartungsarbeiten gekoppelt sind. Die Anzeige erfolgt im Display des Tachometers. Die Wartungs-Intervall-Anzeige, kurz »WIA«, stellt Ihnen den Wartungsstatus Ihres Fahrzeuges dar. Besondere Belastungen oder Fahrzustände werden nicht erfasst. Die Anzeige arbeitet lediglich datum- und laufleistungsbezogen.

Anzeige im WIA
Die Wartungsinformationsanzeige informiert über den Zeitpunkt und den Umfang des nächsten Service-Termins. Wird eine Wartung fällig, wird das etwa einen Monat vorher im Tachodisplay angezeigt. Nach jedem Motorstart erscheint für etwa 10 Sekunden die Fälligkeit in Kilometern (km) oder in Tagen. Wenn Wartung oder Ölwechsel erforderlich sind, erscheint ein Schlüsselsymbol auf dem Display.

Abfrage der Wartung im WIA
- Schalten Sie die Zündung ein aber starten Sie den Motor nicht.
- Drücken Sie innerhalb von 4 Sekunden zweimal auf den Service-Knopf links am Cockpit (1 in Bild 2).

Sie können nun den Zeitraum in Tagen oder den Kilometerstand bis zur nächsten Wartung im Display ablesen.

Bedeutung der Anzeige im WIA
»kein Schlüssel«
Sie müssen keine Wartungsarbeiten durchführen.

»1 Schlüssel«
Die Jahresfrist oder der Kilometerstand machen einen Ölwechselservice (Ölservice-Plus) erforderlich. Den Umfang dazu werden wir auf den folgenden Seiten darlegen.

»Zwei Schlüssel«
Die Wartung wird lesbar, wenn Sie die Jahresinspektion angehen sollen. Den Umfang dazu werden wir auf den folgenden Seiten offenlegen.
Hinzu kommen noch Zusatzarbeiten, die laufleistungsbezogen abgearbeitet werden müssen, aber zumeist über dem Displayintervall der WIA liegen. Den Umfang der Arbeiten werden wir Ihnen am Ende dieses Kapitels vorstellen.

Fehlermeldung im WIA
Sehen Sie statt der Ganganzeige drei Balken im Display, liegt ein Fehler im Antrieb vor. Recht häufig stellt sich beim Auslesen ein Problem der Kupplungssteuerung heraus. In vielen Fällen lässt sich das Problem durch ein Softwareupdate beheben, das allerdings muss beim Smart-Center Ihres Vertrauens durchgeführt werden.

Service-Intervall-Anzeige zurücksetzen

Nach erfolgtem Service muss die Anzeige (WIA) wieder zurückgesetzt werden. Das wird in der Regel mit einem Tester durchgeführt. Sie können aber auch den Service manuell über die Bedientaste (1) am Kombiinstrument (2) zurücksetzen. Setzen Sie den Wartungsintervall nicht außerhalb der Intervalle zurück. Achten Sie darauf, dass gerade der Servicetermin eingehalten wird. Die Fälligkeit kann sonst verfälscht werden.

Rücksetzen mit dem Service-Knopf
Um die Rücksetzung durchzuführen, muss ein recht strenges Prozedere eingehalten werden. Recht schnell wird der Tageskilometerzähler versehentlich zurückgesetzt. Das ist allerdings nur mit viel Übung vermeidbar. Setzen Sie sich auf den Fahrersitz, legen Sie die linke Hand über den Taster (1) im Kombiinstrument. Mit der rechten Hand betätigen Sie den Zündschlüssel.

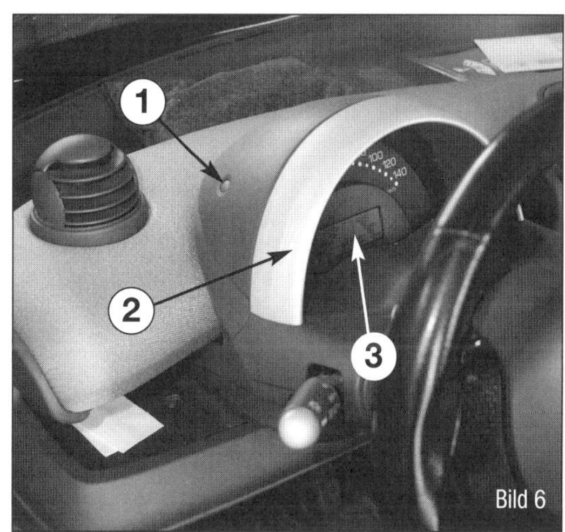

Bild 6
Service-Rückstellung auch manuell möglich.
1 Bedientaste
2 Kombiinstrument
3 WIA im Display

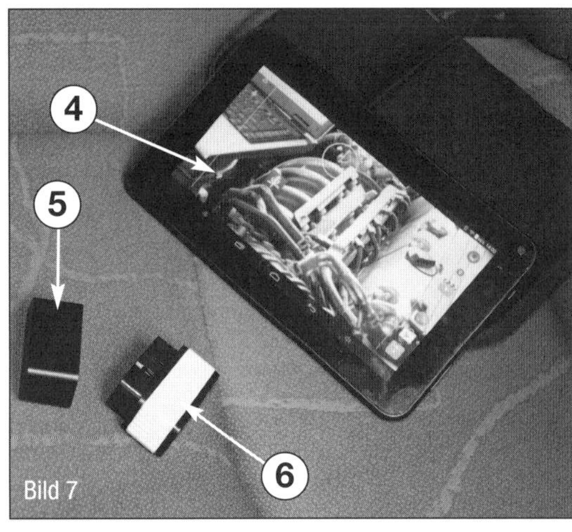

Bild 7
Launch-Tester.
4 Tablet
5 Abdeckkappe
6 OBD-Dongel

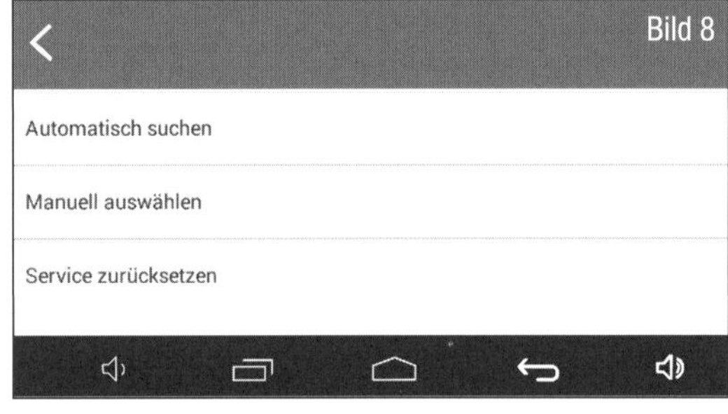

Bild 8
Automatisch suchen
Manuell auswählen
Service zurücksetzen

Bild 8
Launch-Tester. Anwahl zum »Service zurücksetzen«.

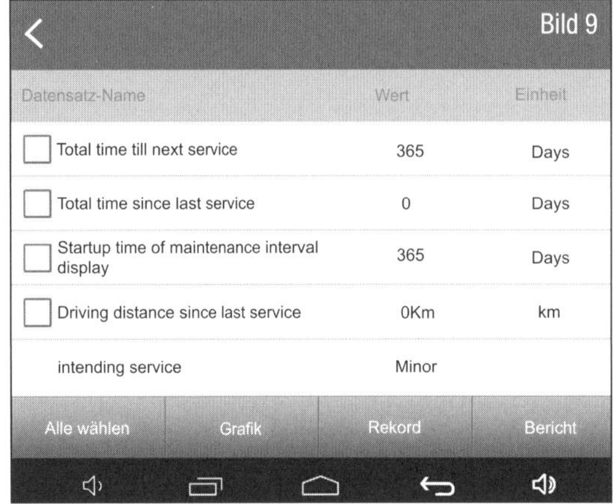

Bild 9

Datensatz-Name	Wert	Einheit
Total time till next service	365	Days
Total time since last service	0	Days
Startup time of maintenance interval display	365	Days
Driving distance since last service	0Km	km
intending service	Minor	

Alle wählen | Grafik | Rekord | Bericht

Bild 9
Nach erfolgreicher Rücksetzung sind dann die gesetzten neuen Werte auslesbar.

- Zündung einschalten.
- Bei eingeschalteter Zündung innerhalb der ersten 4 Sekunden zweimal die Taste (1) am Kombiinstrument (2) drücken.
- Innerhalb von ca. 10 Sekunden die Zündung ausschalten.
- Nun den Service-Knopf (1) am Kombiinstrument (2) drücken und gedrückt halten.
- Die Zündung wieder einschalten und die Taste (1) am Kombiinstrument (2) weiter gedrückt halten. Abwarten bis die Serviceanzeige blinkt und/oder auf den »Startlaufwert« zurückspringt. Das wären beispielsweise bei unserem Fahrzeug »10.000«.

Die Serviceanzeige ist nun zurückgesetzt.
- Taste (1) loslassen und anschließend Zündung ausschalten.

Mit dem Fahrzeugdiagnosetester geht das professionell vor sich
Zuerst einmal muss angemerkt werden, dass fast keine Tester in den kleinen Preisklassen und wenige im mittleren Preissegment die Funktion der Servicerückstellung softwareseitig berücksichtigen. Unser Tablet mit Launch-Software ließ sogar die Anwahlmöglichkeit der manuellen Rückstellung zu, in der dann die Rückstellung über die Tasten des Tachometers beschrieben wurde, allerdings in englischer Sprache.

Natürlich werden Sie durchaus einen anderen Tester für die Arbeiten einsetzen als den, den wir Ihnen an dieser Stelle vorstellen werden. Die Arbeitsschritte unterscheiden sich aber nur geringfügig voneinander.
- Tester im Fahrzeug anschließen, Zündung einschalten, »Geführte Funktionen« anwählen.
- Nacheinander auswählen: Marke, Typ, Modelljahr, Motorkennbuchstaben und die Fahrzeugidentifikation bestätigen.
- Dann wiederum nacheinander auswählen: Schalttafeleinsatz, Service-Intervall-Anzeige zurücksetzen.
- Die Anpassung gemäß den »Geführten Funktionen« vornehmen, dann »Sprung« anwählen und »Beenden« drücken.
- Zündung ausschalten, Diagnosestecker abziehen, Zündung wieder einschalten.
- Es wird nun kein Serviceereignis mehr angezeigt.

Wenn Sie ein Handgerät verwenden, werden die Schritte trotz fehlendem Computerbildschirm fast identisch sein.

Wartung nach Plan

Regelmäßige Kontrollen
Hier beschreiben wir die Arbeiten, die Sie zwischendrin als mal beim Tanken oder bei der Fahrzeugwäsche kontrollieren sollten.

Arbeitsschritte	Bemerkung	OK / Defekt
Scheibenwaschwasser auffüllen. Scheibenwischer und Waschanlage prüfen.		
Wasserablauf im Wasserkasten prüfen. Blätter und Blütenreste entfernen.		
Motorölstand und Kühlflüssigkeit prüfen und eventuell nachfüllen.		
Standlicht, Abblend- und Fernlicht prüfen.		
Bremsleuchten, Blinker und Warnblinker sowie das Signalhorn (auch Lichthupe) prüfen.		
Bremsen und Bremsflüssigkeit prüfen.		
Reifen (und, falls vorhanden, Reserverad): Zustand, Reifenlaufbild, Fülldruck und Profiltiefe prüfen. Wenn damit ausgestattet: Haltbarkeitsdatum des Reifenreparatur-Sets prüfen.		
Prüfen Sie, ob das Haltbarkeitsdatum des Verbandskastens überschritten ist.		

Umfang im Fahrzeuginnenraum
Hier beschreiben wir die Arbeiten, die im Fahrzeuginnenraum durchgeführt werden sollen.

Ö	W	Z	Bezeichnung	Bemerkung	OK / Defekt
X	X		Elektrische Fensterheber, Heckscheibenheizung, Sitzheizung, Zigarettenanzünder und Spiegeleinstellung auf Funktion prüfen.		
X	X		Bedienelemente von Heizung und Lüftung auf Funktion prüfen.		
X	X		Scheibenwischer, Scheibenwaschanlage auf Funktion prüfen.		
X	X		Leuchten im Kombiinstrument und Innenbeleuchtung prüfen.		
X	X		Kombiinstrument: Serviceanzeige zurücksetzen.		
X	X		Reifendichtmittel prüfen.		
	X		Batterie: Flüssigkeitsstand prüfen, eventuell korrigieren.		
		X	Aktivkohle-Staubfilter erneuern		

Sichtprüfung

Messen

Umfang an der Fahrzeugaußenseite

In diesem Abschnitt geht es um die Karosserie und die Anbauteile außen.

Ö	W	Z	Bezeichnung	Bemerkung	OK / Defekt
X	X		Außenbeleuchtung auf Funktion prüfen.		
	X		Scheinwerfereinstellung prüfen und einstellen.		
X	X		Karosserie im sichtbaren Bereich auf Lackschäden prüfen.		
X	X		Frontscheibe auf Beschädigung prüfen.		
	X		Zentralverriegelung auf Funktion prüfen.		
	X		Scharniere und Türschlosser und Klappen schmieren.		

Umfang an der Fahrzeugunterseite

Arbeiten unter dem Fahrzeug sind in diesem Abschnitt als Schwerpunkt anzusehen.

Ö	W	Z	Bezeichnung	Bemerkung	OK / Defekt
X	X		Reifen auf Beschädigung und Rissbildung prüfen.		
X	X		Alle sichtbaren Teile der Fahrzeug-unterseite auf Beschädigungen und Undichtheit prüfen.		
X	X		Alle sichtbaren Teile der Abgasanlage auf Beschädigungen, Undichtheiten und schadhafte Befestigung prüfen.		
X	X		Alle sichtbaren Teile von Motor und Getriebe auf Beschädigungen, Undichtheiten und schadhafte Befestigung prüfen.		
X			Keilrippenriemen im sichtbaren Bereich auf Verschleiß prüfen (Benzinmotor)		
	X		Keilrippenriemen im sichtbaren Bereich auf Verschleiß prüfen (Dieselmotor)		
	X		Vorderachsgelenke auf Spiel prüfen, Manschetten prüfen.		
	X		Spur- und Lenkstangengelenke auf Spiel prüfen, Manschetten prüfen (alle 80.000 km).		
		X	Kraftstofffilter erneuern (Dieselmotor) alle 60.000 km.		
		X	Keilrippenriemen erneuern (Dieselmotor) alle 60.000 km.		
		X	Keilrippenriemen erneuern (Benzin-motor) alle 100.000 km.		
		X	Keilrippenriemen erneuern (Klimaanlage) alle 90.000 km.		
		X	Kühlmittel Hauptkreislauf erneuern (alle 60.000 km).		
		X	Dichtmanschetten, Radbremszylinder und Bremsnachsteller auf Beschädigung prüfen.		

Umfang im Motorraum
Arbeiten, die speziell im Motorraum anfallen, werden hier vorgestellt.

Ö	W	Z	Bezeichnung	Bemerkung	OK / Defekt
X	X		Motorkühlsystem: Kühlmittelstand und Frostschutzgehalt prüfen.		
X	X		Motor: Öl- und Filterwechsel durchführen.		
	X		Kraftstoffleitungen auf Dichtheit und Zustand prüfen.		
		X	Luftfiltereinsatz erneuern alle 45.000 km.		
		X	Zündkerzen erneuern (Benzinmotor) alle 45.000 km.		
		X	Ventilspiel prüfen, einstellen alle 90.000 km.		

Umfang im Service und Wartungsbereich unter der Frontklappe
In diesem Abschnitt stellen wir Ihnen die Arbeiten vor, für die die Wartungsklappe vorne abgenommen werden muss.

Ö	W	Z	Bezeichnung	Bemerkung	OK / Defekt
X	X		Scheibenwaschanlage: Flüssigkeitsstand prüfen, richtigstellen.		
X	X		Bremsanlage: Bremsflüssigkeitsstand prüfen.		
X	X		Bremsflüssigkeit Nasssiedepunkt prüfen.		
		X	Bremsflüssigkeit erneuern (nach 2 Jahren).		

Umfang rund um das Thema Rad und Bremse
In diesem Abschnitt stellen wir Ihnen die Arbeiten vor, die für die Wartung an Rad und Bremse erforderlich sind.

Ö	W	Z	Bezeichnung	Bemerkung	OK / Defekt
X	X		Bremsentest auf einem Prüfstand durchführen und Ergebnisse notieren.		
	X		Vorderachse: Bremsbelagstärke prüfen.		
	X		Vorderachse: Bremsscheiben auf Zustand prüfen.		
	X		Hinterachse: Bremsbelagstärke prüfen.		
X	X		Reifendruck korrigieren und den korrigierten Reifendruck unter »Bemerkungen« notieren.		

■ Druckplatte auf dem Lenkrad betätigen: Die Hupe (Signalhorn) muss ertönen. Dabei mehrer Lenkradstellungen ausprobieren.

Der Arbeitsplatz

Wichtig für Ihre Wartungen und Reparaturen ist ein geeigneter Arbeitsplatz, am besten eine ausreichend breite und gut beleuchtete Garage mit Stromanschluss. Im Freien müssen Sie schon zu Ihrer eigenen Sicherheit auf eine ebene und befestigte Fläche Wert legen.

☞ Eine gute Empfehlung als Alternative zu eigenen Arbeitsräumen sind die Mietwerkstätten. Denn dort gibt es neben Hebebühnen und umfangreicher Werkzeugausstattung oft auch kompetente Hilfestellung.

Die meisten Mietwerkstätten bieten mehrere Arbeitsplätze. Über Adressen informieren Sie die Gelben Seiten, Anzeigen im Autoteil von Tageszeitungen und Anzeigenblättern, das Internet oder Tankstellen.

Wollen Sie eine Hebebühne mieten, auf der sich viele Arbeiten überhaupt erst ausführen und andere viel einfacher bewerkstelligen lassen, dann ist es gut, vorher anzurufen und zu erfragen, ob oder wann eine Bühne frei ist.

Man sollte eigenes Werkzeug mitbringen, Spezialwerkzeug wie z. B. Kolbenrücksetzer für Scheibenbremsen ist jedoch meistens in den Werkstätten vorhanden. Schweißgeräte können extra gemietet werden.

Werkzeuge und Ersatzteile

Nur vollständiges und gutes Werkzeug garantiert Ihnen das gewünschte Ergebnis. Überprüfen Sie Ihre Ausrüstung, bevor Sie mit der Arbeit beginnen. Minderwertiges Werkzeug, das sich schon bei der ersten verrosteten Schraube verbiegt oder ausbricht, bringt Probleme.

Achten Sie beim Kauf auf Qualität! Gute Werkzeuge werden aus einwandfreiem Material hergestellt und bleiben stets maßgenau.

Die Werkzeug-Grundausstattung

Selbst wer nur gelegentlich schrauben möchte, braucht einen soliden Grundstock. Dieser sollte Folgendes umfassen:

■ Schraubendreher mit stabilem, rutschfestem Griff für Schlitz-, Kreuzschlitz- und Torxschrauben; einen Satz Gabel- und Ringschlüssel mit Maulweiten zwischen 6 und 19 mm; Schlüssel mit den Weiten 10, 13, 17 und 19 mm doppelt für gekonterte Schraubverbindungen.

■ Zündkerzenschlüssel SW 16, Inbusschlüssel in den Größen 2 bis 8 mm.

■ Kombizange, Wasserpumpenzange (Länge ab 240 mm) und Seitenschneider zum Biegen, Halten, Drehen und Trennen.

■ Schlosserhammer z. B. für das Lösen fest sitzender Bolzen aus Verbindungen; Kunststoff- oder Gummihammer zur schadlosen Bearbeitung von Lagern, gegossenen oder gehärteten Bauteilen.

■ Körner zur Vorbereitung von Bohrarbei

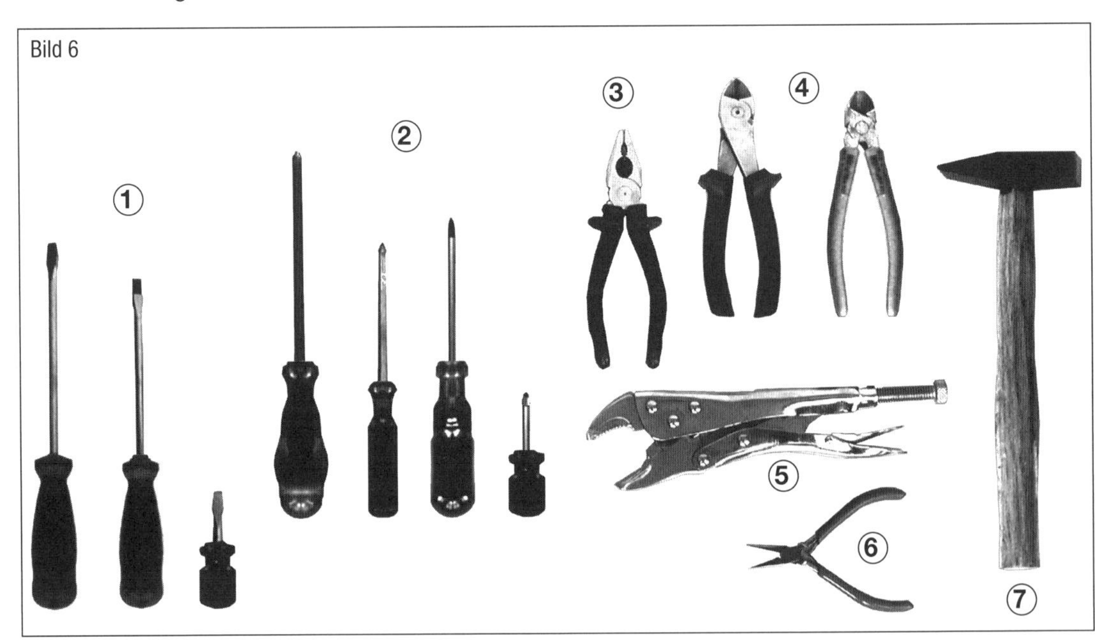

Bild 6
Zum Grundwerkzeug gehören
1 Schlitzschraubendreher,
2 Kreuzschlitzschraubendreher,
3 Kombizange,
4 Seitenschneider,
5 Gripzange,
6 Flachzange,
7 Schlosserhammer.

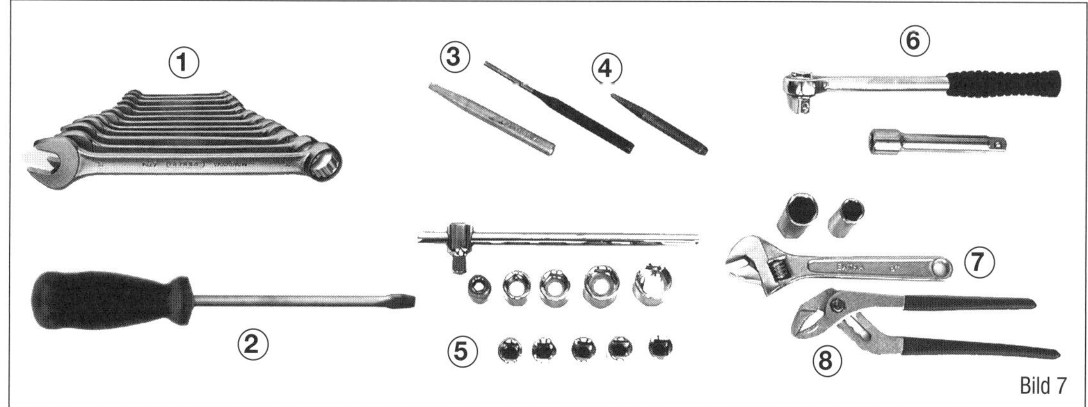

Bild 7

Bild 7
Grundwerkzeug
1 Maul und Ringschlüssel,
2 Schlitzschraubenzieher (groß),
3 Durchschläge,
4 Körner,
5 Steckschlüssel,
6 Umschaltknarre mit Verlängerung,
7 Schlüssel mit verstellbarer Weite,
8 Wasserpumpenzange.

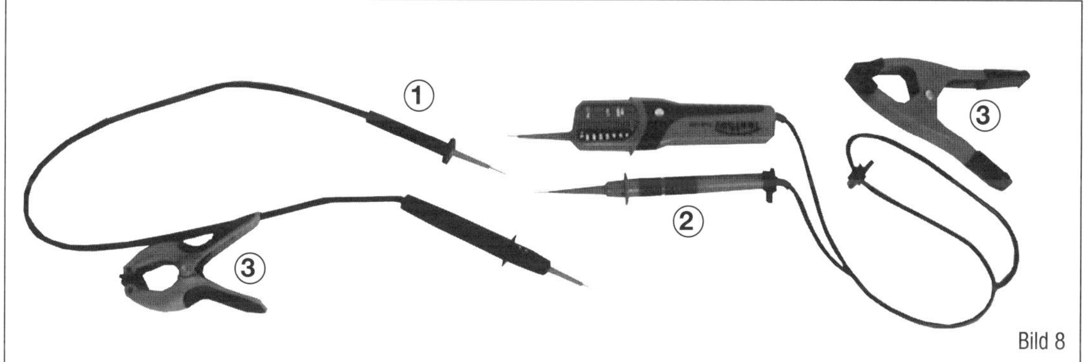

Bild 8

Bild 8
Für Elektroarbeiten nötig sind:
1 Durchgangsprüfer mit Prüfspitzen und Leuchtdiode,
2 Durchgangs-gangsprüfer mit Messfunktion,
3 isolierte Klemmzwinge zum Fixieren von Teilen und Kabeln.

ten an Metallen. Durchschlag (Durchmesser 3 und 6 mm) zum universellen Einsatz bei Montage- und Demontagearbeiten an Fahrwerk, Motor und Bremsen.

- Flachmeißel (gehärtete Schneide) zum Auftrennen deformierter oder festgerosteter Schraubverbindungen.
- Für die Elektrik: isolierte Kombizange, Quetschzange, isolierten Schraubendreher, Phasenprüflampe (mit Nadelspitze und Massekabel), Multimeter.
- Für Motorraum und Außenarbeit: Steckschlüsselsatz (10-32 mm) und Umschaltknarre mit 1/2-Zoll-Antrieb. Für Innenraum: Schlüsselsatz 6-13 mm, 1/4 Zoll.
- Komplettes Bordwerkzeug: Wagenheber, Schraubendreher, Radkreuz, Kombizange, Ersatzkabel und Isolierband, Lampenset, Ersatzsicherungen, Abschleppseil/-stange, Starthilfekabel und Taschenlampe.
- Ein Paar Unterstellböcke mit nicht zu kleiner Standfläche zum Sichern des angehobenen Fahrzeugs.

Mit diesen Basis-Werkzeugen können Sie viele Wartungen und Reparaturen selbst erledigen. Für die Unterbringung reicht ein Werkzeugkasten, noch besser ist ein fahrbarer Werkzeugwagen, der im Fachhandel auchkomplett bestückt angeboten wird.

Spezialwerkzeug für viele Fälle
Für einige Arbeiten brauchen Sie spezielles Werkzeug. Darüber hinaus gibt es Werkzeuge und Geräte, mit denen Wartung und Reparatur leichter von der Hand gehen. Sinnvolle Anschaffungen sind:

- Handstablampe für Arbeiten unter dem Auto oder im Motorraum, im Innenraum und in weniger gut beleuchteten Garagen. Sie soll wasserdicht sowie mit Blendschutz, ölresistentem Kabel und schlagsicherem Kunststoffgehäuse ausgerüstet sein.
- Gripzange mit am Griffteil exakt einstellbarer Maulweite und Schraubzwingen in verschiedenen Größen. Solche Hilfsmittel sind beim Montieren Ihre dritte Hand.
- Abzieher (Zwei- und Dreiklauenabzieher, Kugelgelenkabzieher) gehören zur Ausstattung jeder Autowerkstatt und sind wichtige Auto-Spezialwerkzeuge eines jeden Heimwerkers.

Anwendungen: Lösen von Radnaben oder Herauspressen von Achsgelenken.

- Drehmomentschlüssel gestatten die präzise Beachtung von Anzugsdrehmomenten. Gut ist ein Automatikschlüssel.
- Ölfilterschlüssel (Universalschlüssel) für den Ölwechsel.

Bild 9
Besonders praktisch sind Dreibeinböcke mit klappbaren Füßen. Für die meisten Reparaturen reicht ein Paar.

Bild 9

- Fühlerblattlehre zum Prüfen von Spaltmaßen.
- Rangierwagenheber. Nötiges Zubehör: Hartgummiaufsatz gegen Schäden am Wagenboden und eine Quertraverse zum Verteilen der Last. Die Heber dürfen keine zu kleinen Räder haben.
- Messinstrumente (Multimeter für Kraftfahrzeugtechnik) sind unerlässlich für exakte Messungen an elektronischen Bauteilen.
- Batterieladegerät mit automatischer Ladestromanpassung (Winter!).
- Durchgangsprüfer und Abisolierzange. Die Lampe im Prüfgerät liefert eine zuverlässige Aussage, ob Spannung an den Prüfspitzen anliegt.

Die richtigen Ersatzteile

Die für Wartungs- oder Reparaturarbeiten benötigten Ersatzteile sollten Sie spätestens am Tag der Arbeit parat haben. Stellen Sie sich eine Liste der benötigten Ersatzteile zusammen. Denken Sie an Zubehör wie Dichtungen, Sicherungsringe, Schlauchschellen, Clipselemente oder selbstsichernde Muttern.

Im Laufe der Produktionszeit ändern sich Details an so gut wie jedem Fahrzeug. Deshalb entscheidet oft das Baujahr, welches Ersatzteil für Ihr Auto das richtige ist. Also Fahrzeugschein und die Daten des Typenschilds zum Einkauf mitnehmen.

Typ, Motorisierung, Identifikationsnummern und andere Daten, die das Fahrzeug eindeutig bestimmen, sind auf dem Fahrzeugdatenträger zu finden (siehe zu Kapitelbeginn). Mit diesen Informationen kann ein geschulter Ersatzteilverkäufer das passende Teil aus dem Katalog oder von der CD-ROM des Herstellers ermitteln. Wenn Sie allerdings auf Nummer sicher gehen wollen: Bringen Sie das ausgebaute Altteil gleich mit zum Händler!

Alle Ersatzteile, die Sie im Reparaturfall benötigen, erhalten Sie bei einem Vertrags-Händler Ihres Fahrzeugherstellers. Aber Sie müssen nicht dort einkaufen. Der Zubehörhandel hält ebenfalls ein breites Angebot bereit, darunter Teile von Firmen, die den Hersteller Ihres Autos beliefern. Vergleichen Sie die Preise, wenn Service und Lieferfähigkeit gleich sind.

Trotz häufiger Mängel bei gebrauchten Teilen lohnt sich Secondhand bei einer Reihe von Ersatzteilen. Austauschteile haben die gleiche Qualität wie ein Neuteil, sind deutlich billiger und werden mit gleicher Garantie geliefert. Der Zubehörhandel bietet viele neuwertige Austauschteile an. Ein Autoverwerter kann die richtige Adresse sein, wenn Sie eine Reparatur besonders billig ausführen wollen. Fragen Sie nach dem Preis: Das gebrauchte Teil darf höchstens halb, ein Verschleißteil nur ein Viertel so teuer sein wie das Neuteil. Fachzeitschriften verweisen auf Preisunterschiede bis zu 35 Prozent beim Kauf von Ersatzteilen. Bei markenfreien Serviceketten kann man bis zu 60 Prozent für dieselbe Qualität und oft für die exakt gleichen Teile sparen.

Aber verzichten Sie auf No-name-Produkte: Die Garantie (zumindest auf das betreffende Teil und von ihm in Mitleidenschaft gezogene Teile) könnte in Gefahr geraten. Während der Garantiefrist sollte der Wagen ohnehin in der Vertragswerkstatt gewartet und ggf. repariert werden.

Teil- und Austauschmotor

Bei Kolbenschäden kann nur der kleine 700er Motor repariert werden. Smart selbst bietet keine Reperaturlösung an. Normal (63,500 mm) und Übermaßkolben sind aber bei der Firma Mahle in 63,750 und 64,000 Millimeter erhältlich.Der 800er kann nicht .

Bild 10

aufgebohrt werden, für den Diesel sind jedoch wenigstens Aftermarket-Kolben im Standardmaß 65,500 mm erhältlich.
Es gibt eine Reihe von Firmen, die auf Smart-Motoren spezialisiert sind und Austauschmotoren mit Garantie anbieten. Anschriften solcher Firmen finden Sie im Internet unter den Schlagworten Smart Austauschmotor oder -Austauschtriebwerk.

Sinnvolle Anschaffungen für die Messtechnik

Messspitzen
Riesige Probleme bereitet es, eine Messung an einem angeschlossenen Kabel am Bauteil in Funktion zu realisieren, zumal ja weder die Isolierung noch das Kabel selbst oder der Stecker beschädigt werden sollen. Die Firma Rose Messtechnik in Limburg-Offheim stellt einen Nadelkontaktierer (Bild 10) her, der genau diese Anforderungen erfüllt (www.rose-netztechnik.de). Das Anstichloch im Kabel ist so klein, dass es keine relevanten Löcher in der Isolierung hinterlässt.

Universaloszilloskop
Immer dann, wenn die Funktion der Bauteile beurteilt werden muss, sollte ein Oszilloskop zur Verfügung stehen. Als Messvorsatz vor einem Laptop ist es oftmals schon für unter 80 Euro in diversen Internetplattformen zu erstehen. Die Anschlussstücke und die Laborkabel können auf diesem Weg auch günstig beschafft werden.

Messbechersatz »kraftstofffest«
Für die Messungen an der Benzinpumpe oder auch nur mal um den Kraftstoff aufzufangen, werden Behältnisse mit Volumenangaben benötigt. Mit etwas Geduld finden sich in der Haushaltsabteilung des Supermarktes recht günstig verwendbare Messbecher oder Schüsseln.

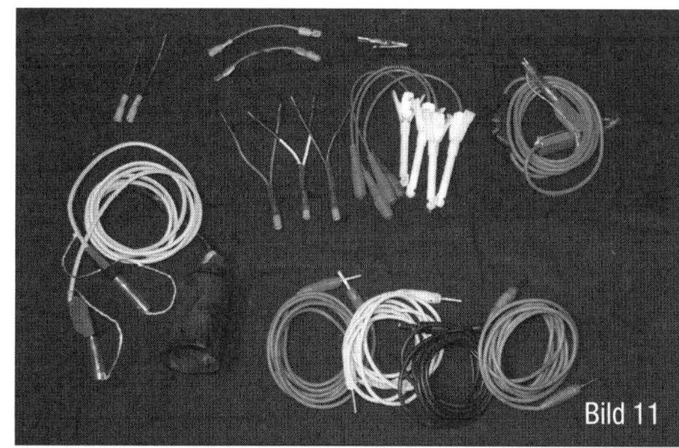
Bild 11

Bild 12

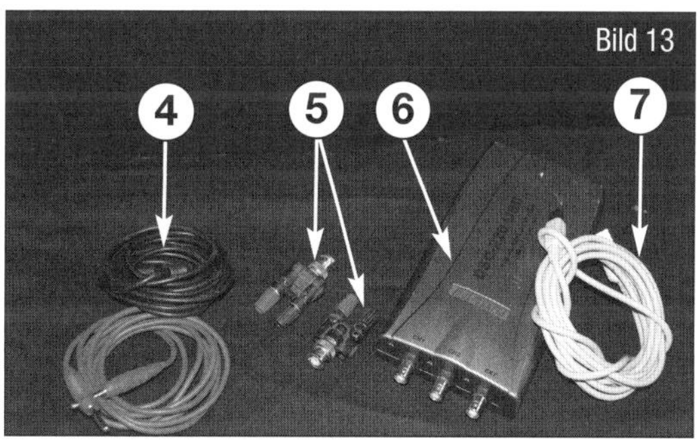

Bild 13

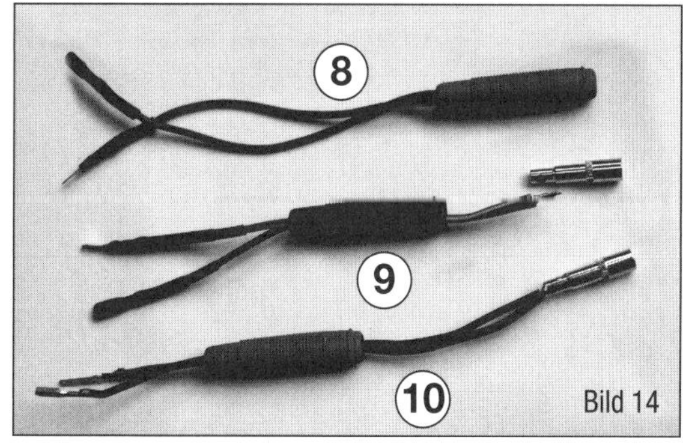

Bild 14

Zum Selbermachen
Natürlich sind Messwerkzeuge in der Regel teuer. Es sei denn, man zeigt etwas Kreativität und Bastlerspürsinn. Die Profigeräte sind sicherlich deutlich professioneller, der Eigenbau aber ist genauso einsatzfähig und kostet oft nur wenige Euro. Messkabelsätze lassen sich aus passenden Anschlüssen vom Schrottplatz leicht und funktionell selbst herstellen.

Bild 10
Nadelkontaktierer im Einsatz.
1 Steckergehäuse
2 Kabel
3 Nadelkontaktierer

Bild 11
Diverse Messadapter und Hilfskabel, um die Messpunkte zu erreichen.

Bild 12
Messbechersatz zur Mengenerfassung, natürlich kraftstofffest.

Bild 13
Mehrkanal Oszilloskop mit Messkabeln und Anschlussadaptern.
4 Laborkabel (3 m)
5 Adapteranschlüsse
6 3-Kanal Oszilloskop
7 USB-Kabel zum Anschluss am Computer oder Laptop

Bild 14
Messkabel herstellen.
8 fertiggestelltes Kabel
9 Kabel verdrillen und mit Messbuchse verlöten
10 Isolierung aufschieben

Aufbocken, An- und Abschleppen

Fahrzeug richtig aufbocken
Serienmäßig ist im Bordwerkzeug kein Wagenheber vorgesehen. Es gibt jedoch auf den Smart abgestimmte Zubehörlösungen. Oder Sie benutzen einen handelsüblichen Hydraulikheber. Eine untergelegte Bohle vergrößert die Hubhöhe noch etwas, ein kleines Brett (30x30 cm, 2 cm stark) unter dem Wagenheber verhindert Eindrücken im Fall von nicht sehr festem Untergrund.
Eine ausreichende Abstützung für Arbeiten an der Wagenunterseite stellt ein Heber nicht dar, dazu brauchen Sie Unterstellböcke. Schon bei kleineren Arbeiten wie dem Wechseln der Bremsbeläge soll das angehobene Fahrzeug aus Sicherheitsgründen unbedingt mit Unterstellböcken abgestützt sein. Stets empfehlenswert ist eine Hebebühne.

Abschleppen
Bei manchen Pannen und wenn das Fahrzeug nicht anspringen will, muss es abgeschleppt werden. Zwar ist für die Person im abgeschleppten Fahrzeug keine Fahrerlaubnis vorgeschrieben, doch ungeübte Fahrer sollten niemals abschleppen oder abgeschleppt werden.
☞ Das Anschleppen oder Anschieben eines Smart ist durch das automatisierte Schaltgetriebe nicht möglich.
Zum Abschleppen sollten Seile aus elastischem Material verwendet werden. Sicherer ist eine Abschleppstange.

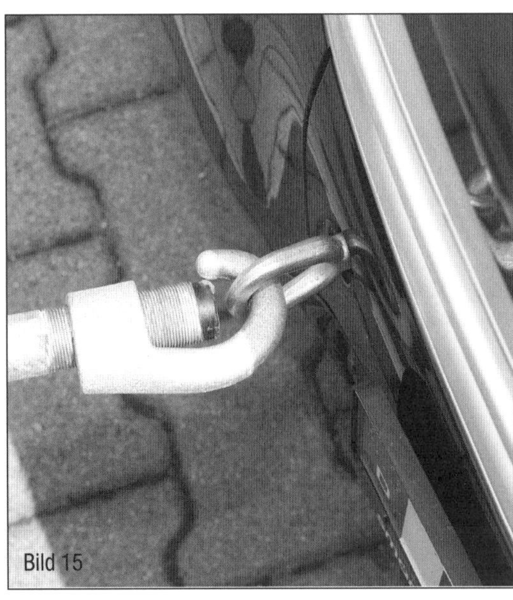
Bild 15

Bild 15
Eine Abschleppstange ist die beste Lösung. Dazu wird die Ringöse aus dem Pannenset in die Frontschürze eingeschraubt

Beim Abschleppen dürfen keine unzulässigen Zugkräfte und keine stoßartigen Belastungen auftreten. Seil oder Stange dürfen nur an den einschraubbaren Ösen vorn oder hinten angebracht werden. Um an die Aufnahme der vorderen Abschleppöse heranzukommen, hebeln Sie die Abdeckung im unteren Stoßfängerteil rechts von der Wagenmitte heraus. Die hintere Ösenaufnahme befindet sich unterhalb der Stoßstange hinten rechts. Die Ösen von Hand einschrauben und mit dem Radschraubenschlüssel gegen Uhrzeigersinn anziehen.
Bei Schleppmanövern abseits regulärer Straßen besteht die Gefahr, dass die Befestigungsteile überlastet werden. Wird ein Abschleppseil verwendet, muss der Fahrer des ziehenden Wagens beim Anfahren und Schalten besonders weich anfahren. Der Fahrer des gezogenen Wagens hat darauf zu achten, dass das Seil straff gehalten wird. An beiden Fahrzeugen die Warnblinkanlage einschalten. Die Zündung muss eingeschaltet sein, damit das Lenkrad nicht blockiert ist und Blinkleuchten, Hupe und Scheibenwischer bei Notwendigkeit eingeschaltet werden können.

⚠ Da der Bremskraftverstärker nur bei laufendem Motor arbeitet, muss das Bremspedal kräftiger getreten werden!

Sicherheit geht immer vor
Sicherheit hat beim Heimwerken absolute Priorität. Beginnen Sie nur Arbeiten, die Sie sich wirklich zutrauen können. Nehmen Sie handwerkliche Aufgaben ohne praktische Erfahrung nicht auf die leichte Schulter. Mangelhaft ausgeführte Arbeiten können fatale Folgen für Sie und für Dritte haben.

- Bei allen Wartungs- und Reparaturarbeiten sollte das Rauchen unbedingt strikt unterbleiben.
- Beim Blechtrennen oder bei Arbeiten mit laufendem Motor Ohrenschützer tragen.
- Arbeitshandschuhe sind gut gegen Schmutz oder Abschürfungen an scharfem Blech. Wenn Sie mit der Handbohrmaschine arbeiten, sollten Sie wegen der Gefahr durch das rotierende Bohrfutter aber besser keine Handschuhe tragen.
- Bohren, Schleifen und Meißeln sowie Arbeiten unter dem Fahrzeug stets nur mit Schutzbrille.
- Wenn Sie in Montagegruben arbeiten, achten Sie auf gute Belüftung.

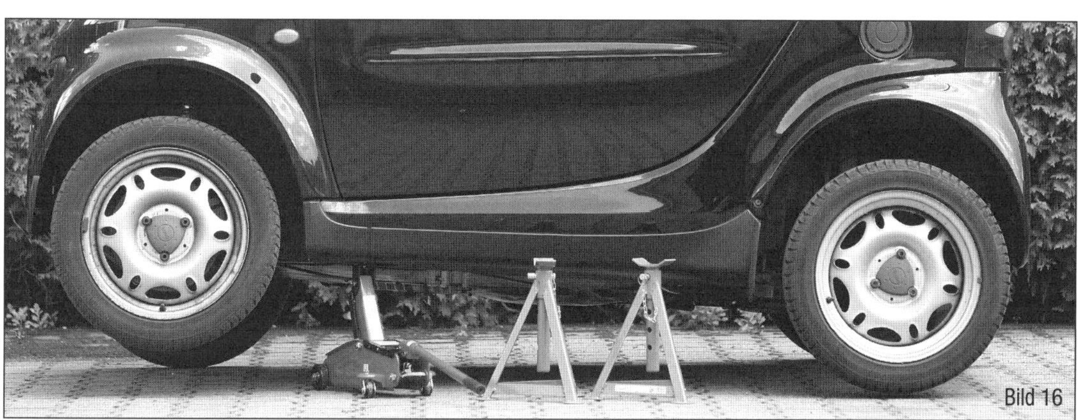

Bild 16
Wenn der Wagenheber am vorderen Ansatzpunkt angesetzt wird, hebt sich auch das Hinterrad mit an

Lassen Sie an Zündanlagen oberste Vorsicht walten! Prüfungen an der Anlage nur bei Motorstillstand durchführen. Prüfaufbau so einrichten, dass Sie bei doch nötigem Motorlauf nicht die Hand anlegen müssen.

 Vorsicht: Eine Zündanlage produziert eine Spannung bis zu 30 000 Volt!

■ Durchgebrannte Sicherungen immer durch neue Sicherungen desselben Typs und identischer Stromstärke in Ampere (A) ersetzen. Niemals Drahtbrücken einbauen!
■ Sprühdosen, Altöl, Bremsflüssigkeit, alte Bremsbeläge oder Farbdosen sind Sondermüll. Entsprechend entsorgen.

⚠ Nie ohne Sicherung durch Unterstellböcken unter dem angehobenen Fahrzeug arbeiten! Lebensgefahr!

Rückhaltesysteme
Lenkrad, Armaturenbrett, Vordersitze und Rollgurte sind mit Sicherheits-Rückhalte-Systemen (SRS) ausgestattet: Lenkrad und Armaturenbrett Beifahrerseite mit Airbags, die Vordersitze mit Seiten-Airbags, der Aufroll-Mechanismus der Sicherheitsgurte mit Gurtstraffern. Bei unsachgemäßer Handhabung kann es zu schweren Unfällen kommen.
Also: Keine Schraub- oder gar Reparaturversuche an der Sicherheitsausstattung! Für Instandsetzungen an Fachwerkstatt mit Fehler-Auslesegeräten, Diagnose-Einrichtungen und geschultes Personal wenden.

⚠ Rückhaltesysteme wie Airbag oder Gurtstraffer fallen unter das Sprengstoffgesetz, demnach Hände weg! Selbst professionelle Mechaniker, die an Rückhaltesystemen arbeiten, müssen spezielle Schulungen nachweisen.

Einige Kniffe für Schrauber
Eine unlösbare Verschraubung oder eine abgerissene Schraube haben schon manchen Heimwerker von seinem Reparaturvorhaben wieder abgebracht. Unsere Hinweise sollen helfen, ungewohnte Arbeiten durchzuführen.
■ Verrostete Verschraubungen lösen: Die freiliegenden Gewindegänge des Gewindebolzens von Rost und Schmutz befreien.
■ Gewinde mit einer Drahtbürste säubern und anschließend mit Rostlöser besprühen.
■ Bei Schnell-Rostlösern die Mutter sofort losdrehen. Bei anderen Rostlösern etwas warten.
■ Meistens hilft auch Wärmezufuhr durch einen Heißluft-Fön (bis 600 Grad). Dabei unbedingt auf die Brandgefahr durch umliegende Teile achten!
■ Wenn die Kanten einer Mutter bereits rund gedreht sind oder wenn Rost die Anlageflächen deformiert hat, hilft nur noch Gewalt.
■ Gripzange verwenden. Damit lässt sich die Mutter fest greifen und oft losdrehen.
■ Hilft das nicht weiter, wird ein scharfer Meißel angesetzt und die Mutter aufgemeißelt.
■ Eine gut zugängliche Mutter kann auch entlang des Gewindes mit einer Metallsäge aufgesägt werden. Werkstätten benutzen einen Mutternsprenger.

Innensechskant- und Innenvielzahnschrauben lösen:
■ Das Schraubenloch muss von jeglichem Schmutz gesäubert sein, ehe Sie das Werkzeug ansetzen.
■ Am besten eignen sich Steckeinsätze mit langem Sechskant oder Vielzahn.
■ Im Gegensatz zu Winkelschlüsseln, bei denen die Kraft schräg ansetzt, vertragen die Steckeinsätze einen Hammerschlag Der Schlag lockert den Sitz der Gewindegänge und erleichtert merklich das Lösen.

Schlitz- und Kreuzschlitzschrauben lösen:
Schrauben können so fest sitzen, dass sie sich nicht mehr mit dem Schraubendreher herausdrehen lassen. Bei Kreuzschlitzschrauben dreht sich der Schraubendreher auch bei starkem Druck auf den Griff aus dem Kreuzschlitz heraus. Nach einigen erfolglosen Versuchen ist der Schlitz vermurkst, die Schraube ist praktisch unlösbar.
■ Stabilen Schraubendreher ansetzen und mit kräftigem Hammerschlag auf das Griffende versuchen, die Schraubverbindung zu lösen. Meistens bricht die mit dem Kopf fest korrodierte Schraube los. Sie lässt sich dann normal herausdrehen.
■ Hilft der kräftige Hammerschlag nichts, muss ein Schlagschrauber her. Bei jedem Schlag auf dessen Griffoberseite wird der Schraubendrehereinsatz unter Druck ein wenig weiter gedreht.

Blechschrauben ausbohren:
Lässt sich in einem Schraubenkopf kein Werkzeug mehr ansetzen, hilft nur noch Ausbohren.
■ Erst entfernt man mit einem passenden Bohrer den Schraubenkopf. Eventuell mit einem kleineren Bohrer vorbohren.
■ Das Gewindeteil lässt sich jetzt entweder durchstoßen oder mit einer Zange von der Rückseite abnehmen.
■ Andernfalls mit einem dünnen Bohrer das Gewindeteil ausbohren. Den Bohrerdurchmesser nicht zu groß wählen, sonst hält später nur eine dickere Blechschraube.

Stehbolzen lösen und festdrehen:
■ Anlagefläche für Schraubenschlüssel schaffen.
■ Auf dem freien Gewindeteil zwei Muttern fest gegeneinander drehen (kontern).
■ An den blockierten Muttern den Schraubenschlüssel ansetzen und den Bolzen lösen.

Abgerissene Schrauben ausbohren:
Das Gewinde, in dem die abgerissene Schraube steckt, sollte möglichst wenig Schaden nehmen.
■ Körnerschlag auf Schraubenrestmitte.
■ Bis Schraubengröße M8 mit einem Kernlochbohrer arbeiten. Das ist der Durchmesser einer Schraube ohne Gewindeflanken. Gewindedurchmesser multipliziert mit 0,8.
■ Schrauben größer als M8 mit einem dünneren Bohrer vorbohren.
■ Wenn sich die Metallreste nicht mit einer Reißnadel aus den Gewindegängen entfernen lassen, Gewinde nachschneiden.

Gewinde schneiden:
Hat das Metall noch genug Substanz, können Sie ein größeres Gewinde einschneiden. Andernfalls muss eine Gewindebuchse eingesetzt werden.
Das Nach- oder Neuschneiden von Gewinden geht in drei Stufen vor sich. Die entsprechenden Gewindeschneider heißen Vorschneider (mit einem Ring am Schaft gekennzeichnet), Mittelschneider (zwei Ringe) und Fertigschneider (drei Ringe oder ohne Kennzeichnung).
■ Gewindeschneider nacheinander unter ständigem Ölen in das vorgebohrte Kernloch hinein- und wieder herausdrehen.
■ Beim Hineindrehen ab und zu absetzen und ein Stück zurückdrehen. Sonst werden die Metallspäne zu lang und klemmen.

Effektive Störungssuche

Unsere Hilfe zur Störungssuche listet Fehlersymptome, Fehlerursachen und Abhilfen auf. Dieser Pannenhelfer unterstützt Sie dabei, Fehlfunktionen und Defekten an Ihrem Fahrzeug systematisch auf den Grund zu gehen. Außerdem finden Sie hier Tipps, wie Sie mit einer Störung fertig werden können. Einige der möglichen Ursachen für Fehler werden in unterschiedlichen Zusammenhängen genannt, denn es kann durchaus sein, dass sich Fehlerquellen auch verzahnen und untereinander beeinflussen.
Viele Funktionsgruppen Ihres Fahrzeugs sind mit Eigendiagnosen ausgestattet, deren Meldungen im Fehlerspeicher der Bordelektronik registriert werden. Abfrage des Fehlerspeichers, Reparatur und Löschen des Fehlerspeichers sind im Alltag der Fachwerkstatt die immer wiederkehrenden Hauptschritte. Mittlerweile gibt es auch Schnittstellen-Adapter für normale Laptops, was meistens fehlt ist die Software.
Trotz all der hochentwickelten Elektronik für Fehlerspeicherung und -analyse aber bleibt noch eine große Zahl von Störungen und Fehlern, die bei genügend Know-how und praktischer Erfahrung ohne jedes Gerät geortet und erkannt werden können. Das gilt vor allem für Schäden an der Mechanik, die von der Elektronik nicht erfasst werden.

Bild 16

Bild 16
Sehr viele Fehler, vor allem im Bereich der Motorsteuerung, können durch die Fähigkeit zur On-Board-Diagnose (OBD) erkannt werden. Dazu braucht es eine geeignete Software für die Schnittstelle. Smart nutzt hierfür das hauseigene DaimlerChrysler System Star Diagnosis, doch auch ein gewöhnlicher Laptop mit OBD-Interface und entsprechender Software funktioniert

Störungssuche am Motor
Zündung
Störung
Motor springt schlecht oder gar nicht an.
Ursache/Abhilfe
- Zündspule oder Zündkerzen feucht oder verschmutzt; kein Zündfunke. Trocknen oder reinigen, evtl. mit Zündspray behandeln.
- Steckverbindungen locker oder oxidiert. Kontrollieren, erneuern.
- Funkenüberschalg durch Marderbiss. Auf Bissspuren untersuchen und betroffene teile austauschen.
- Zündtrafo/-spule defekt. Austauschen.
- Fehlerspeicher auslesen lassen.

Störung
Motor läuft unrund, hat Zündaussetzer.
Ursache/Abhilfe
Zündkerze defekt oder Zündkabel unterbrochen. Austauschen, Leitung ersetzen.

Störung
Motor hat keine oder zu wenig Leistung.
Ursache/Abhilfe
- Luftmassenmesser defekt oder ohne Kontakt. Kontrollieren lassen, ggf. ersetzen.
- Kühlmittel- oder Ansaugluft-Temperatursensor defekt; Stecker sitzt nicht korrekt. Sensor und Steckverbindungen kontrollieren, ggf. ersetzen.
- Turbolader defekt. Ladedruck messen
- Motorsteuerung im Notprogramm. Batterie längere Zeit abklemmen und erneut probieren

Zylinderkopfdichtung
Störung
Kühlflüssigkeitsstand nimmt laufend ab.
Ursache/Abhilfe
Kühlmittel gelangt in sehr geringer Menge in die Brennräume. Die Erscheinung kann sich ohne Merkmale längere Zeit hinziehen.

Störung
Beträchtlicher Kühlmittelverlust. Der Wagen zieht bei warm gefahrenem Motor einen weißen Abgasschleier hinter sich her.
Ursache/Besonderheit
Kühlmittel dringt in erheblicher Menge in einen Verbrennungsraum, verdampft dort und entweicht in weißen Schwaden aus dem Auspuff.

Störung
Aus dem geöffneten Ausgleichsbehälter steigen Luftblasen auf oder beim Öffnen des Verschlussdeckels sprudelt Kühlmittel.
Ursache/Besonderheit
Zylinderkopfdichtung defekt. Verbrennungsgase werden ins Kühlsystem gedrückt. Aus der Einfüllöffnung riecht es nach Abgasen. Mit speziellen Messstreifen kann Abgas im Kühlwasser nachgewiesen werden.

Störung
Bunt schillernde Verfärbung an der Oberfläche des Kühlmittels.
Ursache/Besonderheit
Öl aus dem Schmierkreislauf gelangt ins Kühlsystem.

Störung
Gräulich aussehende Emulsion im Öl oder Öl von Wasserbläschen durchsetzt.
Ursache/Besonderheit
Kühlflüssigkeit ist ins Schmieröl geraten. Achtung: Wasser im Motoröl kann einen Lagerschaden verursachen. Wagen zur Reparatur abschleppen.

Schmiersystem
Störung
Bei Einschalten der Zündung bleibt Öldruckkontrollleuchte dunkel.
Ursache/Abhilfe
- Kontrollleuchte oder Öldruckschalter defekt. Auswechseln.
- Steckverbindung korrodiert bzw. Kabelverbindung unterbrochen. Überprüfen und reinigen, ggf. Kabel reparieren.

Störung
Kontrollleuchte geht erst bei höheren Drehzahlen aus.
Ursache/Abhilfe
- Bypassventil in der Ölfilterhauptstromleitung klemmt. Öldruck überprüfen lassen, Ventil ggf. auswechseln lassen.

Störung
Kontrollleuchte brennt nach Anspringen des Motors, geht beim Gasgeben nicht aus.
Ursache/Abhilfe
- Zu wenig Öl im Motor. Ölstand überprüfen, ggf. Öl nachfüllen.
- Ölansaugsieb in der Ölwanne zugesetzt bzw. Ölpumpe verschlissen. Öldruck messen, Pumpe reinigen bzw. ersetzen.

Kühlsystem
Störung
Motortemperatur zu hoch.
Ursache/Abhilfe
- Keilrippenriemen zu schwach gespannt oder gerissen. Riemenspannung kontrollieren, Riemen ersetzen.
- Zu wenig Flüssigkeit im Kühlsystem. Auffüllen, notfalls aus Scheibenwaschanlage.
- Kabel zur Warnlampe hat Masseschluss. Warnlampe muss verlöschen, sonst Masseschluss. Temperaturgeber-Kabel abziehen.
- Thermostat öffnet den Kaltwasserzufluss aus dem Kühler nicht (Kühler kalt). Abschleppen lassen; Thermostat erneuern.
- Elektrischer Kühlerventilator schaltet nicht ein. Stecker am Thermoschalter und Lüftermotor oder/und Thermoschalter und Lüftermotor prüfen (lassen).
- Überdruckventil im Verschlussdeckel des Ausgleichsbehälters defekt. Ventil und Deckeldichtung prüfen. Verschlussdeckel ersetzen.
- Kurzschluss im Geber der Temperaturanzeige. Austauschen.
- Kühler verstopft oder Lamellen zugesetzt. Kühler reinigen.

Störung
Schwache Heizleistung.
Ursache/Abhilfe
- Thermostat schließt nicht völlig, aufgeheizte Kühlflüssigkeit strömt zu früh durch den Kühler. Thermostat säubern, ggf. ersetzen.

Thermostat
Störung
Motorbetriebstemperatur wird nur langsam erreicht, Heizwirkung ungenügend.
Ursache/Auswirkungen
- Thermostat-Ventilteller ist in »Offen«-Stellung blockiert; Zufluss zum Kühler ständig offen. Motor bleibt zu lange im Kaltlaufbetrieb. Thermostat bald wechseln.

Störung
Temperatur-Warnleuchte brennt trotz richtigem Kühlmittelstand. Kühler und unterer Schlauch zum Kühler sind kalt.
Ursache/Auswirkungen
- Thermostat-Ventilteller in geschlossener - Stellung blockiert (defekte oder undichte Thermostatbuchse). Anhalten, sonst entstehen schwere Hitzeschäden am Motor.

Einspritzanlagen / Benzin-Einspritzung
Störung
Kalter Motor springt nicht an, springt schlecht an oder stottert.
Ursache/Abhilfe
- Kraftstoffpumpe fördert nicht oder ungenügend. Benzin im Tank? Pumpe kontrollieren, Kraftstoffdruck messen.
- Druckregler defekt. Systemdruck messen lassen.

■ Unterdrucksystem undicht. Schlauchleitungen überprüfen.
■ Steuergeräte oder Kühlmittel-Temperaturgeber defekt.
Prüfen, ggf. auswechseln.
■ Zündanlage defekt. Überprüfen.
■ Ansaugsystem undicht (Nebenluft). Schlauchleitungen überprüfen.

Störung
Warmer Motor springt nicht oder schlecht an oder er stirbt gleich wieder ab.
Ursache/Abhilfe
■ Wie beim kalten Motor.
■ Einspritzventil(e) undicht. Ventil(e) überprüfen (lassen).
■ Drosselklappen-Steuereinheit nicht abgeglichen (nur nach Tausch bzw. Ausbau). Grundeinstellung überprüfen (lassen).
■ Lambda-Sonde defekt. Funktion prüfen, ersetzen.

Störung
Motor hat Aussetzer.
Ursache/Abhilfe
■ Kraftstofffilter verstopft, auswechseln.

Störung
Motorleistung ungenügend.
Ursache/Abhilfe
■ Fehler in der Motorsteuerung. Fehler auslesen lasen.
■ Luftfilter stark verschmutzt, erneuern.
■ Kraftstoff mit zu geringer Qualität getankt

Einspritzanlagen / Diesel-Einspritzung
Störung
Motor springt nicht an
Ursache/Abhilfe
■ Drehzahlgeber oder Steuergerät defekt oder kein Kontakt. Geber, Steuergerät und Leitung prüfen.
■ Fehler in der Spannungsversorgung oder Einspritzdüsen (Injektoren) defekt. Prüfen lassen, ggf. Düsen wechseln.
■ Kraftstoffleitungen oder Filter verstopft, Leitungen undicht oder geknickt. Leitungen und Filter prüfen und reinigen, ggf. Kraftstofffilter ersetzen.
■ Tankbelüftung zu, Kraftstoffsieb im Tank verstopft. Belüftung reinigen.
■ Fehlbetankung mit Ottokraftstoff. Keine weiteren Startversuche unternehmen, Krafstoffsystem entleeren und neu befüllen.

Störung
Leistungsmangel oder schwarzer Rauch nach dem Start.
Ursache/Abhilfe
■ Geber, Einspritzdüsen (Injektoren) defekt, Kraftstoffleitung, Kraftstoff- oder Luftfilter verstopft. Geber, Düsen, Leitungen prüfen lassen. Filter oder/und Leitungen reinigen oder ersetzen.
■ Magnetventil für Ladedruckbegrenzung oder Zuleitung defekt. Geber, Ventil und Leitung prüfen lassen.
■ Luftmassenmesser defekt. Prüfen lassen.
■ Turbolader defekt oder Ladeluftleitung undicht, Ladedruck messen

Störung
Kraftstoffverbrauch zu hoch.
Ursache/Abhilfe
■ Luftfilter verschmutzt. Filtereinsatz ersetzen.
■ Kraftstoffanlage undicht oder Rücklaufleitung verstopft. Sichtprüfung: Leitung von Einspritzpumpe bis Tank durchblasen.

Kupplung
Störung
Kupplung rutscht beim Beschleunigen.
Ursache/Abhilfe:
■ Kupplungsbeläge sind abgenutzt, daher Mitnehmerscheibe ersetzen.
■ Anpressdruck der Kupplung ist zu gering, daher Kupplungsdruckplatte ersetzen.
■ Kupplungsbelag ist verölt, daher Mitnehmerscheibe und defekte Getriebe- oder Kurbelwellendichtung ersetzen.
■ Kupplungsaktuator verstellt, justieren und Kupplung neu anlernen

Störung
Kupplung trennt nicht
Ursache/Abhilfe
■ Mitnehmerscheibe klemmt auf Getriebewelle, Kerbverzahnung reinigen, schmieren.
■ Mitnehmerscheibe hat Schlag, ist verzogen oder ihr Belag gebrochen. Mitnehmerscheibe ersetzen.
■ Belag nach sehr langer Standzeit an Schwungrad festgerostet.
■ Kupplungsaktuator ohne Funktion, Anschlüsse prüfen und reinigen, ggf. austauschen.

Störung
Kupplung rupft.
Ursache/Abhilfe
- Motor- oder Getriebeaufhängung locker oder defekt. Motor- oder Getriebeaufhängung festziehen oder ersetzen.
- Unebenheiten auf der Anlagefläche von Schwungscheibe oder Druckplatte. Defektes Teil ersetzen.
- Kupplung verölt oder überhitzt.

Störung
Kupplung gibt Geräusche von sich.
Ursache/Abhilfe
- Unwucht der Kupplungsdruckplatte. Defektes Teil muss ersetzt werden.
- Torsions-Dämpferfeder oder Ausrücklager defekt. Mitnehmerscheibe / Lager ersetzen.
- Nietverbindungen locker. Die Druckplatte muss ersetzt werden.

Störungssuche Bremsen
Störung
Bremse quietscht.
Ursache/Abhilfe
- Resonanzgeräusche zwischen Bremsscheibe und Belägen. Beläge wechseln, ggf. Trägerplatte auf der Rückseite mit Anti-Quietsch-Paste einstreichen.
- Beläge verschlissen, verhärtet. Erneuern.
- Bremsflächen der Scheiben verschmutzt, verschmiert oder abgenutzt. Scheiben säubern, ggf. erneuern (immer achsweise, Mindestdicke der Bremsscheiben beachten)
- Belagführung am Bremssattel schmutzig oder verrostet. Säubern/ schleifen.
- Festsitzender Kolben im Bremssattel. Gängig machen, Bremssattel überholen.
- Neue Bremsbeläge liegen nicht plan an. Außenkanten mit einer Feile brechen.

Störung
Bremswirkung lässt nach (Fading).
Ursache/Abhilfe
- Pedalweg normal: Beläge verölt, verbrannt oder verhärtet. Bremsbeläge ersetzen (lassen).
- Pedalweg kurz: Bremskraftverstärker arbeitet nicht, evtl. kein Unterdruck. Bremskraftverstärker bzw. Unterdruckleitung prüfen; evtl. ersetzen (lassen).
- Pedalweg lang: Ein Bremskreis ausgefallen. Kontrollieren, schadhafte Teile auswechseln lassen.
- Falscher Belag. Bremsbeläge tauschen.

Störung
Bremspedalweg schwammig.
Ursache/Abhilfe
- Luft in der Anlage. Prüfen und entlüften.
- Dampfblasenbildung bei zu stark beanspruchter Bremse, Bremse während langsamer Fahrt abkühlen lassen.

Störung
Bremspedal lässt sich ganz durchtreten, keine Bremswirkung.
Ursache/Abhilfe
- Hauptbremszylinder ausgefallen; austauschen.
- Bremsschlauch oder Leitung gerissen, Dichtung leck; ersetzen.
- Bremsflüssigkeit zu alt oder überhitzt; auswechseln.

Störung
Pedalweg zu lang.
Ursache/Abhilfe
- Radseitiges Lager lose, verschlissen. Befestigen, evtl. ersetzen lassen.
- Scheiben unrund, Beläge verschoben. Scheibe und Beläge prüfen, evtl. ersetzen.
- Bremsflüssigkeit läuft aus. Hydraulik auf Leck prüfen und Mangel beheben lassen.

Störung
Stand der Bremsflüssigkeit zu niedrig.
Ursache/Abhilfe
- Bremsbeläge verschlissen. Bremsbeläge prüfen, ersetzen (lassen).
- Leck in der Hydraulik. Leck suchen, Mangel beheben (lassen).

Störung
Bremsen ziehen einseitig.
Ursache/Abhilfe
- Bremsscheiben defekt oder unterschiedliche Beläge. Prüfen, evtl. ersetzen (lassen).
- Falsche Reifen oder falscher Reifendruck. Prüfen, richtige Reifen aufziehen, Reifendruck kontrollieren.
- Stoßdämpfer verschlissen. Prüfen, evtl. ersetzen (lassen).

Störung
Beläge stark/ ungleichmäßig verschlissen.
Ursache/Abhilfe
- Bremsscheiben korrodiert oder riefig, ggf. ersetzen.
- Bremskolben, Bremssattel oder Belagschacht reinigen und gangbar machen

Störungssuche Batterie und Generator
Störung
Rote Ladekontrollleuchte brennt nicht beim Einschalten der Zündung.
Ursache/Abhilfe
■ Batterie leer. Starthilfekabel oder anschleppen.
■ Batteriekabel gebrochen, Kabelklemmen lose oder oxidiert, Kabelweg unterbrochen. Batteriekabel und -klemmen, Stromweg kontrollieren, mit Prüflampe untersuchen.
■ Kontrollleuchte oder Spannungsregler defekt; Schleifkohlen abgenutzt. Leuchte oder Regler austauschen.
■ Lichtmaschine schadhaft. Überholen lassen oder austauschen.
■ Feuchtigkeit zwischen den Schleifringen und Kohlen (z. B. nach Motorwäsche). Lichtmaschine mit Druckluft ausblasen oder Schleifringe und Kohlen sauber reiben.

Störung
Ladekontrolle brennt oder glimmt bei laufendem Motor.
Ursache/Abhilfe
■ Keilrippenriemen lose. Keilriemenspannung kontrollieren.
■ Schlechter Kontakt an Lichtmaschine oder unterbrochene Kabel. Kabelanschlüsse und Kabel prüfen.
■ Schleifkohlen der Lichtmaschine abgenutzt.
■ Schlechter Kontakt an Massepunkten

Störung
Batterieoberfläche feucht.
Ursache/Abhilfe
■ Zu viel destilliertes Wasser. Ausgasen lassen, keine Säure absaugen.
■ Batterieverschlüsse verstopft. Entlüftungsbohrungen säubern.

Anlasser
Störung
Beim Drehen des Zündschlüssels in Startstellung dreht der Anlasser zu langsam oder gar nicht.
Ursache/Abhilfe
■ Wenn die Kontrolllampen schwach brennen oder verlöschen, ist die Batterie entladen, sind die Kabelanschlüsse lose oder oxidiert oder der Anlasser hat Masseschluss. Dann helfen nur Starthilfekabel, Befestigen oder Säubern der Anschlüsse, oder der Anlasser muss überholt bzw. ausgetauscht werden.
■ Kontrolllampen brennen hell, Klicken vom Anlasser: Auf den Magnetschalter klopfen. Wenn sich der Anlasser immer noch nicht dreht, können Kohlebürsten oder Anschlüsse gelöst, die Magnetschalter-Kontakte verschmort oder die Anlasserwicklung schadhaft sein. Der Anlasser muss überholt oder ausgetauscht werden.
■ Kontrolllämpchen brennen hell, keinerlei Anlassergeräusche:
Entweder ist der Anschluss der Klemme 50 lose oder die Klemme-50-Leitung ist vom Zündschloss zum Magnetschalter unterbrochen. In diesem Fall muss der Anschluss unbedingt überprüft werden oder die Leitung mit einer Prüflampe kontrollieren werden (überprüfen lassen).
■ defekter Bremslichtschalter verursacht Anlasssperre.
■ Schalthebel nicht in Stellung »N« erkannt

Störung
Anlasser läuft, ohne den Motor zu drehen.
Ursache/Abhilfe
■ Ritzel verschmutzt, reinigen.
■ Einrückvorrichtung klemmt. Anlasser überholen lassen.
■ Verzahnung des Ritzels oder der Motorschwungscheibe beschädigt. Wagen vorschieben, starten. Teile ersetzen lassen.

Störung
Magnetschalter schaltet ein und aus, Anlasser läuft nicht an (Klick-Geräusche).
Ursache/Abhilfe
Batterie stark entladen. Beim Einschalten des Magnetschalters fällt Spannung ab und er schaltet wieder aus. Batterie laden und erneut probieren.

Störung
Anlasser läuft weiter, obwohl der Zündschlüssel losgelassen wurde.
Ursache/Abhilfe
■ Magnetschalter hängt oder schaltet nicht ab. Zündung sofort abschalten, notfalls Batterie abklemmen. Magnetschalter reparieren oder Anlasser austauschen.
■ Zünd-/Anlassschalter defekt. Ersetzen.

Störung
Ritzel spurt nach Anspringen nicht aus.
Ursache/Abhilfe
Rückstellfeder des Einrückhebels lahm oder gebrochen. Anlasser austauschen.

Sichtprüfung

Messen

Störung Scheibenwaschanlage

Störung

Front- oder Heckscheibenwischer läuft nicht.

Ursache/Abhilfe

- Sicherung und/oder Motor defekt, austauschen.
- Intervallmodul defekt. Motor austauschen.
- Wischerantriebskurbel lose, festziehen.
- Kabel zum Schalter oder Motor unterbrochen. Stecker und Leitungen überprüfen.

Störung

Scheibenwischer laufen nicht in Stufe I und/oder Stufe II.

Ursache/Abhilfe

- Klemme am Wischermotor defekt. Motor austauschen.
- Kontaktwege im Wischerschalter unterbrochen. Schalter austauschen.
- Leitung vom Wischerschalter zum Motor unterbrochen. Prüfen.

Störung

Keine Wischerrückstellung.

Ursache/Abhilfe

- Leitung zwischen Wischerschalter und Motor unterbrochen. Leitung kontrollieren.
- Wischermotor defekt. Mit Prüflampe kontrollieren. Ggf. Motor austauschen.

Störung

Scheibenwischer laufen nicht im Intervallbetrieb (oder Intervallbetrieb lässt sich nicht ausschalten).

Ursache/Abhilfe

- Wisch-/Waschrelais defekt, tauschen
- Leitungen zwischen Wischerschalter und Relais oder Steuergerät unterbrochen. Leitung überprüfen.
- Kontakt im Wischerschalter defekt. Schalter austauschen.

Störung

Scheibenwischer bleiben nach Abschalten nicht oder nur kurz in Parkstellung.

Ursache/Abhilfe

Mangelhafter Kontakt am Schleifkontakt im Wischermotor. Motor zerlegen, Kontakte blank schleifen oder Motor austauschen.

Wischerblätter

Störung

Wasser und Schmutz werden gleichmäßig über das Wischfeld verteilt oder im Wischfeld bleiben feine Wasserstreifen stehen.

Ursache/Abhilfe

- Scheibe durch Lackpflegemittel, ölhaltige Rückstände oder Insektenreste verschmutzt. Auf der Scheibe ein Putzmittel auftragen, einwirken lassen, dann mit einem sauberen Lappen abreiben.
- Wischergummi teilweise oder ganz verschlissen. Mit »Riefen-Killer« Abhilfe schaffen, sonst austauschen.
- Wischerarm am Anlenkpunkt des Wischerblattes verdreht. Wischerarm-Ende nach biegen (in sich verdrehen).

Störung

Im Wischfeld bleiben Wassertropfen zurück.

Ursache/Abhilfe

Neigungswinkel des Wischergummis zur Windschutzscheibe zu flach. Anstellwinkel ggf. korrigieren lassen oder austauschen.

Störung

Im Wischfeld bleibt Wasser zurück.

Ursache/Abhilfe

Ungleiche Druckverteilung durch verbogene oder defekte Anpressfeder im Wischergummi. Wischerblatt austauschen.

Störung

Im Wischfeld bleiben einige Wasserfelder zurück.

Ursache/Abhilfe

- Anpressdruck des Wischerarms ist zu gering. Anpressdruck überprüfen. Feder leicht einölen, ggf. Wischerarm ersetzen.
- Scheibenwischerantrieb verschlissen. Kontrollieren, defekte Teile ersetzen.
- Wischerarm lose oder verbogen. Festschrauben oder nachbiegen.
- Wischerblatt verbogen, austauschen.

Störung

Wischerblatt rattert.

Ursache/Abhilfe

- Zu viel Spiel in Verbindungen. Wischerblatt oder -arm auswechseln.
- Wischerarm in sich verdreht. Wischerarm zurechtbiegen.

Störungssuche Elektrische Anlage

Bliker

Störung

Kontrolllampe leuchtet nicht oder in falschen Intervallen.

Ursache/Abhilfe
■ LED defekt oder ohne Kontakt. Schalttafeleinsatz auswechseln.
■ Glühlampe defekt. Austauschen.

Störung
Richtungsblinken, aber kein Warnblinken.
Ursache/Abhilfe
■ Kabel am Warnblinkerschalter ist unterbrochen. Durchgang kontrollieren.
■ Sicherung, Warnblinkschalter defekt, auswechseln.

Störung
Warnblinken funktioniert, aber kein Richtungsblinken.
Ursache/Abhilfe
■ Kabel vom Blinkerschalter unterbrochen. Durchgang kontrollieren, reparieren.
■ Sicherung oder Blinkerschalter defekt, auswechseln.

Elektrik / Bremslicht
Störung
Eine Bremsleuchte brennt nicht.
Ursache/Abhilfe
■ Glühlampe durchgebrannt, austauschen.
■ Masseverbindung oder Zuleitung unterbrochen. Brennen alle übrigen Lampen in derselben Heckleuchte? Kabel prüfen.

Störung
Bremslichter brennen nicht.
Ursache/Abhilfe
■ Sicherung defekt, ersetzen.
■ Bremslichtschalter oder Zuleitungskabel defekt, überprüfen und ggf. ersetzen.

Störung
Bremslicht brennt dauernd.
Ursache/Abhilfe
■ zum Bremslichtschalter haben direkten Kontakt. Kabel kontrollieren.
■ Bremslichtschalter verrutscht, justieren

Elektrik / Hupe
Störung
Hupe tönt nicht.
Ursache/Abhilfe
■ Sicherung/Hupe defekt. Ggf. ersetzen.
■ Kabel vom Druckschalter im Lenkrad zur Hupe unterbrochen. Kabelverlauf kontrollieren, Steckkontakte der Hupe blank kratzen.
■ Fehler in Relais oder Steuergerät. Prüfen, reparieren, ggf. ersetzen.
■ Anschlüsse am Signalhorn korrodiert, säubern oder ersetzen

Störung
Hupe tönt dauernd.
Ursache/Abhilfe
■ Hupenkontakt im Lenkrad defekt. Kabel vom Hupenkontakt zur Hupe hat Dauerstrom. Kabel von der Hupe abziehen. Hupt es nicht mehr, Kontakt/Kabel reparieren.
■ Hupe hat inneren Masseschluss. Sofort Kabel abziehen, Hupe ersetzen.

Fensterheber
Störung
Scheibe nur in eine Richtung verstellbar.
Ursache/Abhilfe
■ Schalter defekt. Schalter auswechseln.
■ Fensterscheibe schwergängig, Sicherung wegen Motorüberlastung durchgebrannt. Fensterscheibe in den Führungen gängig machen, Sicherung erneuern.
■ Motor läuft nicht, obwohl die Sicherung in Ordnung ist. Spannung direkt an die Motoranschlüsse legen. Wenn der Motor jetzt läuft, liegt der Fehler in der Zuleitung. Läuft der Motor nicht, diesen auswechseln.

Störung
Fensterscheibe wird im oberen oder im gesamten Bereich zu langsam verstellt.
Ursache/Abhilfe
■ Fensterscheibe in Führungen verklemmt. Spiel der Scheibe prüfen und korrigieren.
■ Zu starke Reibung in der gesamten Mechanik. Mechanik ohne Scheibe auf Reibungsverluste überprüfen, erneuern.
■ Kabelverbindungen defekt oder oxidiert. Überprüfen, reinigen, ggf. auswechseln.

Elektrik / Zentralverriegelung
Störung
Verriegelung geht nicht oder nur teilweise.
Ursache/Abhilfe
■ Sicherung durchgebrannt, erneuern.
■ Motor der Fahrer- oder Beifahrertür defekt. Verkabelung unterbrochen oder Mehrfachstecker an Motor oder Türkasten locker oder oxidiert. Funktion überprüfen, auswechseln, Sitz kontrollieren, reinigen.
■ Schalter im Servomotor defekt. Durchgangsprüfung an den Motorklemmen.
■ Batterie im Funkschlüssel zu schwach, neue Batterie einsetzen.

2 Das Motorumfeld

Das Kühlsystem aus Kühler, Temperaturregler (Thermostat), Wasserleitungen, Ventilator (Kühlerlüfter) und einem Netz kleiner Kanäle in Motorblock und Zylinder sorgt für die richtige Betriebstemperatur des Motors. In ihm zirkuliert die in den Ausgleichsbehälter (Bild 1) eingefüllte Kühlflüssigkeit. Der Wassermantel führt die Verbrennungswärme über die Schläuche des Kühlsystems an den Kühler ab.

Der Kühlkreislauf

Nach dem Kaltstart arbeitet ein auf Motor und Heizung beschränkter kleiner Kühlkreislauf. In diesem »Kurzschlusskreislauf« hält der Thermostat den Durchfluss zum Kühler geschlossen. Das Kühlmittel gelangt direkt zurück zum Motor, erhitzt sich schneller und der Motor wird schneller warm. Der Kühler tritt erst in Aktion, wenn die Kühlflüssigkeit eine bestimmte Temperatur erreicht hat. Dann wird beim Öffnen des Kühlmittel-Temperaturreglers kaltes Wasser aus dem Kühler mit bereits erwärmtem Wasser aus dem kleinen Kühlkreislauf vorgemischt. Das verhindert einen Kälteschock für den Motor. Wenn die Wassertemperatur steigt, öffnet der Thermostat den Kaltwasserzufluss aus dem Kühler immer weiter und schließt gleichzeitig den Kurzschlusskreislauf. Bei Betriebstemperatur zirkuliert die Kühlflüssigkeit vom unteren Kühlwasserschlauch zur Wasserpumpe (Kühlmittelpumpe), die über den Keilrippenriemen vom Motor angetrieben wird. Das Kühlmittel wird in Motorblock und Zylinderkopf gedrückt. Der größte Teil der Flüssigkeit läuft dann über den geöffneten Thermostat zum Kühler, während der Rest zum Wärmetauscher der Heizung fließt.

Das im Kühler unten abfließende kalte Wasser zieht heißes Kühlmittel oben in den Kühler nach. Dort wird es beim Zug durch die Kühlerlamellen (Kondensator) abgekühlt. Sinkt während der Fahrt die Wassertemperatur unter die vorgeschriebene Betriebstemperatur, sperrt der Thermostat den Kühlerdurchfluss erneut, bis sich das Kühlmittel wieder genügend erwärmt hat. Das ist der »große Kühlmittelkreislauf«.

Bild 1
Der Kühlmittelausgleichsbehälter sitzt versteckt unter der Frontverkleidung.
1 Behälter,
2 Verschlussdeckel,
3 Schlauchleitung zum Kühler.

Der Kühlerventilator

Das Kühlsystem steht bei Betriebstemperatur unter etwa 1,2 bis 1,5 bar Überdruck. Dadurch und durch Kühlmittelzusätze erhöht sich der Siedepunkt der Kühlflüssigkeit von 100 auf rund 135 °C. Die höhere Temperatur ermöglicht wirtschaftlicheren, Kraftstoff sparenden Motorbetrieb. Wenn jedoch bei heißem Motor der Kühlmittel-Druck 1,5 bar übersteigt, tritt das Überdruckventil am Ausgleichsbehälter in Aktion. Es öffnet und lässt zum etwas Wasserdampf entweichen. Trotzdem kann es zum Beispiel bei Stadtfahrten vorkommen, dass das Kühlmittel im System nicht ausreicht wird. Dann muss der Kühlerventilator einspringen. Durch den gesteuerten Einsatz des Lüfters und die thermostatische Regelung des Kühlmittelstroms wird die Betriebstemperatur schneller erreicht. Der Kraftstoffverbrauch wird spürbar reduziert.

Die Kühlflüssigkeit

Das Kühlmittel besteht aus Wasser und einem Kühlmittelzusatz, der vor Frost, Korrosionsschäden, Kalkansatz und Überhitzung schützt und für bessere Wärmeableitung sorgt. Vom Hersteller wird das Korrosions-/Frostschutzmittel der Spezifikationsblätter 325.0 (Mercedes-Benz) vorgeschrieben. DaimlerChrysler Deutschland bietet diesen von zahlreichen Produzenten weltweit unter diversen Namen gehandelten Zusatz unter den Artikelnummern 000 989 08 25 und 000 989 21 25 an.

Das Kühlsystem soll ganzjährig mit einem Gemisch aus 50% Wasser und 50% Zusatz befüllt sein. Dieser Anteil des Zusatzes sichert zugleich Frostschutz bis -37 °C, ein Anteil von 55% schützt bis -45 °C. Ein solch hoher Zusatzmittelanteil, der den maximal möglichen Gefrierschutz gewährleistet, ist nur für besonders niedrige Umgebungstemperaturen zweckmäßig. Über 55% sollte der Anteil an Zusatzmittel keinesfalls betragen. Denn bei höherem Anteil verringern sich Frostschutz und Wärmeabfuhr wieder, die Kühlwirkung wird verschlechtert. Es ist also sinnvoll, von Zeit zu Zeit den Frostschutzanteil zu messen (Bild 2).
Der Kühlmittelzusatz verliert seine Wirksamkeit nach etwa vier Jahren und sollte dann erneuert werden. Die maximal zulässige Gebrauchsdauer des Kühlmittels ist dem Wartungsheft, dem jeweils gültigen Service-Wartungsblatt oder den MB-Betriebsstoff-Vorschriften zu entnehmen.
Vor dem Einfüllen von neuem Kühlmittel muss das verbrauchte Mittel aus dem System gespült werden. Bei starker Verschmutzung oder Verölung soll das Kühlsystem gereinigt werden. Das Wasser für das Kühlmittel soll sauber und nicht zu hart sein.
Auch die besten Korrosions-/Frostschutzmittel werden bei schlechter Wasserqualität in ihrer korrosionsschützenden Wirkung beeinträchtigt. Daher muss das Wasser aufbereitet werden, wenn es nicht den Anforderungen entspricht. Sollte Enthärten nicht möglich sein, muss weiches oder destilliertes Wasser zugemischt werden.

Kühlmittel-Füllmengen
Die Gesamtmenge an Kühlflüssigkeit beträgt bei Benzin (M 160) und Dieselmotoren (OM 660) 4,2 Liter, wobei eine Beimischung von 2,1 Liter Frostschutzmittel eine Betriebssicherheit bis -37 Grad ergibt und eine Beimischung von 2,3 Liter Frostschutzmittel bis -45 Grad ausreichend ist.

Arbeiten am Kühlsystem

Vor Arbeiten, vor allem an der warmen Anlage, muss Druck durch Öffnen des Schraubdeckels vom Ausgleichsbehälter, der den Verschluss des gesamten Kühlsystems darstellt, abgebaut werden.
Dazu den Verschlussdeckel mit einem Lappen abdecken und vorsichtig öffnen. Sichern Sie alle Schlauchverbindungen mit Schellen, die dem Teilekatalog des Herstellers entsprechen. Verwenden Sie dazu die passenden Werkzeuge (Zangen).
Wenn es an Rohren und Schlauchenden des Kühlsystems Markierungen gibt, müssen sie sich gegenüber stehen. Nur so ist spannungsfreie Verlegung gesichert.
Beim Verlegen jede Berührung der Schläuche mit anderen Bauteilen vermeiden!

Bild 2
Nach Abschrauben des Deckels vom Kühlmittelausgleichsbehälter kann mit einem speziellen Gerät der Frostschutzanteil am Kühlmittel gemessen werden.

Tipp: Reißt während der Fahrt ein Kühlwasserschlauch, können Sie die Leckstelle provisorisch mit Klebeband abdichten. Lösen Sie zur Sicherheit den Verschlussdeckel des Ausgleichsbehälters eine Umdrehung. Dann baut sich nicht der volle Betriebsdruck auf und das Klebeband platzt nicht ab.
Nach einer solchen Notreparatur stets auf die Kühlmitteltemperatur achten! Den schadhaften Schlauch sollten Sie so bald wie möglich ersetzen.

Achtung: Auch für das Kühlsystem gilt natürlich, dass bei allen Arbeiten im Motorraum wegen der engen Bauverhältnisse die Leitungen für Kraftstoff, Hydraulik, Aktivkohle-Behälteranlage, Kühl- und Kältemittel, Bremsflüssigkeit, Unterdruck und Elektrik so verlegt werden müssen, dass die ursprüngliche Leitungsführung gewahrt bleibt. Zu allen beweglichen oder heißen Bauteilen muss auf ausreichenden Freigang geachtet werden.

Kühlsystem auf Dichtheit prüfen

■ Jedem Verdacht auf Undichtigkeit des Kühlsystems muss nachgegangen werden. Versuchen Sie, sich ein Kühlsystemprüfgerät zu beschaffen. Ansonsten nehmen Sie eine Sichtprüfung vor.
Sind die Wasserschläuche (Kühler, Motor, Heizanlage) dicht? Die Schläuche kneten. Harte, spröde oder rissige Teile sofort austauschen! Sitzen die Schlauch-Enden satt auf ihren Stutzen? Sind die Federbandschellen fest? Lockere Schellen können während der Fahrt und bei vollem Betriebsdruck im Kühlsystem nachgeben. Verrostete Schellen müssen unbedingt ausgewechselt werden.

■ Wenn ein Prüfgerät verfügbar ist, öffnen Sie bei betriebswarmem Motor vorsichtig den Verschlussdeckel vom Kühlmittel-Ausgleichsbehälter.

Verbrühungsgefahr! Kühlsystem nur bei Temperaturen unter 90 Grad öffnen. Sicherheitshalber Lappen über die Verschlussöffnung legen.

■ Dann den Deckel ganz abschrauben. Den Heizungsschalter auf maximale Heizleistung drehen. Den Kühlmittelstand prüfen. Die Zusammensetzung des Kühlmittels (50% Frostschutz, 50% Wasser) muss stimmen.

■ Den Prüfverschluss auf den Ausgleichsbehälter schrauben. Die interne Werkzeugnummer der bei Vertragswerkstätten benutzten Druckpumpe mit Manometer lautet: 450 589 07 21 00. Aber auch jedes andere Universal-Prüfwerkzeug ist verwendbar, so lange der Adapter auf den Ausgleichsbehälter passt.

Mit der Handpumpe das Kühlsystem unter Druck setzen. Manometer-Anzeige beachten: Der Prüfüberdruck darf nicht höher als 1,4 bar sein, um Beschädigungen zu vermeiden. Ideal sind 0,85 bis 0,9 bar.

Wenn im Rahmen der Arbeiten die Zylinderkopfdichtung erneuert worden ist, muss der Motor vor der Dichtheitsprüfung auf Betriebstemperatur gebracht werden.

■ Bei Druckabfall undichte Stelle beseitigen: Alle Schlauchschellen auf Zustand und Sitz prüfen, ggf. nachziehen oder erneuern. Für die Schlauchschellen mit Schneckentrieb einen Steckschlüsselsechskant 6 oder 7 mm an biegsamer Welle verwenden (Hazet 426-6 oder 426-7). Dann alle Kühlmittel- und Heizungsschläuche prüfen und beschädigte Teile erneuern.

■ Wenn kein Druckabfall im Kühlsystem (mehr) festgestellt wird, den Prüfverschluss vom Ausgleichsbehälter abschrauben. Das Prüfgerät (Druckpumpe, Manometer, ggf. Druckschlauch) abnehmen. Verschlussdeckel des Ausgleichsbehälters aufschrauben, Heizungsschalter in Ausgangsstellung.

Kühlflüssigkeit prüfen, nachfüllen und wechseln

■ Stand des Kühlmittels bei kaltem Motor prüfen. Das Kühlsystem ist dann praktisch drucklos. Der Pegel soll zwischen den Markierungen MIN und MAX am Ausgleichsbehälter stehen. Bei warmem Motor kann das Kühlmittel über Maximum stehen. Nicht durch diesen hohen Stand täuschen lassen!

■ Den Verschlussdeckel des Ausgleichsbehälters vorsichtig lösen um Überdruck abzubauen. Bei warmem Motor kann die Flüssigkeit sonst brühend heiß aus dem Behälter sprudeln! Dann den Deckel ganz abdrehen.

■ Kleinere Mengen Kühlflüssigkeit können bei warmem wie bei kaltem Motor eingefüllt werden. Ausgleichsbehälter bis zur oberen Markierung füllen, aber nicht über MAX hinaus. Das Kühlmittel dehnt sich bei Erwärmung aus.

■ Mit einer Frostschutz-Spindel die Frostbeständigkeit feststellen. Falls der Anteil zu niedrig ist (unter 50%), muss Frostschutz nachgefüllt werden.

Kühlflüssigkeit wechseln

■ Zum Wechseln die Kühlflüssigkeit an Kühler und Motorblock vollständig ablassen:

■ DenVerschlussdeckel des Ausgleichsbehälters vorsichtig öffnen um Überdruck abzubauen, dann den Deckel ganz abdrehen.

■ Unterbodenverkleidung vorn abbauen und geeigneten Auffangbehälter unter den Kühler und unter den Motor stellen. Kühlflüssigkeit darf nicht in den Boden laufen!

■ Rücklaufschlauch am Kühler entfernen und Kühlmittel am Kühler ablassen.

■ Ablassschraube am Zylinderkurbelgehäuse lösen und Kühlmittel am Zylinderkurbelgehäuse ablassen.

■ Kühlmittelablassschraube mit 12 Nm festziehen und Schlauch am Kühler befestigen.

■ Kühlmittel der beschriebenen Mischung von geeignetem Wasser und Korrosions-/

Frostschutzmittel in den Ausgleichsbehälter einfüllen.Füllmenge: 4,2 Liter

Tipp: Gebrauchtes Kühlmittel nicht wieder verwenden, auf jeden Fall dann nicht, wenn Kühler, Wärmetauscher, Zylinderblock oder Zylinderkopf ersetzt wurden. Gebrauchtes Kühlmittel enthält nicht mehr genügend Bestandteile, um einen Antikorrosionsbelag bilden zu können.

- Den Motor starten und die Motordrehzahl für ca. drei Minuten auf etwa 2.000/min halten.
- Den Motor noch so lange im Leerlauf drehen lassen, bis der Lüfter anläuft.
- Kühlmittelstand erneut prüfen und eventuell noch nachfüllen. Dichtheit des Kühlsystems prüfen.
- Unterbodenverkleidung einbauen.

Bild 3
Rücklaufschlauch vorn am Kühler: Um das Kühlwasser vollständig abzu lassen, Schelle lösen und Schlauch abziehen

Bild 4
Wichtige Objekte am Motor:
1 Wärmetauscher Öl / Wasser
2 Ablassschraube Kühlwasser
3 Ölfilter-Verschlussdeckel
4 Anschluss Öldruckschalter

Sichtprüfung

Messen

Bild 5
Lage des Ausgleichsbehälters: Nur wenn das Frontpanel ausgebaut ist, ist der Ausgleichsbehälter frei zugänglich.

Bild 5

Kühlsystem mit Gerät befüllen und entlüften
Vertragswerkstätten benutzen zum Befüllen und Testen des Kühlsystems ein spezielles Gerät. Hier die Vorgehensweise dazu:

- Verschlussdeckel vom Kühlmittel-Ausgleichsbehälter abschrauben und Universal-Adapter anschließen.
- Kontrolleinheit des Kühler-Vakuum-Befüllgerätes 285 589 00 21 00 auf den Prüfverschluss aufstecken.
- Venturidüse anschließen. Ablaufventil (3) und Zulaufventil schließen.
- Zulaufschlauch des Kühlmittels auf den Behälter des Befüllgerätes aufstecken. Damit keine Luft angesaugt wird, darauf achten, dass mindestens 2 Liter mehr Kühlflüssigkeit im Behälter sind als die maximale Füllmenge des Kühlsystems beträgt.
- Abluftschlauch in einen leeren Behälter führen, Druckluftschlauch an die Venturidüse anschließen und mit Druck beaufschlagen.
- Ablaufventil öffnen, wodurch im Kühlsystem ein Unterdruck erzeugt wird.
- Zulaufventil öffnen, bis sich der Zulaufschlauch mit Kühlmittel gefüllt hat. Ablaufventil schließen, wenn sich die Anzeige der Kontrolleinheit im grünen Bereich befindet.

 Druckluftschlauch von Venturidüse abnehmen und beobachten, ob der Unterdruck stabil bleibt. Wenn dies nicht der Fall ist, Schläuche und Anschlüsse überprüfen, bei Bedarf nachziehen oder erneuern und nochmals Unterdruck erzeugen und beobachten.

- Zulaufventil öffnen, wodurch das Kühlsystem befüllt wird. Wenn kein Kühlmittel mehr angesaugt wird, das Ablaufventil öffnen.
- Kontrolleinheit mit allen Anschlüssen abnehmen. Den Kühlmittelstand bis zur Unterkante (MAX) am Einfüllstutzen des Ausgleichsbehälters korrigieren.

Kühler und Elektro-Lüfter
Der Ventilator hinter dem Kühler wird nur bei hoher Temperatur zugeschaltet. Wenn ein Kühlerlüfter defekt ist, muss die Fahrt nicht zwangsläufig abgebrochen werden. Motor abkühlen lassen und mit zügigem Tempo in die nächste Werkstatt fahren, was ja auch die eigene sein kann. Leerlauf und Schleichfahrt vermeiden, weil dabei kaum kühlende Luft durch die Lamellen des Kühlers strömt. Vorsicht: Bei heiß gefahrenem, gerade abgestelltem Motor niemals mit den Händen in die Nähe des Lüfters kommen! Der Ventilator kann auch bei ausgeschalteter Zündung unvermittelt anlaufen.
Ist der Smart mit einer Klimaanlage ausgerüstet, muss die Klimaanlage entleert und später wieder aufgefüllt werden. Da das Kühlmittel nicht in die Atmosphäre gelangen darf, ist dazu ein professionelles Klima-Servicegerät nötig.

Ausbau

- Front abbauen
- Bei Fahrzeugen mit Klimaanlage die Luftführung (1, Bild 7) ausbauen
- Külmittel wie beschrieben ablassen, unteren Kühlwasserschlauch abziehen.
- Steckverbindung zum Lüftermotor (unterhalb des Lüftermotors) trennen
- Bei Fahrzeugen die Klimaanlage am Anschluss (2) entleeren
- Außentemperaturfühler (in Fahrtrichtung links unten) abbauen
- Klimaleitungen vom Kondensator lösen

⚠ Dichtringe abnehmen und Klima-Leitungen verschließen!

- Befestigungsschraube lösen und Clips und Scheiben entfernen
- Kühlerpaket aus den Aufnahmen lösen und oberen Kühlwasserschlauch (vom Ausgleichsbehälter kommend) entfernen
- Die komplette Einheit kann jetzt vorsichtig entnommen werden.
- Bei Bedarf kann jetzt der Kühler-Lüfter vom Kühlerpaket getrennt und erstzt werden

- Einbau in umgekehrter Reihenfolge, Anzugsmoment Klima-Leitungen an Kondensator: 10 Nm
- Klimaanlage und Kühlsystem befüllen, Füllmenge Kühlsystem: 4,2 Liter

Kühlmittelschläuche auswechseln

Ausbau

- Kühlmittel ablassen und auffangen.
- Schlauchschellen lösen, Schläuche abziehen.
- Festsitzende Schlauch-Enden lockern: Flachschraubendreher zwischen Schlauch und Stutzen schieben und vorsichtig ringsum vom jeweiligen Anschlussstutzen hebeln. Eventuell etwas Silikonspray oder Rostlöser unter den angehobenen Schlauch sprühen.

Einbau

- Neue Schläuche weit genug auf die Stutzen schieben, damit sie nicht wieder abrutschen können.
- Kalkablagerungen entfernen und neue Schlauchschellen verwenden.
- Kühlmittel einfüllen. Kühlsystem auf Dichtheit prüfen.

Kühlmittel-Temperaturregler aus- und einbauen

Der Temperaturregler (Thermostat) befindet sich hinten links am Zylinderkopf. Daran sind drei Schläuche und ein elektrischer Kontakt angeschlossen. Das Werk empfiehlt das Absenken der Antriebseinheit, doch es geht auch ohne diese Maßnahme.

Ausbau:

- Kühlmittel an der Ablassschraube des Motorblocks ablassen

Bild 6
Temperaturregler (Thermostat)
1 Position des Temperaturreglers

- Elektrische Steckverbindung am Temperaturregler trennen.
- Kühlmittelschläuche vom Thermostatgehäuse abmontieren. Schlauchklemmen und Schläuche dabei auf ihren Zustand prüfen.
- Halteschraube herausdrehen und das Thermostatgehäuse ausbauen.

Einbau

- In umgekehrter Reihenfolge

Tipp: Schläuche zur einfacheren Montage mit Silikonspray behandeln

Anzugsdrehmoment 160.910 und 660.940 Erstanzug 12 Nm, Wiederanzug 9,5 Nm bei 160.920: Erstanzug 14 Nm, Wiederanzug 9,5 Nm

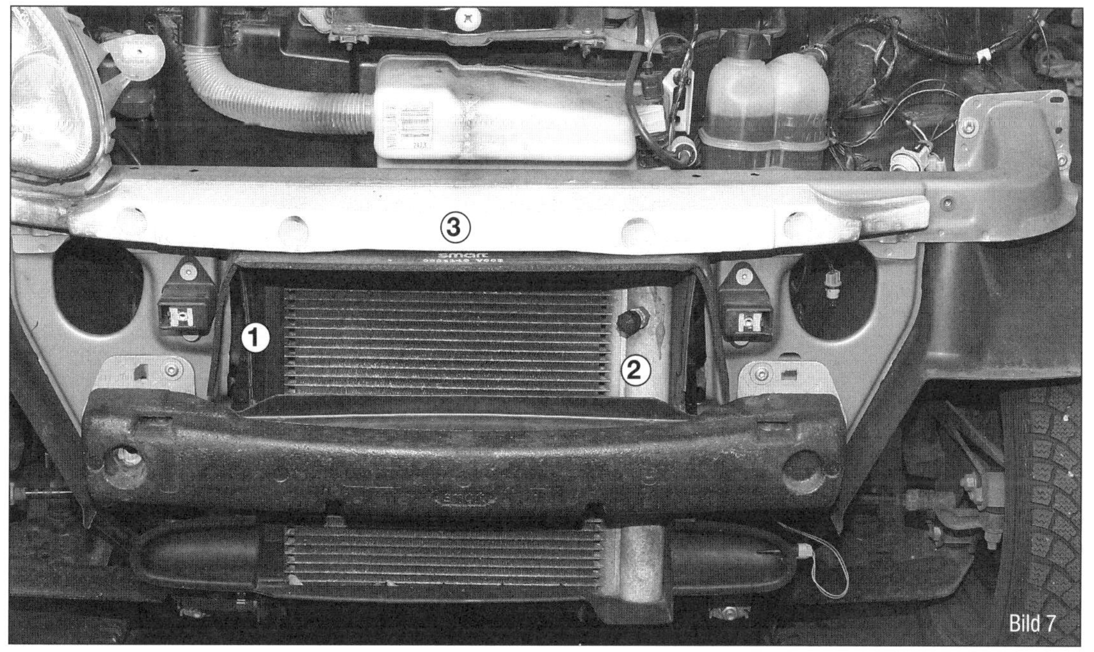

Bild 7
Ausbau der Lüfter-Kühler-Einheit
1 Luftführung bei Fahrzeugen mit Klimaanlage
2 Service-anschluss Klimaanlage
3 Lage der Befestigungsschraube

Sichtprüfung  Messen

Bild 8
1 Wasserpumpe
2 Keilriemen
3 Riemenrad

Bild 9
1 Wasserpumpe
4 Befestigungs-schrauben

Bild 10
1 Wasserpumpe
5 Dichtung

Bild 11
1 Ablassschraube am Motorblock

Wasserpumpe aus- und einbauen

Zum Ausbau der Kühlmittelpumpe empfiehlt das Werk die Antriebseinheit abzulassen. Die Pumpe selbst sitzt oberhalb der Lichtmaschine und der Kurbelwelle und wird von einem Poly-V-Riemen angetrieben. Gespannt wird dieser Keilrippenriemen durch eine Verdehung der Lichtmaschine.

☞ Die Wasserpumpe sollte nur bei kaltem Motor aus und eingebaut werden. Damit erübrigt sich auch die Verbrühungs- und Verbrennungsgefahr.

Ausbau

- Fahrzeug anheben oder aufbocken, Kühlmittel am Motorblock ablassen.
- Schrauben an der Riemenscheibe der Wasserpumpe lösen.
- Lichtmaschine lösen, schwenken um die Spannung vom Riemen zu nehmen und Keilrippenriemen abnehmen.
- Schrauben an der Riemenscheibe der Wasserpumpe vollständig herausschrauben und Riemenscheibe abnehmen.
- Sieben Schrauben am Gehäuse herausschrauben und die Pumpe abnehmen.

Einbau

- Ablassschraube am Motorblock verschließen (12 Nm).
- Dichtflächen säubern und neue Dichtung (5 in Bild 10) in das Gehäuse der Wasserpumpe einlegen.
- Pumpe ansetzen und die sieben Schrauben über Kreuz mit 9,5 Nm festziehen.
- Riemenscheibe ansetzen und die vier Befestigungsschrauben so weit wie möglich hineindrehen.
- Riemen auflegen und Lichtmaschine schwenken um die korrekte Spannung am Keilrippenriemen (2 in Bild 8) einzustellen.

☞ Riemen vorher auf Beschädigungen prüfen und ggf. ersetzen.

- Schrauben an der Riemenscheibe der Wasserpumpe (3 in Bild 8) mit 10 Nm festziehen.
- Kühlmittel auffüllen und Kühlsystem wie beschrieben entlüften.
- Falls die Antriebseinheit für die Durchführung dieser Arbeit abgelassen wurde jetzt wieder anheben, richtig positionieren und befestigen.

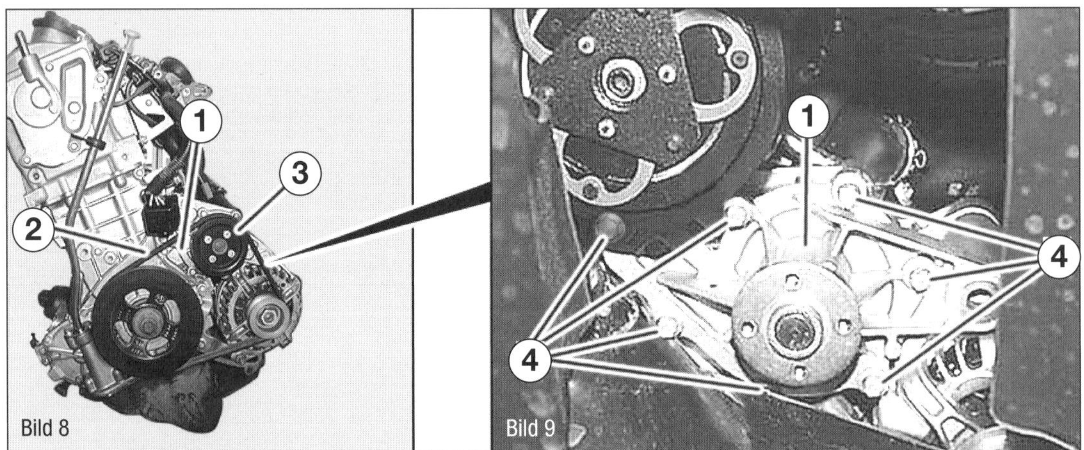

Bild 8 · Bild 9

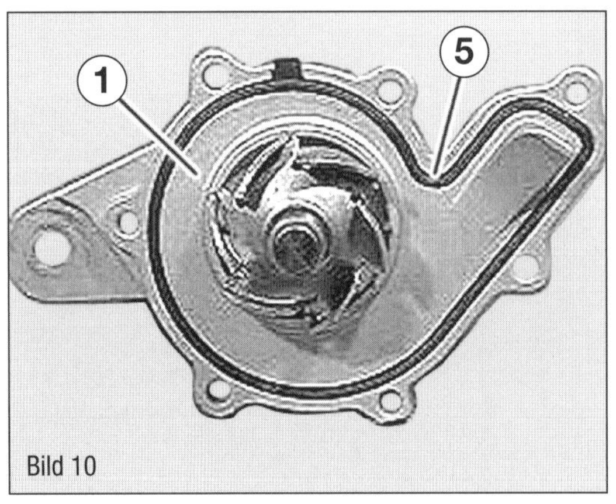

Bild 10

Bild 11

Prüf- und Testgeräte Kühlsystem

Neben den Prüfungen des Kühlmittels selbst, muss auch das System mit in die Prüfungen einbezogen werden. Einige Prüfungen werden Sie regelmäßig im Rahmen der Wartung durchführen. Wir werden Ihnen hier die unterschiedlichen Prüfungen, die Geräte und die Vorgehensweise beschreiben.

Frostschutzspindel
Der Anteil von Glykol verändert die Dichte des Kühlmittels. Der Schwimmer schwimmt je nach Dichte unterschiedlich hoch auf und ermöglicht das Ablesen der Frostschutzskala.

- Öffnen Sie den Deckel des Ausgleichsbehälters vorsichtig.
- Saugen Sie mit dem Saugball (5) so viel Kühlmittel ein, dass das Sichtfenster vollständig gefüllt ist.
- Klopfen Sie leicht an das Messgerät, um eventuell anhaftende Luftblasen vom Schwimmer zu lösen.
- Lesen Sie den Messwert an der Skala (3) mithilfe des Zeigers (4) ab.
- Notieren Sie den gemessenen Wert mit Datum im Serviceheft.

Refraktometer
Auch dieses Messgerät basiert auf der unterschiedlichen Dichte des Kühlmittels bei unterschiedlichem Frostschutzgehalt. Die Dichte hat einen Einfluss auf den Lichtbrechungswinkel. Die sich hieraus ergebende »Waterline« ermöglicht den Frostschutzgehalt auf der Skala sehr genau abzulesen. Das Refraktometer ist nur geringfügig teurer als eine gute Frostschutzspindel, sie ermöglicht aber eine deutlich genauere Messung und auch die Messung von anderen Flüssigkeiten im KFZ-Bereich.

- Öffnen Sie den Deckel des Ausgleichsbehälters vorsichtig.
- Entnehmen Sie mit der Pipette eine kleine Menge Kühlmittel und geben Sie einen Tropfen auf die Messfläche.
- Halten Sie das Messgerät gegen das Licht und blicken Sie durch das Okular auf die Skala. Die »Waterline« (Grenze zwischen hell und dunkel) zeigt Ihnen den Frostschutzgehalt zum entsprechenden Kühlmitteltyp sehr genau.

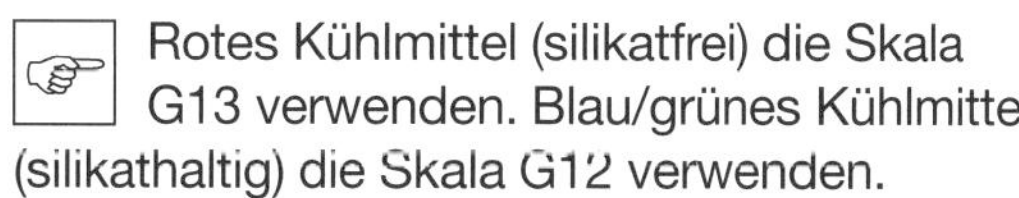
Rotes Kühlmittel (silikatfrei) die Skala G13 verwenden. Blau/grünes Kühlmittel (silikathaltig) die Skala G12 verwenden.

- Notieren Sie den gemessenen Wert mit Datum im Serviceheft.

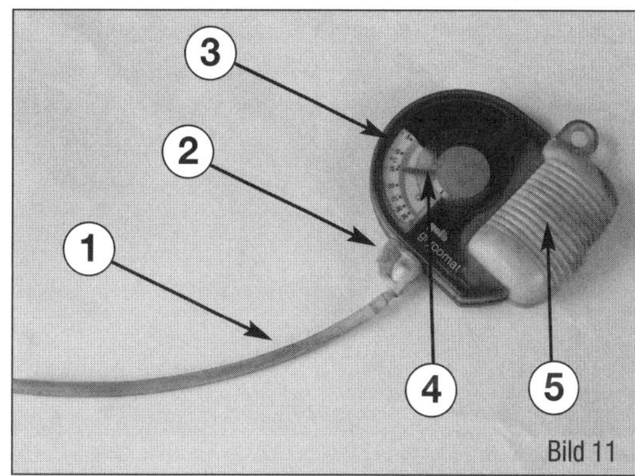
Bild 11

Bild 11
Frostschutzspindel.
1 Saugschlauch
2 Absperrhahn
3 Skala Frostschutz
4 Zeiger Frostschutz
5 Saugball

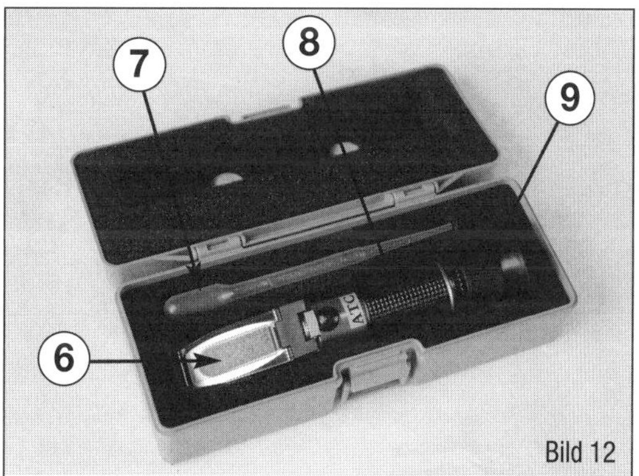
Bild 12

Bild 12
Refraktometer.
6 Streuscheibe
7 Pipette
8 Gehäuse
9 Einstellrad Bildschärfe

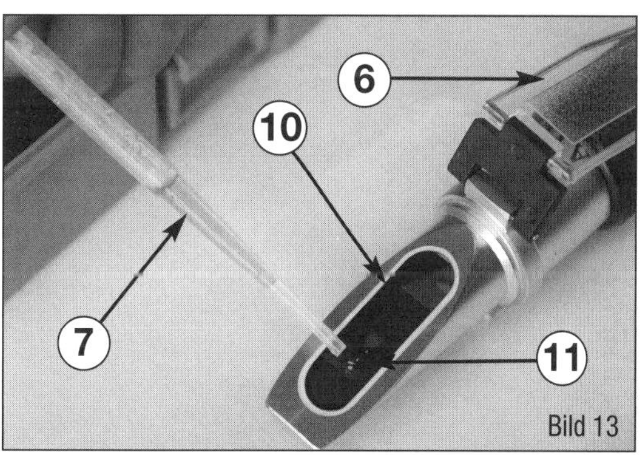
Bild 13

Bild 13
Kühlmittel auftragen
6 Streuscheibe
7 Pipette
10 Objektträger
11 Tropfen Kühlmittel

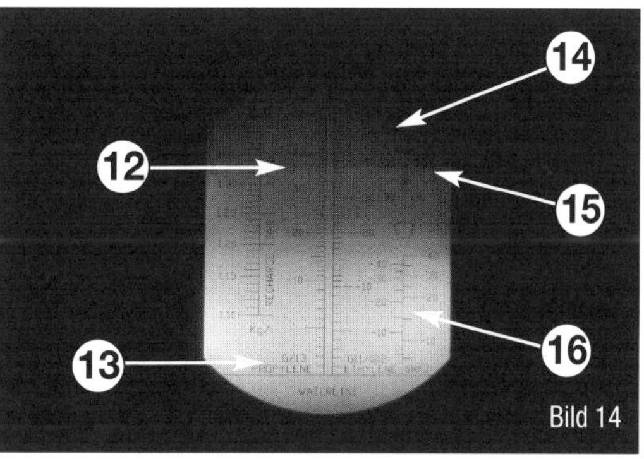
Bild 14

Bild 14
Messung auswerten.
12 Messskala für die Frostsicherheit
13 Eignung für G13
14 Lichtbrechung Wasser
15 Waterline (Übergangsgrenze)
16 Lichtbrechung Frostschutz

Kühlsystemdrucktester

Der Kühlsystemdrucktester erlaubt es, das Kühlsystem im kalten Zustand unter Druck zu setzen. So lassen sich Undichtigkeiten erkennen, die normalerweise erst mit dem Betriebsdruck undicht werden. Zudem verdunstet die austretende Kühlflüssigkeit nicht und auch kleinste austretende Mengen sind leicht zu erkennen.

Leckage nach außen:

- Schließen Sie die Anschlusskabel an der Fahrzeugbatterie an.
- Schrauben Sie einen passenden Adapter auf den Kühlmittelausgleichsbehälter.
- Stecken Sie den Anschlussschlauch auf den Adapter.
- Schalten Sie den Drucktester ein. Der eingebaute Kompressor pumpt nun das Kühlsystem auf etwa 1,2 bar auf und schaltet dann selbsttätig ab.
- Warten Sie, ob der Kompressor innerhalb von einer Minute nach dem selbsttätigen Abschalten erneut einschaltet. Ist das nicht der Fall, kann das System als »dicht« betrachtet werden.

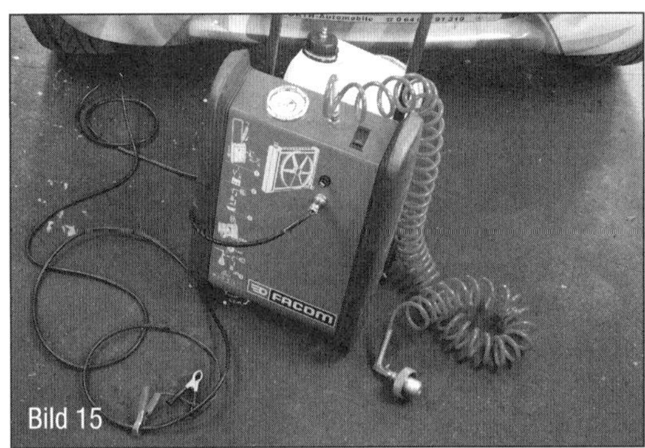

Bild 15
Kühlmittelsystemtester.

Bild 16
Manuelles Testset.

Bild 17
CO_2-Testgerät am Smart.

Kontrollieren Sie die Schläuche und Abdeckungen, die Wasserpumpe den Kühler und die Anbauteile auf Dichtigkeit oder Feuchtigkeitsbildung.

Kopfdichtungstest:

- Schrauben Sie einen passenden Adapter auf den Kühlmittelausgleichsbehälter.
- Stecken Sie den Anschlussschlauch auf den Adapter.
- Lassen Sie den Motor warmlaufen. Er sollte den Druck von 1,2 bar nicht überschreiten.

Wandert der Zeiger in den roten Bereich, müssen die Zylinderkopfdichtung und der Zylinderkopf geprüft werden.

CO_2-Prüfgerät

Der CO_2-Lecktester zeigt anhand einer chemischen Reaktion der Testflüssigkeit durch die Verfärbung nach Grün das Vorhandensein von CO_2 im Kühlmittel.

- Bauen Sie den CO_2-Tester nach Anleitung auf.
- Fahren Sie den Motor warm.
- Öffnen Sie vorsichtig den Deckel des Ausgleichsbehälters.
- Betätigen Sie mehrfach ruckartig das Gas, um einen hohen Verbrennungsdruck zu erreichen.
- Setzen Sie den Tester auf den Ausgleichsbehälter auf und betätigen Sie 10 bis 15-mal den Saugball.

Verfärbt sich die Testflüssigkeit von Blau nach Grün, befindet sich CO_2 im Luftpolster über dem Kühlmittel. Die Ursache kann dann eine defekte Zylinderkopfdichtung oder ein defekter Zylinderkopf sein. Verändert sich die Testflüssigkeit nicht, darf davon ausgegangen werden, dass keine Verbrennungsgase ins Kühlmittel gelangen.

Sind Drucktest und CO_2-Test ohne Befund, prüfen Sie die Funktion der Wasserpumpe und des Thermostates.

Die Kraftstoffversorgung

Tankanlage und Einspritzanlage gewährleisten die möglichst umweltfreundliche und zuverlässige Versorgung mit Diesel- beziehungsweise Otto-Kraftstoff. In beiden Anlagen spielen elektronische Bauteile eine wichtige Rolle.
Wichtig für die einwandfreie Funktion des Systems ist die Tankent- und -belüftung, wozu Entlüftungs- und Schwerkraftventil sowie bei Benzinmotoren der Aktivkohlefilter gehören.
Die Luft entweicht, wenn der Tank mit Kraftstoff gefüllt wird. Bei der Fahrt strömt entsprechend der verbrauchten Kraftstoffmenge von außen Luft in den Tank hinein, so dass sich kein Unterdruck bilden kann.

Die Bauteile
Die Tankanlage besteht im Wesentlichen aus fünf Baugruppen:

- Kraftstoffbehälter, in den der Treibstoff über den Einfüllstutzen eingebracht wird.
- Die Kraftstoffpumpe, die den Kraftstoff vom Tank zur Einspritzanlage fördert.
- Der Kraftstofffilter, den der Kraftstoff von der Pumpe über Vorlaufleitung und das System der Kraftstoffaufbereitung zum Motor durchfließt.
- Die Kraftstoff-Leitungen, also Vorlauf- (Zulauf-) und Rücklaufleitungen aus druckfestem Material und die (Entlüftungs-)Leitungen zum Aktivkohlebehälter.
- Beim Diesel ist in der Kraftstoffleitung zusätzlich ein Kühler eingebaut, der den durch die Hochdruckpumpe erwärmten Kraftstoff auf dem Rückweg zum Tank abkühlt.
- Beim Benziner werden die flüchtigen Kraftstoffdämpfe in einem Aktivkohlebehälter gesammelt und dem Motor in geregelten Portionen zugeführt.

Die Aktivkohlebehälter-Anlage
Je nach Luftdruck und Umgebungstemperatur bilden sich über dem Otto-Kraftstoff im Tank Dämpfe.
Beim Entweichen als Kohlenwasserstoff-Emissionen (HC) würden sie die Atmosphäre verunreinigen.
Deshalb werden sie vom höchsten Punkt des Tanks über ein Schwerkraftventil (schließt bei 45° Neigung) und ein Absperrventil (Regenerierventil) in den Aktivkohlebehälter geführt.
Die Aktivkohle speichert die Kraftstoffdämpfe bis zum »Spülen«, der Regenerierung der Aktivkohle. Durch die Belüftungsöffnung an der Unterseite des Aktivkohlebehälters wird Frischluft angesaugt.
Die gespeicherten Dämpfe und Frischluft werden dosiert der Verbrennung zugeführt. Das Regenerierventil verhindert, dass bei geöffnetem Magnetventil und anliegendem Saugrohrunterdruck Kraftstoffdämpfe aus dem Tank gesaugt werden. Es sichert, dass vorrangig eine Entleerung des Aktivkohlefilters stattfindet. Stromlos (z.B. bei Leitungsunterbrechung) ist das Magnetventil geschlossen. Der Aktivkohlebehälter wird dann nicht entleert.

Der Kraftstoff
Die Benzinmotoren bis 61 PS brauchen Super bleifrei (ROZ 95; siehe Aufkleber an der Tankklappe!) nach DIN EN 228. Die leistungsgesteigerten BrabusMotoren oder auch die Hochleistungs-Versionen im Roadster verlangen jedoch nach Superplus (ROZ 98).
Bei Normalbenzin (ROZ 91) muss mit Leistungsminderung oder höherem Kraftstoffverbrauch gerechnet werden. Wird Kraftstoff niedrigerer Oktanzahl verwendet, könnten starke Motorbelastung durch Vollgas oder hohe Drehzahlen zu Motorschäden führen. Darum muss baldmöglichst Benzin höherer Oktanzahl nachgetankt werden. Kraftstoff mit höherer Oktanzahl als vom Motor benötigt (Super Plus, ROZ 98) kann immer verwendet werden, bringt allerdings keine Vorteile.
Der Kraftstoff für die Dieselmotoren muss der DIN EN 590 entsprechen. Seine Cetan-Zahl (CZ) darf nicht unter 49 liegen. Mit Winterdiesel kann bis zu einer Außentemperatur von ca. -24°C betriebssicher gefahren werden. Sollte der Kraftstoff bei noch niedrigeren Temperaturen so dickflüssig geworden sein, dass der Motor nicht mehr anspringt, muss das Fahrzeug einige Zeit in einem geheizten Raum (Garage, Werkstatt) untergestellt werden. Denn bei niedrigen Temperaturen nimmt die Fließfähigkeit von Dieselkraftstoff so ab, so dass Paraffinausscheidungen den Kraftstofffilter zusetzen und den Motorbetrieb empfindlich stören können. Während der kalten Jahreszeit wird generell mit kältebeständigem Winterdiesel gefahren. »Fließverbesserer« oder Benzin dürfen nicht zugesetzt werden.

Sichtprüfung Messen

Arbeiten an der Tankanlage

Bei allen Arbeiten an der Kraftstoffversorgung sind die Sicherheits- und Sauberkeitsregeln zu befolgen, die auch für Arbeiten an Motoren und Einspritzanlagen gelten:
Das Kraftstoffsystem steht unter Druck. Vor dem Öffnen von Schlauchverbindungen Putzlappen um die Verbindungsstelle legen. Durch vorsichtiges Abziehen des Schlauches Druck abbauen.

Die Temperatur der Kraftstoffleitungen bzw. des Kraftstoffes kann bei Fahrzeugen mit CDI-Einspritzmotoren im Extremfall bis zu 100 °C betragen. Vor dem Öffnen von Leitungsverbindungen Kraftstoff abkühlen lassen, da akute Verbrühungsgefahr besteht.

Schutzhandschuhe und Schutzbrille tragen. Jeden Hautkontakt mit Kraftstoff vermeiden!
Bei allen Arbeiten sollte in die Nähe der Montageöffnung des Kraftstoffbehälters der Abgasschlauch einer eingeschalteten Abgas-Absauganlage gelegt werden. Verwendet werden kann ein Radiallüfter mit einem Fördervolumen über 15 m^3/h.

Beim Aus- und Einbau der Tankgeber oder der Kraftstoffpumpe aus dem Kraftstoffbehälter darf der Behälter zu höchstens zwei Drittel gefüllt sein.

Beim Ausbauen des Kraftstoffbehälters gilt: Kein offenes Feuer im Umfeld, nicht rauchen, keine glühenden oder sehr heißen Teile in die Nähe des Arbeitsplatzes bringen.
Der Tank sollte vor dem Ausbauen leer gefahren werden. Wird der Kraftstoff abgesaugt, kann der Tank mit der verbleibenden Restmenge gefahrlos ausgebaut werden.

- Verbindungsstellen und deren Umgebung vor dem Lösen gründlich reinigen.
- Ausgebaute Teile auf einer sauberen Unterlage ablegen und abdecken. Keine fasernden Lappen benutzen.
- Geöffnete Bauteile sorgfältig abdecken, wenn die Reparatur nicht umgehend ausgeführt wird.
- Nur saubere Teile einbauen. Ersatzteile erst unmittelbar vor Einbau aus der Verpackung nehmen und keine unverpackt aufbewahrten Teile verwenden!

Bei geöffneter Anlage möglichst nicht mit Druckluft arbeiten und Fahrzeug nicht bewegen. Dieselkraftstoff nicht auf die Kühlmittelschläuche laufen lassen!

Kraftstoffbehälter entleeren

- Absaugschlauch an die Absaugpumpe anschließen und die Pumpe erden, um Funkenbildung zu verhindern .
- Den Verschlussdeckel am Einfüllstutzen abnehmen.
- Kraftstoff-Zulaufleitung vom Kraftstoffverteiler trennen, auslaufenden Kraftstoff auffangen. Das andere Ende vom Absaugschlauch mit der Kraftstoff-Zulaufleitung verbinden.
- Den Kraftstoff in einen Sicherheitsbehälter abpumpen. Zulaufleitung und Absaugschlauch trennen und die Kraftstoff-Zulaufleitung motorseitig wieder anschließen.
- Beim Diesel zusätzliche den Kraftstoff-Rücklaufschlauch vom Kraftstoffkühler trennen, auslaufenden Kraftstoff auffangen.
- Kraftstoff-Rücklaufschlauch mit dem Ab-

Bild 12 (Diesel) und Bild 13 (Benziner) Kraftstoffanschlüsse im Motorraum:
1 Vorlaufschlauch
2 Rücklaufschlauch
3 Leitung zum Aktivkohlebehälter

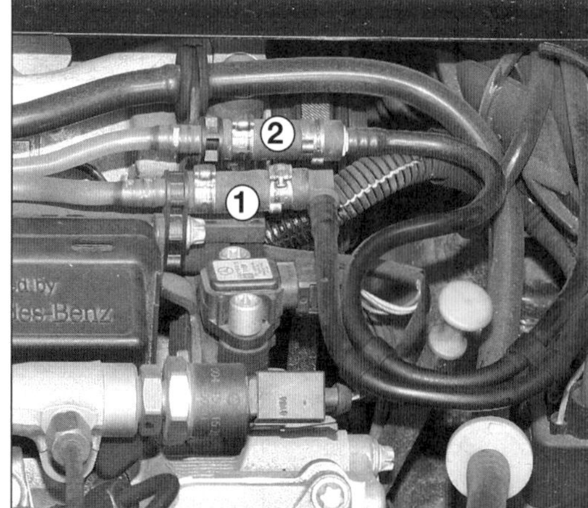

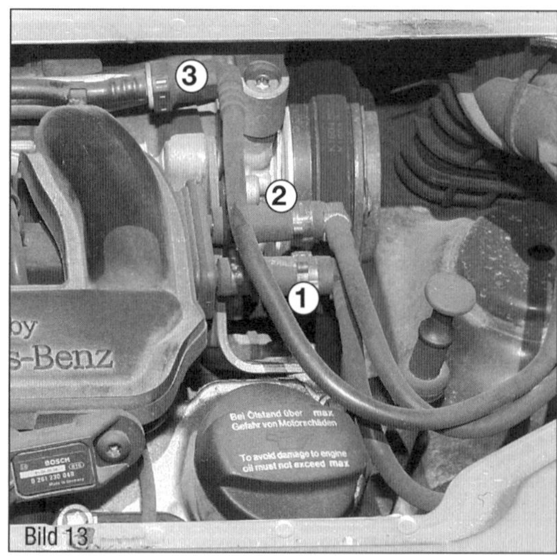

saugschlauch verbinden. Gegebenenfalls Adapter benutzen, um unterschiedliche Schlauchdurchmesser auszugleichen.

■ Kraftstoff in den Sicherheitsbehälter abpumpen. Rücklaufleitung und Absaugschlauch trennen, Kraftstoff-Rücklaufschlauch wieder an den Kraftstoffkühler anschließen.

Kraftstoff umfüllen

Den Kraftstoffbehälter wie üblich durch die Tankeinfüllöffnung befüllen. Anlage auf Dichtigkeit prüfen. Die Kraftstoffanlage der CDI-Motoren muss dann entlüftet werden.

Kraftstoffbehälter nur im Freien entleeren. Abpumpgerät mit Absaugschlauch verwenden. Auf keinen Fall den Kraftstoff durch Saugen an einem Schlauch mit dem Mund entleeren und jeden Hautkontakt vermeiden!

Den Kraftstoffbehälter nie über einer Montagegrube entleeren. Die entweichenden Gase sind schwerer als Luft und würden für mehrere Stunden in der Grube bleiben. Gesundheitsschädigung durch Einatmen, akute Explosionsgefahr!

■ Kraftstoff nur in einen verschließbaren, beschrifteten Behälter umfüllen. Gut sind spezielle Behälter mit Flammschutz und Druckausgleichs-Verschluss.

Im entleerten Kraftstofftank befinden sich Restgase. Auch die sind gefährlich. Alle Arbeiten deshalb mit besonderer Vorsicht ausführen! In geschlossenen Räumen dürfen keine eingeschalteten elektrischen Geräte, offenen Flammen, Wärme- und Funkenquellen vorhanden sein.

Niederdruck-Kraftstoffkreislauf entlüften

Da die Hochdruck-Einspritzpumpe der CDI-Motoren auf die Schmierung durch Diesel-Kraftstoff angewiesen ist muss sichergestellt werden, dass die Hochdruckpumpe nach Eingriffen in das Kraftstoffsystem nicht trocken läuft. Darum sollte das System noch vor dem ersten Startversuch bis zur Pumpe entlüftet werden.

■ Kraftstoff-Rücklaufschlauch abziehen, auslaufenden Kraftstoff auffangen.

■ Die beiden Entlüftungsschläuche einer Diesel-Entlüfter-Pumpe (etwa die DEP-02-DChr von Autotestgeräte Leitenberger,

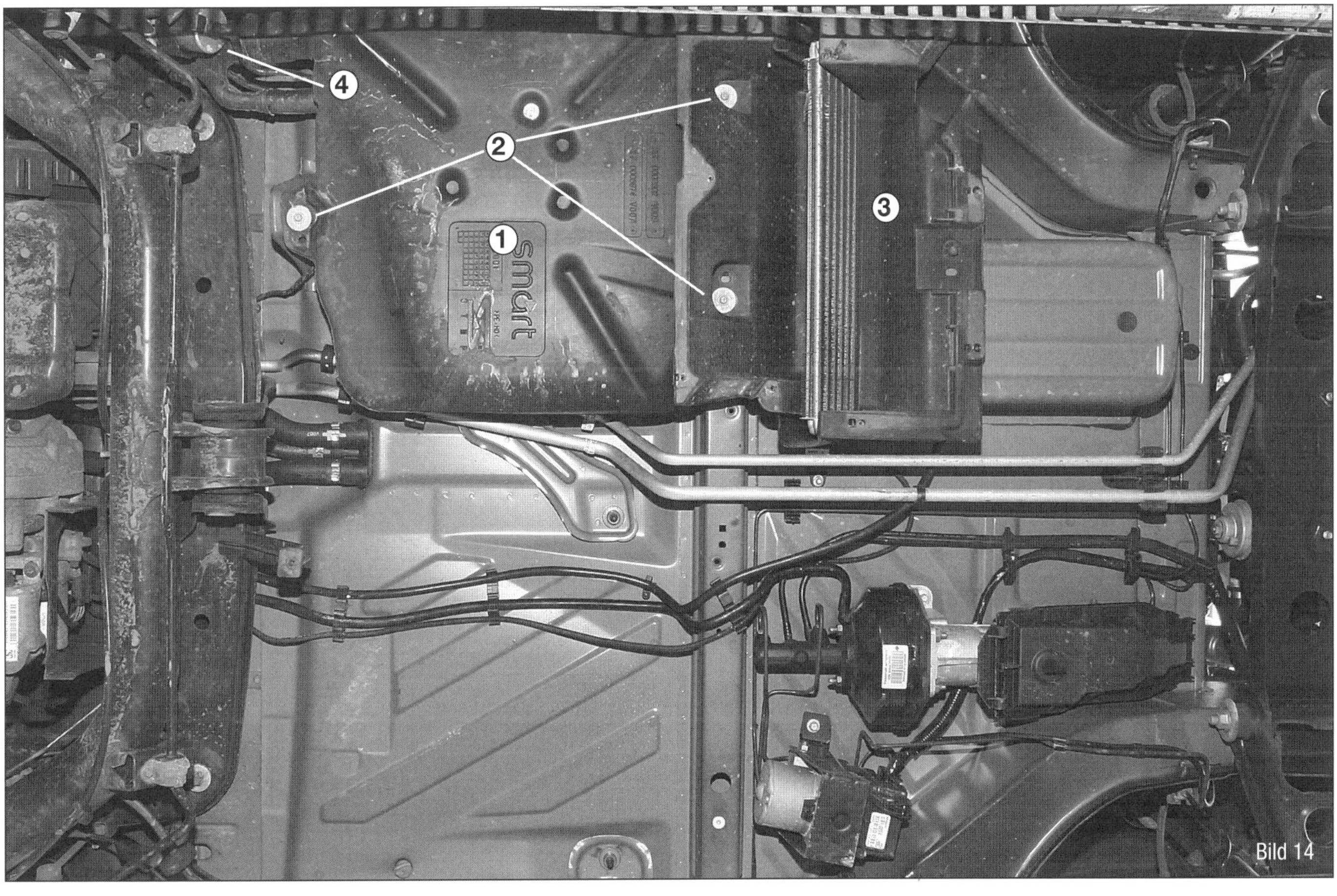

Bild 14
Lage des Kraftstofftanks bei einem Fortwo CDI:
1 Kraftstoffbehälter
2 Befestigungsschrauben
3 Kraftstoffkühler
4 Krafstofffilter

Bild 14

Kirchentellinsfurt) am Kraftstoff-Rücklaufschlauch anschließen.

- Stecker der Entlüfterpumpe in den Zigarettenanzünder stecken und Pumpe laufen lassen.
- Die Entlüftung mit der Dieselpumpe ist so lange vorzunehmen, bis keine Luftblasen mehr im Kraftstoff sind. Der Kraftstoff fließt dann völlig blasenfrei durch die transparenten Entlüfterschläuche.
- Stecker der Entlüfterpumpe abziehen. Die Entlüftungsschläuche vom Kraftstoff-Rücklaufschlauch trennen.
- Kraftstoffanlage bei laufendem Motor auf ihre Dichtheit prüfen.

Kraftstofffilter erneuern

Die Kraftstofffilter befinden sich in der Nähe des Tanks und haben die Aufgabe das Kraftstoffsystem frei von Verunreinigungen zu halten. Beim Diesel ist der Filter beheizt um bei niedrigen Temperaturen das Ausflocken des Diesel-Kraftstoffes zu verhindern. Die Information hierzu gibt ein Temperaturfühler in der Pumpen-/ Tankgebereinheit.

⚠ Das Kraftstoffsystem kann unter Druck stehen. Haut und Augen unbedingt schützen. Anlage nicht bei heißem Umgebungsteilen öffnen!

Ausbau bei den Benzinmotoren

- Unterbodenverkleidung hinten entfernen und Filter lokalisieren.
- Leitung am Abgang lösen, dabei Lappen über die Leitung legen und vorsichtshalber Schutzbrille und Handschuhe tragen.
- Halter lösen, Leitung am anderen Ende lösen und Filter herausnehmen.

Ausbau bei den CDI-Motoren

- Wie bei Benzinern, zusätzlich:
- Elektrischen Anschluss lösen.

Einbau für alle Motoren

- Sinngemäß in umgekehrter Reihenfolge.
- Bei den Benzinmotoren beachten: Die Einbauposition der Kraftstoffleitungen muss stimmen, die Schlauchschellen müssen erneuert werden.
- Bei den Dieselmotoren Kraftstoffanlage entlüften und Steckkontakt für Filterheizung nicht vergessen.

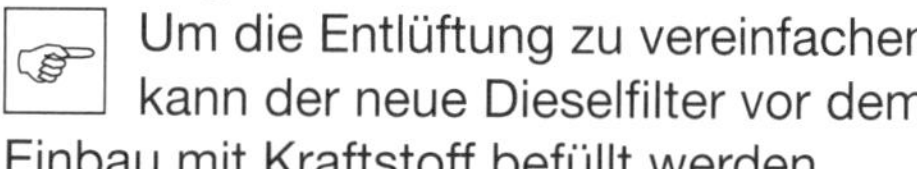
Um die Entlüftung zu vereinfachen kann der neue Dieselfilter vor dem Einbau mit Kraftstoff befüllt werden.

Kraftstoffkühler beim CDI aus- und einbauen

Der Kraftstoffkühler ist thermostatisch geregelt und senkt die Temperatur des bis auf 100 Grad erhitzten Diesels auf dem Weg zurück In den Tank. Der Ausbau des Kraftstoffkühlers ist notwendig um den Krafstoffbehälter ausbauen zu können. Bei Schäden an der Hochdruckpumpe sollte der Kühler ersetzt werden, da in seinem Inneren Späne vorhanden sein können.

Ausbau

- Masseleitung der Batterie abklemmen, Kraftstoff zweckmäßigerweise abpumpen.
- Unterbodenverkleidung entfernen
- Thermostat zwischen Kraftstoffleitung und Kühler ausbauen. Dazu zunächst die Schnellverschlüsse trennen, dann die Schellen Richtung Kühler entfernen.
- Befestigungsschraube des Thermostats entfernen
- Schellen an den Leitungen zum Kühler entfernen und Schläuche abziehen
- Krafstoffbehälter abstützen und beide Halteschrauben entfernen. Achtung: Der Tank hängt jetzt nur noch an einer Schraube!
- Die verbliebene Befestigungsschraube des Kraftstoffkühlers an der Karosserie entfernen und den Kühler entnehmen.

Einbau

- Kühler positionieren und mit Schraube an der Karosserie befestigen.

Bild 15
Der Kraftstoffkühler beim Diesel:
1 Kraftstoffleitungen
2 Befestigungsschrauben
3 Tank

■ Kraftstoffleitungen anschließen und mit neuen Schellen befestigen.
■ Tank-/Kühlerbefestigungsschrauben eindrehen (10 Nm).
■ Thermostat einbauen, hier ebenfalls neue Schellen verwenden!
■ Kraftstoffsystem entlüften, auf Dichtheit prüfen und Unterbodenverkleidung anbauen

Kraftstoffbehälter aus- und einbauen
Der Kraftstoffbehälter sitzt zirka auf Höhe des Beifahrersitzes unter dem Wagenboden. Das Fassungsvermögen beträgt beim Diesel und den Benzinern bis Februar 2002 nur 22 Liter, bei den Benzinern ab Februar 35 Liter. Der Behälter muss bei Undichtigkeit unten oder oben durch z. B. Aufsetzer oder Unfallschäden unbedingt ersetzt werden. Abdichtmaßnahmen wie Kleben sind nicht zulässig.

Ausbau
■ Masseleitung der Batterie abklemmen und den Kraftstoffbehälter entleeren.
■ Unterbodenverkleidung komplett abnehmen. Falls zur Antriebseinheit hin ein Spritzschutz angebracht ist, sollte dieser zumindest gelöst werden.
■ Falls am Wagenboden eine zweiteilige Diagonalverstrebung verbaut ist, muss auch diese entfernt werden.
■ Beim Diesel den Kraftstoffkühler wie beschrieben ausbauen.
■ Im Motorraum zusätzlich die Rücklaufleitung und bei den Benzinern die Leitung zum Aktivkohlebehälter abziehen.
■ Tankdeckel und Auffangschale ausbauen (Bild X), Schraube am Einfüllstutzen lösen.
■ Halteschrauben lösen und Behälter vorsichtig ablassen
■ Schrauben aus dem Schließteil am Radlauf hinten rechts herausdrehen (25 Nm).
■ Schutz des Einfüllstutzens vom Motorraum aus entfernen und dabei den Krafststoffvorlauf durch den Schutz ziehen.
■ Kraftstofffilter ausbauen
■ Pumpe und Tankgeber ausbauen
■ Kabelbinder, Leitungen und sonstige Befestigungen entfernen
■ Behälter vorsichtig weiter ablassen.

Einbau
■ sinngemäß in umgekehrter Reihenfolge.
■ Auf korrekten Leitungsverlauf achten
■ Neue Schellen verwenden
■ Beim Diesel Kraftstoffsystem entlüften

Kraftstoffbehälter aus Kunststoff entsorgen
Vor dem Öffnen vollständig entleeren, gründlich reinigen und mit einem nicht brennbaren Stoff (Wasser, Wasserdampf, Inertgas wie Stickstoff oder Kohlendioxid) spülen.
Dann mit einer geeigneten Säge eine ca. 30x30 cm große Öffnung in die Behälterwand einbringen.
Der aufgeschnittene Behälter kann in Deutschland über das Mercedes Recycling System (MeRSy) als »sonstige Kunststoffteile« der Verwertung zugeführt oder mit der Fraktion des hausmüllähnlichen Gewerbemülls entsorgt werden.

Bild 16
Tankeinfüllstutzen:
1 Tankdeckel
2 Muffe
3 Dichtring
4 Tankrohr
5 Dichtung
Bild 17 (Auswahl)
Ausbau Tankrohr:
1,2,3 Kraftstoffleitungen
4,7 Tankrohr
5 Halter
8 Kabelbinder
9 Leitungen

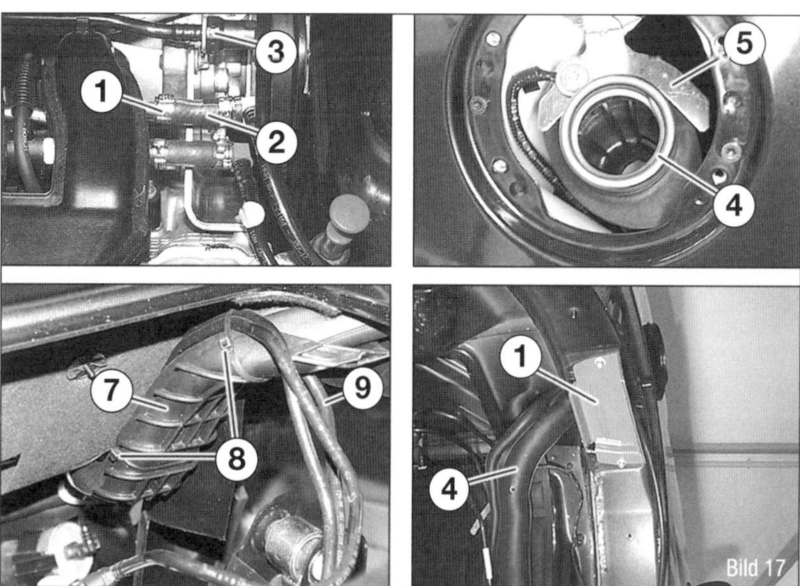

Die Motorsteuerung

Das Motorsteuergerät sitzt im Motorraum hinten links am Luftfilterkasten und kann über eine OBD-Schnittstelle (On-Board-Diagnostics) in Innenraum ausgelesen werden. Das Vorhandensein einer OBD-Anzeige im Sichtbereich des Fahrers ist nunmehr für eine Zulassung von neuen Fahrzeugen in Europa (EOBD) vorgeschrieben. Dies gilt für PKW mit Benzinmotor ab Modelljahr 2001 und für PKW mit Dieselmotoren ab Modelljahr 2004 (Quelle: TÜV Rheinland).Zugang für die Fahrzeugdiagnose über OBD-2 ist die 16polige OBD-2-Diagnosebuchse im Fahrzeug, die aber oft nicht nur für das herstellerübergreifende, abgasrelevante OBD-2-Diagnoseprotokoll verwendet wird, sondern auch für die spezifischen Diagnoseprotokolle der Hersteller.
Über die Diagnoseschnittstelle sendet der angeschlossene Werkstatt- oder Notebook-Computer Befehle an eines der Steuergeräte, das über seine Adresse aktiviert wird, und erhält anschließend Ergebnisse zurück. Befehle gibt es u. a. zum Lesen der ID (präzise Modellbezeichnung und Version) des Steuergeräts, zum Lesen und Rücksetzen der oben erwähnten Fehlereinträge, zum Auslesen von sog. Messwertblöcken (auch Normanzeige genannt), zum Lesen, Testen und Setzen von diversen Einstellungsparametern (sog. Anpasskanälen) und (vor allem für die Entwicklung) zum direkten Lesen und Schreiben von Speicherzellen im Steuergerät.

Bild 18
Vorteil OBD-Schnittstelle: Auch mit handelsüblichen Geräten kann auf die Daten des Steuergeräts zugegriffen werden.

Bild 18

Neben der Gefahrenabwehr und Schonung der Umwelt soll die OBD in der Praxis auch Motorschäden verhindern: Bei entsprechenden Fehlern werden dann motorschonende Notlaufprogramme aktiviert. Beispiel: Nach Erkennen eines losen Zündkerzenkabels ("Kabelbruch") wird der entsprechende Zylinder abgeschaltet (kein Kraftstoff eingespritzt), da sonst das unverbrannte Gemisch den Katalysator zerstören könnte. Der Fahrer nimmt dies (neben der eventuell aufleuchtenden MIL) als Leistungsabfall wahr.
Weiterhin kann die OBD auch zur Vereinfachung von Wartung/Reparaturen dienen: Die Informationen der OBD können die Suche nach der defekten Komponente nach Auftreten eines Fehlersymptoms erleichtern oder gar überflüssig machen. Voraussetzung dafür ist allerdings, dass zu den jeweiligen Fehlermeldungen eine entsprechend detaillierte Service-dokumentation des Herstellers bereitgestellt wird. Der Anschluss dafür befindet sich im Bereich zwischen Lenkrad und Pedalerie. Mercedes-Benz bzw. Smart Vertragswerkstätten verwenden dazu das Diagnose- und Informationssystem »Star Diagnosis« doch auch mit Hilfe eines handelsüblichen Schnittstellen-Kabels und einem Laptop kann auf das Steuergerät zugegriffen werden - die entsprechende Software vorausgesetzt.
Es ist entweder ein Steuergerät für Diesel-Direkteinspritz- und Glüh-Anlagen oder ein Benzin-Einspritz- und Zündsystem verbaut. Gleichzeitig übernimmt dieses Steuergerät auch die Steuerung des automatisierten Schaltgetriebes.

Funktionsweise beim Benziner
Jeder Zylinder hat sein Einspritzventil, das den Kraftstoff vor das Einlassventil spritzt. Das bedeutet: Das zündfähige Gemisch wird außerhalb des Brennraumes gebildet und durch die Zündkerzen entflammt.
Nach Signalen von Drosselklappen-Geber und Luftmassenmesser regelt das Steuergerät die Einspritzdauer und je nach Drehzahl und Betriebspunkt den Zündzeitpunkt. Wird die Maximal-Drehzahl überschritten, schaltet das Steuergerät die Einspritzventile ab. Beim Gaswegnehmen bleiben die Ventile geschlossen, wenn der Motor betriebswarm ist und wenn er über 1.500 U/min dreht.

Wesentliche Bauteile der Einspritzanlage

- Der Geber am elektronischen Fahrpedal (E-Gas) teilt mit, wieviel Gas der Fahrer gibt.
- Die Drosselklappen-Steuereinheit mit Drosselklappensteller im Saugrohr stellt daraufhin die gewünschte Motorleistung ein.
- Fühler im Kühlmittel-Kreislauf und im Kraftstoff-Tank melden Kühlmittel- und Kraftstofftemperatur.
- Luftmassenmesser, Temperaturfühler für Ansaugluft- und Saugrohrtemperatur, Fühler für Saugrohrdruck erfassen die Menge und Temperatur der angesaugten Luft beziehungsweise der vom Turbolader bereitgestellten Luftmenge (Ladedruck). Daraus wird die Einspritzmenge abgeleitet.
- Drehzahlfühler und OT-Geber, die über Motordrehzahl sowie Stellung von Kurbelwelle und Kolben informieren, bilden die Basis für die Berechnung des Zündzeitpunktes.
- Klopfsensoren registrieren während des Motorhochlaufs unregelmäßige (»klopfende«) Verbrennung und regulieren den Zündzeitpunkt nach.
- Der Ladedruck wird mit Hilfe eines Bypass-Ventils nachgeregelt und nach oben begrenzt.
- Lambda-Sonden vor und nach dem Katalysator messen anhand der Abgaszusammensetzung das Luft-Kraftstoff-Verhältnis des Gemisches: Lambda > 1: mageres Gemisch mit mehr Luft, Lambda < 1: fettes Gemisch. Nur bei Lambda = 1 arbeitet der Katalysator optimal. Sollte ein permanenter Fehler in der Gemischbildung vorliegen, schaltet das Steuergerät die Motorkontrollleucht auf, speichert den Fehler und geht in ein Notprogramm.

Funktionsweise beim Diesel

Im Unterschied zu den Benzinern wird das Gemisch beim Diesel innerhalb der Brennraumes gebildet und entzündet sich von selbst. Bis auf die Klopfregelung und die fehlenden Zündkerzen ist beim Diesel die gleiche Sensorik verbaut.

Bei den CDI-Motoren wird der Kraftstoff direkt in den Brennraum, in die Brennmulde im Kolben eingespritzt. Das Common-Rail-Einspritzprinzip garantiert höchste Einspritzdrücke, je nach Anlage von 1350 bis 1600 bar, für definierte Voreinspritzung und sanfte Verbrennung. Der Kraftstoff gelangt über die Vorförderpumpe aus dem Tank zur Hochdruckpumpe, von dort über das Verteilerrohr (die »Rail«) am Zylinderkopf gleichmäßig und mit überall gleicher Temperatur zu den Injektoren (Einspritzdüsen).

Die Einspritzung erfolgt dabei in drei Phasen:

- Voreinspritzung: Für sanften Verbrennungsablauf wird vor der Haupteinspritzung eine kleine Kraftstoffmenge mit geringem Druck eingespritzt. Deren Verbrennung erhöht Druck und Temperatur im Brennraum. Das führt zu schneller Zündung der Haupteinspritzmenge und verringert den Zündverzug. Voreinspritzung und Spritzpause bis zur Haupteinspritzung bewirken, dass die Drücke im Brennraum flach ansteigen. Folge: geringe Verbrennungsgeräusche und weniger Stickoxid-Emissionen. Einige Anlagen haben doppelte Voreinspritzung.
- Haupteinspritzung: Sie muss eine gute Gemischbildung sichern, damit der Kraftstoff möglichst vollständig verbrennt. Mit dem hohen Einspritzdruck, der bei maximaler Motorleistung (hohe Drehzahl, große Einspritzmenge) am größten ist, wird der Kraftstoff sehr fein zerstäubt, so dass er sich ausgezeichnet mit der Luft mischen kann. Das bewirkt vollständige Verbrennung bei Schadstoffreduzierung und hoher Leistungsausbeute.
- Einspritzende: Der Einspritzdruck fällt schnell ab, und die Düsennadel schließt das Ventil schnell wieder. Es wird verhindert, dass Kraftstoff mit geringem Einspritzdruck und großem Tropfendurchmesser in den Brennraum gelangt und nur noch unvollständig verbrennt.

Arbeiten an der Einspritzanlage

Bei allen Arbeiten an der sensiblen Anlage sind folgende Verhaltensregeln zu beachten:

- Vor Reparaturen immer Fehlerspeicher des Motorsteuergeräts abfragen (»Star Diagnosis«).

Bei einigen Prüfungen kann vom Steuergerät ein Fehler erkannt und gespeichert werden. Daher im Anschluss an Arbeiten ebenfalls Speicher abfragen und löschen.

Oft genügt es auch, vor dem Motorstart zehn Sekunden die Zündung einzuschalten. Bei einer anschließenden kurzen Probefahrt lernt das Steuergerät die Anpassung an die Motorgegebenheiten wieder, falls kein permanenter Fehler im Speicher eingetragen ist.

Sichtprüfung Messen

Ein sporadischer Fehler wird in der Regel automatisch aus dem Fehlerspeicher gelöscht, wenn er innerhalb von 40 Warmlaufphasen nicht mehr auftritt.

- Zur einwandfreien Funktion bei allen Prüfungen ist eine Spannung von mindestens 11,5 Volt erforderlich.
- Alle Unterdruckschläuche und Anschlüsse auf Falschluft prüfen. Kraftstoffschläuche im Motorraum nur mit Federbandschellen sichern.
- Batterie, Leitungen der Zünd-, Vorglüh- und Einspritzanlage sowie Messgeräteleitungen dürfen nur bei ausgeschalteter Zündung abgeklemmt werden.
- Leitungen aller Art, für stoffliche Medien ebenso wie für elektrischen Strom, müssen immer im Sinne der ursprünglichen Leitungsführung verlegt werden. Ausreichend Freigang zu beweglichen oder heißen Bauteilen sichern. Getrennte elektrische Steckverbindungen vor Schmutz und Nässe bewahren.
- Verbindungsstellen und deren Umgebung vor dem Lösen gründlich reinigen.
- Ausgebaute Teile auf sauberer Unterlage ablegen und ebenso wie geöffnete Teile sorgfältig abdecken, wenn die Reparatur nicht sofort ausgeführt wird.
- Nur saubere Teile einbauen. Teile erst unmittelbar vor dem Einbau aus der Verpackung nehmen. Keine unverpackt aufbewahrten Teile verwenden.
- Bei geöffneter Anlage das Arbeiten mit Druckluft und das Bewegen des Fahrzeugs vermeiden.
- Kühlmittelschläuche dürfen nicht mit Diesel in Berührung kommen, sonst Schläuche sofort reinigen! Regelmäßigen Wartungsarbeiten sind z. B. beim Diesel das Entwässern und der Austausch des Kraftstofffilters.

Geber-Funktionen überprüfen

Das ordnungsgemäße Funktionieren von Gebern bestimmt die Funktion der gesamten Einspritzanlage. Eine gewisse Grobüberprüfung wichtiger Geber besteht darin, an den Kontakten der Anschlussstecker die Ansteuerungsspannung für den betreffenden Geber und an den Steckkontakten der Geber deren Innenwiderstand zu messen. Dieser muss im Normalfall zwischen einigen Dutzend Ohm und mehreren Kiloohm liegen. An den Kontakten der Zuleitungen lassen sich gegen Motormasse mittels Lampe, Multimeter oder Prüfbox Kurzschlüsse oder Leitungsunterbrechungen feststellen.

Einspritzventile kontrollieren

Um die Einspritzdüsen der Benzinmotoren zu überprüfen und auszutauschen, muss der Kraftstoffverteiler mit den Ventilen aus dem Saugrohr ausgebaut werden. Die Düsen sind axial ins Saugrohr gesteckt und nicht arretiert. Im Kraftstoffverteiler werden die Einspritzventile durch Verdrehsicherungen gehalten.
Die Kraftstoffinjektoren der CDI-Motoren werden durch Sicherungsklammern gehalten. Der Gebrauch von Werkzeugen ist laut Arbeitsvorschrift nur zum Festziehen und Lösen der Torx-Befestigungen und der Hochdruckleitungen zulässig. Andere Montage- oder Demontagevorgänge müssen von Hand und ohne Hilfsmittel erfolgen. Außer der Kraftstoffverteilerleiste darf keine Komponente des Common-Rail-Systems zerlegt werden. Im Fehlerfall sind Komponenten komplett zu tauschen.
Bosch-Montagehinweise zu den einzelnen Komponenten beachten und strikt befolgen!

Sichtprüfung der Anlage

- Bei Problemen, die vom Motormanagement verursacht sein können, zunächst folgende Teile auf Risse und Dichtigkeit überprüfen: Unterdruckschlauch des Bremskraftverstärkers, Kraftstoffleitungen, Druckregler und Kraftstoffrücklaufleitung vom Druckregler.
- Wurden Kabelstecker öfter auseinander gezogen und wieder zusammengesteckt, kann das mangelnden Kontakt zur Folge haben. Kontakte mit Kontaktspray behandeln. Im Notfall die Kontaktzungen ein wenig nachbiegen.
- Kontrollieren, ob der Motor Nebenluft zieht (bei Leerlaufproblemen oft der Fall). Unterdruckschläuche auf Risse und festen Sitz prüfen. Am Ansaugkrümmer alle Schläuche zum Bremskraftverstärker, zum Kraftstoffdruckregler und zum Magnetventil der Aktivkohlebehälter-Anlage (Kraftstoffverdunstungs-Anlage) überprüfen.

Steuergerät des Einspritzsystems ausbauen

Das Steuergerät CDI für die Dieselmotoren und das Steuergerät für die Benzinmotoren sehen ähnlich aus. Die Steuergeräte sind hinten links im Motorraum eingebaut.

Ausbau

- Motorraum-Abdeckung ausbauen, Zündung muss ausgeschaltet sein. Besser noch: Batterie abklemmen!
- Beide Stecker am Steuergerät und eventuelle Kabelbinder am Kabelbaum entfernen.
- Alle acht Befestigungsschrauben entfernen und Steuergerät entnehmen.

Einbau

- Sinngemäß umgekehrt zum Ausbau.

Bei einer Erneuerung des Steuergeräts muss eine Grundprogrammierung der Schließanlage inklusive aller Schlüssel durchgeführt werden.

Ausbau von Einzelkomponenten

Folgende Teile der Motorsteuerung können problemlos (von oben) ausgebaut und ersetzt werden:

Beim Benziner (M160):

- Saugrohrdrucksensor:

Stecker abziehen und Schraube (6 Nm) lösen

- Temperaturfühler Ansaugluft:

Stecker abziehen, Haltenasen zusammendrücken und Fühler aus dem Saugrohr ziehen

- Zündspulen:

Stecker an Zündspulen abziehen, Hochspannungskabel an Zündkerzen abziehen. Je zwei Schrauben an den Zündspulen (14 Nm) lösen und Zundspulen entnehmen.

Niemals an den Hochspannungskabeln, sondern nur am Stecker ziehen! Für bessere Zugänglichkeit eventuell I leckteil abbauen

- Drosselklappensteller:

Ansaugluftführung vom Ladeluftkühler abbauen, darunter liegenden Stecker lösen, vier Schrauben (9 Nm) am Gehäuse lösen und Stellglied entnehmen.

Beim Wiedereinbau Dichtung erneuern!

Beim Diesel (OM660):

- Raildruckgeber:

Stecker abziehen, Geber lösen (20 Nm) und dabei Mutter an der Rail beim Lösen gegenhalten. Dichtring erneuern!

- Druckregelventil:

Leitung (2) und Halter (3) entfernen (8 Nm), Leitungen an der Hochrdruckpumpe abziehen. Stecker von Regelventil lösen und Schrauben (9Nm) entfernen. Regelventil von Hand mit einer Drehbewegung gegen Uhrzeigersinn ausbauen.

Alle Dichtringe erneuern, mit Diesel benetzen und auf Sauberkeit achten!

Bild 19
Benzine:r
1 Saugrohrdrucksensor
2 Temperaturfühler Ansaugluft

Bild 20
1 Drosselklappensteller

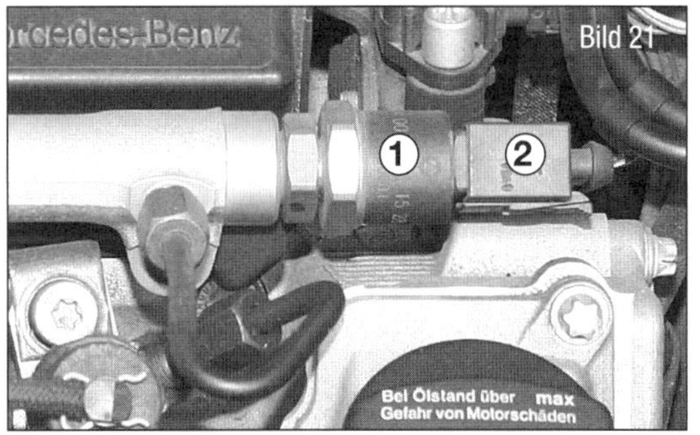

Bild 21
Diesel:
1 Raildruckgeber
2 Stecker

Bild 22
Diesel:
1 Druckregelventil
2 Schlauch
3 Leitungen zur Hochdruckpumpe
4 Stecker

Sichtprüfung  Messen

Bild 23
Lage des Glühzeitrelais beim Diesel:
1 Steckverbindung
2 Steckverbindung
3 Glührelais

Bild 24
1 Steckverbindungen

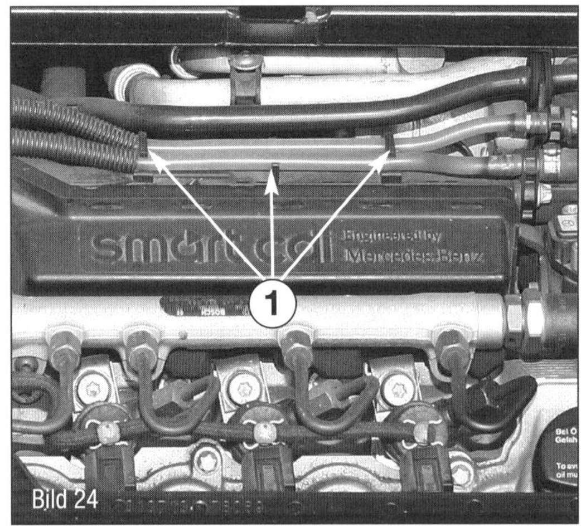

Bild 25
Das Saugrohr muss beim Benziner abgebaut werden um an die Einspritzdüsen zu gelangen

- Vorglühzeitrelais ausbauen:
Steckverbindungen (1) und (2) lösen und Relais ausbauen
- Glühkerzen
Steckverbindungen trennen und Glühkerzen herausschrauben. Anzugsmoment 15 Nm

Saugrohr ausbauen (Benziner)

Das Saugrohr muss abgebaut werden um die Einspritzventile ausbauen und prüfen zu können.

⚠ Masseleitung der Batterie abklemmen um Funkenbildung und Kurzschlüsse zu vermeiden!

Ausbau

- Drosselklappenstellglied wie beschrieben ausbauen
- Saugrohrdrucksensor und Temperaturfühler wie beschrieben ausbauen
- Zündkerzenstecker mit geeignetem Abzieher (HZ 1849-6) entfernen
- Beide Unterdruckleitungen im Bereich der Drosselklappe entfernen
- Kraftstoff Vor- und Rücklauf rechts am Kraftstoffverteiler entfernen
- Zwei Leitungen hinten links am Druckregler entfernen
- Steuerleitung vorn am Saugrohr abziehen. Vorsicht! Bruchgefahr des Anschlussstutzens!
- Sechs Schrauben der Saugrohrbefestigung herausdrehen (Erstanzug: 12 Nm, Wiederanzug 10 Nm), Saugrohr anheben, Zündkabel von Zylinder 1 durchführen.
- Steckverbindungen der Einspritzventile trennen und Saugrohr abnehmen.

Einbau:

- Dichtungen am Saugrohr erneuern!
- Saugrohr von der Mitte aus nach außen gleichmäßig anziehen (Erstanzug: 12 Nm, Wiederanzug 10 Nm)
- Leitungen beziehungsweise Teile in umgekehrter Reihenfolge anschließen oder einbauen.

Kraftstoffverteiler und Einspritzventile ausbauen (Benziner)

Wenn das Saugrohr ausgebaut ist, können auch die Einspritzventile aus dem Saugrohr entfernt werden.

Ausbau

- Beide Schrauben, die den Kraftstoffverteiler am Saugrohr halten, herausdrehen.
- Kraftstoffverteiler aus dem Saugrohr ziehen
- Halteklammern an den Einspritzdüsen abnehmen und Düsen aus dem Kraftstoffverteiler nehmen.

Einbau:

- In umgekehrter Reihenfolge. Dichtringe leicht mit Öl benetzen. Anzugsmoment der Halteschrauben des Kraftstoffverteilers am Saugrohr: 8 Nm.

Einspritzleitungen ausbauen (Diesel)
Bevor die Injektoren (Einspritzventile) oder die Rail (Sammelrohr) beim Diesel ausgebaut werden können, müssen die Einspritzleitungen gelöst werden. Diese müssen aus Gründen der Dichtigkeit nach jedem Lösen erneuert werden.

 Verletzungs- und Explosionsgefahr bei unter Druck stehender Anlage!

Ausbau:

- Überwurfmuttern der Einspritzleitungen lösen.

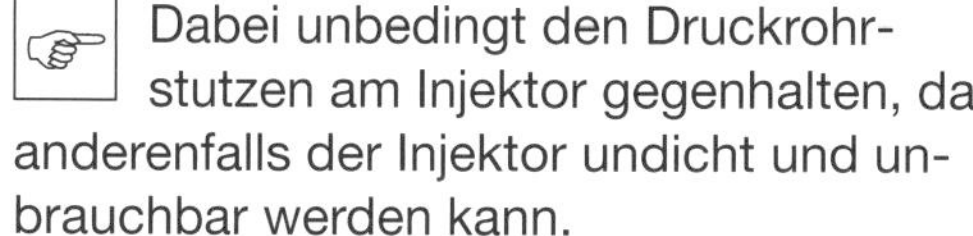 Dabei unbedingt den Druckrohrstutzen am Injektor gegenhalten, da anderenfalls der Injektor undicht und unbrauchbar werden kann.

- Einspritzleitungen abnehmen und Öffnungen verschließen.

Einbau:

- Neue Leitung(en) verwenden! Leitung(en) vorsichtig und von Hand ansetzen.
- Auf spannungsfreien Einbau achten
- Druckrohrstutzen am Injektor gegenhalten und Überwurfmutter mit 22 Nm anziehen.
- Anlage nach Probelauf auf Dichtheit prüfen.

Rail ausbauen (Diesel)
Ausbau:

- Stecker von Drucksensor (links) und Druckregelventil (rechts) an der Rail abziehen.
- Druckleitung an der Hochdruckpumpe lösen.

Dabei unbedingt den Stutzen an der Pumpe gegenhalten, da anderenfalls der Anschluss undicht und die Pumpe unbrauchbar werden kann.

- Kraftstoffrücklaufleitung abschrauben
- Sicherungsbügel an der Kraftstoffleitung links entriegeln und Leitung abnehmen.
- Drei Schrauben an der Zylinderkopfhaube abschrauben und Rail abnehmen.

Einbau:

- Rail an Zylinderkopfhaube montieren (6 Nm)
- Dichtring an der Kraftstoffleitung erneuern und Lewitung einrasten.
- Dichtringe an der Rücklaufleitung erneuern und Hohlschraube mit 30 Nm festziehen.
- Druckleitung an Hochdruckpumpe mit 22 Nm befestigen, dabei unbedingt Druckrohstutzen gegenhalten! Auf spannungfreien Sitz achten!
- Stecker von Druckgeber und Regelventil einrasten.
- Einspritzleitungen beim Zusammenbau erneuern!

Injektoren ausbauen (Diesel)
Nach dem Ersatz von Injektoren muss das Steuergerät neu programmiert werden, da die Injektoren je nach Kennziffer verschiedene Durchflussmengen aufweisen.

Bild 26
Ausbau der Injektoren beim Diesel:
1 Rücklauf
3 Schrauben
4 Spannpratzen
6 Injektoren mit Kennziffer

Ausbau:

- Einspritzleitungen ausbauen Anschlusssteckert und Halter der Leckölleitungen abnehmen
- Halter abschrauben und Injektoren herausziehen.

Einbau:

- Schächte reinigen, Dichtringe erneuern!
- Neue Schrauben verwenden und Spannpratzen mit 7 Nm anziehen.

Mischgehäuse ausbauen (Diesel)
Im Mischgehäuse werden die rückgeführten Abgase dem Motor erneut zugeführt. Für den Ausbau muss das Heckteil abgenommen werden. Das Mischgehäuse befindet sich links vom Motor im Bereich des Ladeluftkühlers.

Ausbau
■ Lüfter des Ladeluftkühlers ausbauen um Platz zu schaffen.
■ Kabelbaum am Luftfilterkasten lösen.
■ Luftleitung vom Ladeluftkühler am Mischgehäuse abziehen, dazu den Sicherungsbügel herausziehen.
■ Alle Kabelbinder und Halter an Leitungssatz und Masseband lösen bzw. entfernen.

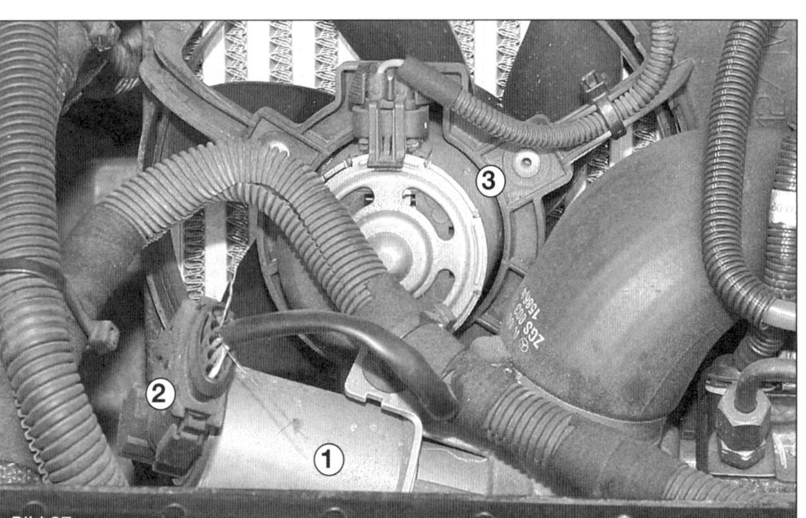

Bild 27
Mischgehäuse beim Dieselmotor:
1 Mischgehäuse
2 Stecker für AGR-Ventil
3 Lüftermotor für Ladeluftkühler

■ Heckteil abbauen
■ Luftansaugleitung vom Luftfilterkasten her abbauen.
■ Je zwei Schrauben am Mischgehäuse und am Turbolader lösen und das Abgasführungsrohr ausbauen
Abgasrohr auf Dichtheit prüfen. Treten hier Abgase aus, besteht Brandgefahr!
■ Mischgehäuse abbauen, dazu erst die einzelne Schraube dann das Pärchen auf der anderen Seite lösen.

Einbau
■ Mischgehäuse mit den drei Schrauben ansetzen. Schrauben noch nicht festziehen!
■ Abgasrohr mit neuen Dichtungen ansetzen, zunächst am Mischgehäuse, dann am Turbolader mit jeweils 9 Nm festziehen.
■ Jetzt das Mischgehäuse selbst mit 21 Nm festziehen. Zuerst die einzelne Schraube, dann das Pärchen auf der anderen Seite anziehen.
■ Luftleitung vom Ladeluftkühler einbauen. Dichtring leicht einölen und auf die Verrastung des Sicherungsbügels achten.

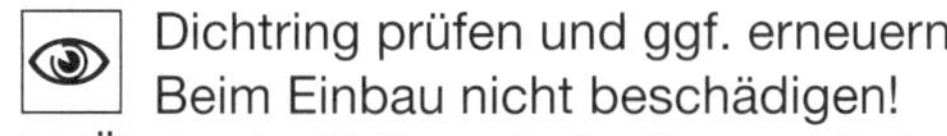
Dichtring prüfen und ggf. erneuern. Beim Einbau nicht beschädigen!

■ Übrige Luftleitung befestigen, dabei ebenfalls auf die Dichtung achten.
■ Leitungen befestigen bzw. in die Halter einsetzen.
■ Stecker vom AGR-Ventil aufsetzen.
■ Luftansaugleitung zum Saugrohr einbauen.
■ Verlegung und Befestigung aller Kabel und Leitungen prüfen, Dichtheit des Abgasrohres beim Probelauf prüfen.
■ Heckteil einbauen

Hochdruckpumpe ausbauen (Diesel)
Wenn das Mischgehäuse abgebaut ist, kann auch die Hochdruckpumpe ausgebaut und ersetzt werden. Idealerweise sollte auch das Heckteil entfernt sein. Die Pumpe befindet sich rechts am Zylinderkopf vor der Hochdruck-Rail. Die Hochdruckleitung und alle Dichtungen müssen ersetzt werden

Ausbau
■ Mischgehäuse ausbauen.
■ Schrauben an den beiden Haltern Zylinderkopf und Getriebe herausdrehen und Halter abnehmen.
■ Stecker abziehen
■ Kraftstoffleitungen durch Abschrauben des Halters lösen und Leitungen vorsichtig entnehmen. Leitungen nicht knicken oder übermäßig verwinden!
■ Druckleitung abbauen. Dabei den Stutzen unbedingt gegenhalten!
■ Die verbliebenen drei Befestigungsschrauben zum Zylinderkopf lösen und Pumpe abnehmen.

Auf Mitnehmer achten und Dichtung prüfen!

Einbau:
■ Pumpe so weit wie möglich mit Diesel-Kraftstoff füllen um einen Trockenlauf zu vermeiden.
■ Der Mitnehmer an der Pumpe muss leicht beweglich sein und sauber in die Aufnahme greifen.
■ Pumpe einsetzen und mit drei Schrauben am Zylinderkopf anschrauben (25 Nm)

Bildreihe 28
Ausbau der Hochdruckpumpe beim Dieselmotor:
1 Hochdruckpumpe
2 Stecker
3 Schraube
4 Halter
5 Kraftstoffleitung
6 Kraftstoffleitung

Bildreihe 29
Ausbau der Hochdruckpumpe beim Dieselmotor:
1 Hochdruckpumpe
7 Druckleitung
8 Druckrohrstutzen
9 Schrauben

- Neue Druckleitung vorsichtig einsetzen und Überwurfmutter mit 22 Nm festziehen.
- Dichtringe der Kraftstoffleitungen ersetzen und den Halter mit 7,6 Nm befestigen.
- Stecker anschließen.
- Halter am Zylinderkopf mit 28 Nm, den Halter am Getriebe mit 8,6 Nm befestigen.
- Mischgehäuse einbauen.
- Dichtheit der gesamten Kraftstoffanlage während und nach dem Probelauf prüfen.

Kraftstoffpumpe prüfen

Unrunder Motorlauf, schlechtes Startverhalten oder auch Ruckeln können durch eine schlechte Kraftstoffversorgung verursacht werden. Der Kraftstoffdruck von der Intankpumpe bis zum Verteilerrohr beim

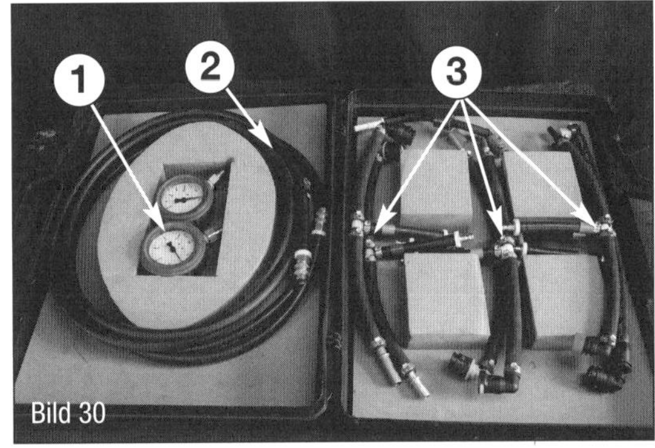

Bild 30 Druckmessuhren.
1 Messuhren
2 Verlängerungsschläuche
3 Anschlussadapter

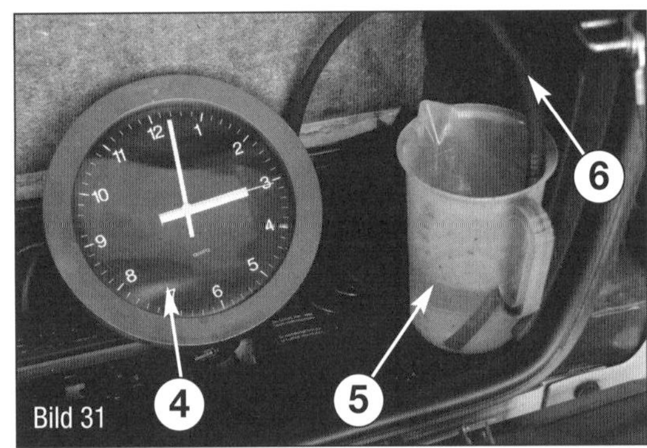

Bild 31 Fördermenge prüfen.
4 Uhr zum Zeitmessen
5 Messbecher (1 l)
6 Kraftstoffleitung vom Vorlauf

Bild 32 Druckregelung.
7 Kraftstoffdruckregler
8 Saugrohranschluss

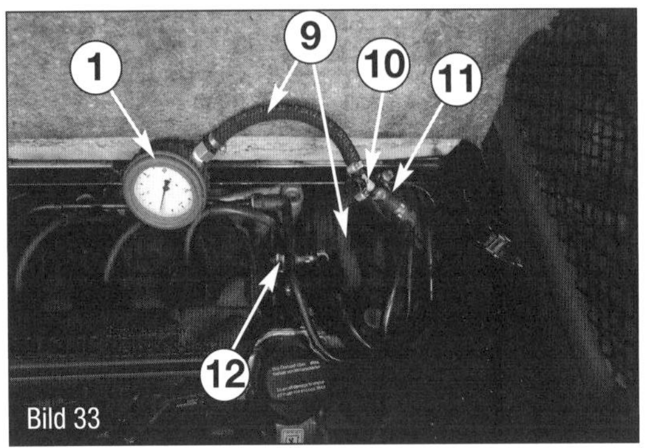

Bild 33 Kraftstoffdruckprüfung.
1 Druckmessuhr
9 Adapterschläuche
10 T-Stück
11 Kraftstoffvorlauf
12 Anschluss Kraftstoffvorlauf

Benziner oder bis zur Hochdruckpumpe beim Diesel wird nicht überwacht. Die Prüfungen für beide laufen im Prinzip gleichartig ab.

Fördermenge prüfen

- Öffnen Sie den Schnellverschluss an der Kraftstoffleitung (Vorlauf) zum Kraftstoffverteilerrohr beziehungsweise beim Diesel zur Hochdruckpumpe.
- Bauen Sie ein passendes Adapter-T-Stück ein.
- Fangen Sie eventuell austretenden Kraftstoff mit einem Lappen auf.
- Schließen Sie einen Schlauch an das T-Stück an und leiten Sie ihn in einen Messbecher mit etwa 1 l Fassungsvermögen.
- Schieben Sie den Fahrersitz (links) ganz nach vorne und klappen Sie den vorderen Teppich etwas zurück.
- Klemmen Sie das Multimeter an das schwarz/rote Kabel und an die Fahrzeugkarosserie an.
- Kontrollieren Sie, ob Sie eine Spannung von etwa 12 V messen können, wenn Sie die Zündung einschalten. Es handelt sich dann um die Ansteuerung der Kraftstoffpumpe.
- Ziehen Sie den linken Stecker ab und bestromen Sie das Anschlusskabel für 15 Sekunden.

Sie sollte nun etwa 0,5 Liter Kraftstoff in den Behälter gepumpt haben.

Ist die Menge deutlich kleiner, erneuern Sie den Kraftstofffilter, prüfen Sie die Leitungen auf Quetschungen und wiederholen Sie die Prüfung.

Kraftstoffdruck prüfen

Der Kraftstoffdruck wird durch den Druckregler (4,0 bar beim Benziner) im Rücklauf geregelt. Er kann bei laufendem Motor oder aber auch beim Startvorgang gemessen werden.
Beim Dieselmotor sollten Sie die Kraftstoffanlage vorher entlüften. Bei den Benzinern erfolgt das Entlüften selbsttätig.

- Öffnen Sie den Schnellverschluss an der Kraftstoffleitung (Vorlauf) zum Kraftstoffverteilerrohr beziehungsweise beim Diesel zur Hochdruckpumpe.
- Fangen Sie eventuell austretenden Kraftstoff mit einem Lappen auf.

■ Bauen Sie ein passenden Adapter T-Stück ein.
■ Montieren Sie eine Druckmessuhr mit einem Messbereich von etwa 5 bar an das T-Stück.
■ Schalten Sie nun die Zündung ein und warten Sie, bis die Kraftstoffpumpe wieder abschaltet.
■ Wiederholen Sie diesen Vorgang zum Entlüften der Leitung und lesen Sie den Druck ab.
Alternativ können Sie den Motor auch laufen lassen und dann den Druck ablesen.
■ Sie sollten nun einen Einspritzdruck von etwa 3,8–4,0 bar ablesen können.
■ Ist der Druck geringer, müssen der Druckregler und die Kraftstoffpumpe geprüft und eventuell erneuert werden. Liegt der Druck deutlich höher, müssen der Druckregler und die Rücklaufleitung geprüft werden.

Spannungsversorgung prüfen
Ein Problem in dieser Baureihe ist die Positionierung der Ansteuerung der Kraftstoffpumpe. Sie erfolgt über das Bordnetzsteuergerät »SAM«. Ein verbrannter Steckkontakt in diesem Stecker kann sporadischen oder dauerhaften Ausfall der Kraftstoffpumpe bewirken. Weiterhin befindet sich unter dem Fahrersitz ein Zusatzsicherungskasten mit der Sicherung für die Kraftstoffpumpe und dem Kraftstoffpumpenrelais.
■ Schieben Sie den Fahrersitz (links) ganz nach vorne und klappen Sie den vorderen Teppich etwas zurück.
■ Klemmen Sie das Multimeter an das schwarz/rote Kabel und an die Fahrzeugkarosserie an. Lassen Sie den Stecker aber aufgesteckt.
■ Schalten Sie die Zündung ein.

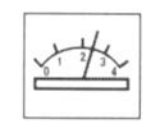 Sie sollten nun etwa 12 V Spannung messen, solange die Kraftstoffpumpe läuft.

Ist der Messwert unter 11 V müssen Sie die Spannungsversorgung, die entsprechende Sicherung und die Masseverbindung prüfen.

Optische Kontrolle
Oftmals fallen die Funktionen der Kraftstoffversorgung zu einem Zeitpunkt aus, an dem es keine Möglichkeit gibt dem Fehler sofort auf den Grund zu gehen. Kurz darauf sind alle Funktionen wieder vorhanden, als wenn nie etwas vorgefallen währe. Deshalb sollten Sie die folgenden Arbeiten durchaus schon bei einer Inspektion (W=Wartung) regelmäßig durchführen.

Kontrollen am SAM (Bordnetzsteuergerät) unter der Armaturentafel:
■ Lösen Sie das Bordnetzsteuergerät »SAM« aus seiner Verankerung.
■ Kontrollieren Sie die Anschlussstecker und die Steckkontakte auf der Rückseite auf Korrosion oder Verformungen.

⚠ Einige Steckkontakte können durchaus auch verschmort sein!

■ Wenn Sie den Steckkontakt nicht sicher einsehen können, ziehen Sie ihn für die Kontrolle ab.
■ Defekte oder korrodierte Kontakte müssen sofort erneuert oder gereinigt werden.

Kontrollen am Zusatzrelaisträger (Relaisträger) unter dem Fahrersitz:
Die Ursache liegt meist in undichten Fenster- oder Klappendichtungen. Sobald Wasser ins Fahrzeug eindringt, gelangt dieses dann meist auch bis in den Fahrgastraum und in den Bereich der Sitzbefestigungen. Auf der linken Fahrzeugseite unter dem Fahrersitz ist der Zusatzrelaisträger verbaut, der die Ansteuerung der Kraftstoffpumpe realisiert.

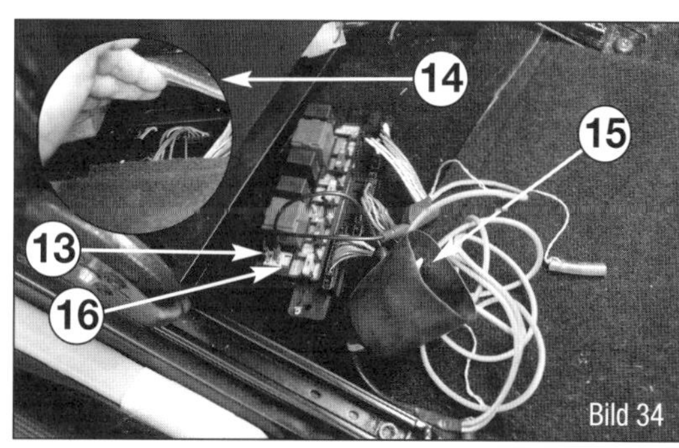

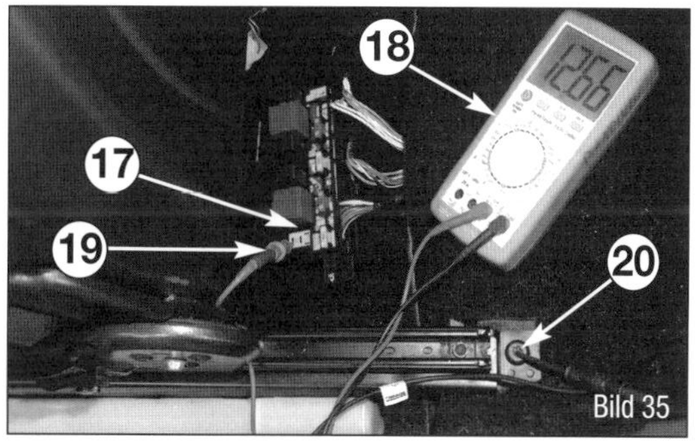

Bild 34
Anschluss zur Pumpen-Ansteuerung.
13 Dauerplus auf der Platine
14 Fahrzeugteppich unter dem Fahrersitz
15 Fernschalter zum Ansteuern der Pumpe
16 Anschluss der Kraftstoffpumpe (Relaisausgang)

Bild 35
Spannungsversorgung der Kraftstoffpumpe am Relaisplatz gemessen: »Lastfrei« also ohne laufende Pumpe muss die Batteriespannung anliegen. Bei laufender Pumpe (eingestecktem Relais oder geschaltem Fernschalter) darf die Spannung nicht unter 10 V fallen.
17 Steckplatz Kraftstoffpumpenrelais
18 Multimeter
19 Messkabel Spannungsanschluss
20 Messkabel Masseanschluss

- Schieben Sie den Fahrersitz (links) ganz nach vorne und klappen Sie den vorderen Teppich etwas zurück.
- Ziehen Sie den Steckkontakt links ab und kontrollieren Sie die Kontakte im Kombistecker und am Zusatzrelaisträger.
- Kontrollieren Sie den Zustand der Sicherung »F2« (15A).
- Kontrollieren Sie den Zustand des Relais »K« (Kraftstoffpumpenrelais).

Bild 36
Istwertanzeige des Motorsteuergerätes: Den Weg dahin werden wir auf den nächsten Seiten unter der Überschrift »Fehlerspeicher auslesen« vorstellen.

Bild 36

Datensatz-Name	Wert	Einheit
9 Batteriespannung	12.11	V
10 Ansauglufttemperatur	25.00	degree °C
11 Motortemperatur	26.00	degree °C
12 Saugrohrdruck	0.00	hPA
13 Durchschnittswert vom Antiklopfregelungsbezug	0.00	V
162 S41/1 (Öldruckschalter	Ein	
17 Motordrehzahl	0	U/min
99 Verdampfertemperatur	17,83	degree °C

Alle wählen | Grafik | Rekord | Bericht

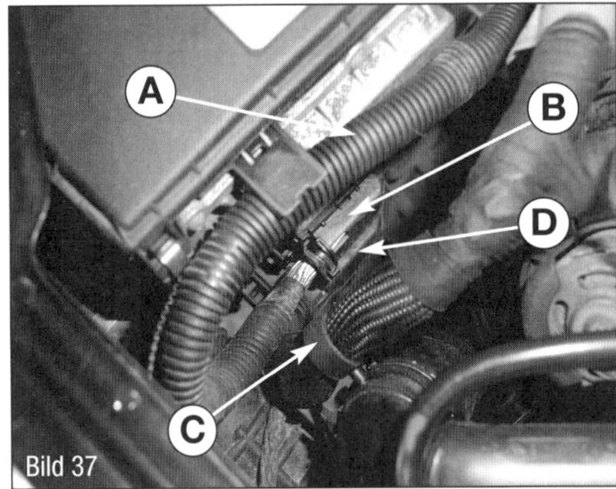

Bild 37
Anschlussstecker am 0,6.l-Smart
A Kabelstrang
B Steuergerätestecker
C Schelle
D Steuergerätestecker

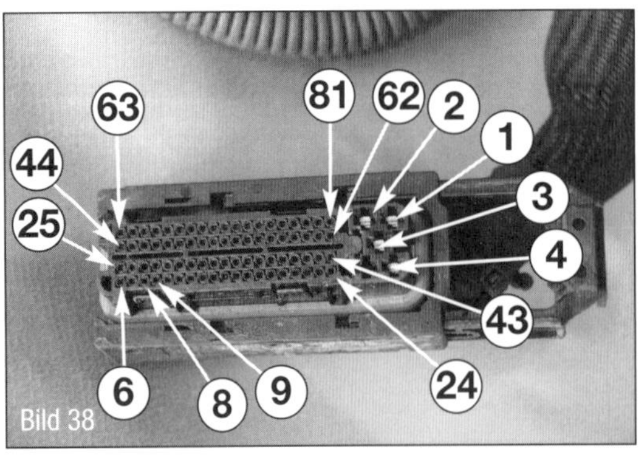

Bild 38
1–81 Pinbelegung am unteren Anschlussstecker am 0,6-l- und 0,7-l-Smart. Pin 8 und Pin 9 sind die beiden Anschlüsse für den OT-Geber auf der Kurbelwelle.

Sensoren und Aktoren

Gelegentlicher Ausfall, auch ein ruckelnder Motorlauf und auch ein schlechtes Startverhalten können durchaus an einem Sensor (Fühler) oder Aktor (Stellglied) liegen. Die folgenden Arbeitsschritte sind ohne Tester und Oszilloskop nicht mehr sinnvoll durchführbar oder sogar unmöglich.

Grundsätzliche Vorgehensweise
Wie Sie mit einem OBD-Tester die einzelnen Schritte bis zur Steuergeräteabfrage gehen, werden wir Ihnen unter der Überschrift »Fehlerspeicherabfrage« im Detail vorstellen.

- Stecken Sie einen OBDII-Tester in die OBD-Anschlussdosen und schalten Sie die Zündung ein.
- Lesen Sie den Fehlerspeicher aus.
- Machen Sie eine Istwertabfrage über den Tester. Man bekommt mit wenigen Schritten einen schnellen Überblick, ohne überhaupt eines der Bauteile zu Gesicht zu bekommen. Zudem lassen sich diese Messwerte auch am laufenden Motor überwachen.

Wirkt ein Messwert unrealistisch oder fällt sogar gelegentlich aus, muss der Sensor dann über das Oszilloskop genauer betrachtet werden.

Sensorprüfung am OT-Geber
Generell sollten Sie den entsprechenden Schaltplan für Ihr Fahrzeug mit Ihrer Fahrgestellnummer beim Smarthändler abfragen. Wir zeigen Ihnen nun an unserem 0,6-l-Turbo den Anschluss und die Signalbildaufnahme exemplarisch. Die Pinbelegung am Steuergerät unterscheidet sich für den 0,6-l- und den 0,7-l-Benzinmotor nicht.

- Fragen Sie den Fehlerspeicher ab.
- Schalten Sie die Zündung aus und ziehen Sie den Zündschlüssel ab.
- Lösen Sie den Kabelstrang (A) und ziehen Sie den oberen Steuergerätestecker (B) ab.
- Lösen Sie den Kabelstrang (A) und ziehen Sie den unteren Steuergerätestecker ab. Es kann sein, dass nun die abgelegten Fehler gelöscht werden.

Durchtrennen Sie den Kabelbinder an der Steckerabdeckung des unteren Steckers.

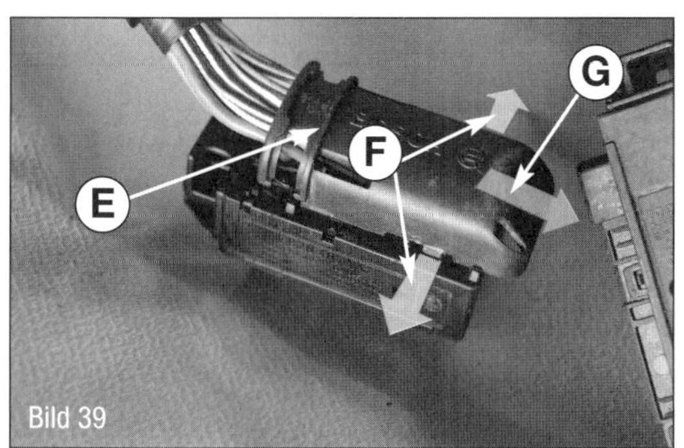

Bild 39

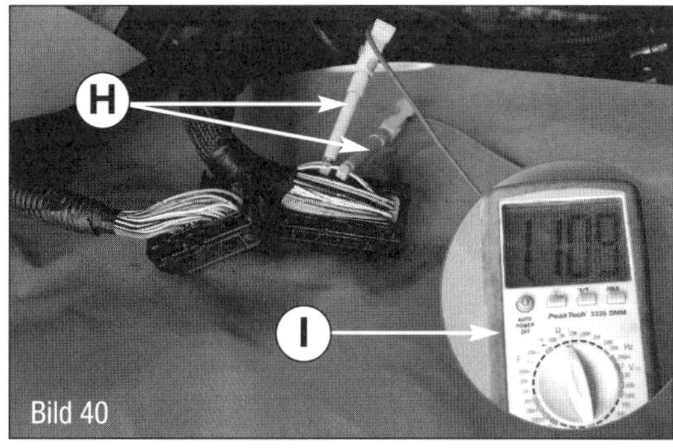

Bild 40

■ Demontieren Sie die Kabelabdeckung, indem Sie die beiden Nasen (F) nach außen ziehen (gelber Pfeil) und die Abdeckkappe (E) nach hinten schieben (G).
■ Schließen Sie zwei Nadelkontaktierer (H) an die beiden gelben Kabel auf Pin 8 und Pin 9 für den OT-Geber der Kurbelwelle an.

Vorkontrolle Widerstand:
■ Schließen Sie ein Ohmmeter (L) an die Nadelkontaktierer an.
■ Stellen Sie das Messgerät auf einen Widerstand von 2000 Ω (2 kΩ) ein. Der Widerstand sollte etwa 1,1 kΩ (1100 Ω) betragen.

Signalbild aufzeichnen:
■ Starten Sie die Software für das Oszilloskop auf Ihrem Laptop.
■ Schließen Sie das Oszilloskop an die Nadelkontaktierer (H) an.
■ Stellen Sie das Oszilloskop auf 10 ms (L) und 5 V (N) je Teiler ein (siehe Bild 41).
■ Starten Sie den Motor. Sie sollten im Leerlauf Folgendes im Signalbild erkennen können.
a) Die Spannung sollte mindestens 5 V betragen (K).
b) Die Lücke (M) für die Markierung im Signalbild sollte erkennbar sein.
c) Das Signalbild sollte keine plötzlichen Aussetzer oder Störsignale aufweisen.

Fehlerspeicherabfrage mit dem Launch EasyDiag

Die Vorgehensweise unterscheidet sich zu den meisten OBD-Testern nur um wenige Details.
Die auf den Smart angepasste Software erlaubt den Zugang auch außerhalb der abgasrelevanten Daten zum »Wartungsreset« oder auch zur Fehlerspeicherabfrage anderer Steuergeräte.

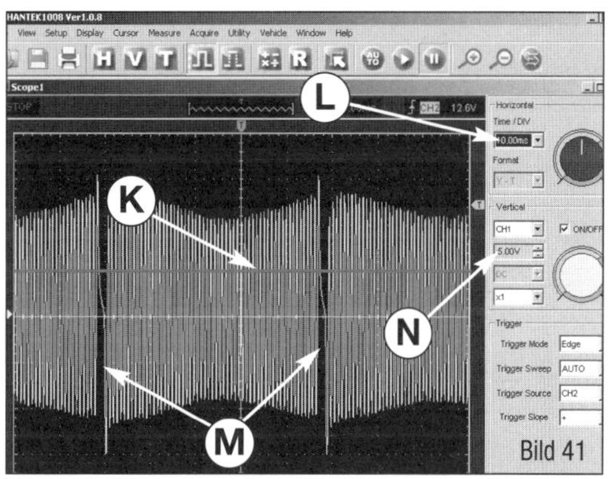

Bild 41

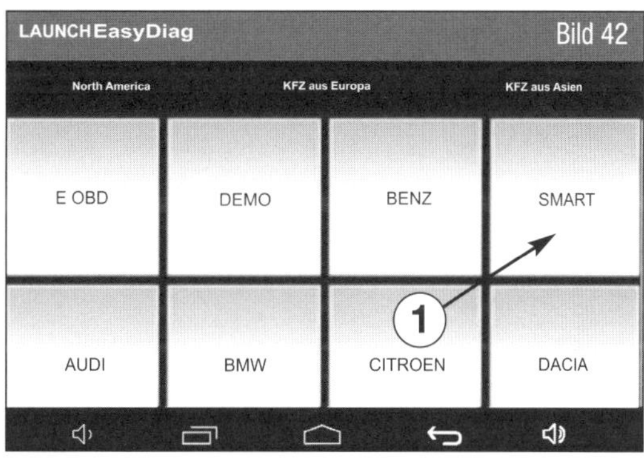

Bild 42

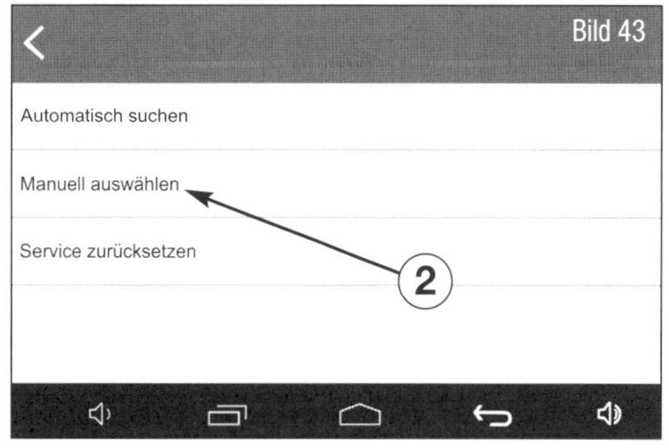

Bild 43

■ Wählen Sie den Hersteller (1) »Smart« an.
■ Wählen Sie die manuelle Suche (2) an.
■ Wählen Sie den Smart fortwo (A/C 450) (3) an.
■ Wählen Sie die Motorbauart an.
■ Geben Sie das Motorkonzept (4 beim Benziner) Ihres Fahrzeugs an.

Bild 39
Abdeckung am Steuergerätestecker.
E Abdeckung
F Rastnasen
G Richtung zum Lösen

Bild 40
Multimeter am OT-Geber.
H Nadelkontaktierer
I Multimeter

Bild 41
Signalbild OT-Geber.
K Mindestspannung die schon beim Starten erreicht werden sollte
L Zeiteinstellung auf 10 ms/Teiler (100 ms auf dem Bildschirm)
M Lücke im Signalbild zur OT-Bestimmung
N Einstellung der Messspannung/Teiler (20V positiv, 20V negativ)

Bild 42
Eingangsmaske des Launch EasyDiag.
1 Anwahl des Herstellers

Bild 43
Auswahl zwischen der automatischen Suche mit einer Übersicht, der direkten Anwahl und der Service-Rückstellung.

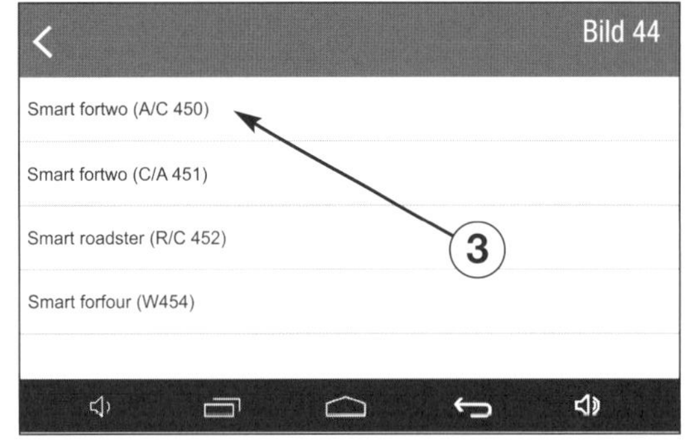

Bild 44
Anwahl des Fahrzeugtyps.
3 Smart 450

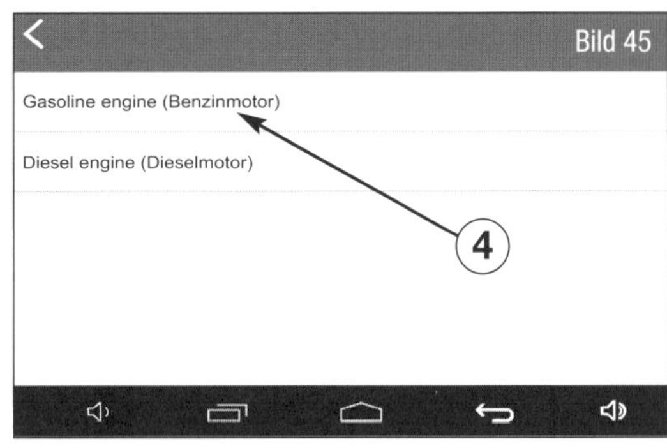

Bild 45
Anwahl des Motorkonzeptes.
4 Gasoline (Benzinmotor)

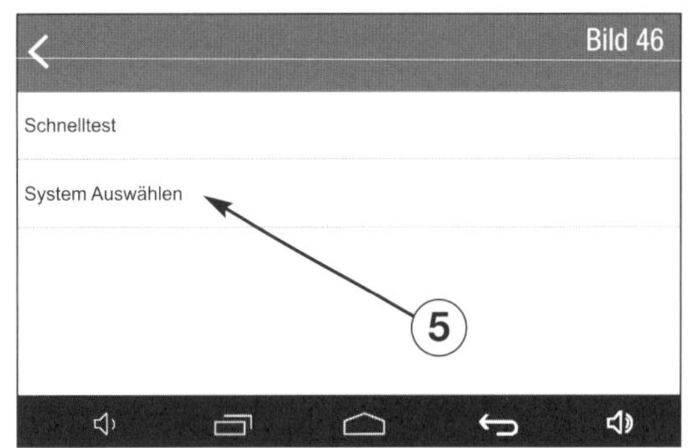

Bild 46
Übersicht oder Tiefe.
5 Systemanwahl

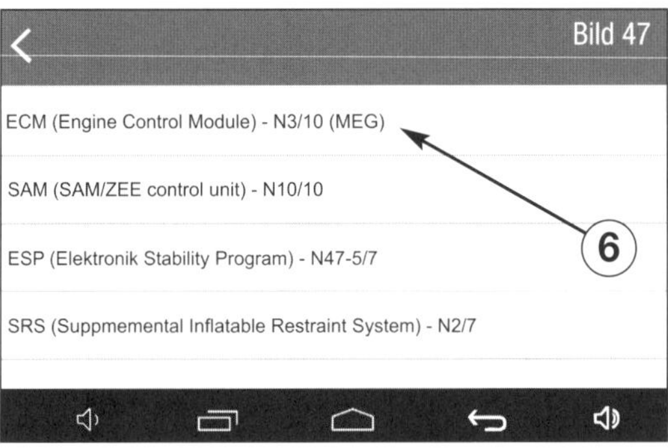

Bild 47
Steuergeräteanwahl.
6 Motorsteuergerät

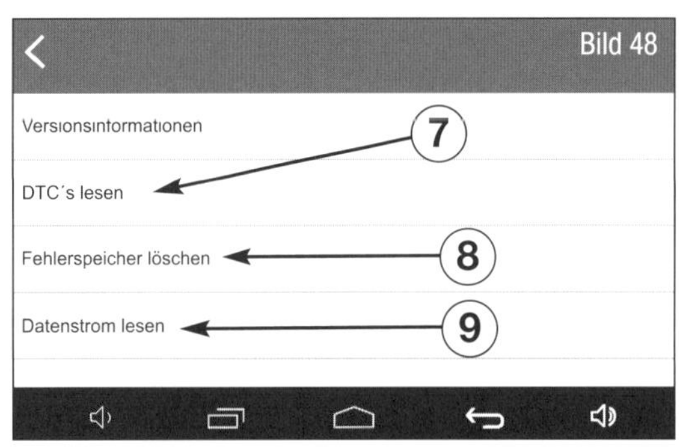

Bild 48
Funktionsanwahl
7 DTC s lesen (Fehlerspeicher lesen)
8 Fehlerspeicher löschen
9 Istwertauslese

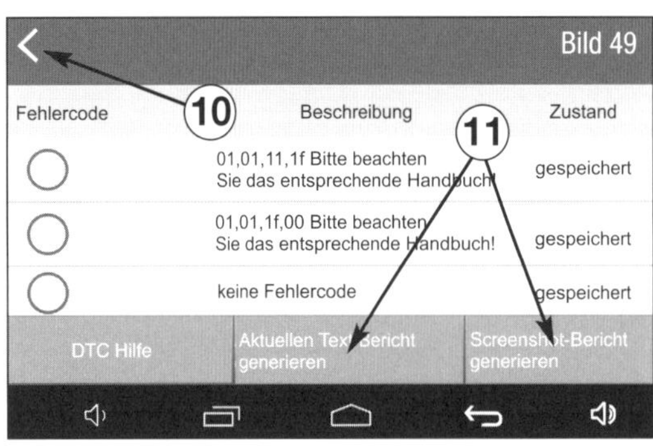

Bild 49
Fehlerspeicheranzeige: In diesem Fall ist kein Fehler abgelegt.
10 Return (Zurück)-Pfeil
11 Protokoll über das Testersystem erzeugen
12 Taste »Menü verlassen«.

■ Wählen Sie nun die Systemanwahl an (5).
■ Wählen Sie nun das Steuergerät an, welches Sie ansprechen möchten. In unserem Fall ist es das Motorsteuergerät (6).
■ Wählen Sie nun »DTCs lesen« (7) an, um den Fehlerspeicher auszulesen.

■ Wenn Sie »Datenstrom lesen« (9) anwählen, können Sie wie schon beschrieben die erfassten Istwerte einsehen.

■ Notieren Sie sich die angezeigten Fehler oder machen Sie einen Screenshot.
■ Drücken Sie den »Zurück«-Pfeil (10) und wählen Sie »Fehlerspeicher löschen« (8) an.
■ Machen Sie eine Probefahrt und lesen Sie den Fehlerspeicher erneut aus.

Liegt kein weiterer Fehler mehr vor, verlassen Sie das Diagnoseprogramm mit der Return-Taste (12) und melden Sie das Programm oder auch den Tester ab.

Die Vorgehensweise unterscheidet sich auch für die anderen Steuergeräte in der im Bild 41 dargestellten Maske nicht. Auch hier können Sie die erfassten Daten einsehen, den Fehlerspeicher lesen und bei Bedarf auch löschen.

Doppelfunkenzündanlage

Die Zündanlage bei den Benzinern ist schon etwas Besonderes. Allerdings mit eigentlich ganz normalen Bauteilen, zumindest mehr oder weniger. Doppelspulen erzeugen die Zündspannung für zwei Zündkerzen gleichzeitig, das ist beim Smart auch so. Allerdings befinden sich die Zündkerzen im gleichen Zylinder. Der 2. Endzündungspunkt ermöglicht einen schnelleren Druckaufbau und eine bessere Verbrennung. Drei Doppelspulen befeuern die Dreizylinder an, insgesamt sechs Zündkerzen. Wer jetzt schimpft und die viele Arbeit anmahnt, sollte an die »Dickschiffe« aus dem Hause Mercedes denken. Der Zwölfzylinder hat auch zwei Zündkerzen je Brennraum ... deutlich mehr als der Smart.

Spannungsversorgung
Zwei Endstufen im Motorsteuergerät betreiben die beiden Primärspulen in jeder Zündspuleneinheit jedes Zylinders. Die Anschlussfolge ist für alle Zündspulen gleich:

Pin	Funktion
1	Plusanschluss (KL 15)
2	Masseanschluss (KL 31)
3	Signaleingang Spule 1
4	Signaleingang Spule 1

Lastfreie Messung:
■ Ziehen Sie den Anschlussstecker von der Zündspule ab.
■ Klemmen Sie Messadapter an den Pin 1 und den Pin 2 des Steckers an.
■ Stellen Sie das Multimeter auf einen Messwert von 20V DC ein.
■ Schalten Sie die Zündung ein und lesen Sie die Spannung ab. Sie sollte etwa der Batteriespannung entsprechen.

Spannungsmessung unter Last:
»Unter Last« lässt sich schnell feststellen, ob die Kabelverbindung zu der Zündspule in Ordnung ist.
■ Klemmen Sie einen Nadelabgreifer an den Pin 1 und einen weiteren an den Pin 2 des Steckers an.
■ Schalten Sie die Zündung ein und lesen Sie die Spannung ab. Sie sollte nicht unter 10 V abfallen.

Messung unter Last:
Übergangswiderstände, die durch Schäden an der Verkabelung oder durch Korrosion entstehen, werden erst bei der Messung unter Last erkennbar.
■ Klemmen Sie Messadapter an Pin 1 und den Pin 2 des aufgesteckten Steckers an.
■ Stellen Sie das Multimeter auf einen Messwert von 20V DC ein.
■ Lassen Sie den Motor laufen oder schalten Sie die Zündung ein.

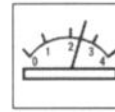 Lesen Sie die Spannung ab. Sie sollte etwa der Batteriespannung entsprechen, wird aber in der Regel um etwa 0,5 V tiefer liegen.

Signalbild Ansteuerung
Die Ansteuerung erfolgt über die Anschlusspins 3 und 4. Die Signalbilder sind für beide Anschlüsse gleich.
■ Klemmen Sie Messadapter an den Pin 3 und des aufgesteckten Steckers an. Wählen Sie für die Messzeit einen Zeitraum von 10 ms je Teiler (Kästchen) an.
■ Stellen Sie das Oszilloskop auf einen Messwert von 5 V je Teiler (Kästchen) ein.
■ Wählen Sie einen Teiler von »x1« an.
■ Stellen Sie den Trigger wie auf dem Bild 52 dargestellt ein.
■ Lassen Sie den Motor laufen oder starten Sie ihn zu mindestens.

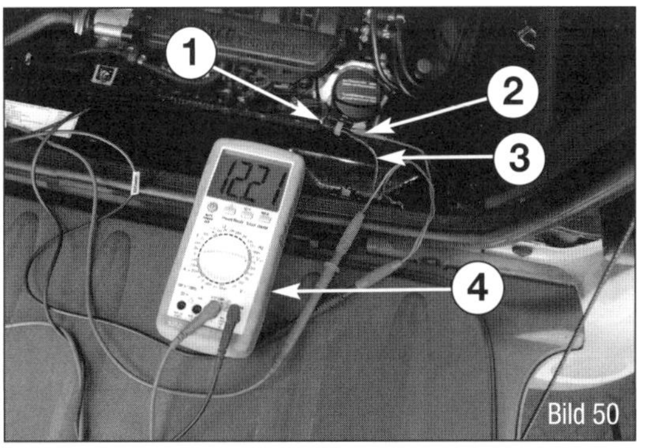

Bild 50
Spannungsmessung am Anschlussstecker.
1 Anschlussstecker
2 Messkabel rot
3 Messkabel schwarz
4 Multimeter

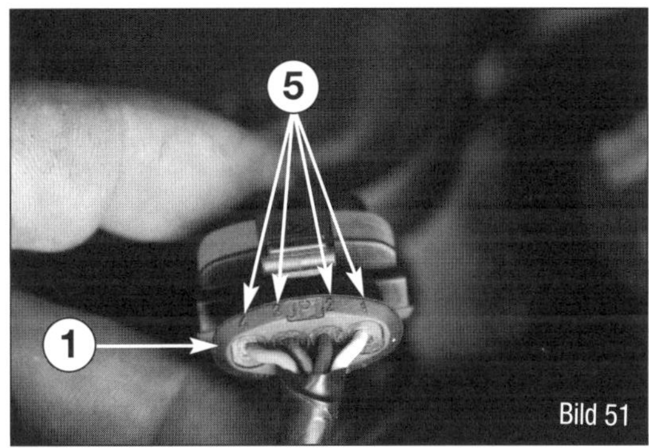

Bild 51
Kabel am Anschlussstecker.
1 Anschlussstecker
5 Anschlusspin-Nummerierung

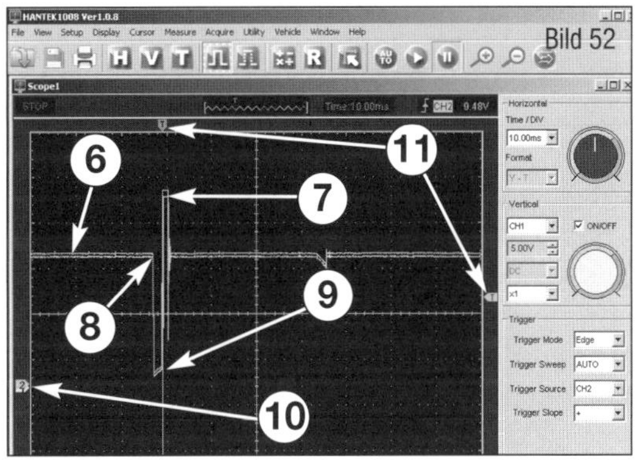

Bild 52
Signalbild Ansteuerung.
6 Versorgungsspannung (12-14V)
7 Rückinduktionsnadel durch den Magnetfeldabbau in der Spule
8 Zündauslösung
9 Brenndauer des Zündfunkens
10 V-Linie
11 Lage des Triggers

Bild 53
Querträger am Heck.
1 Schrauben
2 Querträger
3 Halter

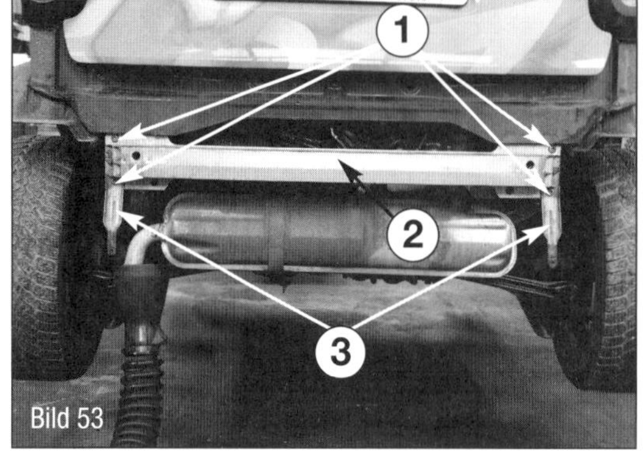

Sie sollten nun das dargestellte Signalbild erkennen können.

■ Führen Sie die gleiche Messung für den Anschluss 4 an der Zündspule durch. Bei einem Mehrkanaloszilloskop können Sie, wie wir das im Bild 30 getan haben, die beiden Anschlüsse auch gleichzeitig darstellen.

Zündspulen und Zündkabel

Einbaulage der Zündkabel

Die Zündkabel werden in etwa so verlegt, wie wir das im Bild 54 vorgestellt haben.

■ Sie verlaufen von der Zündspule unter der Ansaugbrücke, werden dann über das Ansaugrohr gelegt und auf die jeweilige Zündkerze (12 beziehungsweise 16) aufgesteckt.

■ Die Zündkabel für den 2. und 3. Zylinder werden zwischen den Ansaugrohren des zweiten und dritten Zylinders durchgeführt.

■ Das Zündkabel des ersten Zylinders liegt unter den Kraftstoffleitungen rechts von der Ansaugbrücke

Vorbereitungsarbeiten

Die Vorbereitungsarbeiten werden für die nachfolgenden Arbeitsbeschreibungen grundsätzlich gebraucht.

■ Bauen Sie die Motorabdeckung oben aus.

■ Demontieren Sie die CBS-Heckverkleidungen wie auf der Seite 117 beschrieben.

■ Drehen Sie die 4 Schrauben (1) heraus.

■ Nehmen Sie die Halter (3) rechts und links ab.

■ Demontieren Sie den Querträger (2) am Heck.

Ausbau der Zündspulen

Die Zündspulen können einzeln ausgebaut und ersetzt werden.

■ Führen Sie die Vorbereitungsarbeiten wie beschrieben durch.

■ Ziehen Sie die Zündkabel (6 und 7) an der jeweiligen Zündspule ab.

■ Ziehen Sie das Anschlusskabel von der Zündspule ab.

Bild 54
Einbaulage der Zündkabel.
4 Einbaulage der vorderen Zündkerzen
5 Zündkabelstecker an der Zündspule für die hinteren Zündkerzen
6 hintere Zündkabel
7 Zündkabel für die vorderen Zündkerzen

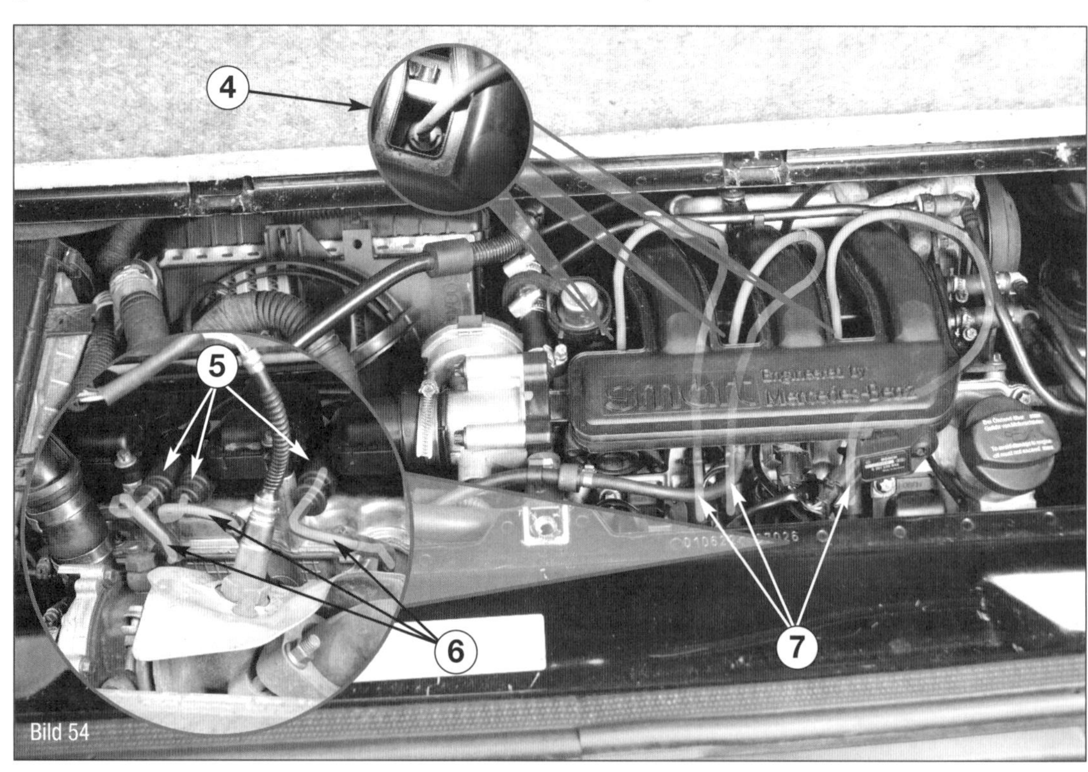

■ Drehen Sie die Schraube oben (11) aus der jeweiligen Zündspule (8) heraus.
■ Drehen Sie die Schraube unten (10) aus der jeweiligen Zündspule (8) heraus.
■ Nehmen Sie die Zündspule heraus.

Zündkerzenstecker abziehen
■ Führen Sie die Vorbereitungsarbeiten wie beschrieben durch.
■ Schieben Sie den Zündkabelabzieher wie gezeigt (Bild 57) auf den Zündkerzenstecker auf. Verdrehen Sie den Abzieher etwa 5 mm um ihn einzurasten.
■ Ziehen Sie den Zündkerzenstecker (12) nach oben ab.

Die Montage muss auch mit dem Abzieher erfolgen, um die Zündkabel nicht zu beschädigen.

Widerstandsmessung an der Zündspule (sekundär seitig)
■ Führen Sie die Vorbereitungsarbeiten wie beschrieben durch.
■ Ziehen Sie die Zündkerzenstecker wie beschrieben ab.
■ Blasen Sie den Montagebereich um die Zündkerzen mit Drucklauf sauber.
■ Halten Sie die eine Messspitze in den Anschluss des Kerzensteckers hinten (17) hinein.
■ Halten Sie die eine Messspitze in den Anschluss des Kerzensteckers vorne (16) hinein.
■ Stellen Sie das Multimeter auf einen Messwert von 200 kΩ DC ein.

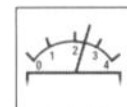
Sie sollten nun einen Widerstand von etwa 27 kΩ (27.000 Ω) ablesen können.

Die Montage erfolgt sinngemäß in umgekehrter Reihenfolge.

Zündkerzen wechseln
■ Führen Sie die Vorbereitungsarbeiten wie beschrieben durch.
■ Ziehen Sie die Zündkerzenstecker wie beschrieben ab.
■ Blasen Sie den Montagebereich um die Zündkerzen mit Druckluft sauber.
■ Drehen Sie die Zündkerzen gegen den Uhrzeigersinn heraus.

Die Montage erfolgt sinngemäß in umgekehrter Reihenfolge.

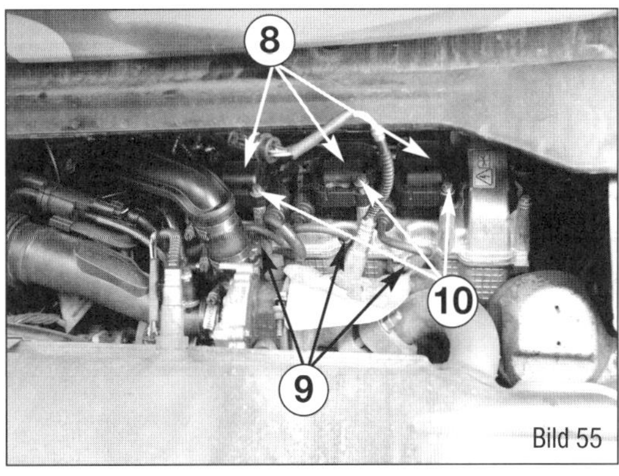

Bild 55
Ansicht von hinten.
8 Zündspulen
9 hintere Zündkerzen
10 untere Schrauben der Zündspule

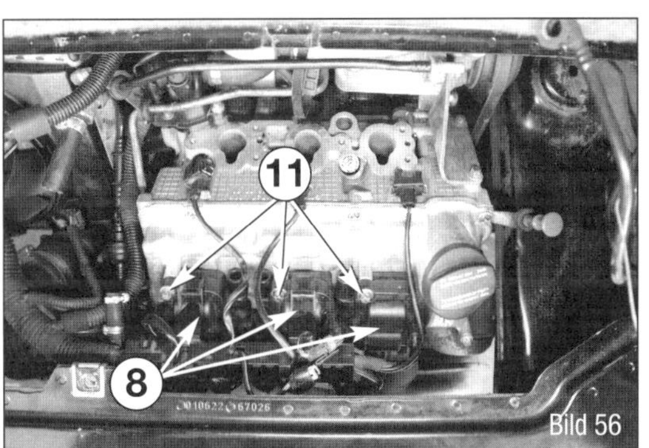

Bild 56
Ansicht von oben.
8 Zündspulen
11 obere Schrauben der Zündspule

Bild 57
Spezialwerkzeug am Kerzenschlüssel.
12 Zündkerzenstecker
13 Zündkabel
14 Spezial Werkzeug für die Kerzensteckermontage

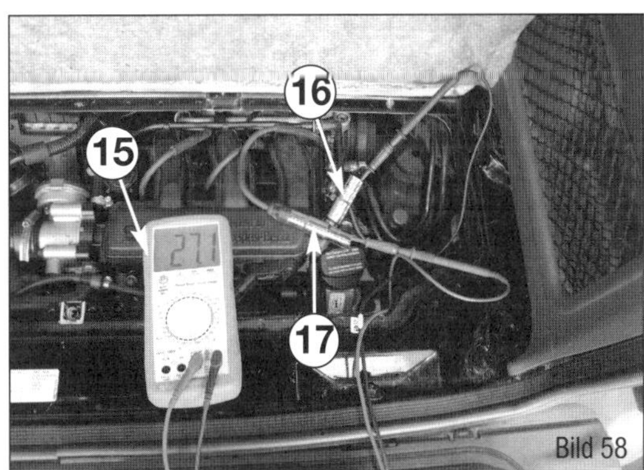

Bild 58
Widerstandsmessung von Kerzenstecker zu Kerzenstecker.
15 Multimeter
16 Kerzenstecker vorne
17 Kerzenstecker hinten

■ Für den 0,6-l-Motor das Anzugsdrehmoment von 20-23 Nm einhalten.
■ Für den 0,7-l-Motor muss beim Erstanzug ein Drehmoment von 25 bis 30 Nm erreicht werden. Bei einer Wiedermontage dürfen nur 20 Nm erreicht werden.

Schmiersystem

Öl ist für jeden Motor lebenswichtig. Dabei erfüllt der Schmierstoff gleich mehrere Aufgaben: Zunächst schmiert das Öl alle beweglichen Teile im Motor. Dazu wird das Öl durch den Motor transportiert und entsprechend verteilt. Dafür sorgt eine Pumpe, die das Öl aus dem Reservoir in der Ölwanne saugt und durch Kanäle drückt. Damit alle geschmierten Teile genügend Öl bekommen, soll der von der Ölpumpe erzeugte Öldruck bei warmen Motor im Leerlauf zwischen 2,0 und 2,5 bar liegen. Fällt der Öldruck unter den Grenzwert, schließt der Öldruckschalter den Stromkreis zur Öldruckwarnlampe im Cockpit.
Damit die Ölpumpe richtig arbeiten kann, muss zunächst einmal der Ölstand genau stimmen. Bei zu niedrigem Ölstand und besonders unter dem Einfluss von Fliehkräften besteht die Gefahr das die Pumpe Luft statt Öl ansaugt. Eine flackernde Kontrollleuchte ist oft ein Hinweis auf zu niedrigen Ölstand, ersetzt jedoch nicht eine Messung des Standes mit Hilfe des Peilstabs.
Warum ein zu niedriger Ölstand fatal enden kann ist leicht zu verstehen: Im Bereich der Lager und Kolben nimmt das Öl zum Teil sehr hohe Drücke auf. Kolben und Lager schwimmen auf einem dünnen Ölfilm. Unter keinen Umständen darf der Schmierfilm reißen und eine Kontaktreibung zwischen den Bauteilen entstehen.
Besonders schwierig ist das beim Kaltstart. Da das Öl während der Standzeit in den Ölsumpf zurückfließt und bei niedrigen Temperaturen weniger fließfähig ist, lässt sich ein kurzer Trockenlauf kaum verhindern.

Bild 59
Filtereinsatz und Dichtring sollten bei jedem Ölwechsel erneuert werden
1 Filtergehäuse (23 Nm)
2 Filtereinsatz
3 Dichtring

Neben dem Druck nimmt das Öl jedoch auch die entstehende Wärme auf und transportiert diese von hochbelasteten Stellen ab. Der Diesel und einige Benzinmotoren besitzen zusätzlich einen Öl/Wasser-Wärmetauscher neben dem Ölfiltereinsatz in dem mit Hilfe des Kühlwassers die Öltemperatur relativ konstant gehalten werden kann.
Moderne Öle besitzen zudem die Fähigkeit Schmutz in der Schwebe zu halten und zum Ölfilter zu transportieren. Unter dem Einfluß von Wärme und Temperatur lässt diese Fähigkeit mit der Zeit nach. Deshalb muss das Öl regelmäßig ersetzt werden und beim geringsten Zweifel am Schmiersystem ein eventueller Fehler sofort untersucht werden.

Motoröl und Filter wechseln
Leider besitzen die Smart-Ölwannen keine Ablaßschraube, das Öl muss also durch die Öffnung des Ölmessstabs abgesaugt werden.

- Motor auf Betriebstemperatur bringen um die Fließfähigkeit des Öls zu gewährleisten.
- Motor abstellen, Ölmessstab herausziehen und passende Ölabsaugsonde einführen. Pumpe einschalten und Ölfluss sicherstellen.
- Deckel des Ölfilters abdrehen, Öl abtropfen lassen.
- O-Ring am Deckel und Filtereinsatz erneuern. Dichtring leicht einölen.
- Ölfilterdeckel ansetzen und mit 23 Nm festziehen.
- Wenn der Absaugvorgang beendet ist Sonde entfernen und vorgeschriebene Menge Motoröl auffüllen.
- Motor starten und zirka eine Minute laufen lassen. Die Öldruckwarnleuchte muss nach kurzer Zeit verlöschen!
- Motor abstellen und nach fünf Minuten Ölstand mit Hilfe des Peilstabes messen.
- Gegebenenfalls etwas Öl nachfüllen, aber niemals über die Maximal-Markierung!

Füllmengen:

Motornummer	Motortyp	Füllmenge
160.910	(Benziner)	2,5 Liter
160.920	(Benziner)	3,0 Liter
160.921	(Benziner)	3,0 Liter
160.922	(Benziner)	3,0 Liter
160.923	(Benziner)	3,0 Liter
660.940	(Diesel)	2,7 Liter

Vorgegebene Viskositäten für alle (M160 und OM660) Motoren:

- 0W-30
- 0W-40
- 5W-30

bei Diesel (660.940) auch zulässig:

- 15W-40
- 10W-40
- 20W-40
- 15W-40
- 10W-30

Ölwanne

Ausbau:

- Öl absaugen
- Alle 14 Befestigungsschrauben der Ölwanne herausdrehen.
- Ölwanne mit einem Gummihammer vorsichtig vom Kurbeelgehäuse lösen und abnehmen.

Einbau:

- Dichtflächen reinigen und eignetes Dichtmittel (Best.Nr.: Q0000282V000000000) in drei Millimeter breiter Raupe am Kurbelgehäuse auftragen.

Dabei innen um die Schraubenlöcher fahren und Abstand zum inneren Rand wahren.

- Ölwanne ansetzen und Schrauben mit 12 Nm gleichmäßig festziehen.

Ölsaugrohr

Ausbau:

- Öl absaugen und Ölwanne abbauen
- Drei Schrauben am Ölsaugrohr herausdrehen und Saugrohr abnehmen.

Einbau:

- Ölsaugrohr einsetzen und drei Schrauben bei Erstanzug mit 14 Nm anziehen. Bei Wiederanzug genügen 9,5 Nm.
- Ölwanne anbauen und Motoröl auffüllen.

Öl/Wasser Wärmetauscher

Ausbau:

- Öl absaugen
- Stecker vom Öldruckschalter abziehen.
- Kühlmittelleitungen trennen. Vorher Kühlmittel ablassen (siehe Kühlsystem)
- Leitungen am Zylinderkopf abschrauben und aus dem Wärmetauscher ziehen.
- Fünf Befestigungsschrauben lösen und Wärmetauscher abnehmen.

Einbau:

- Formdichtung am Wärmetauscher ersetzen, Wärmetauscher in angegebener Reihenfolge mit 12 Nm befestigen.
- Kühlmittelleitungen mit neuen Dichtringen einsetzen und oben am Zylinderkopf mit 12 Nm befestigen.
- Stecker am Öldruckschalter anschließen.
- Kühlwasser auffüllen und Kühlsystem entlüften (siehe Kühlsystem)
- Motoröl auffüllen

Öldruckschalter ersetzen

Die Kontrollleuchte kann geprüft werden indem die Zuleitung des Öldruckschalters an Motormasse gehalten wird. Die Lampe muss dann bei eingeschalteter Zündung leuchten.

- Stecker abziehen und Schalter herausschrauben.
- Anzugsdrehmoment: 18 Nm

Ölmessstab Führungsrohr ersetzen

Das Führungsrohr des Ölmessstabs ist mit einem Dichtring zum Motorblock hin abgedichtet. Dieser kann im Fall von Ölverlust leicht ersetzt werden.

Ausbau:

- Bereich um die Durchführung säubern.
- Beide Verschraubungen an den Haltern lösen und Führungsrohr nach oben herausziehen.

Einbau:

- Dichtring erneuern und Führungsrohr einsetzen
- Halteschrauben eindrehen.

Bild 60
Öl/Wasser Wärmetauscher
1 Öldruckschalter
2 Wärmetauscher
3 Ölfiltergehäuse
4 Kühlmittel-Leitungen
A bis E Anzugsschema der Schrauben

Auspuff und Turbolader

Alle Smart-Triebwerke im Fortwo und Roadster verfügen über einen Turbolader. Dieser nutzt die im Abgasstrom enthaltene Energie um den innermotorischen Füllungsgrad zu verbessern. Die Abgase werden durch einen Auspuffkrümmer auf das Turbinenrad geleitet, das durch eine Welle mit einem räumlich getrennten Verdichterrad verbunden ist. Auf diese Weise kann bei Vollast die Frischluft mit nahezu doppeltem Athmosphärendruck in die Brennräume gedrückt werden. Begrenzt wird die Energiezufuhr durch ein Wastegate, das den zustrom von Abgasen regelt und bei Bedarf einen Teil der Abgase driekt in den Auspuff leitet.
Abgasseitig entstehen dabei extrem hohe Temperaturen. Unter Volllast beginnt der Lader zu glühen. Die Welle und die beiden Turbinenräder drehen sich dabei mit bis zu 200 000 Umdrehungen pro Minute. Das stellt hohe Anforderungen an die Präzision der Bauteile und die Abdichtung der Welle. Auch auf der Verdichterseite sind Temperaturen ein Problem: Durch das Verdichten der Ansaugluft erwärmt sich diese und verliert dadurch an Sauerstoffgehalt. Darum wird die Ansaugluft durch einen Ladeluftkühler im Motorraum geschickt, der ab rund 50 Grad Ansauglufttemperatur zusätzlich von einem Lüfter angeblasen wird.

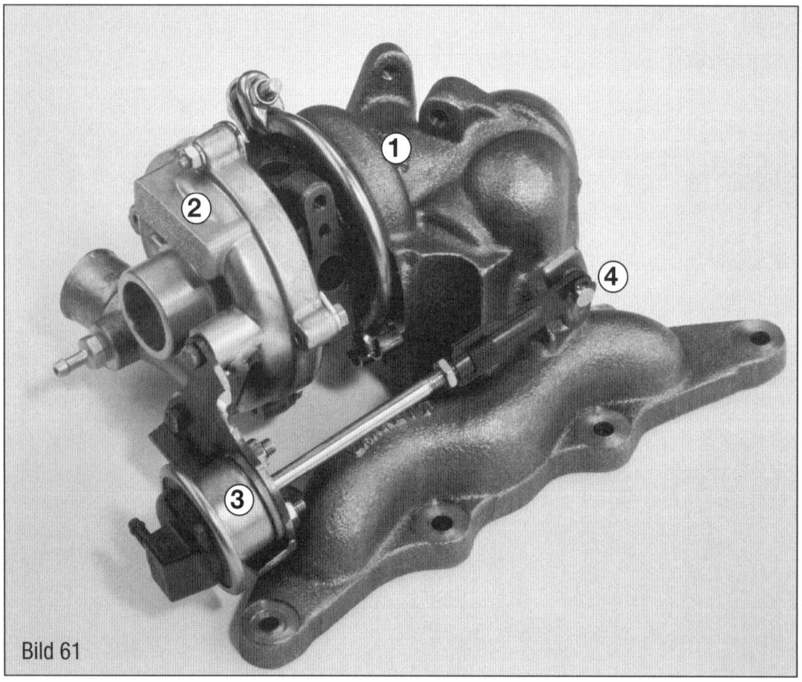

Bild 61
Turbolader:
1 *Turbinengehäuse Abgasseite*
2 *Turbinengehäuse Frischluftseite*
3 *Membrandose Wastegate*
4 *Betätigungshebel*

Bild 61

Mögliche Schäden am Turbolader sind:
- Risse am Auspuffkrümmer
- Abdichtungsprobleme an der Welle
- Lagerschaden der Welle
- Fremdkörperschaden am Laufzeug

Ist der Turbolader defekt, muss die komplette Einheit gewechselt werden. Bei einem kapitalem Schaden am Laufzeug (Materialverlust) sollte ggf. auch der Ladeluftkühler ersetzt und sämtliche Luftleitungen auf Fremdkörper untersucht werden.

Wastegate einstellen (Benziner)
Die Regelstange des Wastegates wird mit Hilfe einer Messuhr und einer Unterdruckpumpe eingestellt.
- Rot-schwarze Steuerleitung vorsichtig von der Membrandose abziehen
- Unterdruckpumpe anschließen und einen Druck von 550 mbar (plus/minus 10 mbar) einregeln.
- Die Regelstange soll sich nun um 1 mm bewegen.
- Sollte der Hub mehr oder weniger als 1 mm betragen Kontermutter lösen und Hub der Regelstange verkürzen oder verlängern.

Kontermutter der Regelstange mit Temperaturbeständigem Lack sichern!

- Steuerleitung aufstecken.

Wastegate ersetzen
Idealerweise wird dazu das Heckteil abgebaut und die Motorhalteschraube am Zylinderkopf gelöst (28 Nm).

Ausbau:
- Alle Steuerleitungen an der Membrandose vorsichtig abziehen

Nur gerade an den Leitungen ziehen, Bruchgefahr der Anschlüsse! Einbaulage markieren oder notieren!

- Sicherung am Hebel entfernen und Regelstange aushängen.
- Halteschraube lösen und Membrandose abnehmen.

Einbau:
- Membrandose mit Schraube (7 Nm) am Turboladergehäuse befestigen.
- Regelstange einhängen und sichern.
- Regelstangenhub prüfen und ggf.wie beschrieben einstellen. Anschließend Kontermutter sichern.
- Auf Verlegung der Anschlüsse achten.

Tubolader ersetzen

Prinzipiell gleicht sich die Vorgehensweise bei Benziner und Diesel. Wir beschreiben den Aus- und Einbau am Beispiel des Typs 160.920 (Benziner)

Ausbau:

- Kühlmittel wie beschrieben ablassen
- Lamdasonden vor und nach Kat ausbauen.
- Katalysator ausbauen.
- Schrauben der Ölleitung am Kurbelgehäuse entfernen und Dichtringe abnehmen.
- Schelle am Ölschlauch lösen und Schlauch aus dem Kurbelgehäuse ziehen.
- Ölleitung am Turbolader abschrauben und Ölleitung entfernen.
- Kühlwasserleitung an Turbolader und Kurbelgehäuse lösen und entfernen.
- Obere Luftansaugleitung am Turbolader lösen.
- Halter entfernen, dabei Lage des Massebandes beachten.
- Steuerleitung der Mebrandose des Wastegate vorsichtig abziehen.
- Abschirmblech abschrauben
- Schelle der Haupt-Ansaugleitung lösen und Luftansaugleitung vom Turbolader abziehen.
- Verbliebene Steuerleitung am Turbolader abziehen.
- ggf. Kombiventil ausbauen.
- Alle Schrauben lösen und Turbolader samt Abschirmblech und Dichtung abnehmen.

Einbau:

- Turboladereinheit mit neuer Dichtung und neuem Abschirmblech ansetzen, Muttern gleichmäßig über Kreuz mit 16 Nm anziehen
- Steuerleitung am Turbolader anschließen.
- Dichtung der Ansaugluftleitung prüfen und ggf. ersetzen. Dichtung zur leichteren Montage mit Wasser benetzen und Schelle anbringen.
- Kühlwassrleitung mit neuen Dichtringen am Lader und Kurbelgehäuse mit jeweils 19 Nm festziehen.
- Steuerleitung am Wastegate aufstecken.
- Halter anschrauben.
- Obere Luftansaugleitung montieren.
- Ölleitung mit neuen Dichtringen und 8 Nm am Turbolader und 10 Nm am Kurbelgehäuse befestigen.
- Ölrücklaufleitung mit Schelle am Kurbelgehäuse fixieren.
- Katalysator und Lamdasonden einbauen.
- Kühmittel auffüllen und Kühlsystem entlüften.

Bild 62
Ausbau des Turboladers am Motortyp M160:
1 Schraube
2 Ölleitung
3 Schelle
4 Schlauch
5 Schrauben
6 Abgasturbolader
7 Dichtung
8 Schraube
9 Kühlwasserleitung
10 Schraube
11 Schelle
12 Luftansaugleitung
13 Schrauben
14 Halter
15 Masseband

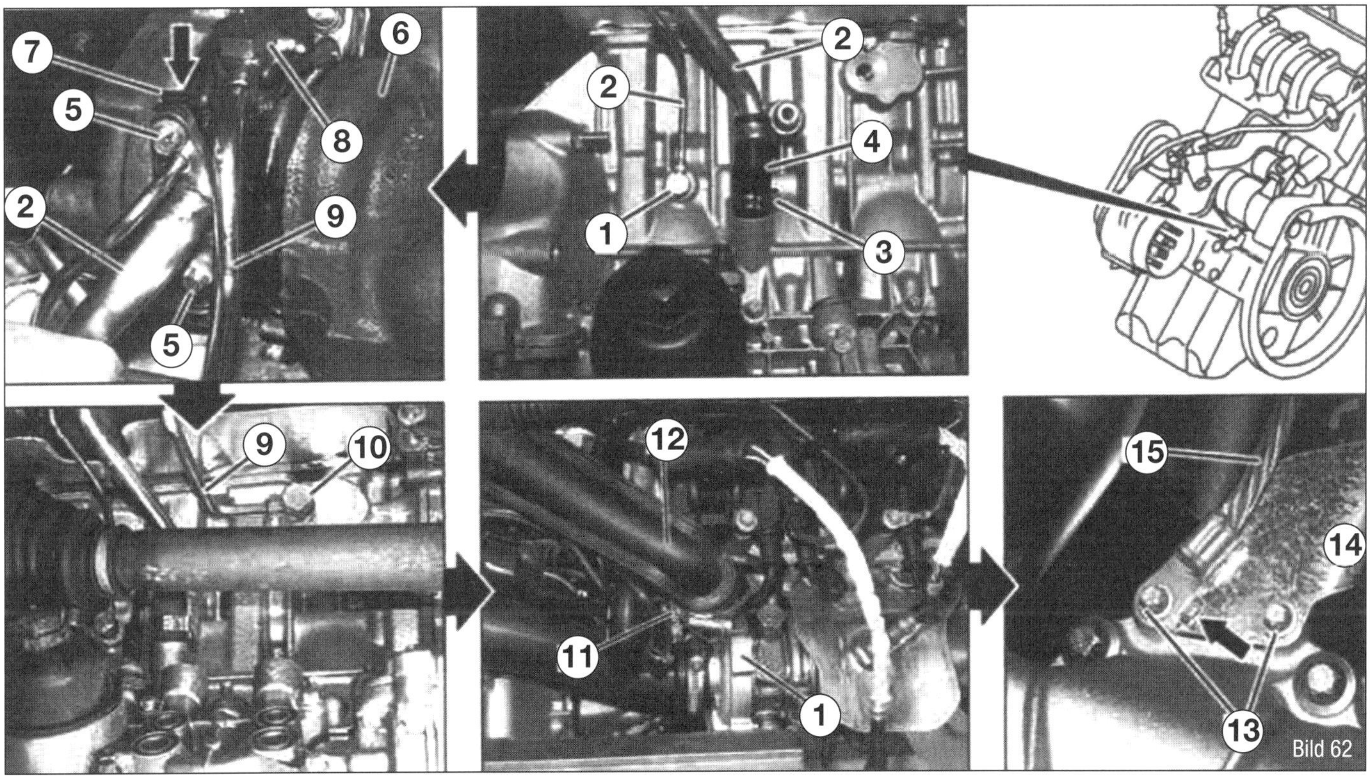

Bild 62

Ladeluftkühler ersetzen (Benziner)
Der Ladeluftkühler sollte nach schwerwiegenden Turboladerschäden gespült oder erstzt werden. Die Funktion des Lüfters wird vom Steuergerät überwacht und jede Fehlfunktion im Fehlerspeicher abgelegt. Zum Ausbau des Kühlers zunächst den Lüfter ausbauen.

Ausbau Lüfter:
- Stellglied Drosselklappe wie beschrieben ausbauen.
- Stecker am Lüftermotor abziehen.
- Befestigung lösen. Dazu den Zapfen an der Kunststoffhalterung zurückziehen und die Arretierung zusammendrücken.
- Der Lüfter kann jetzt nach vorne gekippt und aus den unteren Halterungen gezogen werden.

Ausbau Kühler:
- Drosselklappen-Stellglied und Lüfter ausbauen.
- Unteren Luftschlauch am Ladeluftkühler lösen.
- Obere Luftleitung am Turbolader lösen.
- Rastnasen der Halter drücken und Ladeluftkühler entnehmen.

Einbau:
- Im umgekehrter Reihenfolge.
- Auf korrekten Sitz der Haltlaschen achten!

Auspuffanlage ausbauen
Die Auspuffanlage der Benziner verfügt über zwei Lambda-Sonden, je eine vor und eine nach dem Katalysator, die beim Ausbau entfernt werden müssen. Der Diesel verfügt über keinen Katalysator der Ausbau funktioniert ansonsten auf ähnliche Weise. Wir beschreiben den Ausbau nach dem Turbolader anhand des Motortyps 160.920 (Benziner). In allen Fällen sollte zunächst das Heckteil abgebaut werden.

Die Verbindungsschrauben zum Turbolader sind thermisch hoch belastet und oft stark korrodiert. Vor dem Ausdrehen mit Rostlöser behandeln und bei warmer Anlage lösen.

Ausbau Lambda-Sonden:
- Masseleitung der Batterie abklemmen.
- Kabelverfolgen und Steckverbindungen im Motorraum trennen.
- Beide Sonden herausdrehen.

Einbau Lambda-Sonden:
- Sonden mit 50 Nm festziehen.
- Auf richtige Verlegung und Zuordnung der Kabel achten und Stecker im Motorraum einstecken.

Bild 63
Ausbau Ladeluftkühler:
1 Stecker Lüftermotor
2 Stellglied Drosselklappe
3 Ladeluftschlauch

 Die obere Sonde muss ausreichend Abstand zum Heckteil haben!

Ausbau Auspuff:

- Heckteil abbauen
- Lambda-Sonde hinter dem Katalysator ausbauen, sofern vorhanden.
- Verbindungsschrauben zum Turbolader lösen. Falls sich die Stehbolzen mit herausdrehen ist das kein Problem.
- Beide Halteschrauben am Getriebe lösen.
- Falls sich oberen weitere Befestigungspunkte befinden auch diese abschrauben.
- Die Auspuffanlage kann jetzt abgenommen werden.

Einbau Auspuff:

- Herausgedrehte Stehbolzen sollten durch neue ersetzt werden.
Halteschelle der Auspuffanlage auf Vibrationsrisse prüfen und ggf. ersetzen.
- Katalysator bzw. Auspuffanlage mittig, waagerecht und spanungsfrei ansetzen.
- Halteschrauben am Getriebe vorerst nur anlegen.
- Muttern an der Verbindung ansetzen, Auspuff nochmals ausrichten und auf genügend Abstand der oberen Lambdasonde zum Heckteil achten!
- Schrauben am Turbolader mit 30 Nm festziehen.
- Anschließend Schrauben am Getriebehalter mit 23 Nm festziehen.
- ggf. Lambasonde einbauen (50 Nm) und anschließen.
- Heckteil einbauen und Abstand zur Lamdasonde prüfen. Gegebenenfall-sAuspuff lösen und etwas drehen.

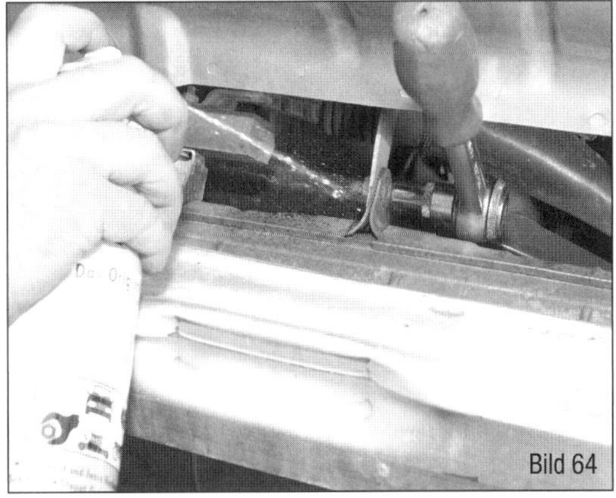

Bild 64
Ausbau Auspuff:
Alle Schrauben sollten großzügig mit Rostlöser behandelt werden

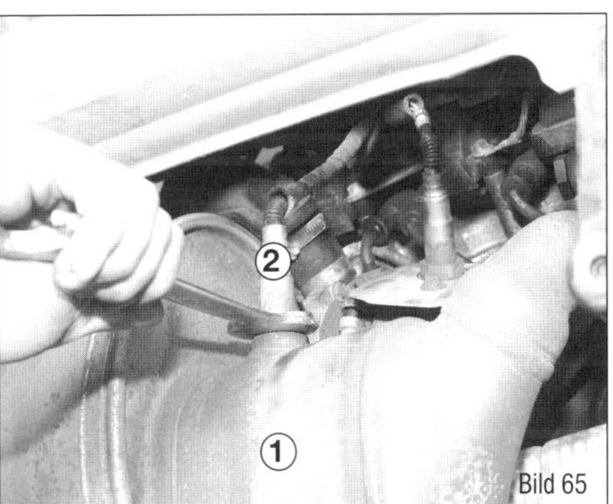

Bild 65
Ausbau Lamdasonde:
1 Katalysator
2 Lambdasonde mit 50 Nm festziehen

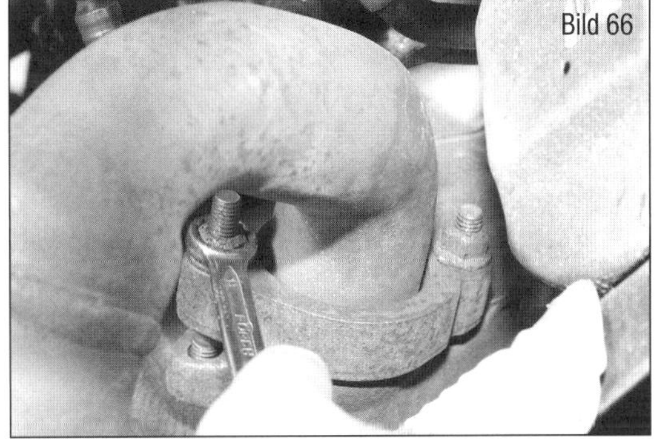

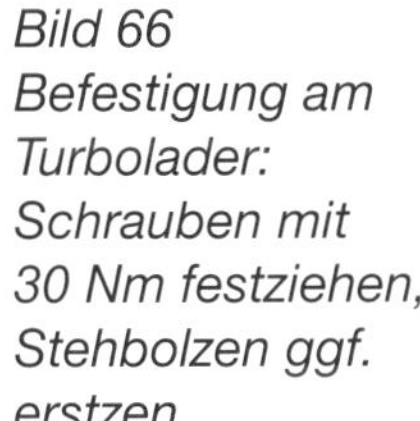

Bild 66
Befestigung am Turbolader:
Schrauben mit 30 Nm festziehen, Stehbolzen ggf. erstzen

Bild 67
Auspuffhalter am Getriebe:
1 Schrauben mit 23 Nm anziehen
2 Auspuff Halteband

Turbolader prüfen

Wie bei allen Turbomotoren gehört der kleine Lader zu den Verschleißteilen. Schäden am Lader können sogar Motorschäden verursachen. Kontrollen sind entsprechend wichtig, um Schäden frühzeitig zu erkennen und möglichst weitere Schäden einzudämmen. Verschaffen wir uns zuerst einen Überblick und betrachten anschließend einige Problemstellen und Reparaturen im Detail. Auch der komplette Turbolader ist beim Smart relativ günstig zu erstehen. Sie sollten grundsätzlich auf Marken Produkte zurückgreifen oder auf namhafte Laderreparaturbetriebe zurückgreifen. Es ist kaum möglich, die Qualität der gelieferten Ersatzteile zu prüfen. Im Falle eines Schadens wird es schwierig, gerade bei Reparaturen in Eigenleistung, einen Folgeschaden geltend zu machen.

Anschlüsse am Turbolader

Schon bei den Anschlüssen fällt der kleine Smart mal wieder aus dem Rahmen. Die üblichen Anschlüsse wie die Saugleitung zum Luftfilter (1), der Abgaskrümmer (6) zum Auspuff, die Ölversorgungsleitung (9) und die Ölablaufleitung (10) sind bei allen Turboladern vorhanden. Hinzu kommen hier die beiden Anschlüsse an den Wasserkreislauf (4 und 12). Turbolader mit Wasserkühlung kommen immer dann zum Einsatz, wenn hohe Temperaturen bewältigt werden müssen. Die extremen Temperaturunterschiede am Turbolader stellen besondere Anforderungen an die Anschlüsse mit den unterschiedlichen Aufgaben. Kontrollieren Sie die Anschlüsse im Rahmen der Wartungsarbeiten regelmäßig:

- Dichtringe an den Wasseranschlüssen.
- Öldruckleitung auf Dichtheit und Korrosionsschäden.
- Ölablaufleitung am Flansch und am Anschlussschlauch unten.

Schäden am Turbolader

Am Turbolader sind unterschiedliche Baugruppen von Schäden betroffen. Zum einen können die Ansteuerung, das heißt das Wastegate, die Regelstange und die Druckdose betroffen sein. Zum anderen können aber auch die Lagerung, die Leitschaufeln oder das Gehäuse selber beschädigt werden. Ganz sicher gibt es seitens der Hersteller auch Messwerte, die das Lagerspiel in axialer und radialer Richtung beschreiben. Diese Messwerte liegen uns nicht vor und sind auch nur von den Laderinstandsetzungsbetrieben sicher nachzuvollziehen.

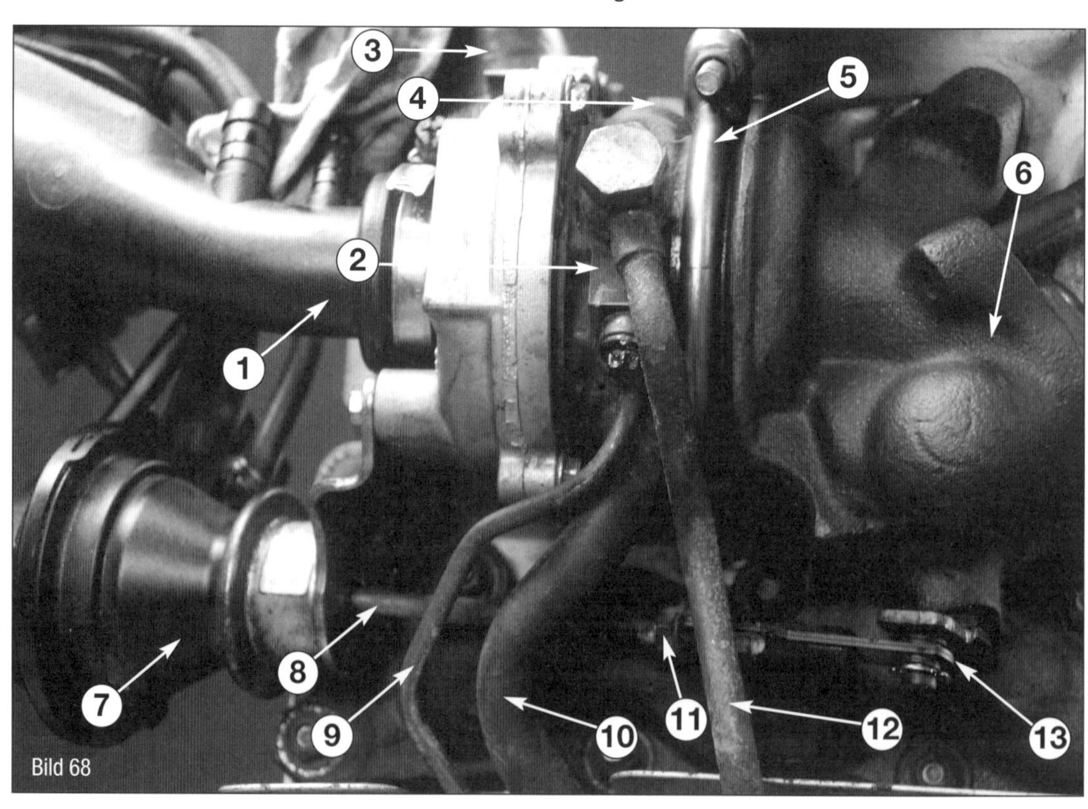

Bild 68 Anschlüsse des Turboladers beim kleinen Benziner.
1 Saugrohr zum Luftfilter
2 Ladergehäuse
3 Druckseite zum Ladeluftkühler
4 Kühlmittelanschluss
5 Schelle
6 Abgaskrümmer
7 Membrandose Wastegate
8 Regelstange Wastegate
9 Öldruckleitung
10 Ölrücklaufleitung
11 Sicherungsmutter Regelgestänge
12 Kühlmittelanschluss
13 Wastegatehebel

Vorbereitungen:

- Demontieren Sie das Saugrohr (1) zum Luftfilter.
- Bauen Sie, wie auf Seite 47 beschrieben, den Auspuff ab. ((bitte Seitenverweis prüfen))

Lagerspiel prüfen:
Ein Turbolader hat sehr wohl radiales und auch axiales Spiel. Ob das zu groß wird, lässt sich recht einfach nachvollziehen. Lassen Sie den Motor abkühlen.

- Greifen Sie die Laderwelle mit zwei Fingern, heben Sie sie an und drehen Sie sie.

Die Leitschaufeln dürfen nicht an das Gehäuse gelangen. Die Welle muss sich leicht drehen lassen. Die Laderwelle darf nicht eiern oder schlagen.

Leitschaufeln prüfen:

- Betrachten Sie sich die Leitschaufeln (16) und das Gehäuse (17) sowohl auf der Frischluft- als auch auf der Abgasseite sehr genau.

Sind hier Schäden oder Schleifspuren ersichtlich, muss der Lader sofort getauscht werden.

Istwertabfrage über den Tester:

- Wählen Sie den Hersteller »Smart« an.
- Wählen Sie im nächsten Bildschirm die manuelle Suche an (siehe auch Fehlerspeicherabfrage auf Seite 53).
- Wählen Sie den Smart fortwo (A/C 450) (3) an.
- Wählen Sie die Motorbauart an.
- Geben Sie das Motorkonzept (4 beim Benziner) Ihres Fahrzeugs an.
- Wählen Sie nun die Systemanwahl an (5).
- Wählen Sie nun das Steuergerät an, das Sie ansprechen möchten. In unserem Fall ist es das Motorsteuergerät (6).
- Wählen Sie nun »Datenstrom lesen« an.
- Wählen Sie nun die Unterkategorie »Turbolader« an.

Sie können nun einen Datensatz auslesen oder sogar grafisch darstellen, der Ihnen die wichtigsten Messwerte für die Funktionskontrolle des Turboladers liefert. Auch wenn Sie keine Vergleichswerte zur Verfügung haben, können Sie anhand der schlagartig ansteigenden Luftmasse und des Saugrohrdrucks die Reaktion des Turboladers erkennen.

- Machen Sie abschließend eine Probefahrt und lesen Sie den Fehlerspeicher aus.

Ölverlust am Turbolader
Turbomotoren sind grundsätzlich immer im Laufe ihrer Betriebszeit mit Ölverlust behaftet. Der Turbolader erzeugt nicht nur den Ladedruck, sondern auf seiner Saugseite auch immer einen Unterdruck. Selbstverständlich wird das Öl, das ja unter »Öldruck« steht, irgendwann seinen Weg zur Saugseite des Turboladers gefunden haben.

Bild 69
Gewanderte Welle.
14 Sicherungsmutter fehlt
16 Turbinenrad deformiert
17 Turbinengehäuse angeschliffen

Bild 70

Datensatz-Name	Wert	Einheit
Ein/Aus Mischungsverhältnis, Turbolader	0,00	%
Luftmasse	20,00	Kg/h
Saugrohrdruck	368,64	hPa
Motordrehzahl	3776	1/min

Alle anwählen | Grafik | Rekord | Bericht

70
Istwerte für den Turbolader aus dem »Datenstrom« in grafischer Darstellung.

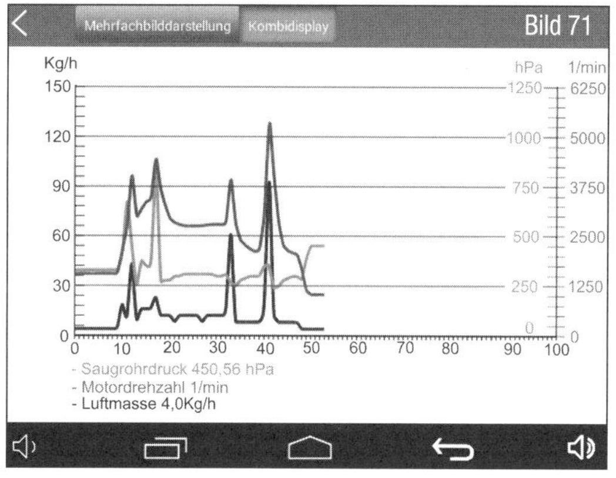

Bild 71
Istwerte für den Turbolader aus dem »Datenstrom« in Darstellung als Zahlenwert.

Bild 72
Extremer Ölverlust.
17 Öleinlagerung am Auslass des Turboladers

Schließlich gibt es im Lader keine Dichtungen im herkömmlichen Sinne. Diese Ölpartikel werden durch das Ladeluftsystem geblasen und treten an der einen oder anderen Stelle aus. Kein Grund zur Panik.
Solange das Laderspiel in Ordnung ist und auch der Ablaufschlauch noch einen ausreichenden Durchmesser aufweist, ist alles in Ordnung. Erst dann, wenn Sie feststellen, dass der Lader ölnass wie in unserem Bild 72 ist, müssen Sie Lager, Ladeluftkanäle und Kühler prüfen und beschädigte Teile ersetzen.

Typische Schadensbilder bei Turbomotoren

Fehlerquellen		Ladedruck zu gering	Ladedruck zu hoch	Turbolader macht Geräusche	Verdichter oder Turbinenrad def.	Hoher Ölverbrauch	Abgas mit schwarzem Rauch	Abgas mit blauem Rauch	Öl am Verdichter (Zuluft)	Öl an der Turbine (Abgas)
Schäden am Motor	Kolbenringe oder Ölabstreifringe defekt	X				X	X	X	X	X
	Kompressionsdruck zu gering									
Verdichterseite (Luftfilter zum Turbo)	Luftfilter verschmutzt, Zuluftkanäle zugesetzt	X				X	X	X	X	
	Saug- und Druckleitung beschädigt oder verformt	X		X			X			
	Öl-Zulauf und/oder -Ablauf undicht oder verengt					X		X	X	X
Verdichterseite (Turbo zum Motor)	Kurbelgehäuseentlüftung verstopft					X		X	X	X
	Ladeluftkühler oder Verdichterseite verschmutzt	X		X		X	X	X	X	
	Lagergehäuse des Laders verschmutzt/verstopft					X		X	X	X
	Verdichterrad defekt	X		X	X		X			
	Saugrohr oder Anschlüsse defekt oder undicht	X		X			X			
Turbinenseite (Turbo zum Auspuff)	Auspuff verstopft									
	Krümmer undicht (Motor zum Turbolader)	X		X		X	X	X	X	
	Auspuff undicht (Nach dem Turbolader)			X						
	Wastegateventil schwergängig	X	X				X			
	Ansteuerung Wastegate Druckdose defekt	X	X							
	Ansteuerung Wastegate Druckdose verstellt									
	Turbinenrad defekt	X		X	X			X		
Schäden am Lader	Lagerschaden am Turbolader	X		X	X	X	X	X	X	X
	Mangelhafte Ölversorgung			X	X			X		

Bild 73 Lambdasonden Im Abgaskrümmer und im Schalldämpfer.

Bild 74 Messung am Anschlusskabel der Lambdasonde.

Turbolader überholen

Auch hier ist beim Smart alles, vom kompletten Lader mit Wastegate-Ansteuerung bis zum Reparaturkit, das aus Lagergehäuse, Welle und Turbinen sowie Verdichterrad besteht, lieferbar. Die Reparaturkits sind oft schon unter 100 Euro lieferbar. Komplette Lader werden ab etwa 300 Euro angeboten. Grundsätzlich bleibt anzuraten Lader von Markenherstellern oder renommierten Reparaturbetrieben vorzuziehen. Ein kleiner Defekt am Lader kann, wie schon erwähnt, auch leicht einen kapitalen Motorschaden verursachen. Die Reparaturkits sollten Sie nur dann selbst verbauen, wenn Sie bereits Erfahrungen in diesem Bereich gesammelt haben.

Ölversorgungs- und Ablaufleitung erneuern
Grundsätzlich sollten Sie bei allen Arbeiten am Turbolader die Zulauf- und Ablaufleitung zumindest prüfen und die Dichtungen erneuern. Korrosion sollte bereits ein Grund sein den Leitungssatz, den es auch im Zubehör gibt, zu erneuern. Auch dieser Reparaturkit kann zu moderaten Preisen erstanden werden.

Ladeluftwege kontrollieren
Bei Turboladerschäden, bei denen Verschmutzungen in den Ansaugweg gelangt sein könnten (»könnte« reicht hier schon!), sollten Sie den gesamten Ansaugweg zerlegen und sehr gründlich reinigen. Teile von Leitschaufeln oder schon Spanreste können für Schäden an Kolben und/oder Ventilen sorgen.

Lambdasonden prüfen

Selbstverständlich finden sich beim Smart-Benziner schon zwei Lambdasonden. Die erste, die im Abgaskrümmer verbaut ist, ist eine Spannungssprungsonde. Die Lambdasonde erfasst den Restsauerstoff im Abgas und stellt die Gemischzusammensetzung um Lambda 1 (1) (14,7 kg Luft: 1 kg Kraftstoff) durch einen Spannungssprung dar. Der Spannungsausgang liegt bei fettem Gemisch bei etwa 0,9 V bis 0,5 V, bei magerem Gemisch zwischen 0,5 V und 0,1 V. Sie kann neben der natürlichen Alterung (die Sonde wird langsam, oder die Spannungspegel werden kleiner) auch Defekte in den Anschlüssen und der Heizung aufweisen. Die zweite wird zur Funktionsüberwachung des Katalysators verwendet und ist eine Breitbandsonde. Sie wird auch Monitorsonde genannt.

Multimeter als Prüfgerät
Die Lambdasonde lässt sich durchaus mit einem Multimeter prüfen. Sondenheizung und Widerstand der Sondenheizung sind einfach zu prüfen. Der Spannungsausgang der Spannungssprungsonde wird als Spannungswert ausgegeben. Die Regelhübe können allerdings nur mit einem Oszilloskop dargestellt und dann ausgezählt werden.

Widerstand Sonden-Heizung messen
- Schalten Sie die Zündung aus.
- Lassen Sie den Motor abkühlen.
- Ziehen Sie den Stecker der Lambdasonde ab.
- Stellen Sie das Messgerät auf 200 Ω ein.
- Ziehen Sie den Anschlussstecker (4) ab.
- Klemmen Sie die beiden Messanschlüsse des Multimeters an den beiden weißen Kabeln der Lambdasonde an. Sie sollten nun einen Widerstandswert von etwa 3-5 Ω messen können.

Spannung Sonden-Heizung messen

- Schalten Sie die Zündung aus.
- Lassen Sie den Motor abkühlen.
- Ziehen Sie den Stecker der Lambdasonde ab.
- Stellen Sie das Messgerät auf 20 V ein.
- Ziehen Sie den Anschlussstecker ab.
- Klemmen Sie die beiden Messanschlüsse des Multimeters an den beiden weißen Kabeln des Kabelbaumes zu der Lambdasonde an.
- Starten Sie den Motor. Sie sollten nun einen Spannungswert von etwa 12 V messen können.

Signalspannung messen

- Schalten Sie die Zündung aus.
- Lassen Sie den Motor abkühlen.
- Stellen Sie das Multimeter auf einen Messbereich von etwa 2 V DC ein.
- Legen Sie das Anschlusskabel frei, lassen es aber aufgesteckt.
- Schließen Sie die rote Messspitze des Multimeters an das schwarze Kabel der Lambdasonde an.
- Schließen Sie das schwarze Messkabel an den Minuspol der Batterie oder an die Motormasse an.

Sobald die Sonde ihre Betriebstemperatur erreicht hat (ab etwa 300 °C) sollten Sie nun die Sondenspannung ablesen können.

Sonden-Signalbild auswerten

- Schalten Sie die Zündung aus.
- Lassen Sie den Motor abkühlen.
- Klemmen Sie die eine Messspitze des Oszilloskops an das schwarze Kabel der Lambda-Sonde an.
- Schließen Sie das andere Messkabel an die Fahrzeugmasse an.
- Wählen Sie Time/Div (Zeit je Kästchen) mit 500 ms an (H).
- Wählen Sie 500 mV für den Messwert (V) (je Kästchen) (Faktor 1) (A) an.
- Schalten Sie die Zündung ein und betätigen Sie den Starter.
- Lassen Sie den Motor laufen.
- Werten Sie das Signalbild aus.

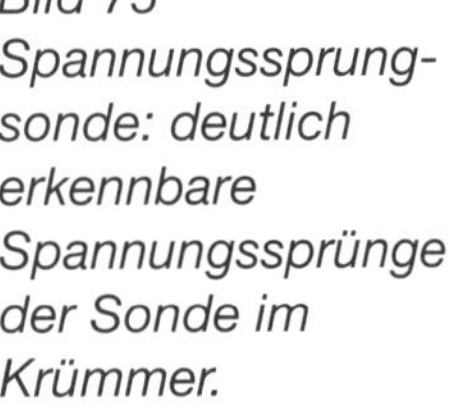

Bild 75 Spannungssprungsonde: deutlich erkennbare Spannungssprünge der Sonde im Krümmer.

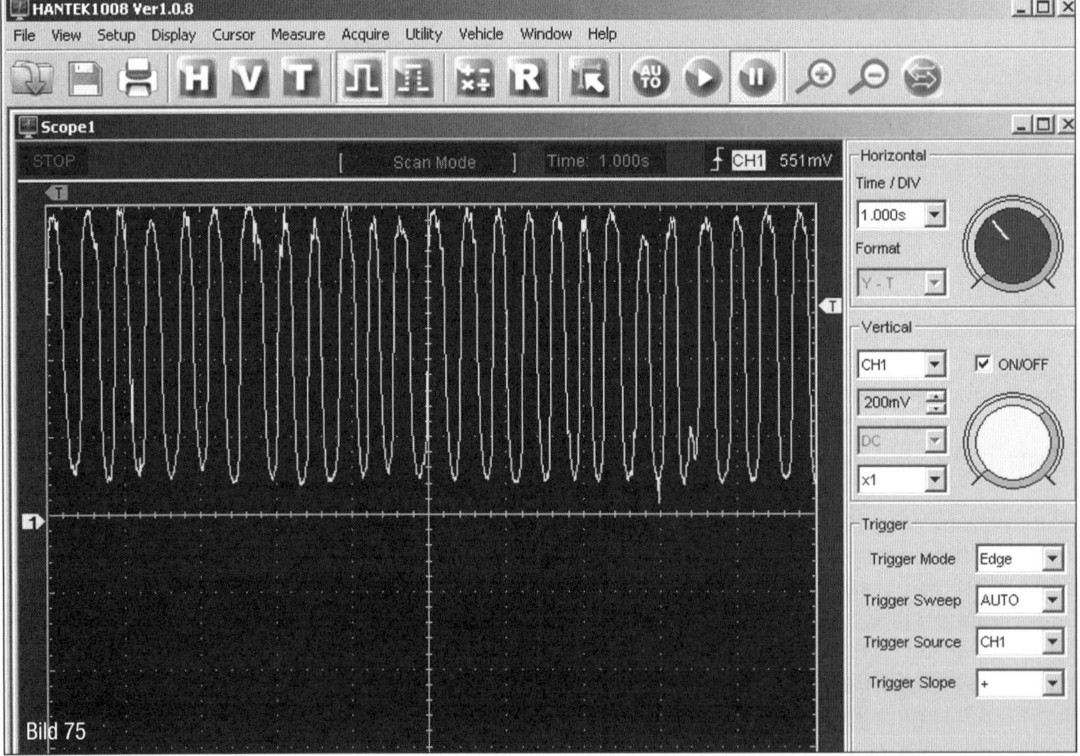

Motor prüfen

Wenn Verdacht auf einen Motorschaden besteht, sollte der Motor zunächst möglichst genau untersucht werden. Ein Motorschaden hat mechanische Ursachen, zu deren Behebung der Motor meist ausgebau und zerlegt werden muss. Hinweise auf mechanische Schäden geben folgende Sympthome:

- ungewöhnliche Geräusche
- erhöhter Ölverbrauch
- Kühlwasserverlust
- Leistungsmangel
- Rauchentwicklung am Abgasrohr

Um den Fehler im Vorfeld so präzise wie möglich einzukreisen können zunächst folgende Prüfschritte durchgeführt werden:

- Akustische Beurteilung mit einem Stethoskop
- Öldruckmessung
- Leistungsmessung
- Kompressionsdruckmessung
- Druckverlustprüfung
- Optische Beurteilung der Zylinderlaufbahnen mit Hilfe eines Endoskopes

Geräusche lokalisieren

Die Quelle mechanischer Geräusche ist mit einem Stethoskop leicht zu orten. Aber auch mit einem langen Schraubenzieher der an das Ohr gehalten wird sind Geräuschquellen gut zu orten.

Achtung: Verletzungsgefahr durch heiße Teile, drehende Teile oder plötzlich anlaufende Lüfter!

An folgenden Teilen lauschen:

- Zylinderkopfhaube (Ventiltrieb)
- Linke Motorseite (Steuerkette)
- Ölwanne (Pleuel- und Kurbelwellenlager)

Öldruck messen

Zu niedriger Öldruck weist auf Verschleiß an Ölpumpe oder Lagern hin. Zu höher Öldruck kann seine Ursache in einem Verklemmten Öldruckregelventil oder verstopften Ölkanälen haben.

- Ölstand prüfen und ggf. richtigstellen.
- Öldruckschalter ausbauen und Prüfleitung anschließen.
- Öldruck bei im Leerlauf laufendem Motor ablesen.

Öldruck bei kaltem Motor: 4,0 bis 4,5 bar
Öldruck bei warmem Motor: 2,0 bis 2,5 bar

- Beim erhöhter Drehzahl muss der Öldruck ansteigen, darf aber nicht schwanken!

Leistungsmessung

Um den subjektiven Eindruck von Leistungsmangel zu bestätigen kann eine dynamische Leistungsmessung auf einem Rollenprüfstand durchgeführt werden. Solche Prüfstände sind oft bei Bosch-Diensten zu finden.

Eine Leistungsmessung belastet den Motor sehr stark und sollte nicht bei offensichtlich vorgeschädigtem Motor durchgeführt werden.

Kompressionsdruck messen

Der Kompressions- oder Verdichtungsdruck darf nicht mit dem Verdichtungsverhältnis verwechselt werden. Wenn die Werte außerhalb der Toleranz liegen, sollte etwas Öl in die Zylinder gespritzt und die Messung wiederholt werden. Sind die Werte dann besser, ist wahrscheinlich die Abdichtung von Kolben zu Zylinder (Kolbenringe) schadhaft. Steigen die Werte nicht an, ist der Fehler an den Ventilen oder der Zylinderkopfdichtung zu suchen.

Prüfung bei Benzinern:

- Obere Zündkerzen ausbauen und Anschlussstecker von den Zündkerzen abziehen.
- Kraftstoffpumpenrelais entfernen.
- Druckmessgerät anschließen.

 Dazu ist ein langer Adapter nötig, um sicher bis zur Öffnung zu gelangen.

- Motor vom Anlasser durchdrehen lassen bis die Anzeige nicht weiter steigt.
- ggf. muss nach der Prüfung der Fehlerspeicher gelöscht werden

Prüfung bei Diesel:

- Glühkerzen ausbauen und Prüfadapter (Smart Nr 0009369) verwenden.
- Stecker von Injektoren abziehen um die Kraftstoffzufuhr zu unterbrechen.
- Motor vom Anlasser durchdrehen lassen bis die Anzeige nicht weiter steigt.
- ggf. muss nach der Prüfung der Fehlerspeicher gelöscht werden

Sollwerte im Neuzustand:	
Benziner	Diesel
12 bar	18,5 bar
Verschleißgrenze:	
Benziner	Diesel
ca. 9 bar	ca. 12 bar
zulässiger Druckunterschied:	<1 bar

Druckverlustmessung
Noch genauere Ergebnise als die Kompressionsdruckmessung liefert die Druckverlustmessung. Dabei wird jeder einzelne Zylinder mit Druckluft beaufschlagt, der Druckabfall gemessen und zwischen einzelnen Zylindern verglichen. Bei Smart wird dazu ein Testgerät mit der Nummer 450 589 17 21 00 verwendet.

- Motor mit Hilfe eines OT-Suchers am betreffenden Zylinder auf Zünd-OT stellen. Dazu sechsten Gang einlegen; Fahrzeug so lange vorwärts schieben bis Zünd-OT erreicht ist.
- Druckverlusttester anschließen und Zylinder mit Druck beaufschlagen.

Der Druckabfall darf insgesamt nicht höher als 25 Prozent sein. Im Bereich der Kolben sind 20 Prozent zulässig, an Ventilen und Zylinderkopfdichtung 10 Prozent. Bei hohem Druckverlust lässt sich die Ursache durch die austretende Luft feststellen:

- Tritt Luft am benachbarten Zylinder oder im Kühlmittel-Ausgleichsbehäölter aus, ist die Zylinderkopfdichtung defekt.
- Tritt Luft am Ansaugkanal aus (Drosselklappe öffnen), sind die Einlassventile undicht.
- Tritt Luft am Auspuff aus, sind die Aulassventile undicht.
- Bei Luftströmung aus der Öleinfüllöffnung sind Kolben, Kolbenringe oder Zylinderlaufbahn beschädigt.

Optische Prüfung der Zylinder
Mit Hilfe eines Endoskopes kann durch die Zünd- beziehungsweise Glühkerzenöffnungen ein Blick in die Zylinder geworfen werden. Dazu den betreffenden Zylinder in dem unteren Umkehrpunkt bringen.

- Der Kreuzschliff der Hohnung muss sichbar sein und darf lediglich am Umkehrpunkt leicht abgetragen sein.
- Bei leichten Ziehriefen oder Kratzspuren kann der Motor weiter verwendet werden.
- Bei blanken Stellen mitten in der Laufbahn müssen die Laufbuchse bzw. das Kurbelgehäuse und zumindest die Kolbenringe ersetzt werden.
- Wenn die Laufbahn aufgerauht ist oder Materielauftrag erkennbar ist, hat der Kolben gefressen. Der Rumpfmotor muss ersetzt werden.
- Bei Ölkohleablagerungen einem oder mehreren Kolben muss die Ursache ergründet und der Motor zerlegt werden.

Diagnose mit Prüfgeräten

Gerade bei den kleinen 0,6-Liter-Motoren entstehen typische Fehler, die eigentlich recht schnell erkannt werden können. Der Trick liegt im Einsatz der Prüfgeräte.

Typische Fehlerbilder
Beim 450er-Smart gehört ein Motorschaden oft fast schon zum Normalzustand. Man kann die Fahrzeuge entweder defekt oder mit überholtem Motor kaufen. Motoren, die schadenfrei einige 100.000 km geschafft haben, gibt es selten. Die Ursache ist aber nicht der Motor selbst, sondern sehr oft mit wenigen Euro vermeidbar. Die Ersatzteile sind sehr günstig und auch vorgearbeitete Bauteile bis zum überholten Motorblock sind für recht kleines Geld zu erstehen. Eine Reparatur lohnt sich für die kleinen Kultautos in jedem Fall.

Motorentlüftung (Teillastentlüftungsventil):
Oftmals beginnt es mit Ölverlust und unrundem Motorlauf. Recht schnell kommt der Leistungsverlust hinzu. Abschließend springt der Motor nicht mal mehr an. Die Ursache ist oft einfach, die Auswirkung verursacht aber viel Arbeit. Ein undichtes Teillastventil (8) sorgt für die Gemischabmagerung besonders am 3. Zylinder. Die heißere Verbrennung bewirkt eine Überhitzung des Auslassventils mit entsprechenden Brandschäden (2) am Ventil. Wenig später wird dann meist noch ein weiteres Auslassventil (oft der erste Zylinder beschädigt). Die Motorentlüftung beginnt am Motorblock und endet am Teillastentlüftungsventil am Saugrohr. Ein kleiner Riss (4) im Schlauch und schon treten Öldämpfe aus und Falschluft kann einströmen. Auch typisch für die kleinen Turbos sind abbrechende Teillastentlüftungsventile (8). Die Kontrolle sollte also im Rahmen der Wartungsarbeiten regelmäßig geschehen. Auch und gerade deshalb, weil diese Bauteile schlecht einzusehen sind. Im Zweifelsfall einfach erneuern. Der Preis liegt in der Regel für Schlauch, Leitungen und Ventil unter 20 Euro.

Ventilschaftdichtungen:
Hoher Ölverbrauch bedeutet nicht gleichzeitig immer einen Motorschaden. Im Laufe der Zeit härten die Ventilschaftdichtungen

aus. Aus dem geschmeidigen Kunststoff wird Hartplastik und die Abdichtung zum Ventil ist nicht mehr gegeben. Sehr häufig ist größerer Ölverbrauch allein oder zumindest überwiegend auf ausgehärtete Ventilschaftdichtungen zurückzuführen. Steigt der Ölverbrauch an und es ist kein erhöhter Druckverlust über die Zylinder festzustellen, sollten die Ventilschaftdichtungen gewechselt werden. Wie das durchgeführt wird finden Sie im Zusatz dieses Smartbandes.

Diagnose Reihenfolge
Je sicherer ein Defekt am Motor eingekreist werden kann, umso besser lassen sich der Reparaturaufwand und der Kapitaleinsatz einschätzen. Schließlich macht es keinen Sinn, den Motor auszubauen und anschließend festzustellen, dass eine defekte Zündspule oder eine durchschlagene Zündkabelisolierung den unrunden Motorlauf verursacht hat.

Schritt 1 Fehlerspeicher auslesen:
Stellen Sie fest, dass keine Fehler im Fehlerspeicher hinterlegt sind, die auf einen Defekt an Zündanlage oder Einspritzanlage hinweisen können.

Schritt 2 Kompressionstest:
Nachdem ein Fehler in Einspritzanlage und Zündung ausgeschlossen werden konnte, sollten Sie zuerst wie schon auf Seite 69 beschrieben, einen Kompressionstest durchführen. Hier wird der Druck-Istwert jedes Zylinders festgestellt. Bei den Zylindern mit beschädigten Ventilen wird der Kompressionsdruck annähernd 0 bar betragen.

Schritt 3 Druckverlusttest:
Führen Sie nun wie auf Seite 70 beschrieben einen Druckverlusttest durch. Sollten die Auslassventile durchgebrannt sein, werden Sie ein leises aber deutliches Zischen aus dem Auspuff hören. Der angezeigte Druckverlust liegt schnell bei 30-100%. Ist ein Ventil durchgebrannt, ist der Druckverlust so hoch, dass ein Verlust an anderen Stellen nicht dargestellt werden kann.

Schritt 4 Endoskopie:
Um ohne Zerlegung des Motors festzustellen, ob der Kolben oder die Zylinderwand beschädigt ist, wird ein Endoskop oder ein Videoskop eingesetzt. In den meisten Fällen sind die elektronischen Varianten nicht nur günstiger, sondern aufgrund der eingesetzten Kameratechnik auch im Bild zumindest deutlich besser als

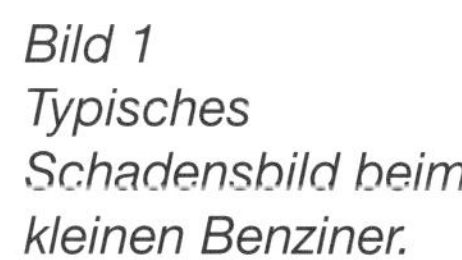
Bild 1
Typisches Schadensbild beim kleinen Benziner.
1 Kerzen mit extremen Ablagerungen von Ölkohle
2 Auslassventil (defekt)
3 Einlassventil

Bild 2
Motorentlüftung beim 0,6-l-Benzin-Motor.
4 Anschlusssschlauch am Kurbelgehäuse
5 Anschlussschlauch am Saugrohr
6 Teillastventil der Motorentlüftung
7 Leitung Motorentlüftung

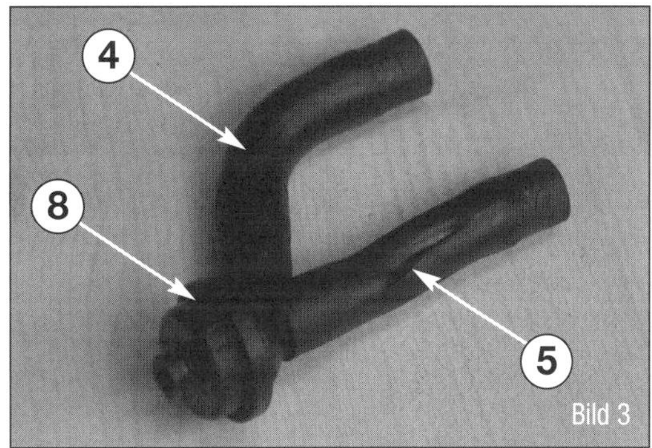

Typischer Schaden und Ursache für die defekten Auslassventile.
4 Anschlussschlauch am Kurbelgehäuse
5 Anschlussschlauch am Saugrohr (mit Riss)
8 Teillastventil der Motorentlüftung (abgebrochen)

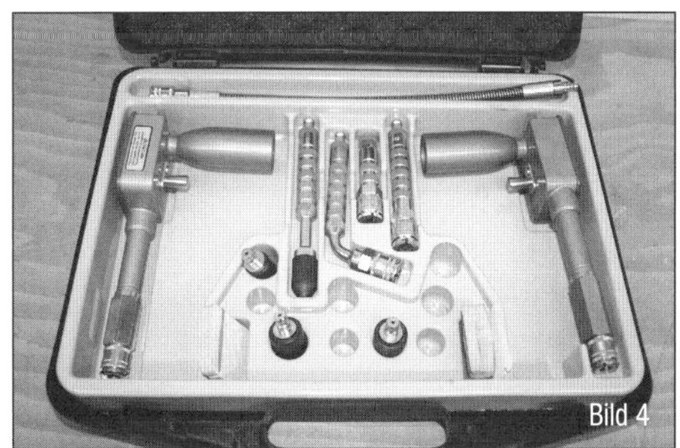

Bild 4
Motometer-Druckschreiber für den Kompressionstest.

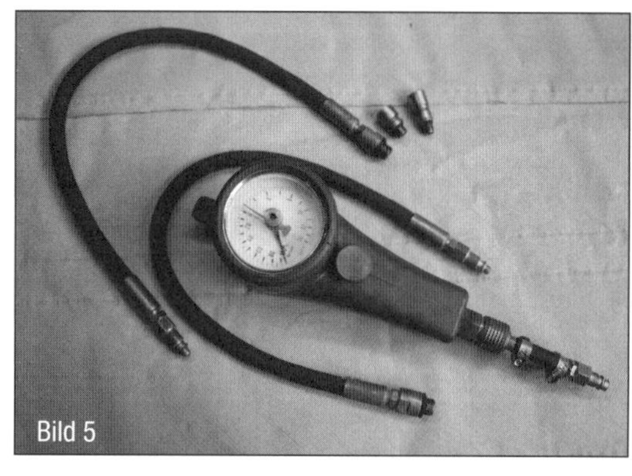

Bild 5
Kombinierter Druckverlustprüfer mit Anschlussschläuchen und Adaptern.

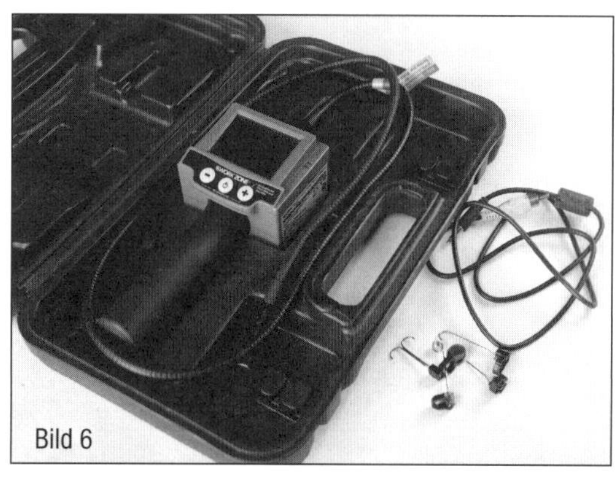

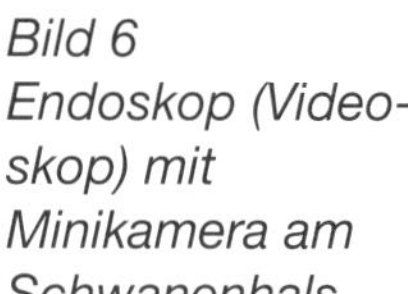

Bild 6
Endoskop (Videoskop) mit Minikamera am Schwanenhals.

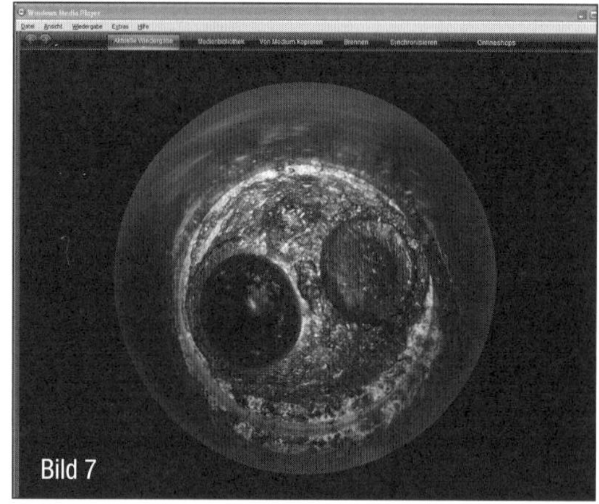

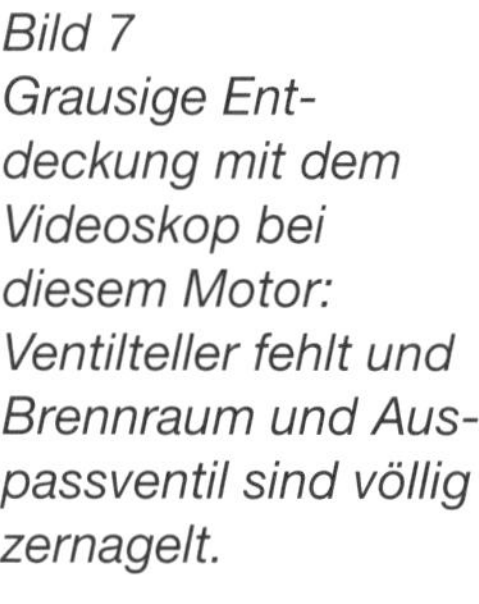

Bild 7
Grausige Entdeckung mit dem Videoskop bei diesem Motor: Ventilteller fehlt und Brennraum und Auspassventil sind völlig zernagelt.

flexible Glasfaser-Endoskope. Bei der Anschaffung eines Videoskops (Inspektionskamera) sollten Sie darauf achten, dass der Kamerakopf nicht größer als 8 mm im Durchmesser ist. Sonst können Sie ihn nicht durch das Zündkerzengewinde einführen. Brauchbare Kamerasysteme können Sie bereits unter 20 Euro im Internet erstehen.

Schritt 5 Auswertung:
Mit jeder Prüfung wird die Aussage präziser. Sie können das Schadensbild bis hin zu möglichen Riefen an der Zylinderwand vorher schon einschätzen und die nächsten Arbeitsschritte entsprechend einplanen.

Motor ausbauen

Wenn der Motor zerlegt oder ersetzt werden soll, muss die komplette Antriebseinheit ausgebaut werden. Die Antriebseinheit sitzt auf einem Fahrschemel, der nach Entfernen der Anschlüsse abgesenkt werden kann. Bei einigen Arbeiten reicht es unter Umständen nur den Fahrschemel abzusenken. Dazu werden die Halteschrauben gelöst und längere Bolzen eingesetzt (Teilenummer 450589006200) .
Beim Ausbau der Antriebseinheit verändert sich der Schwerpunkt. Das Fahrzeug kann von der Bühne rutschen. Unbedingt fixieren!

Ausbau (ohne Abbau des Hilsrahmens):

- Beide Batteriepole abklemmen und Bremspedal so lange betätigen, bis kein Unterdruck meh im Bremskraftverstärker ist.
- Heckteil abbauen.
- Beide Sitze mit Konsolen ausbauen und Bodenbelag zurückschlagen.
- Darunter liegenden Zentralstecker vom Motorkabelbaum trennen.
- Motoröl absaugen.
- Generatorabdeckung entfernen (wenn vorhanden) und Kabel lösen.
- Beide Stecker am Motorsteuergerät abnehmen und Luftansaugung vom Luftfilterkasten lösen.
- Kraftstoffleitungen trennen.
- Unterdruckleitung zum Bremskraftverstärker trennen.
- Masseverbindung Motor/Getriebe lösen.
- Schlauch zur Sekundärluftpumpe abziehen (bei Benzinern)
- Unterbodenverkleidung abbauen. (Kapitel Karosserie). Motorkabelbaum am Stecker trennen.
- Kühlmittel ablassen. (Kapitel Kühlsystem) und Schläuche vom Motor abziehen.
- Beide Achswellen ausbauen, dazu Radnabenmutter lösen und Welle aus dem Getriebe hebeln. (Kapitel Getriebe)
- Elektrische Anschlüsse am Anlasser abbauen.
- Antriebseinheit mit einem geigneten Heber abstützen.
- Je zwei Schrauben am Motorlager hinten rechts und am Lager in der Nähe des Getriebes lösen.
- Motor absenken, bis der Kompressor der Klimaanlage ausgebaut werden kann (wenn

vorhanden). Kompressor an Karosserie hochbinden.

- Schrauben des Motorlagers im Bereich des Heckträgers lösen und Motor vorsichtig ablassen.

Einbau (ohne Hilfsrahmen):

- In umgekehrter Reihenfolge
- Anzugsmoment der Motorträger an den Intergralträger jeweils 58 Nm.
- Anzugsmomente des Klimakompressors am Zylinderkopf 12Nm, am Halter 20 Nm und am Grundträger 20 Nm.

Ausbau (inklusive Hilsrahmen):

Wird die Antriebseinheit gemeinsam mit dem Hilfsrahmen ausgebaut, sind im Prinzip alle vorher beschriebenen Arbeiten nötig. Es entfällt lediglich folgender Arbeitsschritt:

- Ausbau der Antriebswellen

Zusätzlich müssen jedoch folgende Arbeitsschritte ausgeführt werden:

- Handbremsseil aushängen. Dazu Federclip am Handbremshebel entfernen und Seil aushängen.
- Radhausverkleidung links entfernen und Luftfilterkasten vom Radhaus aus lösen.
- Schottwand und Querverstrebungen (sofern vorhanden) vom Unterboden abbauen.
- Bremsleitung im Bereich Unterboden trennen.
- Antriebseinheit mit geeignetem Heber abstützen.
- Je zwei Bolzen vorn und hinten am Träger lösen und gesamte Einheit vorsichtig absenken.

Tipp: Wenn die Hinterräder montiert bleiben, kann die komplette Antriebseinheit nach hinten weggerollt werden. Dazu muss allerdings vor dem Ausbau das Getriebe auf Leerlauf geschaltet sein.

Einbau (inklusive Hilfsrahmen):

- In umgekehrter Reihenfolge
- Anzugsmomente des Klimakompressors am Zylinderkopf 12 Nm, am Halter 20 Nm und am Grundträger 20 Nm.
- Aggregateträger an Kurbelgehäuse 20 Nm, Wasseranschlussstutzen an Aggregateträger 9,5 Nm
- Die Schottwand beim Zusammenbau mit 23 Nm festziehen.
- Sind am Unterboden Querstreben verbaut, werden diese mit 70 Nm befestigt.

Bild 8
Befestigung des Aggregateträgers:

Motor in Wartungsstellung abhängen

Fehler, wie die undicht werdende Motorentlüftung, können im normalen Einbauzustand des Motors kaum betrachtet werden. Es ist einfach kein Platz um den Motor herum. So ist es sehr schwierig, Bauteile wie die Motorentlüftung oder die Kühlmittelschläuche zu begutachten. Das Absenken des Motors in eine Serviceposition verändert allerdings alles. Das Absenken des Motors nimmt etwa 20 Minuten in Anspruch. Schon für den Komfortgewinn bei den Wartungsarbeiten eine lohnende Investition.

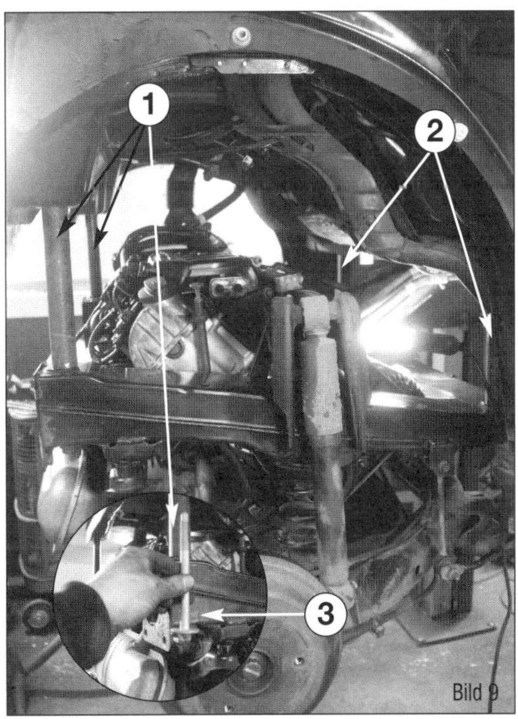

Bild 9
Antriebseinheit in Servicestellung.
1 Stützrohre und Schraubbolzen hinten
2 Stützrohre und Schraubbolzen vorne
3 Originalhalteschraube zum Vergleich

Bild 10
Spezialwerkzeug zum Absenken des Triebwerks aus der Eigenbauproduktion.
1 Stützrohre hinten (210x34x27 mm)
2 Stützrohre vorne (190x34x27 mm)
4 Schraube hinten (M12x1,5x32,5)
5 Schraube vorne (M12x1,5x23,8)

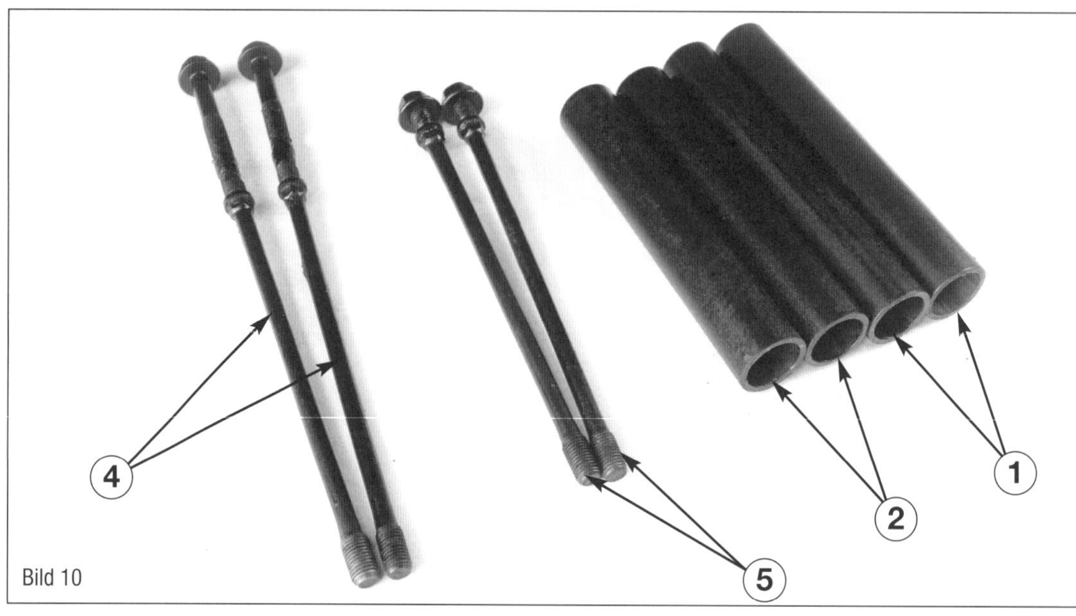

Bild 10

Bild 11
Halter an der Karosserie.
6 Halteclip für Kraftstoffleitungen
7 Halterung für Bremsleitungen und ABS

Bild 11

Bild 12
Absetzen auf der Werkbank.
1 Stützrohre und Schraubbolzen hinten
8 Holzblock zum Abstützen

Bild 12

Bild 13
Kraftstoffversorgung und Unterdruckleitung am 0,6-l-Motor.
9 Unterdruckleitung
10 Rücklaufleitung
11 Vorlaufleitung

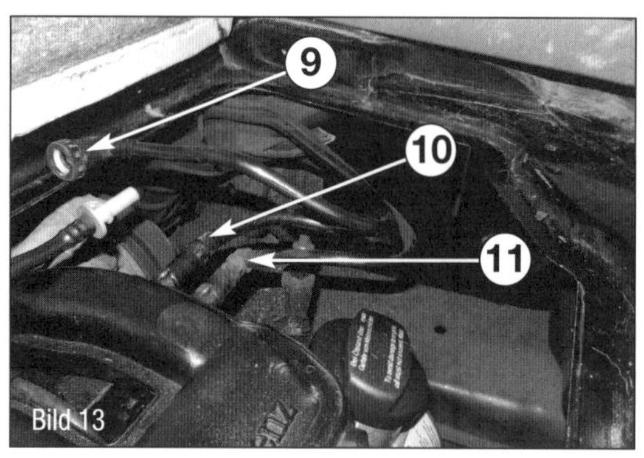

Bild 13

Bild 14
Antriebseinheit in rollbarer Servicestellung.
12 Karosserie
13 Luftfilterschnorchel
14 Antriebseinheit

Die Abmessungen zu den Spezialwerkzeugen haben wir Ihnen im Bild 9 zusammengestellt. Den Werkzeugsatz können Sie, wie wir auch, selbst herstellen.

Vorbereitungen
Wir zeigen Ihnen die folgenden Arbeiten auf einer Hebebühne. Diese Arbeiten lassen sich zwar auch über einer Grube oder am Boden durchführen. Die Ausführung wird deutlich schwieriger und auch gefährlicher.

- Schalten Sie die Zündung aus.
- Lassen Sie den Motor abkühlen.
- Demontieren Sie den hinteren Unterfahrschutz.
- Bauen Sie die Räder hinten ab.
- Lösen Sie die Handbremse.
- Bauen Sie das CBS-Heck wie schon auf Seite 117 beschrieben ab.
- Bauen Sie die hinteren Radkastenverkleidungen wie auf Seite 114 beschrieben aus.
- Demontieren Sie die Motorraumverkleidung.

Bild 14

- Hängen Sie die Leitungen innen (6 und 7) am linken Schweller aus den Leitungen aus.
- Hängen Sie die Handbremsseile an der Seilwaage aus.
- Ziehen Sie den Handbremshebel an.
- Ziehen Sie den Ansaugschlauch (13) vom Lüftungszugang in der Karosserie links ab.
- Bauen Sie die Crashbox hinten (Stoßfängerverstärkung) ab.
- Demontieren Sie die Schubstreben (Querlenker) des Achsrohrs hinten wie auf Seite 69 ((Seitenverweis prüfen)) beschrieben ab.

Antriebseinheit absenken

- Unterbauen Sie den Motorträger wie im Bild 12 gezeigt mit passenden Holzträgern auf einem stabilen Werktisch.
- Lösen Sie die vier Schrauben (2 in Bild 9) der Fahrschemelaufhängung.
- Heben Sie den Motor gerade so weit an, dass der Fahrschemel etwa 5 mm Abstand zum Rahmen hat.
- Drehen Sie nacheinander die Verschraubungen heraus und ersetzen Sie sie gegen die langen Verschraubungen (4 und 5) des Servicesatzes.
- Drehen Sie die langen Schrauben aus dem Servicesatz etwa 5 mm in das Gewinde ein.
- Heben Sie das Fahrzeug weiter vorsichtig an, bis der Fahrschemel auf den Serviceschrauben aufliegt.

Achten Sie dabei auf die Schläuche und Kabel, die am Motor angeschlossen sind. Führen Sie die Kraftstoff- (10 und 11) und die Unterdruckleitung (9) durch leichte Drehung in den Anschlüssen mit.

Achten Sie darauf, dass die Führung und die Seilwaage der Handbremsseile in ihren Positionen bleiben.

Wenn das Fahrzeug rollbar bleiben soll:

- Montieren Sie die Abstandshülsen vorne und hinten nacheinander und ziehen Sie die Schrauben fest.
- Montieren Sie die Hinterräder. Das Fahrzeug ist nun rollbar, es sollte so aber nicht aus eigener Kraft bewegt (gefahren) werden.

Antriebseinheit anheben

- Montieren Sie zuerst die Abstandshülse (wenn verbaut) und senken Sie das Fahrzeug vorsichtig ab, bis der Fahrschemel wieder etwa 5 mm Abstand zum Rahmen hat.
- Drehen Sie die Originalschrauben wieder ein.

Die weitere Montage erfolgt sinngemäß in umgekehrter Reihenfolge.

Motor zerlegen

Einige der beschriebenen Arbeiten können auch bei eingebautem Motor erledigt werden, so zum Beispiel der Aus- und Einbau der Ölwanne. Da wir jedoch von einer kompletten Motorrevision ausgehen, beschreiben wir die Arbeiten bei ausgebautem Motor.

Zylinderkopfhaube

Ausbau (Diesel):

- Stecker an den Injektoren abziehen.
- Kabelkanal lösen und beiseite legen.
- Öleinfülldeckel abnehmen
- Acht Schrauben rings um die Haube lösen und Haube abnehmen.

Einbau (Diesel):

- In umgekehrter Reihenfolge.
- Auf sichere Rastung der Stecker an den Injektoren achten.
- Anzugsmoment der Schrauben 12 Nm

Die Zylinderkopfhaube soll laut Smart nach dem Ausbau grundsätzlich erneuert werden.

Ausbau (Benziner):

- Bei Modellen ab FG-Nr WME4503001J000001 das Kombiventil ausbauen.
- Saugrohr wie in Motorumfeld beschrieben ausbauen.
- Zündspulen ausbauen.
- Öleinfülldeckel abnehmen.
- Entlüftungsschlauch abziehen.
- Sechs Schrauben herausdrehen und Haube abnehmen.

Einbau (Benziner):

- In umgekehrter Reihenfolge.
- Dichtflächen reinigen und Sitz der Dichtung an der Haube prüfen.

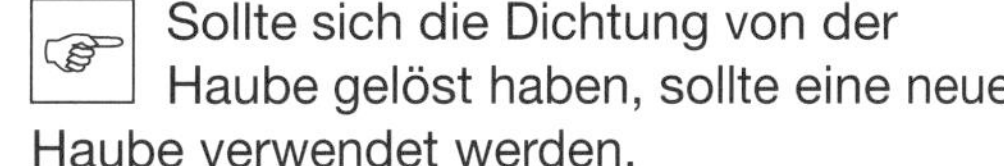

Sollte sich die Dichtung von der Haube gelöst haben, sollte eine neue Haube verwendet werden.

■ Anzugsmoment der sechs Schrauben 12 Nm (bei Wiederverwendung der Haube nur 9,5 Nm)

Zylinderkopf ausbauen
Durch den prinzipell gleichen Aufbau der Benzin- und Dieselmotoren sind die Arbeitsschritte bei dieser aufwändigen Reparatur weitgehend identisch. Wir beschreiben die Arbeit an einem Benzinmotor vom Typ 160.910 und 160.920. Sollten beim Diesel gravierende Unterschiede in der Vorgehensweise bestehen, weisen wir darauf hin.

Ausbau (Benziner):
■ Masseleitung der Batterie abklemmen.
■ Thermostat ausbauen.
■ Zylinderkopfhaube abbauen.
■ Katalysator bzw. komplette Auspuffanlage nach Turbolader ausbauen.
■ Turbolader abbauen.
■ Ab Fg-Nr. WME4503001J000001 (160.920) Kombiventil ausbauen
■ Alle Schläuche und elektrische Anschlüsse an Turbolader und Zylinderkopf entfernen.

☞ Markieren Sie die Einbaulage der Leitungen um spätere Verwechslungen auszuschließen.

■ Klimakompressor (wenn vorhanden) samt Halter lösen und beiseite legen.
■ Motorlager hinten rechts ausbauen. Lager dabei nicht verdrehen!
■ Dichtung Nockenwellengasse abnehmen.
■ Schraube am Nockenwellenrad lösen, dabei Nockenwelle mit geeignetem Gabelschlüssel gegenhalten. Kettenrad abnehmen.
■ Zylinderkopfschrauben stufenweise in umgekehrter Reihenfolge des Anzugsschemas lösen (siehe Einbau).
■ Zylinderkopf abheben, ggf. mit einem Gummihammer vorsichtig nachhelfen.

Zylinderkopf prüfen:
Wenn der Zylinderkopf weiter verwendet werden soll, müssen folgende Punkte geprüft werden:
■ Zylinderkopf-Dichtfläche mit einem Haarlineal auf Ebenheit prüfen.
■ Brennräume auf Risse untersuchen.
■ Ventile auf Dichtheit prüfen.
■ Verkokungen mit einer Messingbürste entfernen.
■ Nockenwelle auf Laufspuren untersuchen.
■ Hydrostößel prüfen.
Vor dem Einbau muss der gesamte Zylinderkopf gründlich gereinigt werden. Das gilt auch für die Dichtflächen und Gewindebohrungen des Kurbelgehäuses!

Einbau bei eingebautem Motor (Benziner):
■ Zylinderkopf komplettieren, Nockenwelle auf Zünd-OT Zylinder 1 stellen (Nocken schräg nach oben).
■ Gewindelöcher im Block reinigen und mit Pressluft ausblasen, Dichtflächen entfetten.
■ Neue Dichtung auflegen, dabei auf Einbaulage achten. Kurbelwelle auf 30 Grad vor OT drehen um Kontakt zwischen Ventilen und Kolben zu vermeiden.
■ Zylinderkopfschrauben an Gewinde und Kopfauflage leicht einölen und stufenweise nach Schema anziehen.

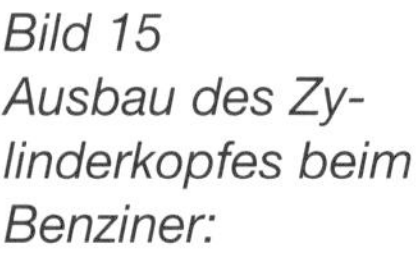

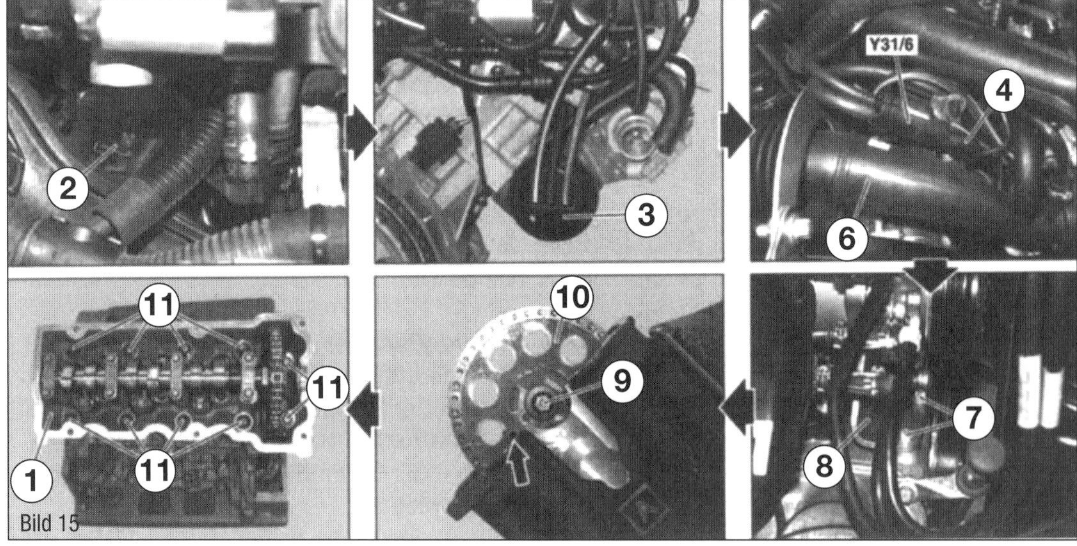

Bild 15
Ausbau des Zylinderkopfes beim Benziner:
1 Zylinderkopf
2 Stecker
3 Waste Gate Ventil
4 Stecker
6 Luftleitung
7 Schrauben
8 Halter Klimakompressor
9 Schraube
10 Nockenwellenrad
11 Zylinderkopfschrauben
Y31/6 Umschaltventil Ladedruck

Benziner (160.910)
- 1.Stufe: 21 Nm
- 2.Stufe: +90 Grad
- 3. Stufe: +90 Grad
- bei Motortyp 160.920 zusätzlich Schrauben Zylinderkopf/Steuergehäusedeckel mit 27 Nm befestigen.

Diesel (660)
- 1.Stufe: 30 Nm
- 2.Stufe: +90 Grad
- 3. Stufe: +90 Grad

- Kurbelwelle auf OT stellen.
- Steuerkette auf Nockenwellenrad auflegen und Rad an Nockenwelle ansetzen. Beim Benziner muss die Bohrung am Nockenwellenrad (Bild 17) bei Kurbelwellen-OT (Riemenscheibe auf Markierung am Steuergehäusedeckel stellen, siehe Bild 20) mit der unteren Trennfläche am Zylinderkopf fluchten!
Beim Dieselmüssen die Markierungen an der Nockenwelle in der gezeigten eise (Bild 19) übereinstimmen. An der Kurbelwelle gilt ebenfalls Bild 20.
- Beim Benziner die Schraube am Nockenwellenrad mit 21 Nm festziehen (beim Diesel mit drei Schrauben und je 7,5 Nm befestigen). Dabei Nockenwelle mit geeignetem Gabelschlüssel gegenhalten.
- Motor von Hand mehrmals in Laufrichtung durchdrehen und Steuerzeiten erneut prüfen.
- Neue Dichtung für Nockenwellengasse auflegen.
- Motorlager hinten rechts einbauen.
- Halter und Klimakompressor einbauen.
- Sämtliche Leitung anschließen.
- Abgasturbolader und Auspuffanlage anbauen.
- Zylinderkopfhaube einbauen (ggf. erneuern)
- Thermostat einbauen.
Flüssigkeiten auffüllen

Zylinderkopf zerlegen

Nockenwelle

Ausbau (Benziner und Diesel):
- Zylinderkopfhaube und Nockenwellenrad abbauen.
- Motor auf Zünd-OT Zylinder 1 stellen.
- Einbaulage der Nockenwellen-Lagerdeckel markieren.

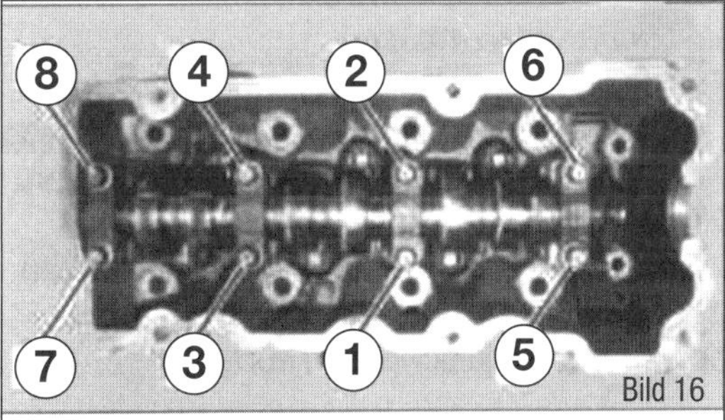

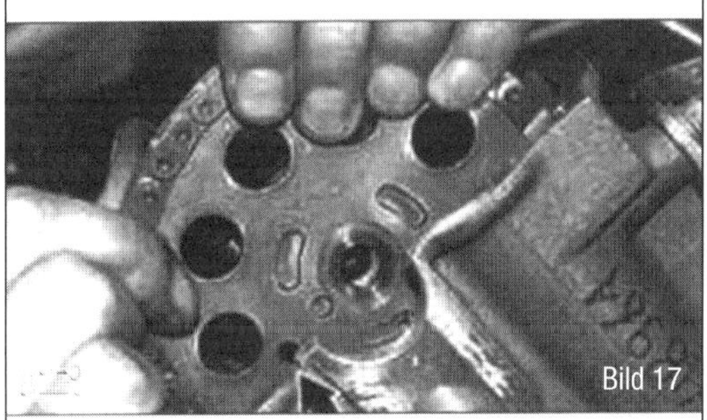

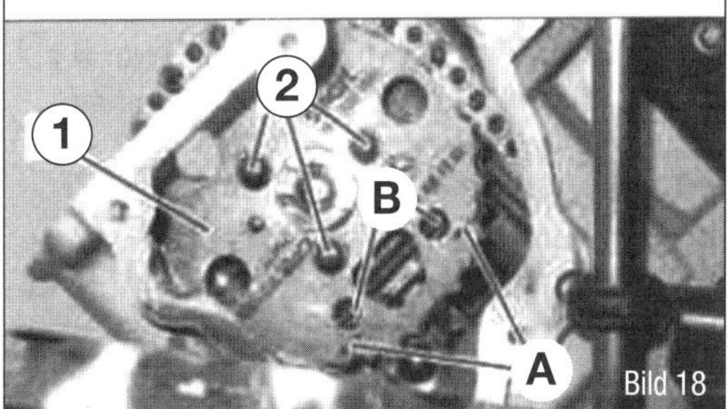

- Nockenwellen-Lagerdeckel gleichmäßig lösen und abnehmen.
- Die Nockenwelle kann jetzt entnommen werden.

Bild 16
Anzugsreihenfolge der Zylinderkopfschrauben. Beim der Demontage in umgekehrter Reighenfolge von 10 nach 1 lösen

Bild 17
Anzugsreihenfolge der Nockenwellen-Lagerböcke

Bild 18
Steuerzeiten beim Benziner (M160): Das Loch im Nockenwellenrad muss mit der Kante am Zylinderkopf fluchten

Bild 19
Steuerzeiten beim Diesel (OM660): Markierungen A und B beachten
1 Nockenwellenrad
2 Nockenwellenschrauben

Bild 20
Steuerzeiten an der Kurbelwelle: OT-Markierungen A und B beachten

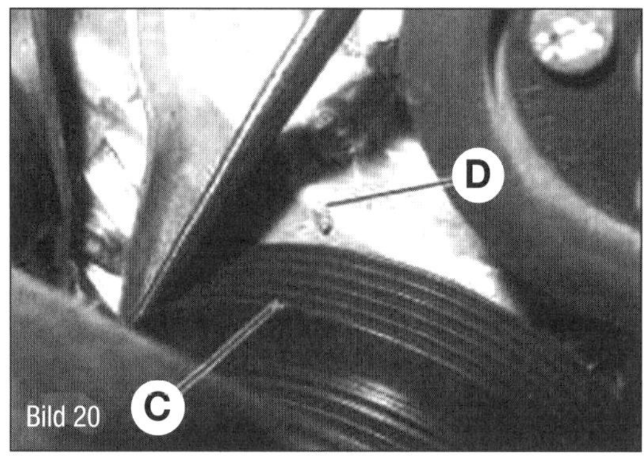

Bild 20

Einbau (Benziner und Diesel):
- Lagerstellen einölen und Lagerdeckel gemäß der Einbauposition auflegen.
- Lagerdeckel vorsichtig und gleichmäßig mit je einer Gewindeumdrehung pro Durchgang anlegen.
- Beim Benziner: Erstanzug mit 11 Nm, bei Wiedereinbau mit 8,4 Nm.
- Beim Diesel mit 12 Nm festziehen.
- Beim Benziner: Steuerkette auflegen und Rad mit 21 Nm befestigen.Nockenwelle dabei mit geeignetem Gabelschlüssel gegenhalten.
- Beim Diesel Steuerkette auflegen und Nockenwellenrad mit drei Schrauben und je 7,5 Nm befestigen. Nockenwelle dabei mit geeignetem Gabelschlüssel gegenhalten.
- Motor von Hand mehrmals in Laufrichtung durchdrehen und Steuerzeiten erneut überprüfen.

Rollenschlepphebel
Ausbau:
- Nockenwelle wie beschrieben ausbauen.
- Rollenschlepphebel aus dem Sitz nehmen.

Einbau:
- Schlepphebel bei Wiederverwendung an der alten Position einsetzen.

Hydrostößel
Ausbau:
- Nockenwelle und Rollenschlepphebel wie beschrieben ausbauen.
- Ausgleichselemente aus dem zylinderkopf ziehen.

Einbau:
- Stößel bei Wiederverwendung gut einölen und an den alten Einbauort einsetzen.
- Neue Elemente gut einölen und nach dem Einbau der Nockenwelle eine Stunde ruhen lassen.

⚠ Motor vor dem Starten zweimal von Hand durchdrehen um ein mögliches Aufsetzen der Ventile auszuschließen.

Ventile und Ventilsitze
Für den Ausbau der Ventile und die Überarbeitung der Ventilsitze ist Spezialwerkzeug nötig, das wir als vorhanden vorraussetzen. Smart empfiehlt zum Ausbau den Werkzeugkoffer 452589019900 und den Dorn 452589019909 zum Einsetzen der Ventilschaftdichtungen.

Ausbau:
- Der Zylinderkopf wird idealerweise auf eine Montageplatte gespannt und die Ventilfedern mit einem Hebelwerkzeug niedergedrückt.
- Haltekeile der Ventile entfernen, Federn entspannen und entnehmen.
- Die Ventile können jetzt nach unten herausgezogen werden.
- Ventilschaftdichtungen abziehen.

Ventile und zugehörige Teile prüfen
Ventile die folgende Schäden aufweisen unbedingt ersetzen:
- Oberfläche der Ventilschäfte rauh.
- Gratbildung an den Ventilschäften.

Bild 21 und Bild 22
Ausbau der Venile: Mit Hilfe einer Halteplatte (4) und dem Montagehebel (7) können die Ventilfedern entspannt und anschließend die Ventile entnommen werden

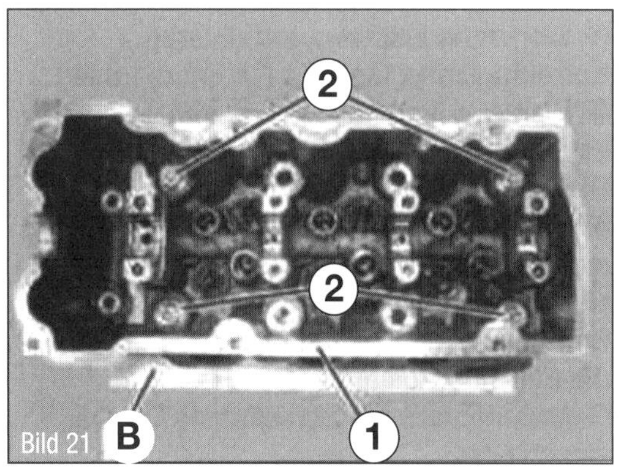

Bild 21

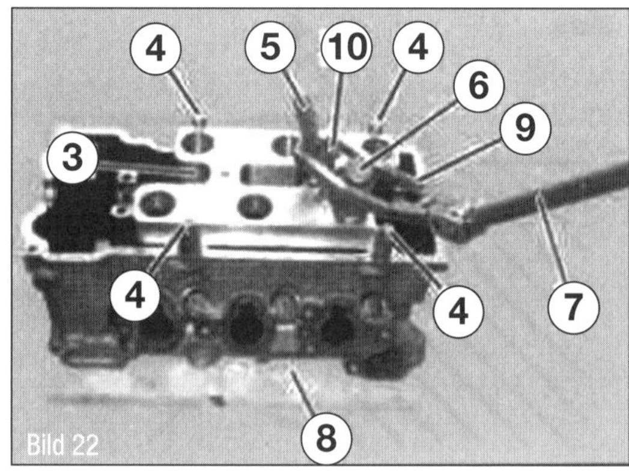

Bild 22

- Nuten der Befestigungskeile auf Materialabtragung oder Ausbrüche.
- Narben oder Brandspuren am Ventilteller.

Außerdem zu prüfen:

- Ventilführungen auf unzulässiges Spiel
- Ventilsitze auf Eingrabungen oder Narben.
- Ventilfedern auf gleiche Höhe.
- Unterer Ventilfederteller auf Druckspuren.

Einbau:

- Neue Ventilschaftdichtung einölen und mit geeignetem Dorn aufdrücken.
- Ventile am Schaft einölen und in die Ventilschäfte einführen. Das Ventil muss sich leicht suagend bewegen lassen, darf aber nicht in der Führung wackeln.
- Ventilfedern aufsetzen und mit geeignetem Werkzeug niederhalten.
- Befestigungskeile einsetzen und auf perfekten Sitz in den Nuten achten.

Dichtheit Ventilsitz prüfen

- Brennraum bei eingeschraubten Zündkerzen (nicht wiederverwenden, Kerzen werden dabei unbrauchbar) und montierten Ventilfedern mit Spiritus füllen.
- Vorsichtig mit etwas Druckluft in Ein- bzw. Auslasskanal blasen.
- Steigen am Ventilsitz Luftblasen auf, ist der Sitz undicht und muss überarbeitet werden.

Ventile einschleifen

Leichte Undichtigkeiten können durch Einschleifen beseitigt werden.

- Ventilfedern und Schaftdichtung entfernen.
- Ventilsitz leicht mit Schleifpaste einreiben.
- Ventil mit Sauger am Teller hin und her drehen, dabei Lage des Tellers variieren.
- Alle Flächen des Ventilsitzes müssen ohne Unterbrechung matt geschliffen sein.

Ventilsitze überarbeiten

Wenn die Ventile leicht undicht sind oder beim Einsetzen neuer Ventile müssen diese grundsätzlich eingeschliffen werden. Ist der Ventilsitz beschädigt, kann dieser mit einem Fräswerkzeug (im Koffer 452589019900 enthalten) nachgefräst werden. Anschließend unbedingt neue Ventile verwenden!

- Führungsdorn in die Ventilführung einsetzen.

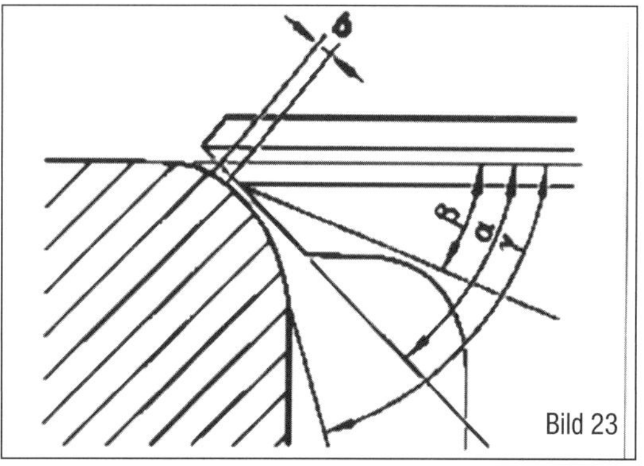

Bild 23 Ventilbearbeitung beim Typ M160: Ventilsitzbreite (b) Einlass: 1,5 mm Auslass: 2 mm Ventilsitzwinkel Ein-/Auslass: 45 Grad Korrekturwinke unten: 75 Grad Korrekturwinkel oben: 15 Grad

- Korrekturfräser auf den Führungsdorn aufsetzen.
- Durch gleichmäßiges Drehen im Uhrzeigersinn den Winkel Alpha (45 Grad) fräsen.
- Werkzeug justieren und unteren Korrekturwinkel Gamma (75 Grad) fräsen.
- Werzeug justieren und oberen Korrekturwinkel Beta (15 Grad) fräsen.

Die Korrekturwinkel dienen dazu die Breite (Einlass 1,5 mm, Auslass 2,0 mm) und Lage des Ventilsitzes einzustellen.

- Dichtheit des Ventilsitzes prüfen, dazu Brennraum mit Spititus füllen und leicht in die Ein- und Auslasskanäle blasen. Gegebenenfalls mit Schleifpaste Ventilsitz einschleifen.

Zylinderkopf überarbeiten

Dass es aufgrund einer defekten oder undichten Motorentlüftung schon mal zu Ventilschäden kommen kann, ist für die 450er-Benzinmotoren ja bekannt.

Vorarbeiten

- Demontieren Sie wie ab der Seite 50 beschrieben den Zylinderkopf.
- Bauen Sie wie ab Seite 52 beschrieben die Nockenwelle aus.
- Reinigen Sie die Dichtflächen und bauen Sie die Zündkerzen aus.
- Bauen Sie wie auf der Seite 84 schon beschrieben die Spannschiene der Steuerkette aus dem Zylinderkopf aus.
- Demontieren Sie die Ventile wie auf der Seite 78 beschrieben.

Wir haben für diese Arbeiten als Spezialwerkzeug eine aufgesägte Ratschennuss (1, die auch durch ein Rohrstück ersetzt werden kann) und eine Schraubzwinge (4) verwendet.

Bild 24
Ventilfeder drücken.
1 Aufgesägte Ratschennuss
2 Klemmstücke
3 magnetischer Schraubendreher
4 Schraubzwinge

Bild 25
Ventilschaftdichtung abziehen.
5 Ventilschaft-dichtung
6 Schaftdichtungs-zange

Bild 26
Werkzeugsatz zum Ventileinschleifen.
7 Nachschleifpaste (fein)
8 Vorschleifpaste (grob)
9 Ventilträgerstab

Bild 27
Schleifpaste auftragen.
9 Ventilträgerstab
10 Ventilsitz
11 Einschleifpaste

Bild 28
Ventile einschleifen
9 Ventilträgerstab
12 Zylinderkopf

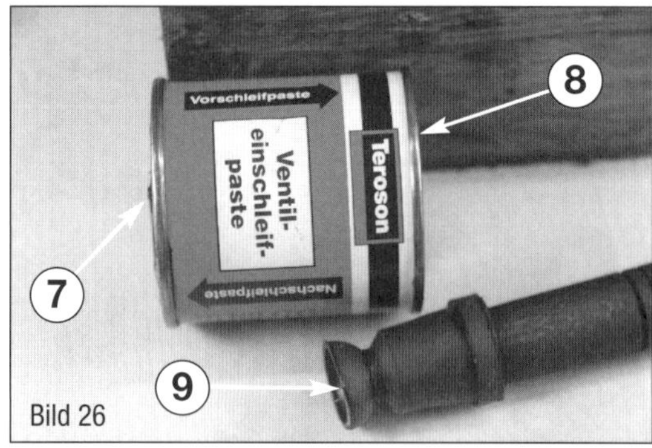

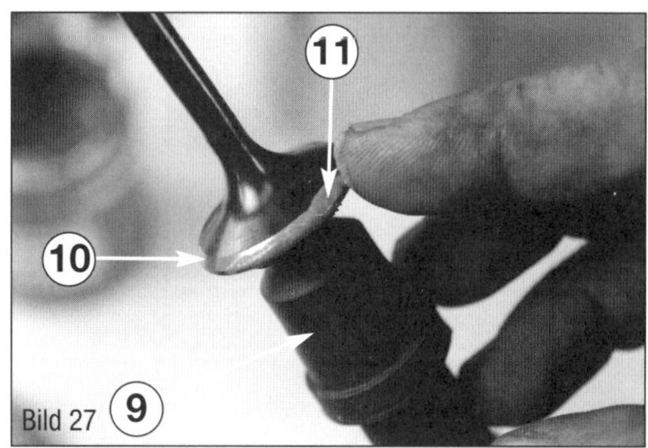

- Demontieren Sie die Ventilschaftdichtungen, indem Sie sie mit einer entsprechenden Zange (6) oder einem anderen Werkzeug nach oben abziehen.
- Nehmen Sie die Beilagscheiben unter den Ventilfedern heraus.

Ventile einläppen (einschleifen)

- Reinigen Sie den Bereich des Brennraums, den der Ventilsitze und den Ansaug- und Auslasskanal gründlich.
- Prüfen Sie die Ventile wie auf der Seite 78 beschrieben. Ersetzen Sie beschädigten Ventile.
- Markieren Sie die Einbauposition des Ventils (I-III), um ein Vertauschen nach der Bearbeitung auszuschließen.
- Tragen Sie etwas Vorschleifpaste (8) auf den Ventilsitz auf und schieben Sie das Ventil in die Ventilschaftführung cin.
- Setzen Sie den Ventilträgerstab (9) auf den Ventilteller auf und drehen Sie ihn unter leichtem Druck hin und her.
- Wird das Schleifgeräusch heller, heben Sie den Ventilträgerstab (9) leicht an und versetzen Sie das Ventil um etwa eine Drittel-Umdrehung.
- Wiederholen Sie den Vorgang des Schleifens, Anhebens und Versetzens so lange, bis Sie den Ventilsitz auf die angegebene Breite angeschliffen haben.
- Reinigen Sie das Ventil und den Ventilsitz gründlich und tragen Sie die Nachschleifpaste (7) auf.
- Schleifen Sie, wie schon für die Vorschleifpaste beschrieben, die Sitzflächen mit der feineren Nachschleifpaste nach.
- Reinigen Sie das Ventil und den Ventilsitz sehr gründlich. Es dürfen keine Rückstände der Schleifpaste mehr im Zylinderraum verbleiben.

Schaftdichtungen wechseln

Zylinderkopf demontiert:

- Reinigen Sie den Bereich um die Ventilsitze gründlich.
- Greifen Sie die Ventilschaftdichtung mit einer Schaftdichtungszange (6) und ziehen sie gerade nach oben ab.

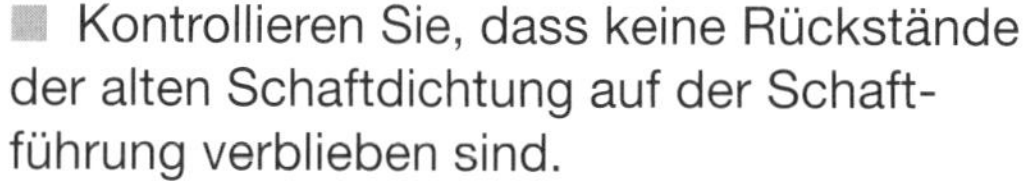

■ Kontrollieren Sie, dass keine Rückstände der alten Schaftdichtung auf der Schaftführung verblieben sind.
■ Kontrollieren Sie, ob die Belagscheiben montiert sind.
■ Tragen Sie etwas Öl auf die Schaftführung auf.
■ Drücken Sie die Schaftdichtung (16) mit einem passenden Rohrstück oder einem T-Griff (15) auf die Schaftführung auf.

⚠ Das Rohrstück darf lediglich auf den Rand der Schaftdichtung drücken. Sonst wird sie beschädigt.

Zylinderkopf nicht demontiert:
■ Der Wechsel der Schaftdichtung kann auch am montierten Zylinderkopf erfolgen. Dazu muss auch die Nockenwelle demontiert werden.
■ Der jeweilige Zylinder muss auf seine OT-Stellung gedreht und mit Druckluft beaufschlagt werden (8 bar).
■ Nun wird mit einem Ventilfederdrücker die Ventilfeder heruntergedrückt. Das Ventil kann nicht öffnen, da der Luftdruck von unten dagegen drückt.
■ Nehmen Sie die Ventilkeile heraus.
■ Nehmen Sie die Ventilfedern ab.
■ Greifen Sie die Ventilschaftdichtung mit einer Schaftdichtungszange (6) und ziehen sie gerade nach oben ab.
■ Kontrollieren Sie, dass keine Rückstände der alten Schaftdichtung auf der Schaftführung verblieben sind.
■ Kontrollieren Sie, ob die Belagscheiben montiert sind.
■ Tragen Sie etwas Öl auf die Schaftführung auf.
■ Drücken Sie die Schaftdichtung (16) mit einem passenden Rohrstück oder einem T-Griff (15) auf die Schaftführung auf.

Die weitere Montage erfolgt sinngemäß in umgekehrter Reihenfolge.

Kolben und Zylinder

Natürlich kann man sich die folgenden Arbeitsschritte einfach ersparen und einen Austauschmotor einbauen. In Anbetracht dessen, dass die Verschleißteile ohne Ausnahme oft extrem günstig zu erstehen sind, liegen zwischen dem Austauschmotor und der klassischen Motorreparatur lediglich ei-

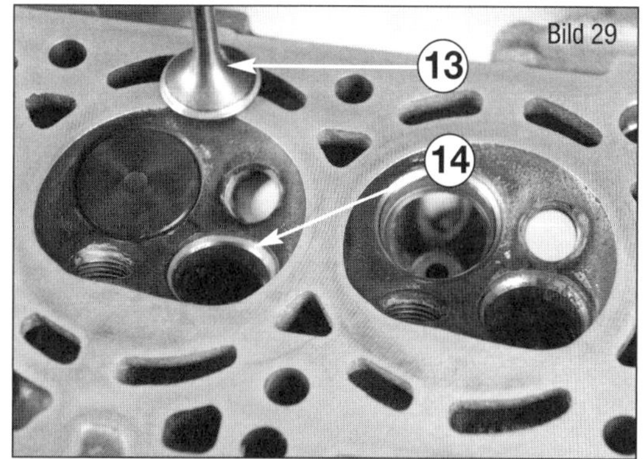

Bild 29
Gutes Ergebnis.
13 Sitzfläche am Ventil
14 Sitzfläche im Zylinderkopf

Bild 30
Schaftdichtung montieren.
15 passender T-Griff
16 Ventilschaftdichtung

nige Stunden Mehrarbeit, aber einige hundert Euro Kostenersparnis. Warum einen Kolben wegwerfen, wenn er noch in der Toleranz liegt? Die Werkstatt wird schon aus Gewährleistungsgründen die Motorreparatur ablehnen wollen. Der Austauschmotor mit seinen Nebenarbeiten verursacht aber so hohe Kosten, dass der kleine Smart eigentlich immer ein »Totalschaden« ist. Hier liegt ein klarer Vorteil für die Schrauber. Mal »drübergucken« geht hier nicht. Um ein genaues Bild zu bekommen und den tatsächlichen Aufwand einschätzen zu können, muss gemessen und dokumentiert werden.

Vorbereitungsarbeiten am Motor
Der Motor muss für die folgenden Arbeitsschritte nicht zwingend ausgebaut werden.
■ Demontieren Sie den Zylinderkopf wie ab Seite 76 beschrieben.
■ Demontieren Sie die Ölwanne wie bereits auf der Seite 86 beschrieben.
■ Lösen Sie die Pleuelschrauben (2) und schieben Sie die Kolben nach oben heraus.
■ Demontieren Sie die Kolben und die Kolbenringe.
■ Reinigen Sie die Kolbenringnut.
■ Reinigen Sie den Zylinder und die Lagerstellen an der Kurbelwelle und im Pleuel.

Bild 31
Kolben mit Pleuel ausbauen.
1 Kolben mit Pleuel und Lagerschale oben
2 Pleuelschrauben

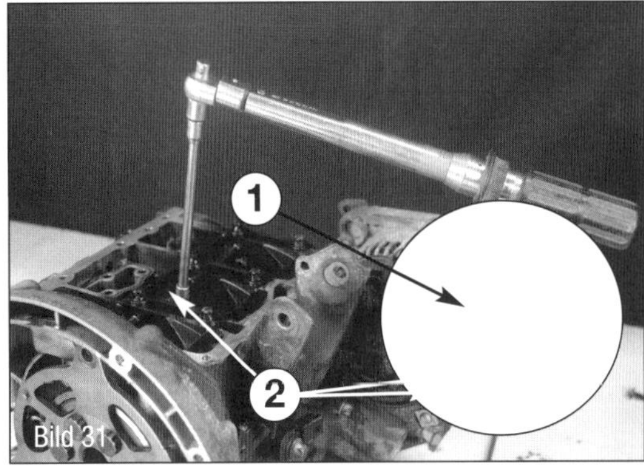

Bild 32
Höhenspielmessung am Kolbenring
3 Kolbenboden
4 Fühlerlehre
5 Kolben
6 Kolbenring

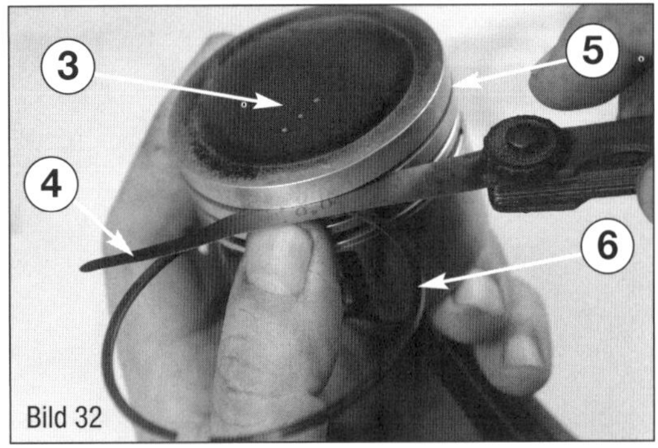

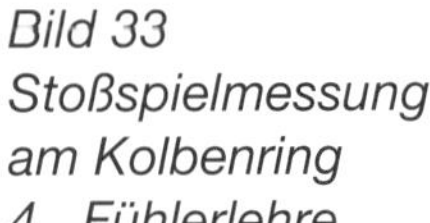

Bild 33
Stoßspielmessung am Kolbenring
4 Fühlerlehre
6 Kolbenring
7 Zylinderblock

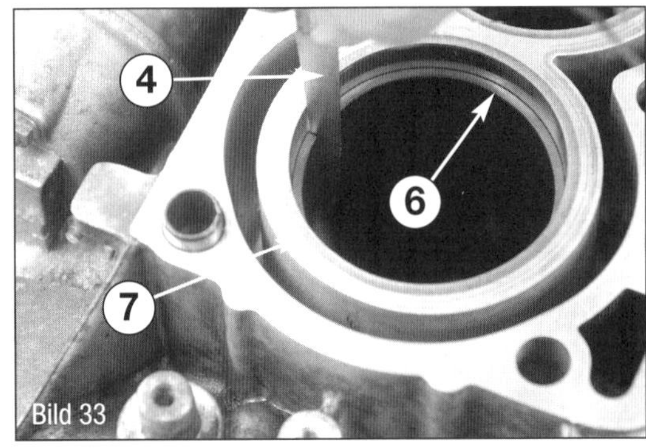

Bild 34
Kolbendurchmesser.
8 Kolben
9 Kolbenhemd
10 Bügelmess-schraube

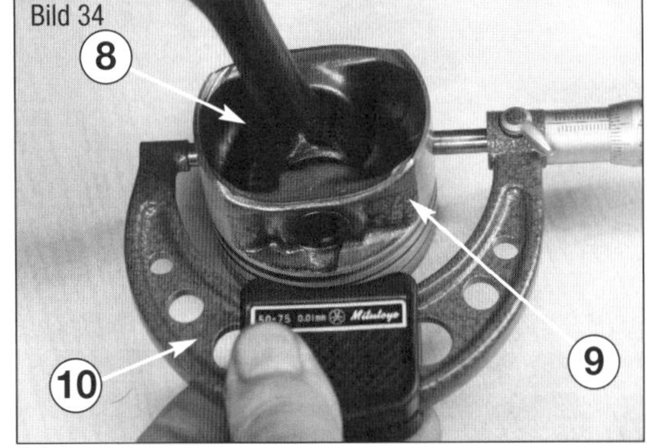

Kolbenringhöhenspiel

■ Demontieren Sie die Kolbenringe.
■ Legen Sie die Kolbenringe (6) mit der Außenkante in die Ringnut ein.
■ Messen Sie das Spiel zwischen Kolbenring und der Ringnut mit der Fühlerlehre.
■ Tragen Sie den Messwert in das Messwertprotokoll ein.
■ Vergleichen Sie die Messwerte mit den Werten in der Tabelle auf der Seite 83.

Kolbenringstoßspiel

■ Legen Sie einen Kolbenring (6) gerade in den Zylinder (7) ein.
■ Messen Sie mit der Fühlerlehre (4) den Platz zwischen den Ringenden.
■ Tragen Sie den Messwert in das Messwertprotokoll ein.
■ Vergleichen Sie die Messwerte mit den Werten in der Tabelle auf der Seite 83.

Kolben messen und bewerten

Die Messebene liegt etwa 10 mm oberhalb der Kolbenhemdunterseite. Grundsätzlich wird in Richtung der Drehbewegung in Richtung »R« gemessen. In diese Richtung erfahren Kolben und Zylinder die größte Verformung im Betrieb.
■ Setzen Sie die Bügelmessschraube gerade an.
■ Legen Sie mit der Gefühlsschraube den entsprechenden Messdruck an.
■ Lesen Sie den Messwert ab und notieren Sie ihn im Messwertprotokoll.
■ Vergleichen Sie die Messwerte mit den Werten in der Tabelle auf Seite 83.

Zylinder messen und bewerten

■ Stellen Sie die Bügelmessschraube auf das Sollmaß des Zylinders ein.
■ Richten Sie das Innenmessgerät auf das Sollmaß Ihres Motors mit ca. 2 mm Vorspannung ein.
■ Führen Sie das eingestellte Innenmessgerät nun in den Zylinder ein.
■ Messen Sie die drei Ebenen (1–3) und zwei Richtungen (A= Axial, R= Radial).
■ Erfassen Sie die Messwerte im Messwertprotokoll am Ende dieses Kapitels.
■ Vergleichen Sie die Messwerte mit den Werten in der Tabelle auf der (Seite 83).

Zylinderkopf und Zylinderblock messen und bewerten

Planflächen Zylinder und Zylinderblock:
■ Beim Zylinderkopf und dem Zylinderblock wird begutachtet, ob die Dichtfläche »plan», also gerade ist. Diese Arbeit wird am besten mit einem Haarlineal durchgeführt.
■ Legen Sie das Haarlineal jeweils über Kreuz und parallel in Längs- und Quer-

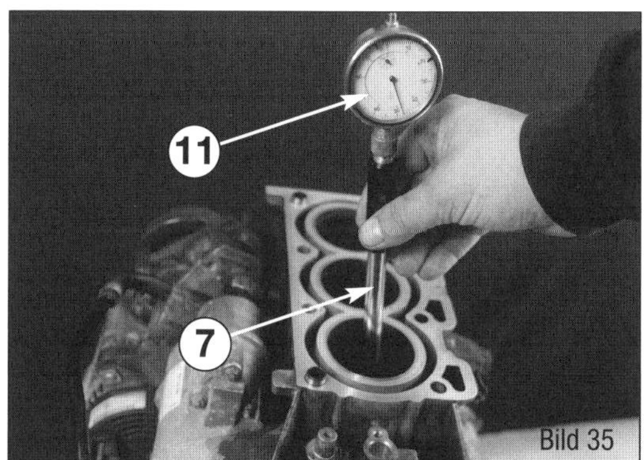

Bild 35

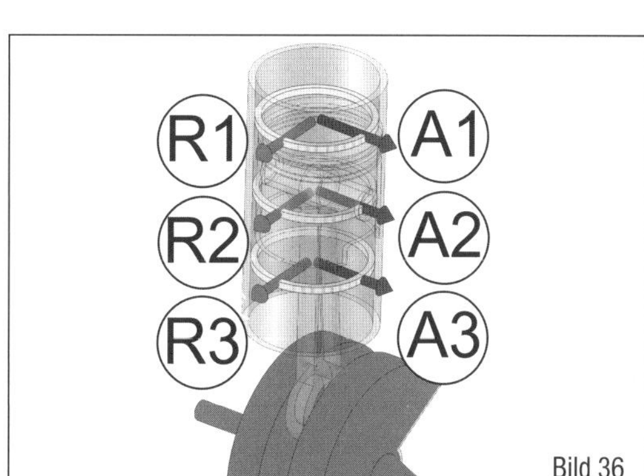

Bild 36

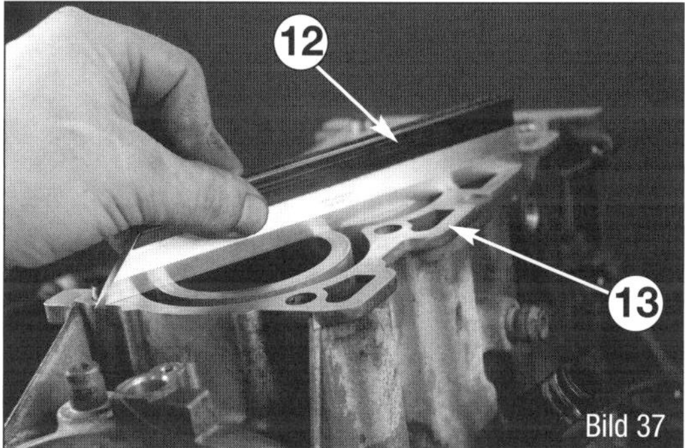

Bild 37

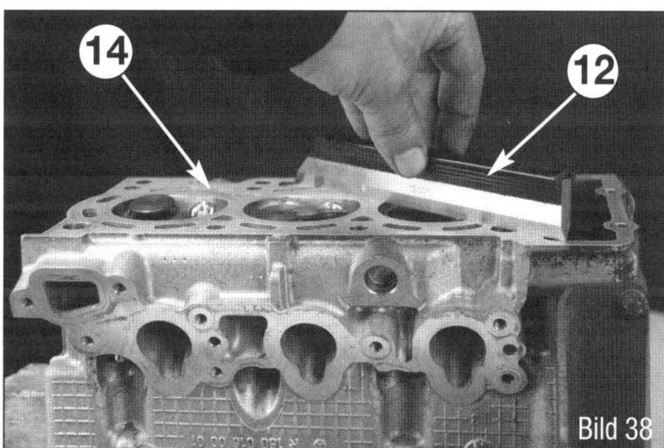

Bild 38

richtung auf den Zylinderkopf.

- Erfassen Sie den maximalen Luftspalt mit der Fühlerlehre.

Er darf 0,01 bis 0,02 mm nicht überschreiten.

Laufbuchsen im Zylinder:

- Achten Sie auf Riefen oder Beschädigungen auf der Zylinderlauffläche.
- Bei Schäden an der Lauffläche muss der Motor neu gehont werden, dafür sind dann auch neue Kolben im Übermaß erforderlich.

Bild 39

Bild 35
7 Zylinderlaufbahn
11 Innenmessgerät

Bild 36
Messrichtungen und Ebenen.
R1 Ebene 1 in Drehrichtung
A1 Ebene 1 in Achsenrichtung
R2 Ebene 2 in Drehrichtung
A2 Ebene 2 in Achsenrichtung
R3 Ebene 3 in Drehrichtung
A3 Ebene 3 in Achsenrichtung

Bild 37
Ebene Zylinderfläche.
12 Haarlineal
13 Zylinderdichtfläche

Bild 38
Ebene Zylinderkopffläche
12 Haarlineal
14 Zylinderkopfdichtfläche

Bild 39
Wichtige Details.
15 Passhülsen im Motorblock
16 Markierungen auf dem Kolben

Messdaten für Kolben und Zylinder

Messwert (Motor)	**M160.920 0,6l**	**M160.910 0,7l**	**OM 660 0,8l CDI**
Kolbendurchmesser	63,00 mm	66,50 mm	65,44–65,43 mm
Kolbenring Höhenspiel Ring 1	0,04–0,09 mm	0,04–0,09 mm	1 0,04–0,09 mm (max. 0,25mm)
Kolbenring Höhenspiel Ring 2	0,03–0,07 mm	0,03–0,07 mm	0,03–0,07 mm (max. 0,25mm)
Kolbenring Stoßspiel Ring 1	0,15–0,30 mm Ring 1 (max.1,0 mm)	0,15–0,30 mm Ring 1 (max.1,0 mm)	0,15–0,30 mm (max.1,0mm)
Kolbenring Stoßspiel Ring 2	0,30–0,50 mm Ring 2 (max. 1,0 mm)	0,30–0,50 mm Ring 2 (max. 1,0 mm)	0,30–0,50 mm (max. 1,0mm)
Zylinderdurchmesser	63,50 mm	67,00 mm	65,50 mm
max. Laufspiel	0,05–0,06 mm	0,05–0,07 mm	0,06–0,07 mm
Ovalität	0,03 mm	0,04 mm	0,07 mm

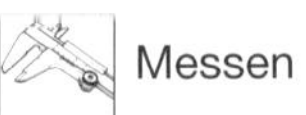

Sichtprüfung Messen

Bild 40
Bauteile der inneren Motorsteuerung:
1 Nockenwellen-Antriebsrad
2 Spannschiene
3 Steuerkette mit Gleitschiene
4 Kettenspanner
5 Kurbelwelle
6 Ölpumpenantrieb

Bild 41
Montage der Steuerkette

Steuerkette

Die Steuerkette ist wartungsfrei. Trotzdem kann es bei hohen Laufleistungen durch die Längung der Kette und den Verschleiß der Laufschienen zu rasselnden Geräuschen kommen. In diesem Fall sollten die Kette und alle damit in Berührung stehenden Teile ersetzt werden.
Die Kette kann mit Hilfe des Reparatursatzes 450589059900 bei eingebautem Motor von oben ersetzt werden ohne das weitere Teile abgebaut werden müssen. Wenn die Gleitschienen ersetzt werden sollen, muss der Steuergehäusedeckel entfernt werden. Dazu ist der Ausbau des Motors erforderlich.

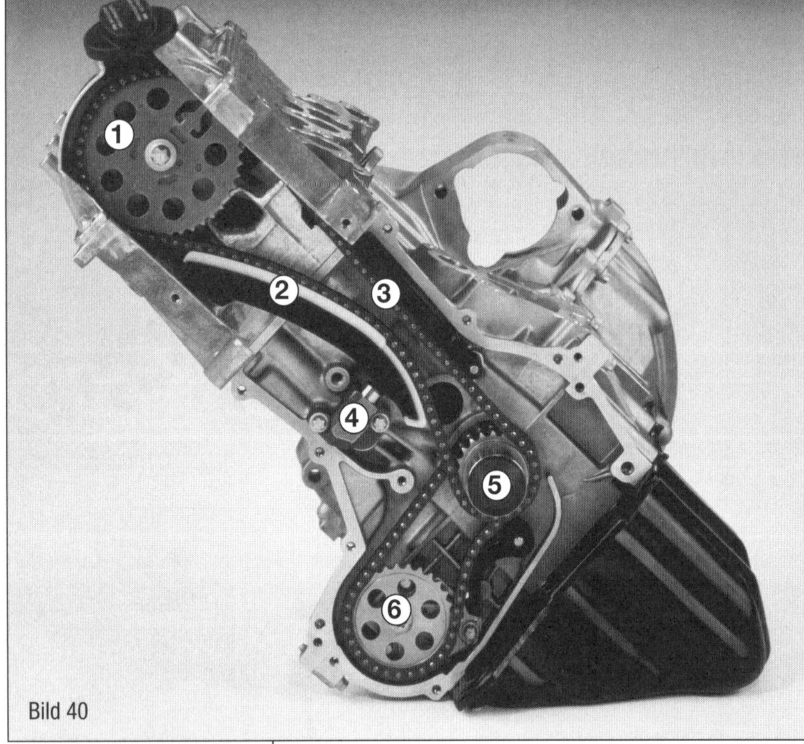

Bild 40

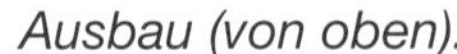

Ausbau (von oben):
- Zylinderkopfhaube abbauen und Motor auf Zünd-OT Zylinder 1 stellen.
- Haltevorrichtung am Zylinderkopf anschrauben.

Kettenschacht mit fusselfreiem Lappen abdecken, damit keine Teile in den Motor fallen können.
- Kettenbolzen mit dem Trennwerkzeug herausdrücken.

Einbau:
- Neue Kette mit der alten verbinden und Motor von Hand im Uhrzeigersinn durchdrehen. Lappen dabei entfernen.
- Lappen wieder auflegen, neue und alte Kette trennen und neues Kettenglied von der Nockenwelle her einsetzen.
- Kettenglied vernieten und Nietstelle auf Freigängigkeit und Laschenabstand prüfen
- Steuerzeiten nochmals überprüfen.

Kettenspanner
Ausbau:
- Motor ausbauen.
- Zylinderkopf und Steuergehäusedeckel abbauen.
- Schrauben vom Kettenspanner lösen und Kettenspanner entnehmen.

Einbau:
- Kettenspanner ansetzen.
- Befestigungsschrauben zwischen Kettenspanner zu Kurbelgehäuse mit 12 Nm anziehen.
- Steuerzeiten kontrollieren

Spannschiene
Die Spannschiene kann auch bei eingebautem Motor ersetzt werden. Der Lagerbolzen der Spannschiene befindet sich oben am Zylinderkopf, unten wird die Spannschiene vom Kettenspanner geführt.

Bild 41

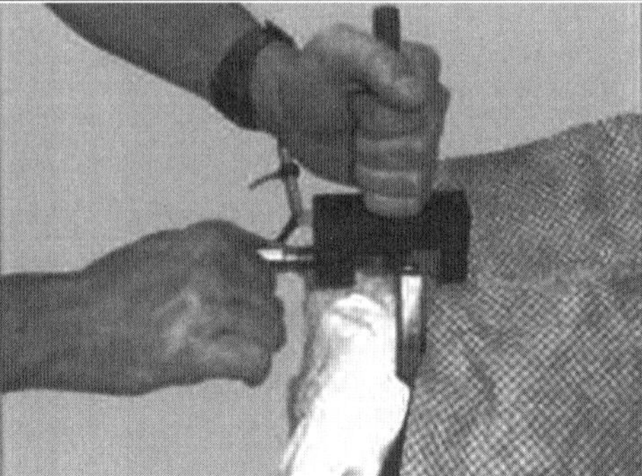

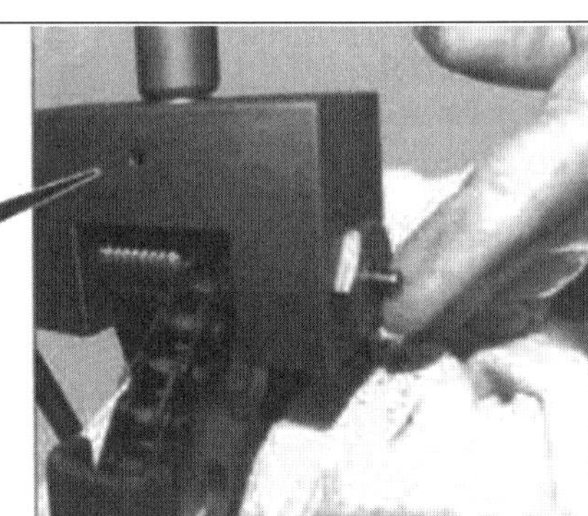

Um den Lagerbolzen entfernen zu können, muss der Motor abgesenkt und das rechte Hinterrad ausgebaut werden.

Ausbau (bei eingebautem Motor):

- Hinterrad rechts und inneren Radlauf abbauen.
- Hinteres Motorlager abbauen und Motor absenken bis der Lagerbolzen unterhalb des Integralträgers sichtbar ist.
- Zylinderkopfhaube abnehmen und Nockenwellenrad abbauen.
- Der Lagerbolzen der Spannschiene befindet sich oben am Zylinderkopf und besitzt ein M6 Innengewinde.
- Schlagabzieher (450 589 03 33 00) mit M6 Gewinde in den Lagerbolzen eindrehen und Bolzen aus dem Zylinderkopf ziehen.
- Die Spannschiene kann jetzt nach oben aus dem Zylinderkopf gezogen werden.

Einbau:

- Spannschiene von oben in den Kettenschacht einführen.
- M6 Schraube in den Lagerbolzen eindrehen, Schiene positionieren und Lagerbolzen eintreiben.
- Restliche Teile in umgekehrter Reihenfolge einbauen.

Steuergehäusedeckel

Zum Ausbau der Gleitschiene muss der Steuergehäusedeckel ausgebaut werden. Dazu muss der Motor ausgebaut und zerlegt werden. Bei einer kompletten Revision ist es empfehlenswert alle Bauteile der inneren Motorsteuerung komplett zu ersetzen.

Ausbau:

- Zylinderkopf abbauen.
- Ölwanne abnehmen.
- Lichtmaschine samt Halter abbauen.
- Riemenscheibe Kurbelwelle entfernen.
- Elf Schrauben am Deckel herausdrehen.
- Deckel an den Nasen rechts und links abhebeln.

Einbau:

- Dichtflächen reinigen und Simmering Kurbelwelle erneuern.
- Dichtmasse auftragen und Deckel gleichmäßig aufschieben.

Im unteren Bereich ist der Deckel mit Passstiften positioniert. Sacklöcher vor Montage reinigen.

- Deckelschrauben mit 12 Nm anziehen.
- Halter der Lichtmaschine mit 9,5 Nm (M8 Schraube) bzw. 12 Nm (M6 Schrauben) anziehen.
- ggf. Ölwanne anbauen.
- ggf. Zylinderkopf anbauen.
- ggf. Riemenscheibe Kurbelwelle und Generator anbauen.

Gleitschiene

Wenn der Steuergehäusedeckel entfernt ist, kann auch die Gleitschiene sehr einfach entnommen und ersetzt werden.

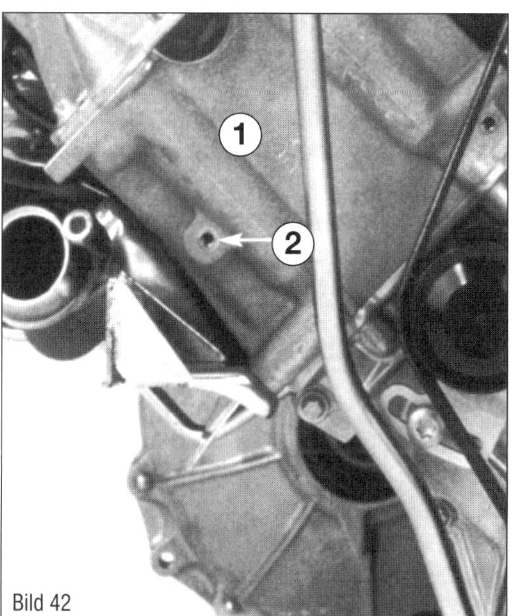

Bild 42

Bild 42 Lagerbolzen der Spannschiene:
1 Zylinderkopf
2 Haltebolzen mit M6 Gewinde

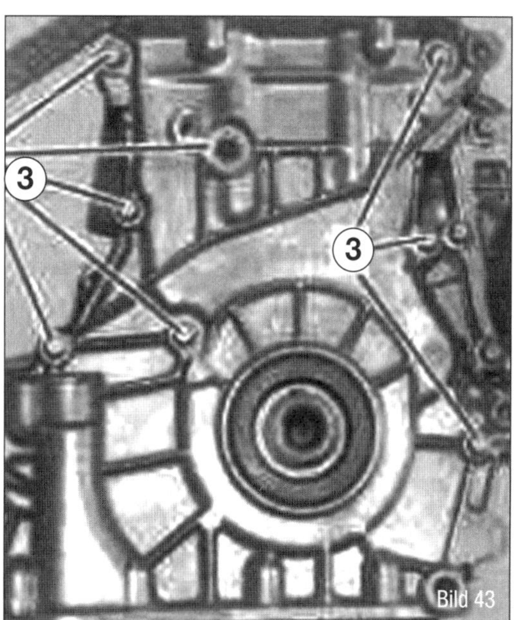

Bild 43

Bild 43 Schrauben des Steuergehäusedeckels lösen

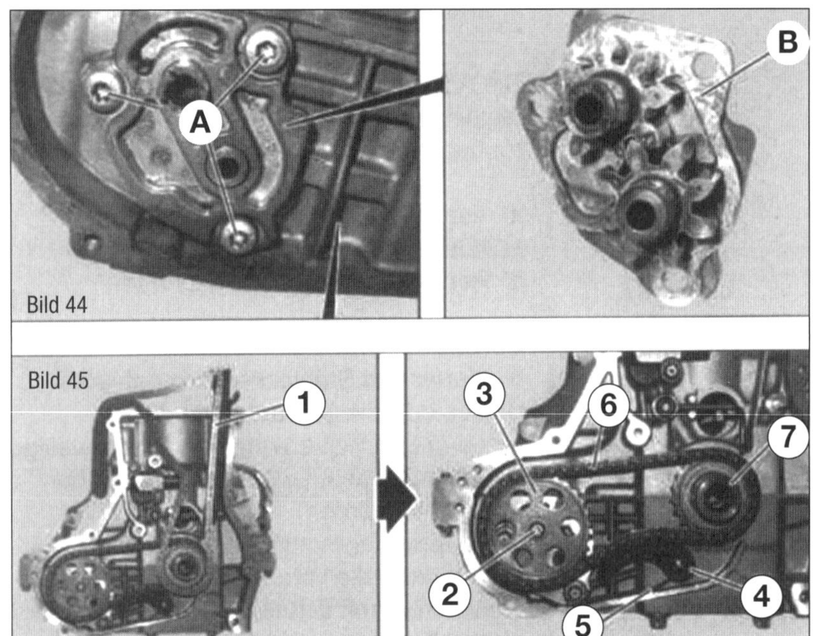

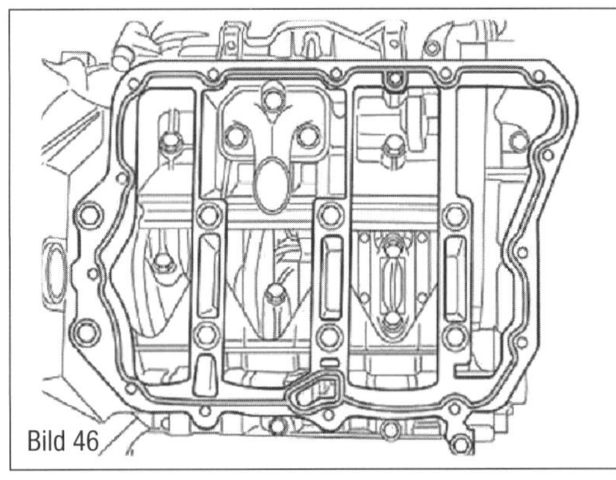

Bilder 44 und 45
A Schrauben
B Ölpumpe
1 Steuerkette
2 Kettenrad Ölpumpe
4 Spannbügel Ölpumpe
5 Drehfeder
6 Kette Ölpumpe
7 Kurbelwellenrad

Bilder 46 und 47 Ölwanne mit einer Dichtraupe von drei Millimeter belegen, Dichtmittel ablüften lassen, Ölwanne ansetzen und mit 12 Nm befestigen

Ölpumpe

Zum Ausbau der Ölpumpe muss der Steuergehäusedeckel entfernt sein und der Kettenantrieb abgenommen werden.

Ausbau:

- Steuerkette vom Kurbelwellenrad abnehmen.
- Kurbelwellenrad mit geeignetem Abzieher von der Kurbelwelle abziehen.
- Kettenrad an der Ölpumpe lösen und samt Kette abnehmen.
- Spannschiene und Drehfeder abnehmen.
- Drei Schrauben an der Ölpumpe lösen und Ölpumpe herausnehmen.

☞ Ölpumpe und Gehäuse im Motorblock genau prüfen. Sollte das im Block integrierte Gehäuse durch Fremdkörper Schaden genommen haben (starke Riefen), muss der Block ersetzt werden.

Einbau:

- Ölpumpe einsetzen und Schrauben mit 12 Nm (bei Wiederanzug mit 9,5 Nm) festziehen.
- Kurbelwellenantriebsrad, Kettenrad von der Ölpumpe und Kette aufsetzen.
- Kettenrad an der Ölpumpe mit 20 Nm festziehen.
- Spannschiene und Federbügel einsetzen.
- Kurbelwellenrad für Nockenwellenantrieb aufschieben.

Ölwanne

Die Ölwanne kann auch bei eingebautem Motor abgenommen werden.

☞ Späte Ölwannenhaben eine Sicke, in die eine Ablassschraube eingearbeitet werden kann.

Ausbau:

- Öl absaugen.
- Schrauben heruasdrehen und Ölwanne vorsichtig mit einem Gummihammer lösen.

Einbau:

- Drei Millimeter breite Dichtraupe gemäß Zeichnung auf die Ölwanne auftragen.

Die Dichtraupe muss innen an den Bohrungen vorbeilaufen!

- Ölwanne ansetzen und Schrauben mit 12 Nm festziehen.
- Dichtmittel eine halbe Stunde antrocknen lassen bevor Öl aufgefüllt wird.

Ölwanne mit Ablaufschraube

Im Serienzustand ist beim Smart keine Ölablassschraube in der Ölwanne verbaut. Das Öl wird beim Service im Hause Smart abgesaugt. Für den heimischen Gebrauch und für eine bessere Schlammabfuhr ist die Ablassschraube unabdingbar und nachrüstbar.

- Bauen Sie die Ölwanne wie auf Seite 86 beschrieben ab.
- Lassen Sie den Motor einige Stunden abtropfen (über Nacht).
- Reinigen Sie die Dichtflächen gründlich.
- Tragen Sie eine temperaturfeste Silikondichtmasse in einer etwa 3 mm starken Dichtraupe (2) auf den Flansch der Ölwanne auf.
- Lassen Sie die Dichtmasse einige Minuten ablüften.
- Setzen Sie die Ölwanne auf und sichern Sie sie gegen Herunterfallen mit zwei Schrauben diagonal.
- Setzen Sie alle Schrauben der Ölwanne an.
- Ziehen Sie alle Schrauben der Ölwanne mit 12 Nm fest.
- Warten Sie 30 Minuten und setzen Sie die Ölablassschraube (3) mit Dichtring ein und ziehen diese mit 30Nm an.
- Füllen Sie das Motoröl wieder auf.

Bei dieser Gelegenheit sollten Sie einen Ölservice durchführen und diesen auch in der Wartung vermerken und im Tacho aufschalten.

Ventildeckel mit Up-Date

Es ist nie schlecht, mal zu schauen, was der Hersteller eines Fahrzeuges im Laufe der Zeit verändert. Bei unserem 0,6-l-Smart

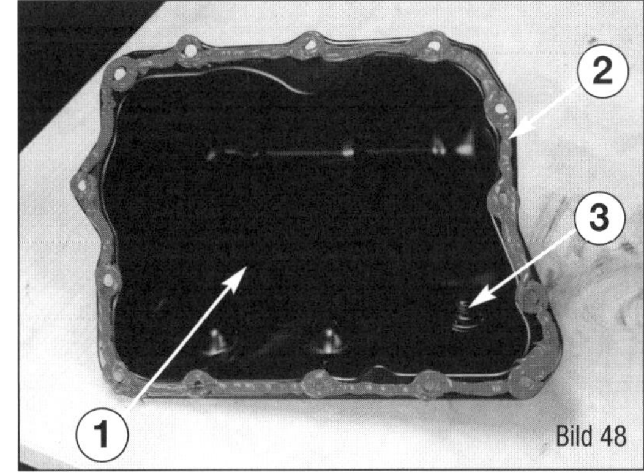

Bild 48
Ölwanne mit Ablassschraube.
1 Ölwanne
2 Dichtmasse
3 Ablassschraube

Bild 49
Ventildeckel mit neuer Bauform.
4 aufgeklebte Flüssigdichtung (neue Variante)
5 Lose liegende Gummidichtung (Dichtung wurde in die Nut eingelegt)

stellte sich eine leichte Undichtigkeit am Ventildeckel (Zylinderkopfhaube) ein. Anstatt der Dichtung gibt es beim Smarthändler einen neuen veränderten Ventildeckel zusammen mit veränderten Verschraubungen, an dem die Ventildeckeldichtung aufgegossen (verklebte Gummierung) ist.

- Lassen Sie den Motor abkühlen.
- Reinigen Sie den Motor von den Ölablagerungen, die durch die undichte Ventildeckeldichtung entstanden sind.
- Demontieren Sie den Ventildeckel (Zylinderkopfhaube) wie bereits auf der Seite 75 beschrieben.
- Reinigen Sie die Dichtfläche am Zylinderkopf gründlich.

Sichtprüfung

Messen

Achswellen

Die Achswellen übertragen die Kraft vom Getriebe zu den Rädern. Die Wellen müssen für folgende Arbeiten ausgebaut werden:

- Ausbau der hinteren Federn.
- Ausbau des Getriebes
- Reparatur der Achsmanschetten

Ausbau:

- Mutter des Stablenkers am Achsrohr abdrehen und die Schraube mit der Sicherungsscheibe entfernen. Das jeweilige Achsrohr sollte mit einem Getriebeheber abgestützt werden.
- Hinterrad abmontieren, Schraube der Hinterachswelle herausschrauben.
- Achsrohr mit Gabelhebel zur Seite drücken, aber nicht zu weit, damit die Stoßdämpfer nicht beschädigt werden.
- Hinterachswelle aus der Radnabe ziehen und nach oben aus dem Radbereich führen

⚠ Welle nicht auseinander ziehen, weil sonst die Kugeln aus dem Gelenk fallen und die Hinterachswelle erneuert werden muss. Manschette nicht zusammendrücken, um nicht Fett nach außen zu quetschen.

- Hinterachswelle vorsichtig mit einem Gabelhebel (z.B.: 450 589 03 63 00) aus dem Getriebe heraushebeln.

⚠ Dabei nicht die Wellendichtung beschädigen! Ausfließendes Getriebeöl auffangen und die Öffnung am Getriebe mit einem Verschlussstopfen (z.B.: 450 589 00 91 00) verschließen.

Bild 1
Stablenker lösen um das Achsrohr beiseite drücken zu können

Bild 2
Die Schraube in der Achswelle lösen und später wieder mit 30 Nm plus 90 Grad anziehen

Einbau:

- ggf. Wellendichtring am Getriebeausgang ersetzen.
- Achswelle mit leicht gefetteter Verzahnung in die äußere Radnabe einführen und dann in das Getriebe einsetzen. Wellendichtring am Getriebe dabei nicht beschädigen!
- Welle im Getriebe einrasten.
- Hinteren Stablenker montieren, Schrauben aber noch nicht fest anziehen.
- Neue Schraube zur Befestigung der Achswelle in der Radnabe mit 30 Nm plus 90 Grad festziehen.
- Hinteren Querlenker bei belasteten Fahrzeug (voller Tank und 75 kg auf dem Fahrersitz mit mit 100 Nm festziehen.

Achswellen prüfen

Es gibt eigentlich nur drei Gründe eine Achsgelenkwelle zu zerlegen. Zuerst einmal möchten wir den Hintergrund für diese Arbeiten genauer beleuchten:

Spiel an den Gelenken (Bild 3):

Halten Sie den Lageraußenring (2) mit der Hand fest und verdrehen Sie die Achswelle (1). Sie sollte möglichst kurze schnelle Bewegungen machen (einfach schnell hin- und herdrehen). So bemerken Sie ein mögliches Lagerspiel in den Achswellen sehr schnell. Spiel an den Gelenken sollte immer nachgegangen werden.

☞ Denken Sie daran, dass Ihr Fahrzeug beim Anheben einen anderen Winkel der Achswelle bewirkt. Die Prüfungen sollten immer am Boden stattfinden. Zumindest sollte das Fahrzeug auf den Rädern stehen. Eine Grube in der Garage oder eine Mutterbühne ist hier sehr hilfreich. Stellen Sie übermäßiges Spiel fest, sollte die Gelenkwelle erneuert oder zerlegt und repariert werden. Zumeist zeigen sich bei der Demontage erhebliche Schäden an Lagerflächen oder Kugeln. Wird das Spiel zu groß (mehr als 2 mm Spiel in der Verdrehung), kann die Antriebswelle »auseinanderfliegen« und sorgt dann im günstigsten Fall für eine Panne. Im schlimmsten Fall kann die Achswelle weitere Schäden verursachen, wenn sie aus den Führungen herausrutscht.

Geräusche:
Die Prüfung der Achsgelenkwellen auf diese Schäden erfolgt in der Regel bei einer Probefahrt. Es sollten hier enge Radien gefahren werden können (z. B. Supermarktparkplatz!) und auch der Lastwechsel vom Beschleunigen zum Schiebebetrieb (Gefahren vermeiden! Auf den Verkehr achten!) simuliert werden. Geräusche an den Achswellen lassen sich leider nur für das radseitige Gelenk sicher orten. Die Getriebeseite wird oftmals als »Getriebeschaden« wahrgenommen.
Sollten also Geräusche beim Lastwechsel entstehen, nehmen Sie auch die Antriebswellen einmal genauer unter die Lupe. Ein deutliches »Klackern« oder durchaus schon »Schläge« gerade beim Kurvenfahren in engen Radien weisen auf einen Achswellenschaden hin. Je lauter diese Geräusche werden, umso dringender besteht Handlungsbedarf. Auch hier sind oft an den zerlegten Wellen sehr gut sichtbare Schäden vorhanden.

Manschette beschädigt (Bild 4):
Das Ende der Lagerungen einer Achswelle wird natürlich schneller erreicht, wenn Schmutz, Wasser und Straßendreck durch eine defekte Manschette eindringen können. Kontrollieren Sie die Lenkmanschetten und die Gelenke regelmäßig. Bei Schäden führt an einer Reinigung des Gelenkes und dem Ersatz der Manschette kein Weg vorbei. Achten Sie auch auf kleine Fettspritzer im Radlaufbereich oder an den Bremsteilen. Oftmals zeichnen schon kleinste Schäden an der Manschette deutliche Spuren. Durch die hohe Drehzahl wird das Fett im Gelenk sehr schnell in der Landschaft verteilt. Daraufhin läuft das Gelenk trocken und wird mit der Unterstützung des eindringenden Schmutzes ein erhebliches Verschleißverhalten entwickeln.

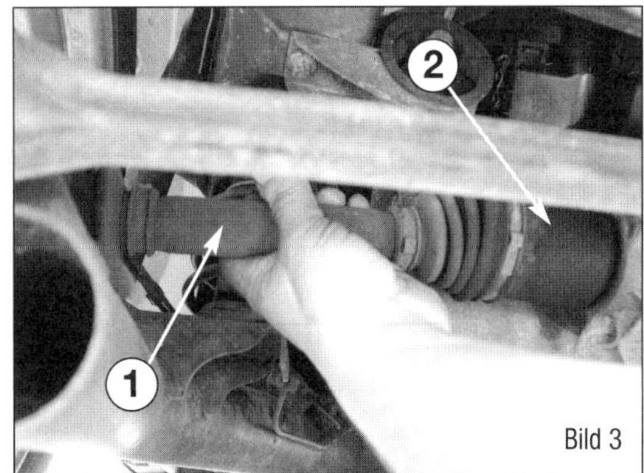

Bild 3
Spiel an den Gelenken der Achswellen prüfen.
1 Gelenkwelle
2 Gelenkwellentopf (Lageraußenring)

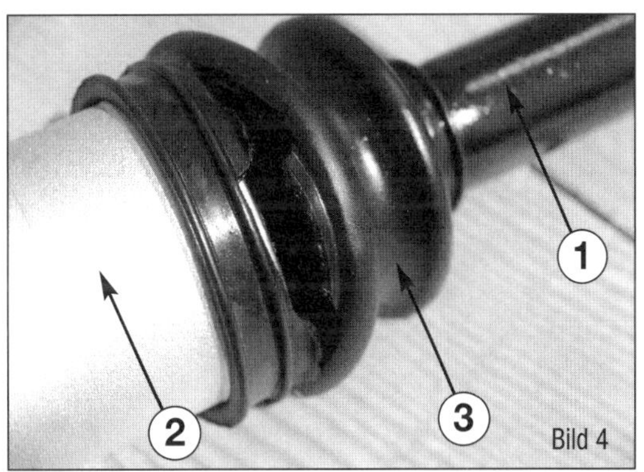

Bild 4
Beschädigte Achswellenmanschette.
1 Gelenkwelle
2 Gelenkwellentopf
3 Achswellenmanschette

Achswellen überholen

Die Antriebswellen beim Smart unterliegen natürlich auch dem Verschleiß und auch die Manschetten können beschädigt werden. Die Gelenkwelle hat zwei unterschiedlich lange Gelenkköpfe. Der kürzere (am Schaft) wird radseitig verbaut. Der längere übernimmt auch den Längenausgleich der Achswelle. Wir zeigen Ihnen die Montagearbeiten an einer Achswelle aus einem 0,6-l-Motor. Arbeiten für die anderen Varianten unterscheiden sich kaum.

Wechsel der radseitigen Manschette
- Bauen Sie die entsprechende Antriebswelle wie auf Seite 88 beschrieben aus.
- Entfernen Sie die beiden Klemmbänder (3 in Bild 5) auf der entsprechenden Manschette.
- Schneiden Sie die Achsmanschette (4) mit einem Cuttermesser auf und nehmen Sie sie ab.
- Wischen Sie das Fett am Rand des Gelenktopfes (1) ab, damit Sie den Sicherungsring erkennen können.
- Hebeln Sie den Sicherungsring /13) heraus.
- Nehmen Sie den Stützring aus dem Topfgelenk heraus.
- Ziehen Sie den Kugelkäfig zusammen mit

Bild 5
Gelenkwelle in Teilen.
1 Topfgelenk radseitig
2 Sicherungsring
3 Klemmbändersets
4 Gelenkwellmanschetten
5 Ölkanne
6 Spreiztrichter
7 Gelenklagerfett
8 Gelenkwellenkopf lang
9 Gelenktopf getriebeseitig
10 Kugelkäfig
11 Kugeln
12 Gelenkwellenkopf kurz
13 Stützring

Bild 6
Radseitige Gelenkwelle.
2 Sicherungsring
12 Gelenkwellenkopf kurz
13 Stützring
14 die Phase in Richtung des Gelenkwellenkopfes montieren!

Bild 7
Kugelkäfig abnehmen.
10 Kugelkäfig
12 Gelenkwellenkopf
15 Aussparung

Bild 8
Manschette aufziehen.
4 Gelenkwellenmanschette
6 Spreiztrichter
16 Achsgelenkwelle

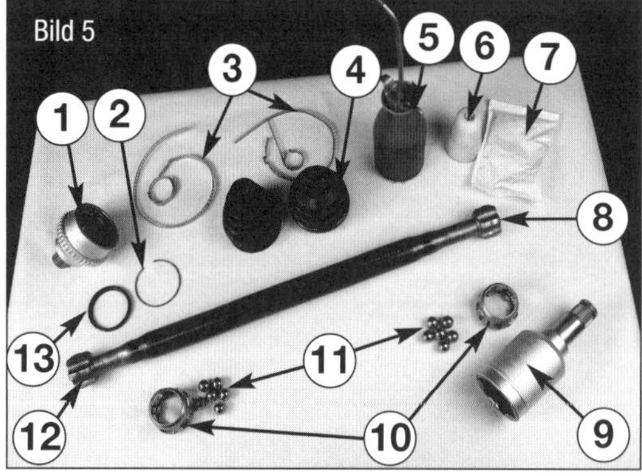

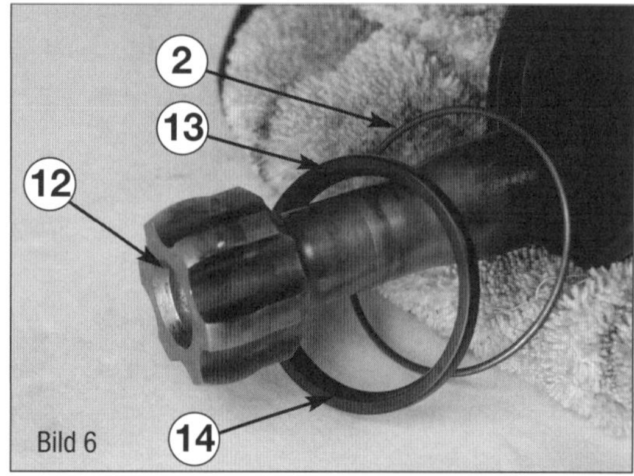

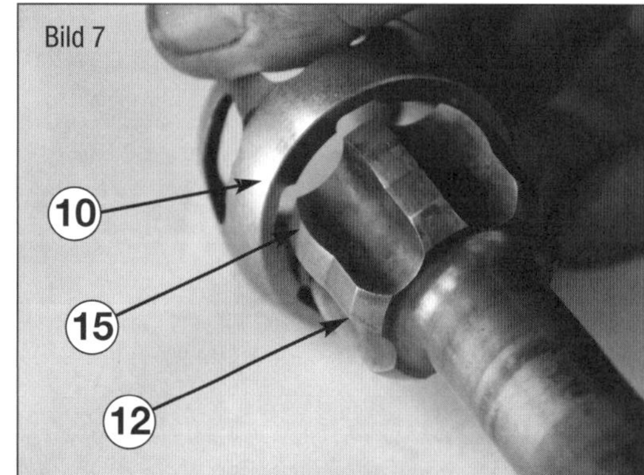

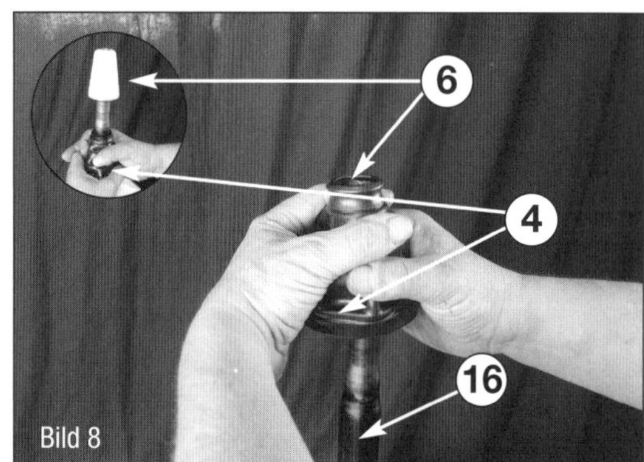

den Kugeln heraus. Achten Sie darauf, dass die Kugeln nicht auf den Boden fallen.

■ Nehmen Sie die Kugeln aus dem Kugelkörper heraus.

■ Verdrehen Sie den Kugelkäfig so weit, dass Sie ihn über die Aussparungen (15) vom Gelenkwellenkopf abnehmen können.

■ Reinigen Sie alle Bauteile gründlich und untersuchen Sie sie nach Schäden oder Verschleißspuren.

⚠ Sind Schäden oder Verschleiß erkennbar, muss die Achswelle erneuert werden. Ein einzelnes Gelenk ist nicht lieferbar.

■ Krempeln Sie die Manschette (4) um und ölen Sie die jetzt innere Seite gründlich ein.

■ Setzen Sie den Montagekegel (6) auf den Gelenkwellenkopf (12) auf.

■ Umfassen Sie die Manschette im mittleren Bereich (mit einem Lappen) und ziehen Sie sie in einem Schwung über den Montagekegel (6) auf die Gelenkwelle (16) auf.

■ Krempeln Sie die Manschette wieder um und ziehen Sie sie so weit auf die Welle, dass Sie ausreichend Platz für die Montage des Gelenks haben.

■ Stecken Sie den Sicherungsring (2) und den Stützring (13) auf die Gelenkwelle (16) auf.

Achten Sie auf die Montagerichtung des Stützrings (Bild 4)!

■ Stecken Sie den Kugelkäfig wieder auf den Gelenkwellenkopf.

■ Setzen Sie die Kugel (11) mit viel Fett in den Kugelkäfig (10) ein.

■ Füllen Sie etwa die Hälfte der mitgelieferten Fettmenge in den Gelenktopf ein.

■ Setzen Sie den Kugelkäfig (10) mit den Kugeln in den Gelenktopf (1) ein.

■ Drücken Sie den Stützring (13) in den Gelenktopf (1) ein.

■ Rasten Sie den Sicherungsring (2) ein.

■ Füllen Sie das restliche Fett in die Achsmanschette ein.

■ Positionieren Sie die Achswellenmanschette so, dass sie beim Bewegen des Gelenkes nicht zu straff gespannt wird. Sie könnte sonst vom Gelenktopf rutschen.

■ Montieren Sie die beiden neuen Klemmbänder auf der entsprechenden Manschette.

■ Die Klemmbänder werden mit einer speziellen Zange zugebogen. Mit etwas Geschick gelingt das auch mit einer Beißzange (17).

Biegen Sie die Klemmbänder (3) über einer Spraydose (19) vor. So lassen sie sich leichter montieren (Bild 10).

Die weitere Montage erfolgt in umgekehrter Reihenfolge.

Wechsel der getriebeseitigen Manschette

- Bauen Sie die entsprechende Antriebswelle wie auf Seite 88 beschrieben aus.
- Entfernen Sie die beiden Klemmbänder (3 in Bild 5) auf der entsprechenden Manschette (4).
- Schneiden Sie die Achsmanschette (4) mit einem Cuttermesser auf und nehmen Sie sie ab.
- Ziehen Sie den Kugelkäfig (10) zusammen mit den Kugeln (11) heraus. Achten Sie darauf, dass die Kugeln nicht auf den Boden fallen.
- Nehmen Sie die Kugeln (11) aus dem Kugelkäfig (10) heraus.
- Verdrehen Sie den Kugelkäfig so weit, dass Sie ihn über die Aussparungen (15) vom Gelenkwellenkopf abnehmen können.
- Reinigen Sie alle Bauteile gründlich und untersuchen Sie sie nach Schäden oder Verschleißspuren.

Sind Schäden oder Verschleiß erkennbar, muss die Achswelle erneuert werden. Ein einzelnes Gelenk ist nicht lieferbar.

- Krempeln Sie die Manschette um und ölen Sie die jetzt innere Seite gründlich ein.
- Setzen Sie den Montagekegel (6) auf den Gelenkwellenkopf (8) auf.
- Umfassen Sie die Manschette im mittleren Bereich (mit einem Lappen) und ziehen Sie sie in einem Schwung über den Montagekegel auf die Gelenkwelle auf (Bild 8).
- Krempeln Sie die Manschette wieder um und ziehen Sie sie so weit auf die Welle (16), dass Sie ausreichend Platz für die Montage des Gelenks haben.
- Stecken Sie den Kugelkäfig (10) wieder auf den Gelenkwellenkopf.
- Setzen Sie die Kugel (11) mit viel Fett in den Kugelkäfig (10) ein.
- Füllen Sie etwa die Hälfte der mitgelieferten Fettmenge in den Gelenktopf (9) ein.
- Setzen Sie den Kugelkäfig (10) mit den Kugeln (11) in den Gelenktopf (9) ein.

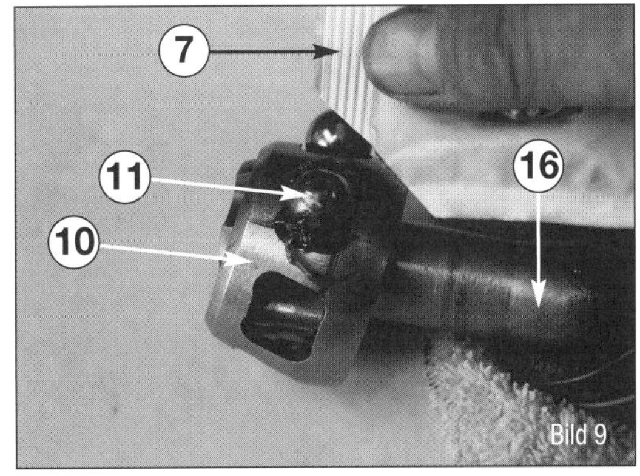
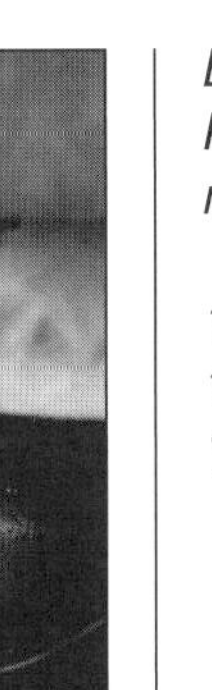

Bild 9
Kugelkäfig montieren.
7 Gelenklagerfett
10 Kugelkäfig
11 Kugeln
16 Achsgelenkwelle

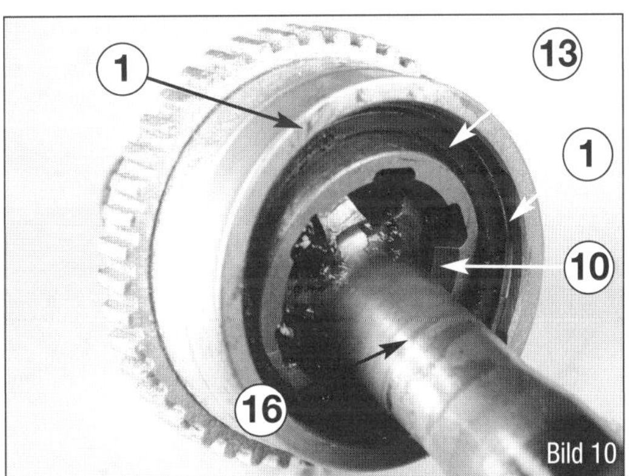

Bild 10
Montage Gelenktopf.
1 Topfgelenk radseitig
2 Sicherungsring
10 Kugelkäfig
13 Stützring
16 Achsgelenkwelle

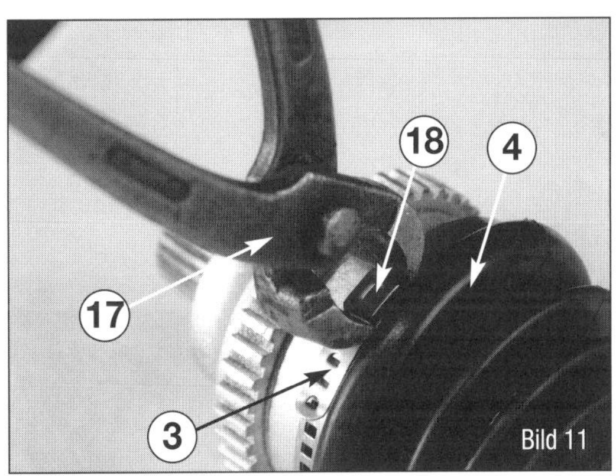

Bild 11
Klemmbänder montieren.
3 Klemmband
4 Gelenkwellmanschette
17 Beißzange
18 Spannblock auf dem Klemmband

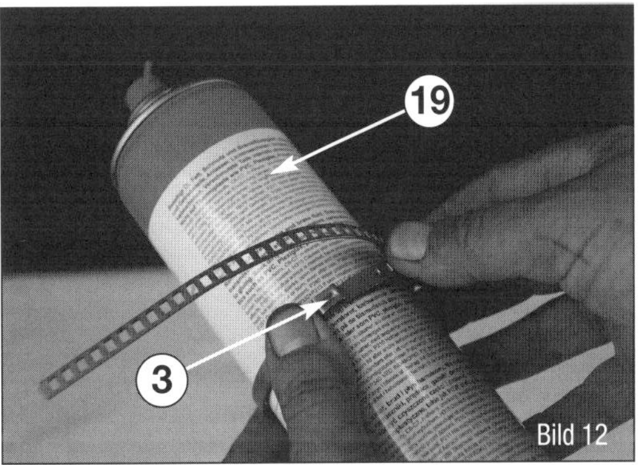

Bild 12
Klemmband vorbiegen.
3 Klemmband
19 Spraydose

- Füllen Sie das restliche Fett in die Achsmanschette ein.
- Positionieren (22) Sie die Achswellenmanschette (4) so, dass sie beim Bewegen

Bild 13
Gelenktopf montieren.
9 Gelenktopf
10 Kugelkäfig
11 Kugeln
20 Sitzfläche für die Manschette

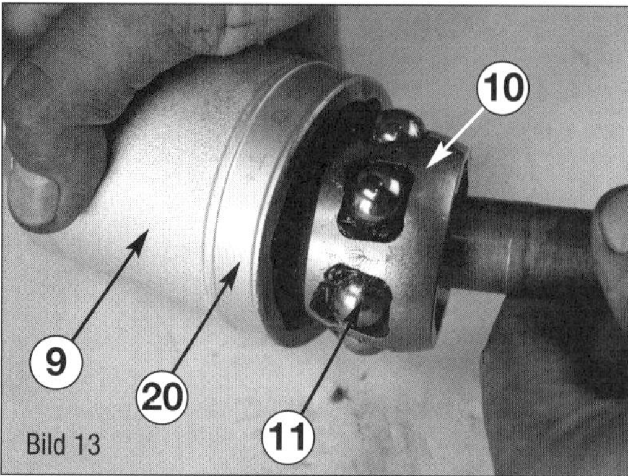

Bild 13

Bild 14
Manschette positionieren.
4 Achswellenmanschette
9 Gelenktopf
21 in gleicher Höhe Gelenktopfkante und Kugelkäfigkante
22 Position der Achswellenmanschette

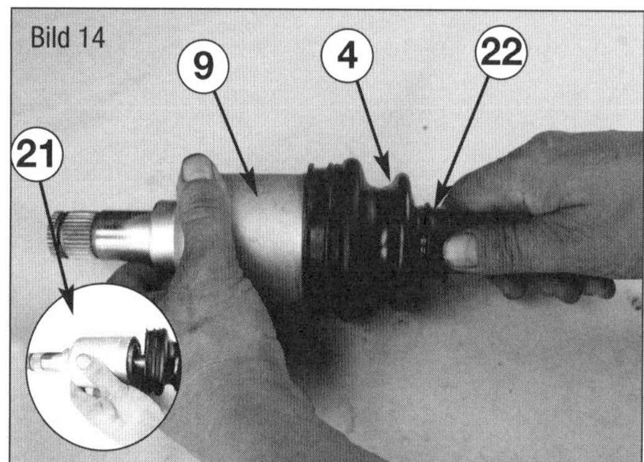

Bild 14

des Gelenkes nicht zu straff gespannt wird. Sie könnte sonst vom Gelenktopf rutschen. Das Gelenk sollte so positioniert werden, dass es zu der Kante des Gelenktopfs (21) in einer Höhe steht.

- Montieren Sie die beiden neuen Klemmbänder (3) auf der entsprechenden Manschette (4).
- Die Klemmbänder (3) werden mit einer speziellen Zange zugebogen. Mit etwas Geschick gelingt das auch mit einer Beißzange (17).

☞ Biegen Sie die Klemmbänder über einer Spraydose (19) vor. So lassen sie sich leichter montieren.

Bild 15
Kontrollpunkte am Getriebe:
1 Öl-Einfüllsvhraube
2 Öl-Auslassschraube
3 Wellendichtung für Achswellen

Bild 15

Die weitere Montage erfolgt in umgekehrter Reihenfolge.

Getriebe

Getriebeölstand prüfen

- Zur Ölstandsprüfung muss das Fahrzeug absolut waagerecht stehen.
- Unterbodenverkleidung ausbauen.
- Seitlich etwa in mittlerer Höhe des Gehäuses die Verschlussschraube herausdrehen.
- Der Getriebeölstand soll mit der Unterkante der Einfüllbohrung übereinstimmen. Ansonsten mit einem rechtwinklig abgebogenen Draht den Stand prüfen.
- Zum Nachfüllen nur Getriebeöl der Spezifikation MB 235.10 verwenden.
- Schraube eindrehen, den Motor anlassen, Gang einlegen und Getriebe etwa zwei Minuten drehen lassen. Den Motor abstellen, die Schraube herausdrehen und erneut kontrollieren.
- Ölstand beruhigen lassen. Schraube eindrehen und mit 35 bis 43 Nm festdrehen.

Getriebe aus- und einbauen

Ausbau:

Der Fehlerspeicher sollte vor Arbeitsbeginn mit dem Systemtester Star Diagnosis ausgelesen und gelöscht werden.

- Masseleitung der Batterie abklemmen.
- Hinterachswellen ausbauen.
- Ladeluftkühler ausbauen.
- Kupplungsaktuator wie später beschrieben ausbauen
- Das Heckantriebsmodul ablassen und die Zuluftführung.
- Stecker am Drehwinkelsensor abziehen und dabei die Rastnasen nicht beschädigen.
- Die Stecker am Getriebemotor abziehen.
- Die Schrauben vom Halter der Auspuffanlage am Getriebe herausdrehen.
- Schrauben am Getriebe herausdrehen und den Träger vom Ladeluftkühler abnehmen.
- Unterdruckleitung aus dem Halter ausclipsen.
- Schelle lösen und die Unterdruckleitung am Saugrohr abziehen. Vorher mehrmals das Bremspedal betätigen, um den Unterdruck in der Leitung abzubauen.
- Die Schrauben am Getriebegehäuse herausdrehen.

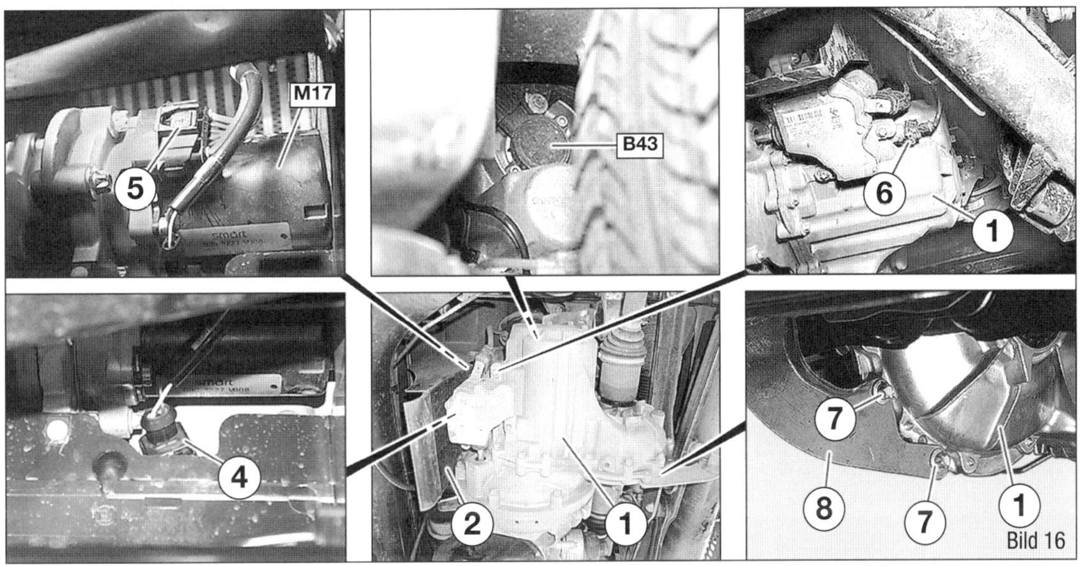

Bild 16
Beim Ausbau beachten:
1 Getriebe
2 Lüftung
4 Stecker
5 Stecker
6 Stecker
7 Schraube
8 Halter Auspuffanlage
B43 Gangposition
M17 Getriebemotor

- Die Mutter am Starter lösen und den elektrischen Anschluss abnehmen.
- Die Schrauben am Halter herausdrehen . Holzklotz zwischen Turbolader und Querträger positionieren und den Motor so weit ablassen, bis der Turbolader am Querträger anliegt.
- Die Halteschrauben herausdrehen und das Getriebe abnehmen.

Einbau:
- In umgekehrter Reihenfolge. Getriebewelle leicht einfetten
- Schrauben über Kreuz eindrehen.
- Bei Getriebe-Neueinbau Bohrungen hinten links für Motorlager neu mit selbstfurchenden Schrauben schneiden.
- Alle Stecker richtig einrasten, Masseband korrekt am Halter positionieren.
- Getriebeölstand prüfen, richtig stellen.
- Mit Systemtester Star Diagnosis Getriebe anpassen und Kupplung programmieren.

Schaltwippen nachrüsten

Je nach Ausstattung wird Ihr Smart unterschiedlich geschaltet. Das Nachrüsten von Schaltwippen ist durch die unterschiedlichen Modelljahre und Hersteller der Nachrüstsätze sowie dem Softwarestand des Fahrzeugs durchaus anders.

Die Schaltausführungen
Softtip-Schaltung:
Das manuelle Schalten erfolgt durch das Bewegen des Schalthebels in der »Fahrtstellung« nach vorne oder hinten. Die Schaltung erfolgt nicht automatisch. Lediglich beim Anhalten oder bei langsamer Fahrt wird automatisch heruntergeschaltet.

Softtouch-Schaltung:
Das automatisierte Schalten funktioniert im Prinzip wie die Softtippschaltung. Allerdings kann mit dem seitlichen Knopf am Schalthebel die automatische Schaltfunktion gewählt werden. Im Automatik-Modus schaltet das Fahrzeug selbsttätig nach Bedarf hoch und runter. Im manuellen Modus werden die Gänge mit dem Schalthebel wie bei der Softtippschaltung durch Bewegen des Schalthebels gewechselt.

Die Lenkradschaltung:
Auch werkseitig gab es für den Smart die sogenannten »Schaltpaddel« am Lenkrad als Sonderzubehör. Allerdings wurden sie recht selten bestellt. Mit den Lenkradschaltwippen wird die Funktion zum Herauf- und Herunterschalten der »Softtipp-Funktion« am Schalthebel zusätzlich auf die Lenkradwippen übertragen.

Bordnetzelektronik
Systeme und Ausführungen:
Die Ausführung der elektrischen Anlage hat sich im Laufe der Produktionsjahre verändert. Ab Baujahr 2003 ist das Bordnetzsteuergerät SAM verbaut. Hier ist es auch möglich, nachgerüstete Lenkradschaltwippen freizuschalten. Das ist bei den älteren Modellen nicht möglich.

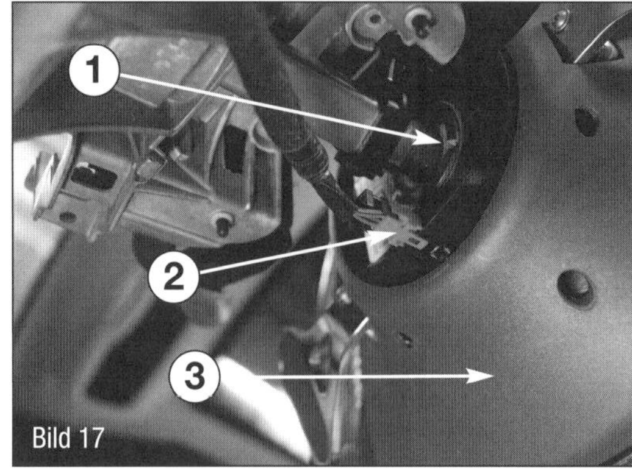

Bild 17
Lenkrad von hinten.
1 Wickelfeder
2 Stecker
3 Lenkrad

Bild 18
Schaltwippen (Paddel).
4 Schaltwippe (runter)
5 Schaltwippe (rauf)
6 Hupenring

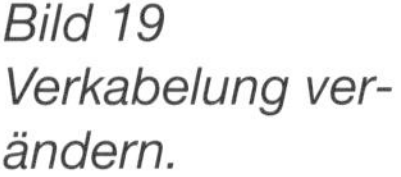

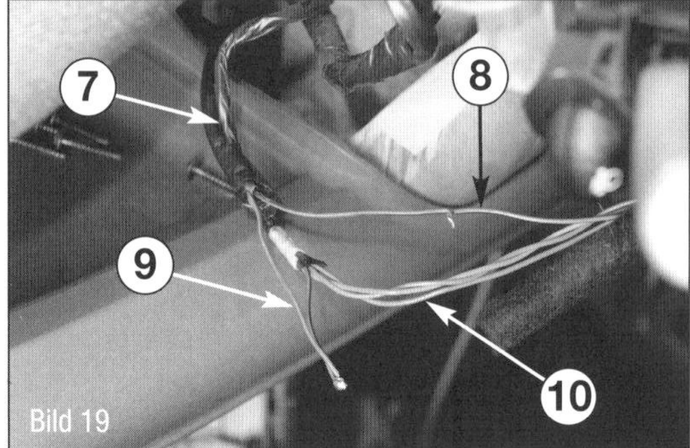

Bild 19
Verkabelung verändern.
7 Kabelstrang
8 Kabel vom Hupentaster zum Brabussteuergerät
9 Kabel vom Brabussteuergerät zum Anschluss des Hupenrelais
10 Restkabel mit den Airbagleitungen und Masse

Brabus Nachrüstset:
Das Brabus-Nachrüstset geht einen anderen Weg. Eine Anmeldung ist nicht erforderlich. Über eine Widerstandsdekade wird das Anschlusskabel der Hupe für die Signalübermittlung zum Schalten erweitert. Das passiert über verbaute Vorwiderstände, die dann je nach Funktion dem Steuergerät einen anderen Spannungswert ausgeben. Das Brabussteuergerät (14), das im Bereich der Mittelkonsole verbaut wird, setzt diesen Spannungswert dann in den angeforderten Schaltbefehl (Hupe, Hochschalten, Herunterschalten) um.

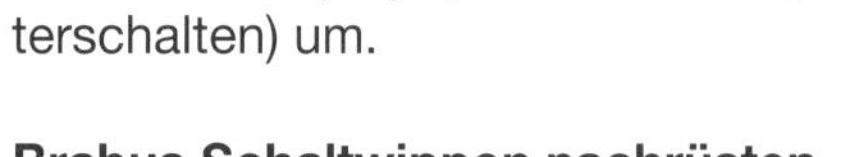

Brabus Schaltwippen nachrüsten
Auch hier sind durchaus unterschiedliche Ausführungen in Abhängigkeit der Modellvarianten möglich. Die ältere Variante ohne ESP weist einen Stecker auf der Wickelfeder auf der Rückseite des Lenkers auf, die neuere Variante mit ESP zwei Stecker. Die Montagearbeiten unterscheiden sich nicht wesentlich.

- Klemmen Sie die Fahrzeugbatterie wie auf Seite 96 beschrieben ab.
- Bauen Sie die Mittelkonsole unten wie auf Seite 89 beschrieben aus.
- Bauen Sie das Lenkrad wie auf Seite 140 beschrieben aus.
- Bauen Sie die Lenksäulenverkleidungen wie auf Seite 140 beschrieben ab.
- Ersetzen Sie das Lenkrad gegen ein Brabuslenkrad mit Schaltpaddeln oder rüsten Sie die Schaltpaddel nach. Hier gibt es komplette Sets in diversen Internetshops.
- Montieren Sie das Lenkrad wie auf Seite 140 beschrieben wieder.

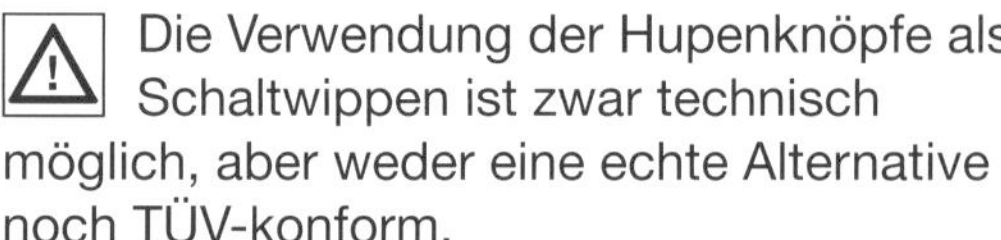

Die Verwendung der Hupenknöpfe als Schaltwippen ist zwar technisch möglich, aber weder eine echte Alternative noch TÜV-konform.

- Ziehen Sie den Stecker zum Hupenschleifring ab.
- Durchtrennen Sie das Hupenkabel (meist ein braun/schwarzes Kabel).
- Verbinden Sie das braun/schwarze Kabel, das vom Stecker des Lenkrades kommt, mit dem grauen Kabel am Brabus-Schaltsteuergerät.
- Verbinden Sie das braun/schwarze Kabel, das zum Kabelbaum geht, mit dem grau/roten Kabel am Brabus-Schaltsteuergerät.

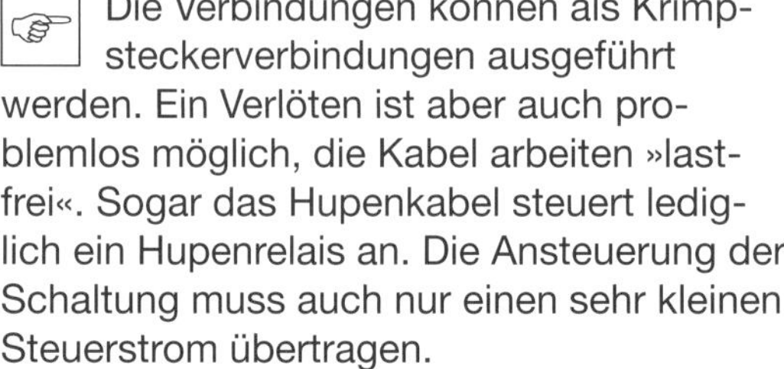

Die Verbindungen können als Krimpsteckerverbindungen ausgeführt werden. Ein Verlöten ist aber auch problemlos möglich, die Kabel arbeiten »lastfrei«. Sogar das Hupenkabel steuert lediglich ein Hupenrelais an. Die Ansteuerung der Schaltung muss auch nur einen sehr kleinen Steuerstrom übertragen.

- Isolieren Sie die Kabelverbindungsstellen mit Schrumpfschlauch oder Isolierband.
- Führen Sie den Kabelstrang zum Brabus-Schaltsteuergerät zur Mittelkonsole hinunter.
- Befestigen Sie den Kabelstrang zum Brabus-Schaltsteuergerät am originalen Kabelstrang mit Isolierband.

■ Drehen Sie die vier Schrauben (11) zum Schalthebelmodul heraus.

Tipp: Eigentlich müssten Sitze und der Fahrzeugteppich entfernt werden. Es ist aber auch möglich mit einem Kreuzschnitt über der Schraube einen ausreichend guten Zugang zu den Schrauben zu realisieren (Bild 16).

Tipp: Es handelt sich um einen torxähnlichen Schlüssel. Er hat allerdings nur 5 Zacken und wird als »TS 30« oder Torx Plus »IPR30« bezeichnet.

■ Nehmen Sie das Schalhebelmodul nach oben ab und ziehen Sie den Stecker vom Schalthebelmodul ab.

■ Stecken Sie den Stecker zum Brabussteuergerät (13) auf das Schaltmodul (12) auf.

■ Stecken Sie den originalen Stecker (14) des Schaltmoduls in das Brabus-Schaltmodul ein.

■ Montieren Sie das Schalthebelmodul (12) wieder.

■ Klemmen Sie die Fahrzeugbatterie wie auf Seite 96 beschrieben wieder an.

■ Führen Sie eine Probefahrt durch.

Sind alle Funktionen vorhanden, kontrollieren Sie die ordnungsgemäße Lage der Verkabelung.

■ Positionieren Sie das Brabus-Schaltsteuergerät (15) unter der Verkleidung der unteren Mittelkonsole.

■ Montieren Sie die verbliebenen Bauteile sinngemäß in umgekehrter Reihenfolge.

Kupplung

Die Kupplung wird vom gemeinsamen Motor-/Getriebesteuergerät betätigt und deshalb einem verhältnismäßig geringem Verschleiß ausgesetzt Vor einer übermäßige Belastung schützt ein Rechenalgorithmus, der bei langem Schleifen der Kupplung den Kraftfluss für eine Weile unterbricht. Sobald die Kupplung abgekühlt ist, sollte alles wieder wie gewohnt funktionieren.

Ausbau:

■ Getriebe ausbauen

■ Verschlussdeckel abbauen und die Kurbelwelle an der Riemenscheibe drehen, bis die Befestigungsschrauben der Kupplung durch die Montageöffnung am Kurbelgehäuse zugänglich sind. Befestigungsschrauben herausdrehen (Steckschlüssel).

■ Vor Herausdrehen der letzten Schraube Kupplung festhalten, damit sie nicht herunterfällt (obere Bilder der Bildgruppe unten). Die Kupplung abnehmen.

■ Die Schrauben am Ausrückhebel herausdrehen, den Ausrückhebel am Druckpilz aushängen und abnehmen.

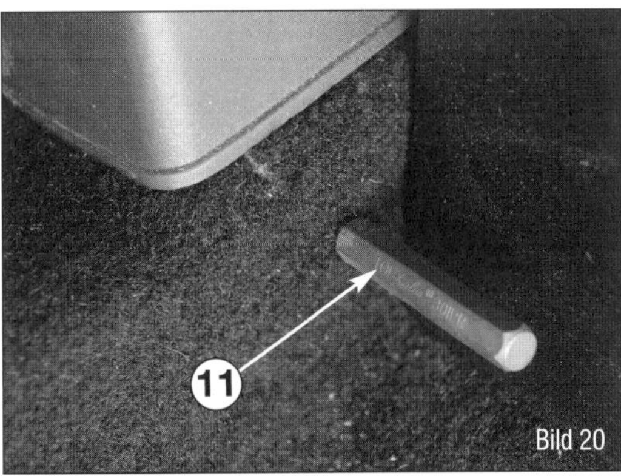

Bild 20
Schalthebelmodul lösen.
11 Fünfzackiger TS30 Torx-Steckeinsatz

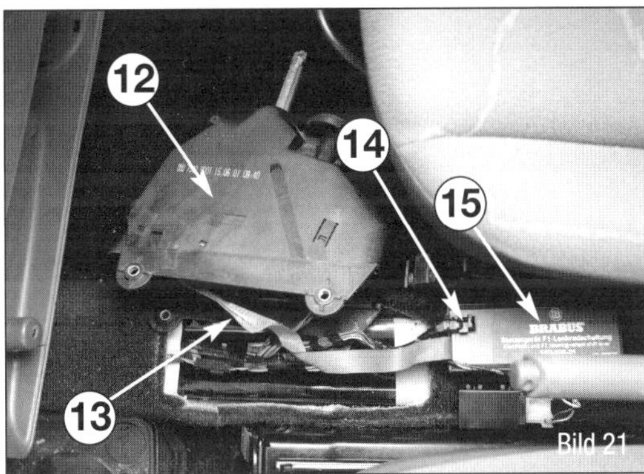

Bild 21
Position Brabus-Steuergerät.
12 Schalthebelmodul
13 Stecker und Kabel zum Brabussteuergerät
14 Original-Stecker zum Schaltmodul
15 Brabus Steuergerät

Einbau:

■ Druckpilz leicht einfetten

■ Zentrierhülse (Werkzeug 450 589 00 34 00) bis zum Anschlag auf die Getriebeeingangswelle schieben.

■ Den Ausrückhebel auf die Zentrierhülse schieben und den Ausrückhebel in die Feder am Druckpilz einhängen.
Der Ausrückhebel muss am Druckpilz korrekt einrasten.

■ Die Schrauben wieder eindrehen, mit 10 Nm festziehen und die Zentrierhülse entfernen.

■ Kupplung und Mitnehmerscheibe auf Beschädigung prüfen. Dann die Kupplung in den Passstift einsetzen. Achten Sie dabei auf den Drehzahlsensor!

■ Befestigungsschrauben der Kupplung wieder eindrehen, dazu neue Schrauben und den Steckschlüsseleinsatz mit Werkzeugnummer 450 589 02 09 00 verwenden!

Die Kurbelwelle jeweils drehen, bis die nächste Schraube eingedreht werden kann. Schrauben mit 20 Nm plus 90° festziehen.
■ Getriebe einbauen.

Kupplungsaktuator
Der Kupplungsaktuator außen am Getriebegehäuse ist das Stellelement, das im smart sozusagen das Kupplungspedal ersetzt. Er betätigt bei entsprechendem Steuerungssignal über einen Stößel die ins Getriebe integrierte Kupplung. Der Stößel darf nur ein minimales Axialspiel aufweisen. Sonst muss der Aktuator eingestellt werden.

Spiel prüfen:
■ Das Fahrzeug muss über einer Montagegrube oder besser auf einer Hebebühne stehen. Die Unterbodenverkleidung ausbauenn.
■ Vorsichtig von Hand und durch Augenschein das Stößelspiel prüfen. Es darf keinesfalls mehr als 1 mm betragen.
Ausbau:
■ Den Stecker am Kupplungsaktuator (Kupplungsbetätigung) abziehen.
■ Die Befestigungsschrauben herausdrehen und den Kupplungsaktuator abnehmen (Bild unten Mitte).

Einbau:
■ Erst muss die Stößelstellung am Aktuator geprüft werden. Vor dem Einstellen darf der Aktuator - ob aus- oder eingebaut - keinen elektrischen Strom erhalten, weil er sonst nur unter Zusatzkraft der Kupplung wieder elektrisch eingefahren werden kann.
■ Zum Einbau muss sich der Stößel in eingefahrener Position befinden. Das entsprechende Maß a in Bild 24 beträgt 60 mm. Wenn nötig, den Stößel weiter einschieben und darauf achten, dass er einrastet.
■ Aktuator ins Getriebegehäuse einsetzen, die drei Schrauben lose eindrehen. Stecker wieder aufstecken.

Einstellung:
Bei Fahrzeugen mit dem System »Trust Plus« und dem Programm »Kupplung pulsen« sollte die Einstellung mit dem Diagnose-System »Star Diagnosis« erfolgen.
■ Eine Federwaage am Kupplungsaktuator ansetzen (Bild rechts unten auf der vorigen Seite) und mit 50 Nm axial in Richtung der Kupplungswippe belasten.
■ Den Aktuator in dieser Position halten und die Schrauben mit 10 Nm festdrehen. Diese Einstellung darf nur bei kaltem Motor erfolgen (Kühlmitteltemperatur unter 40 °C). Bei korrekter Einstellung darf der Stößel kein Axialspiel haben und muss sauber in der Pfanne des Ausrückhebels liegen. Eine geringe radiale Bewegung mit Reibung in der Pfanne ist zulässig.
■ Mit dem Systemtester Star Diagnosis den Menüablauf »Kupplung pulsen« ausführen (Hauptmenü / Diagnose / Systeme / Steuergerät / Aktuatorsteuerung / Kupplung).
■ Fahrzeuge ohne das Menü »Kupplung pulsen«: Fahrzeug anheben, damit Räder frei drehen können. Motor starten und 10 mal zwischen 1. und 2. Gang hin und her schalten. Rückwärtsgang einlegen, Motor abstellen, Zündung ausschalten.

Bild 22
Teile der Kupplung
1 Kupplung
2 Verschlussdeckel
3 Kurbelgehäuse
4 Schrauben
5 Ausrückhebel
6 Druckpilz
7 Zentrierhülse
8 Mitnehmerscheibe

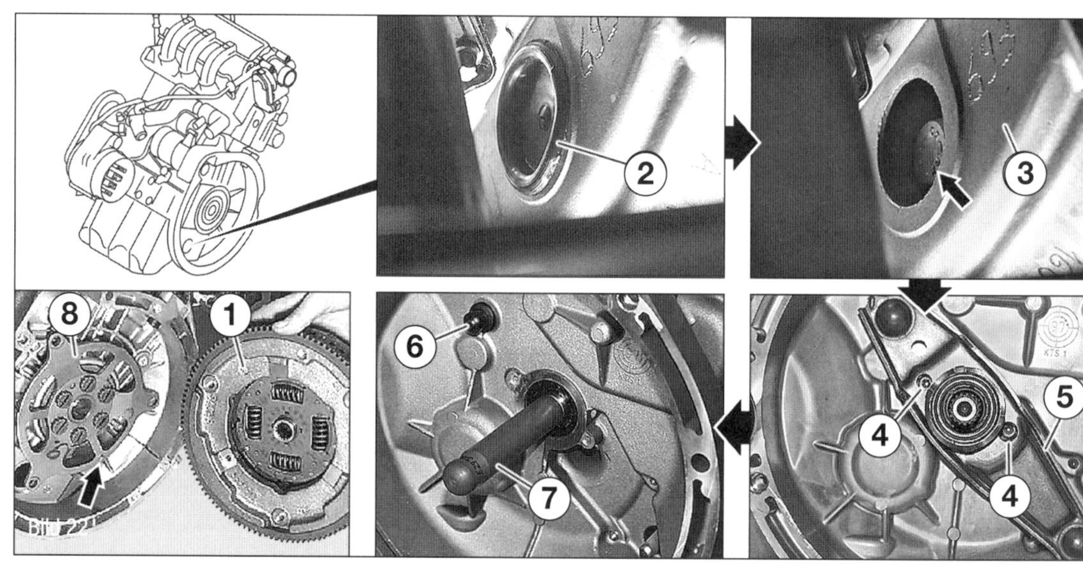

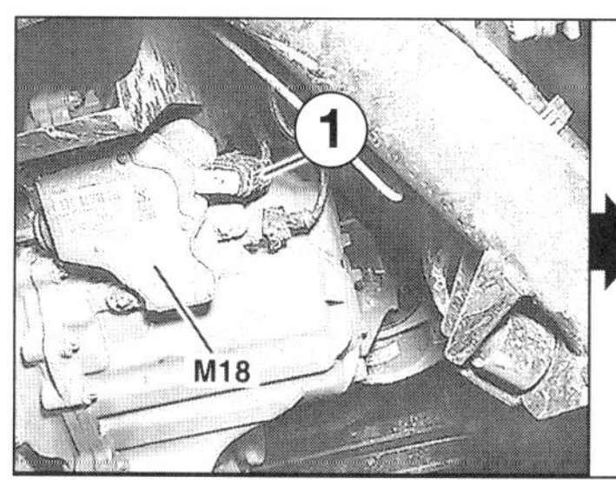

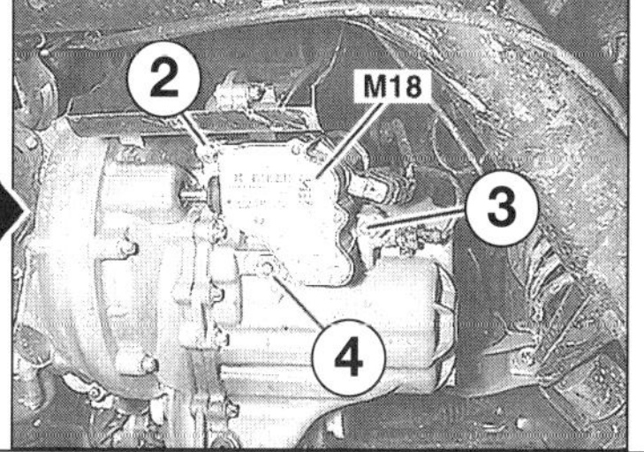

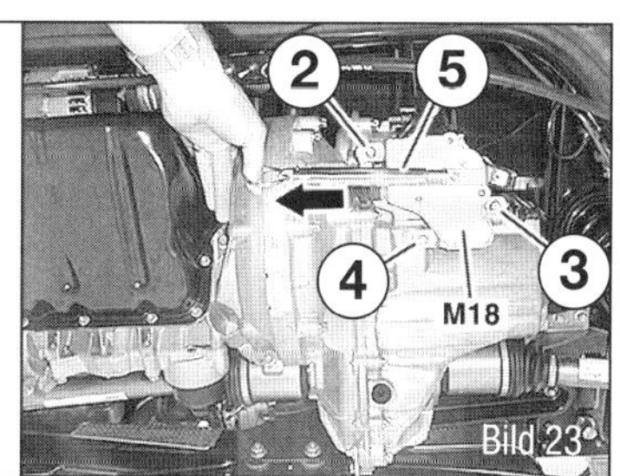

Bild 23

Bilder 23 und 24 Einstellung des Kupplugsmotors:
1 Stecker
2 Schraube
3 Schraube
4 Schraube
5 Federwaage
M18 Kupplungs-motor
Maß a = 60 mm

■ Die Schrauben des mit 50 N belasteten Aktuators lösen und den Aktuator dabei immer unter dieser Belastung halten. Der Aktuator darf keinesfalls auf 0 Nm entlastet werden, sonst müssen Sie die Einstellung wiederholen!

■ Den Kupplungsaktuator jetzt mit der Federwaage auf 11 N entlasten, in dieser Position halten und die Schrauben mit 10 Nm festdrehen.

■ Für die abschließenden Arbeiten ist im Grunde wieder Star Diagnosis erforderlich: Im Menü »Kupplung« den Einkuppelpunkt und den Auskuppelpunkt programmieren, den Fehlerspeicher auslesen und löschen, den »GW Punkt« programmieren, erneut Fehlerspeicher auslesen und löschen.

■ Wurde die Batterie für längere Zeit abgeklemmt, lernt sich die Kupplung bis zu einem gewissen Grad auch selber an.

SAC-Kupplungssysteme

Die Abkürzung »SAC« der Smart Kupplung bedeutet »**S**elf **A**djusting **C**lutch«, was übersetzt »Selbstnachstellende Kupplung bedeutet«.

Kupplung und Getriebe automatisch, aber etwas anders

Wieder ein kleines Detail das den Smart zu etwas Besonderem macht. Es handelt sich nicht um ein Automatikgetriebe, sondern um ein sequenzielles Schaltgetriebe, das durch einen elektrischen Servomotor betätigt wird. Auch die Kupplungsansteuerung erfolgt über einen Servo. Das automatisierte Schaltgetriebe im Smart macht es erforderlich, dass die Kupplungsbetätigung annähernd gleich bleibt.

Automatisches Nachstellen

Da schon der Verschleiß der Kupplungsscheibe die Betätigung selber, die Betätigungskraft und auch das Ansprechverhalten markant verändert, kommt ein Kupplungssystem zum Einsatz, das sich selbst nachstellt. Anders als bei einer hydraulischen Nachstellung wird nicht das Lüftspiel angepasst, sondern mit einem Verstellring der Verschleiß ausgeglichen. Die Kupplung kann nicht wie bei anderen Fahrzeugen zerlegt werden. Sie wird als komplettes Bauteil ersetzt. Der Ausbau der Kupplung ist auf der Seite 95 beschrieben.

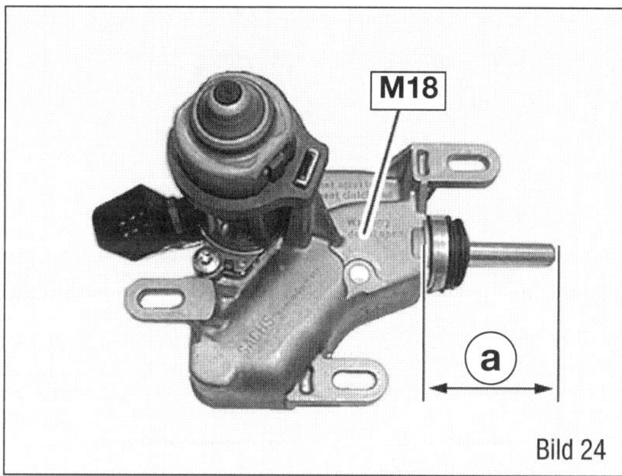

Bild 24

Einsatz von Sportkupplungen

Es gibt natürlich auch Umrüstsätze zu einem normalen Kupplungssystem. Hier muss dann neben dem normalen Kupplungsset, das aus Reibscheibe, Automat und Ausrücklager besteht, noch die Schwungscheibe für den Motor erneuert werden. Der Umbau macht keinen Sinn um Geld für die Neubeschaffung einzusparen. Die speziellen Sportkupplungen kommen in getunten Fahrzeugen zum Einsatz. Sie können ein höheres Drehmoment übertragen. Allerdings wird hier eine regelmäßige Nachjustierung und ein Neuanlernen bei Verschleiß erforderlich.

Sichtprüfung  Messen

Vorderachse

Die Vorderachse des Smart wurde im Laufe der Bauzeit umkonstruiert. Statt einer Blattfeder wurden ab Modelljahr 2001 konventionelle Federbeine verbaut. Wenn Zweifel an der Vorderachse bestehen, sollten Sie folgende Prüfungen vornehmen um mögliche Defekte einzukreisen:

- Unternehmen Sie eine kurze Probefahrt zur Überprüfung der Lenkgeometrie. Dazu müssen beide Vorderreifen dieselbe Reifensorte und Profiltiefe aufweisen und den vorgeschriebenen Luftdruck haben.
- Kontrollieren Sie genau, ob die Lenkradspeichen bei Geradeausfahrt symmetrisch stehen. Die richtige Stellung der Vorderräder entscheidet darüber, ob Ihr Fahrzeug auf ebener Strecke und in Kurven ruhig und sicher auf der Straße liegt. Nach harter Berührung des Bordsteins kann die Geometrie der Vorderradaufhängung gestört sein. Ein schief sitzendes Lenkrad ist ein Zeichen für Spurfehler. Auch verschlissene Gelenke und Gummilager oder unsachgemäße Reparaturen wirken sich negativ auf das Fahrverhalten aus.
- Läuft das Auto auf ebener Fahrbahn und bei losgelassenem Lenkrad geradeaus?
- Prüfen Sie im Stand: Stehen die Vorderräder symmetrisch zueinander? Ist das Reifenprofil gleichmäßig abgenutzt? Zeigen die Außenkanten stärkere Verschleißspuren als die Innenseiten?

Lenkungsspiel prüfen

- Stellen Sie die Räder geradeaus. Greifen Sie durchs geöffnete Fenster und drehen Sie das Lenkrad kurz hin und her.
- Das Vorderrad muss sich sofort mitbewegen. Achten Sie dazu auf die Felge! Der Reifen kann einen Teil des Einschlags schlucken, ehe er sich bewegt.

Faltenbälge, Gummimanschetten und Spurstangengelenke prüfen

- Fahrzeug anheben, dass die Räder frei hängen. Unterbodenverkleidung ausbauen . Nehmen Sie sich die aus dem Lenkgetriebe austretenden Spurstangen vor. Sie werden links und rechts jeweils von einem Faltenbalg geschützt. Prüfen Sie den Balg zwischen den Schellen im gestreckten Zustand mittels Links- und Rechtseinschlag der Lenkung auf Risse, Scheuerstellen und Eindrückungen.

☞ Die Faltenbalgwülste dabei nicht ein- oder umdrücken! Beschädigungen am Kunststoff führen langfristig zu Undichtigkeiten. Wenn nötig, Faltenbalg ausbauen und erneuern.

- Mit einer Taschenlampe die Gummimanschette am Spurstangenkopf ableuchten. Gründlich auch auf kleinste Verschleißspuren prüfen. Bei undichter Manschette sofort Spurstangenkopf erneuern.
- Spurstangengelenke links und rechts prüfen. Es darf kein Spiel spürbar sein.

Bild 1
Teile der Vorderachse, die regelmäßig geprüft werden sollten:
1 Lenkmanschetten
2 Spurstangenkopf
3 Traggelenk
4 Koppelstange Stabilisator
5 Lagerung Stabilisator

Radlagerspiel prüfen

■ Bei lauten Abrollgeräuschen, kann es sich um Schäden am Radlager handeln. Treten die Geräusche zum Beispiel in Rechtskurven auf, ist das linke Radlager defekt.

■ Stellen Sie den Wagen auf festem Boden ab. Packen Sie das Rad im oberen Bereich und versuchen Sie, es quer zum Wagen zu bewegen. Bei einwandfreien Lagern darf kein Spiel vorhanden sein.

■ Wenn Sie Spiel an den vorderen Radlagern feststellen, lassen Sie einen Helfer die Bremse treten.

■ Wiederholen Sie dann die Kontrolle. Wenn immer noch Spiel festgestellt wird, ist das Achsgelenk defekt.

Spurstange / Spurstangenkopf

Ausbau:

Wenn Faltenbalg oder Spurstangenkopf erneuert werden sollen, Spurstangenkopf ausbauen: Vorderräder abmontieren.

■ Vorderräder abmontieren.

■ Kontermutter (50 Nm) an Spurstange lösen, zuvor Lage der Spurstange zum Spurstangenkopf mit Kreide markieren.

■ Mutter (40 Nm) am Flanschgelenk 3 herausdrehen

■ , Spurstangenkopf am Flanschgelenk abdrücken. Falls das Gelenk Spiel hat: austauschen!

■ Den Spurstangenkopf aus der Spurstange herausdrehen. Die Schellen vom Faltenbalg abbauen, den Faltenbalg herausnehmen.

Einbau:

■ In umgekehrter Reihenfolge. Die Laschen an den Faltenbalgschellen müssen nach unten zeigen, der Balg muss richtig sitzen.

Querblattfeder prüfen (Modelle bis 12/2000)

■ Bauen Sie die vordere Unterbodenverkleidung aus.

■ Die Querblattfeder mit der der Smart fortwo bis 7. Januar 2001 ausgerüstet wurde, ist nun sichtbar und kann auf Materielschäden geprüft werden.

Die Querschnittsfläche der Absplei-ßungen darf maximal 5% der Querschnittsfläche der Querblattfeder betragen.

■ Bauen Sie die Unterbodenverkleidung wieder ein.

Stoßdämpfer vorn (Blattfederachse)

Ausbau:

■ Dichtkappe (Spezialwerkzeug 450 589 04 37 00) entfernen.

■ ABS-Leitung am Halter aushängen.

■ Muttern (46 Nm) der Befestigungslasche abdrehen und Lasche samt Schrauben abnehmen.

Bild 2
Stoßdämpfer-Ausbau bei Blattfederachsen:
1 Abdeckkappe
2 Spezialzange
3 Halter
4 Mutter (46 Nm)
5 Klemmschelle
6 ABS-Leitung
7 Soßdämpfer
8 Stützlager (Zuganschlag) 33 Nm
9 zentrale Befestigungsschraube (120 Nm)
10 Kolbenstange
11 Anschlagscheibe
12 Anschlagscheibe
13 Schutzhülle
14 Mutter (60 Nm)
15 Radträger

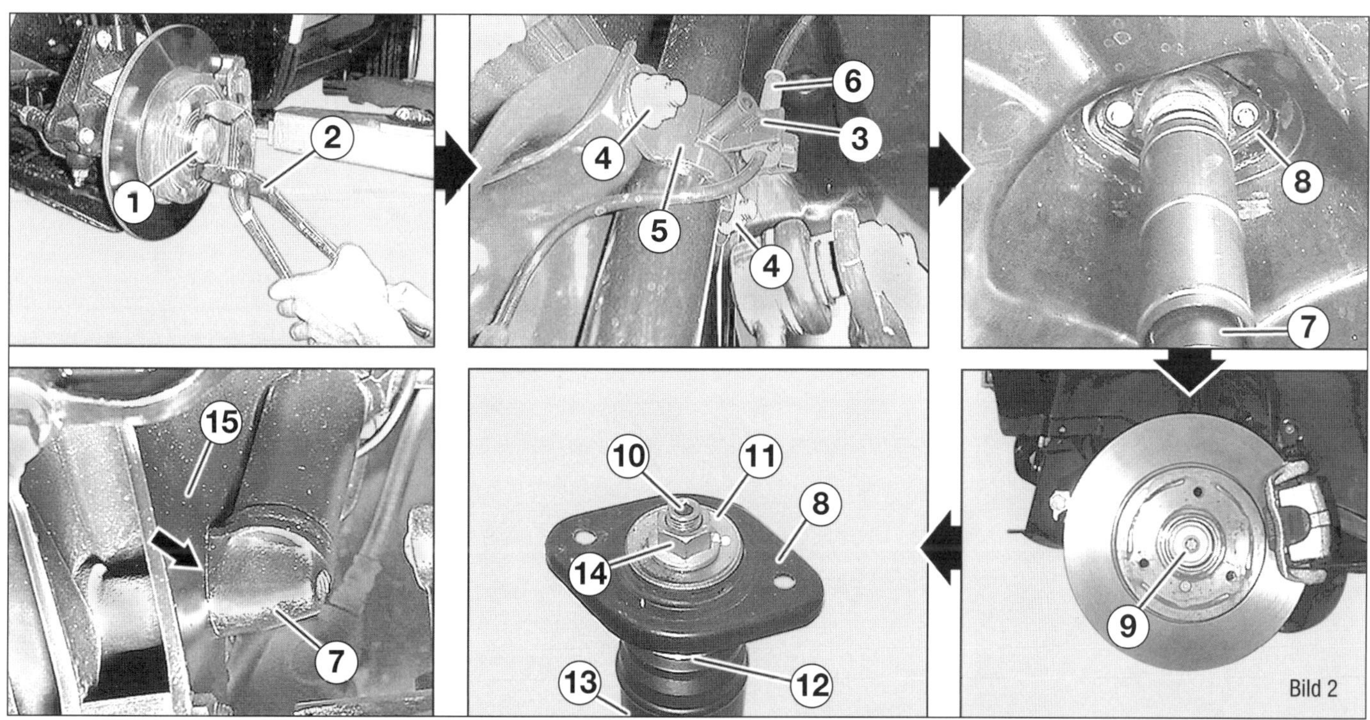

Bild 2

Bild 3
Stoßdämpfer-Ausbau bei Federbein-Achsen:
1 Abdeckkappe
2 Spezialzange
3 Halter
4 Mutter (46 Nm)
5 Klemmschelle
6 ABS-Leitung
7 Werkzeug Mutter (60 Nm)
8 Werkzeug Kolbenstange
9 zentrale Befestigungsschraube (120 Nm)
10 Federspanner
11 Federbein
12 Feder
13 Kopflager
14 Axiallager
15 Federteller

■ Schrauben (33 Nm) des Stützlagers an Karosserie herausdrehen.

⚠ Dabei Querlenker und Fahrzeug hinten mit Heber abstützen.

■ Schraube 9 (120 Nm) herausdrehen, Stoßdämpfer einfahren und herausnehmen.

■ Mutter 14 (60 Nm) der Kolbenstange 10 abdrehen. Anschlagscheibe oben, unten und Stützlager abnehmen.

Einbau:

■ Sinngemäß umgekehrt.

Vorsicht: Der Stoßdämpfer muss spaltfrei am Achsschenkel anliegen!

Federbeine (Schraubenfederachse)

■ Zum Stoßdämpferausbau muss das Federbein ausgebaut werden. Neben der Zange 450 589 04 37 00 werden dazu idealerweise das Werkzeugsortiment Stabilisatormontage 450 589 00 17 00 und der Montagewerkzeug-Satz 450 589 08 99 00 verwendet.

Nur freigegebene und professionelle Spannvorrichtungen verwenden, es besteht ansonsten erhebliche Verletzungsgefahr durch Klemmen oder Quetschen bei Arbeiten an unter Vorspannung stehenden Federn oder Federkörpern.

Ausbau:

■ Frontteil und Leuchteinheit ausbauen.

■ Dichtkappe an der Radnabe entfernen und die ABS-Leitung aus dem Drehzahlfühlerhalter ausclipsen.

■ Muttern 4 (46 Nm) der Befestigungslasche 5 am Achsschenkel 17 herausschrauben und die Befestigungslasche samt Schrauben abnehmen.

■ Mutter (45 Nm) am Zuganschlag 7 herausdrehen.

☞ Nicht an der Kolbenstange drehen, da sonst die Kolbenstange vom Stoßdämpfer beschädigt werden könnte. Beim Einbau Mutter erneuern!

■ Nehmen Sie den Zuganschlag ab.

Die Zuganschläge wurden ab 18.06.2001 modifiziert, da bei der alten Version während starker Bremsungen Geräusche an der Vorderachse auftraten.

■ Schraube in der Radnabe herausdrehen und Federbein entnehmen.

Einbau:

■ Beim Einbau die zentrale Schraube (9) unbedingt erneuern und mit 120 Nm anziehen! Die Schraube ist mit Sicherungslack beschichtet, der beim Anziehen wirksam wird

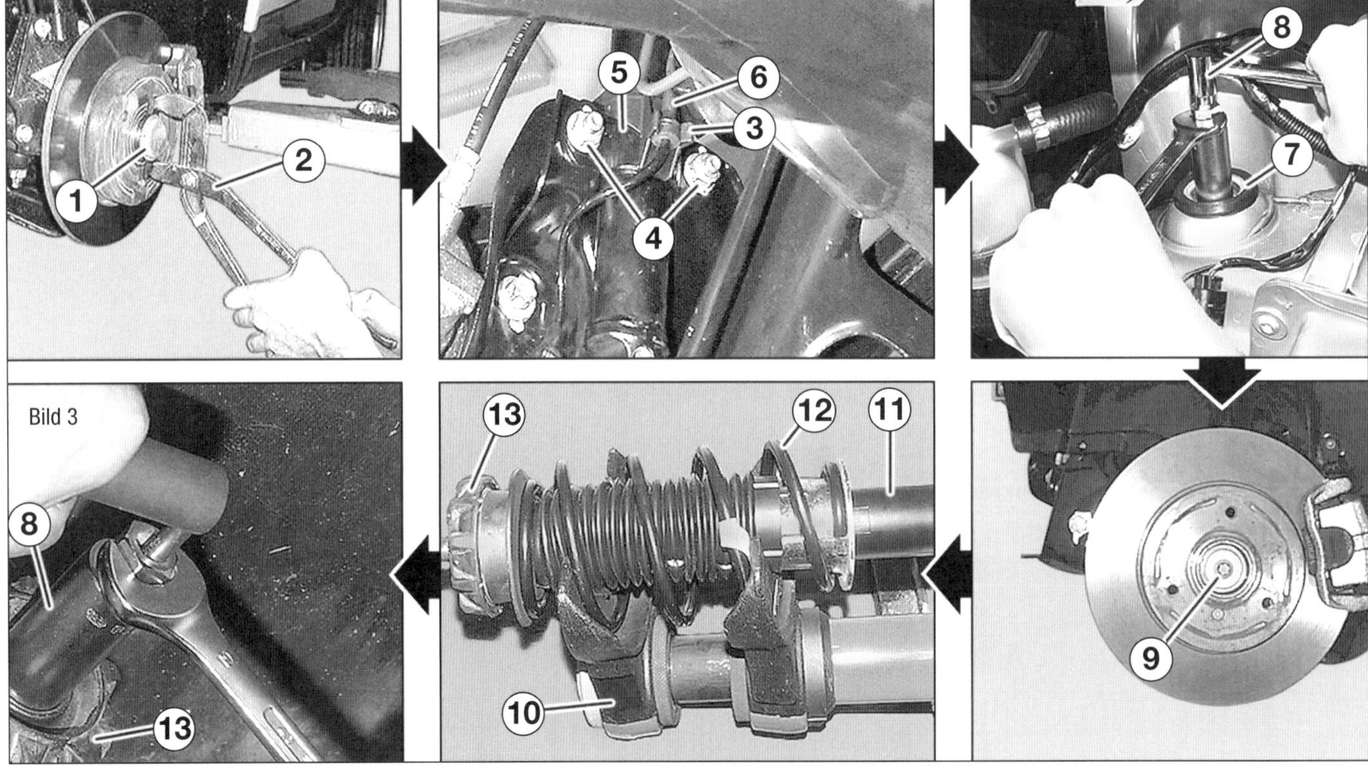

Schraubenfedern prüfen

Die Schraubenfedern an der Vorderachse können brechen und sollten deshalb regelmäßig einer Sichtkontrolle unterzogen werden.

- Rad entlasten und Feder auf korrekten Sitz im Stützlager prüfen.
- Bei Korrosionsspuren vorsichtshalber die Federn achsweise tauschen

Federbein zerlegen

- Montagewerkzeug-Satz (10) in einen Schraubstock einspannen. Auf korrekten Sitz achten.
- Setzen Sie die Feder in die untere und obere Windung des Montagewerkzeug-Satzes und spannen Sie sie leicht vor.

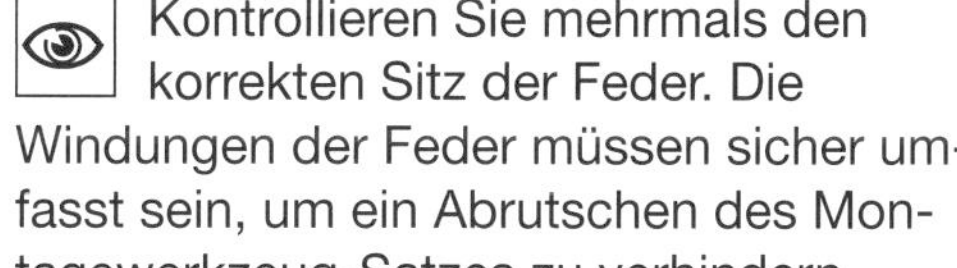

Kontrollieren Sie mehrmals den korrekten Sitz der Feder. Die Windungen der Feder müssen sicher umfasst sein, um ein Abrutschen des Montagewerkzeug-Satzes zu verhindern.

- Spannen Sie nun die Feder, bis der Federteller frei liegt. Verwenden Sie beim Spannen keine Schlagschraubernuss. Beim späteren Einbau auf den richtigen Sitz der Feder in der Führung achten!

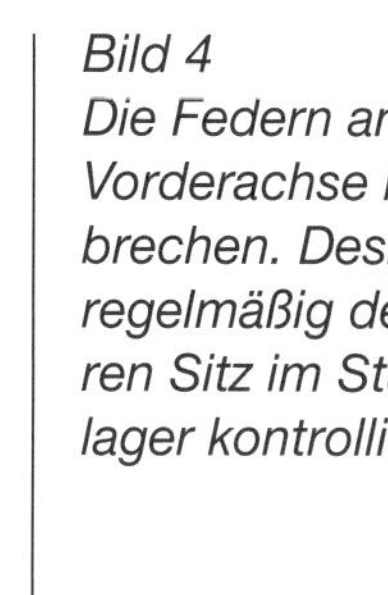

Bild 4
Die Federn an der Vorderachse können brechen. Deshalb regelmäßig den oberen Sitz im Stützlager kontrollieren.

- Die Mutter (60 Nm) vom Kopflager 13 herausdrehen.

Nicht an der Kolbenstange drehen! Dabei könnte die Kolbenstange vom Stoßdämpfer empfindlich beschädigt werden. Halten Sie mit dem Werkzeugsortiment Stabilisatormontage (7) gegen!

- Kopflager vom Stoßdämpfer und Axiallager abnehmen Auf Zustand und Verschleiß prüfen.
- Federteller abnehmen und Stoßdämpfer aus der Feder herausziehen.
- Die Feder entspannen und prüfen.

Zum Lösen keine Schlagschraubernuss verwenden!

- Nehmen Sie die Manschette und den Anschlagspuffer vom Stoßdämpfer ab.

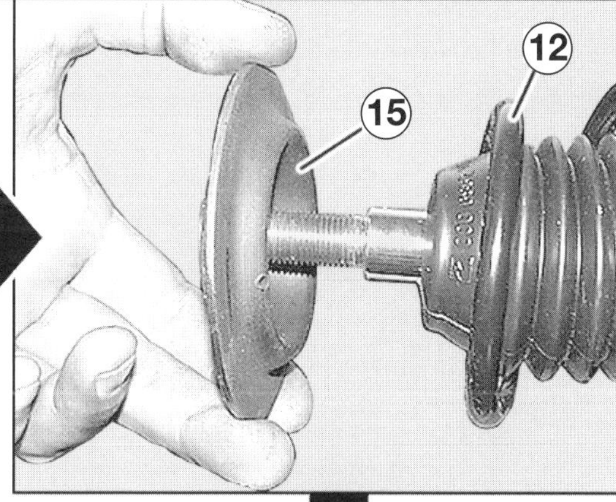

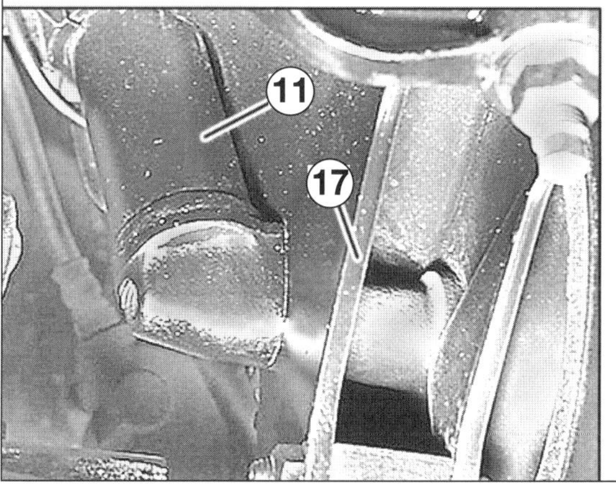

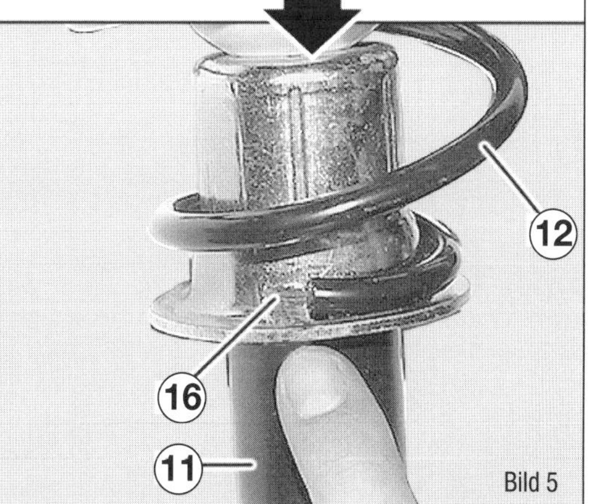

Bild 5
Stoßdämpfer-Zerlegung bei Federbein-Achsen:
11 Stoßdämpfer
12 Feder
14 Axiallager
15 Federteller
16 Führung
17 Achsschenkel

Einbau:

■ Erfolgt in sinngemäß umgekehrter Reihenfolge.

■ Selbstsichernde Mutter an der Kolbenstange erneuern und mit 60 Nm festziehen. Drehen Sie nicht an der Kolbenstange! Anderenfalls könnte die Kolbenstange empfindlich beschädigt werden.

■ Auf richtigen Sitz der Feder in der Federauflage achten!

■ Zuganschlag an der Karosserie mit 45 Nm befestigen.

■ Beim Einbau muss der Stoßdämpfer spaltfrei am Radträger anliegen!

■ Zentrale Befestigungsschraube (9) erneuern und mit 120 Nm festziehen!

☞ Feder beim Einbau nicht verkratzen (Lackschäden müssen ausgebessert werden um Korrosion vorzubeugen).

Bild 6

Bild 6
Die Verbindungsstangen zum Stabilisator können einzeln getauscht werden

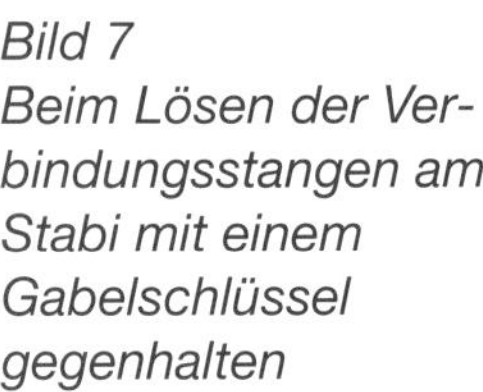

Bild 7

Bild 7
Beim Lösen der Verbindungsstangen am Stabi mit einem Gabelschlüssel gegenhalten

Bild 8

Bild 8
Halteschellen des Stabilisators erst endgültig anziehen wenn das Fahrzeug auf den Rädern steht

Stabilisator vorn (ab 1/2001)

Ausbau:

■ Unterbodenverkleidung vorn ausbauen

■ Verbindungsstange oben am Stabilisator lösen.

■ Halteschellen vorne lösen und Stabi vorsichtig abnehmen.

Beim Abnehmen des Stabilisators nicht den Kühler beschädigen!

Einbau:

■ Gummilager mit Schlitzen in Fahrtrichtung ausrichten und Stabilisator mit Hilfe der Halteschellen ansetzen.

■ Verbindungsstangen ansetzen, gegenhalten und Mutter mit 46 Nm festziehen.

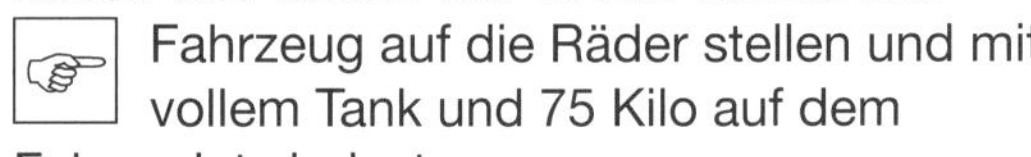

☞ Fahrzeug auf die Räder stellen und mit vollem Tank und 75 Kilo auf dem Fahrerplatz belasten.

■ Jetzt erst die Halteschellen endgültig mit 85 Nm anziehen.

Querlenker vorn

☞ Querlenker sollten paarweise erneuert werden (eventuell abweichende Shore-Mischung der Gummilager).

Nach dem Einbau eine Achsvermessung durchführen.

Ausbau:

■ Räder und Unterbodenverkleidung entfernen.

■ Mutter am Traggelenk lösen und Flanschgelenk mit geeignetem Abzieher abdrücken.

■ Halteschellen des Stabilisators abbauen Verbindungsstange des Stabilisators am Querlenker lösen.

■ Halteschraube des Querlenkers am Vorderachsträger inklusvie Topfscheibe entfernen.

Einbau:

⚠ Vor dem Ansetzen des Flanschgelenks Fahrzeug hinten abstützen, damit es nicht von der Hebebühne fallen kann.

■ Querlenker mit Schraube (120 Nm) an Vorderachsträger ansetzen.

■ Traggelenk anschrauben (65 Nm), dazu Querlenker eventuell mit Heber anheben.

■ Stabilisator wie beschrieben einbauen.

☞ Alle Schrauben erst im belasteten Zustand (voller Tank, 75 Kilo auf dem Fahrerplatz) endgültig anziehen um eine Vorspannung der Gummilager zu vermeiden.

Lenkung

Spurstangenköpfe

Ausbau:

- Einbaulage der Kontermutter an der Spurstange markieren und Mutter lösen vMutter vom Flanschgelenk lösen und Spurstangenkopf mit geeignetem Abzieher abdrücken.
- Spurstangenkopf abdrehen, dabei ggf. die Umdrehungen zählen.

Einbau:

- Spurstangenkopf auf Spurstange aufdrehen.
- Flanschgelenk einführen und neue Mutter mit 50 Nm befestigen.
- Bolzen mit geigenetem Werkzeug gegenhalten.
- Spurstangenkopf mit Mutter kontern (50 Nm)

Flanschgelenk

Ausbau:

- Bremsscheiben wie im Kapitel Bremsen beschrieben ausbauen um die Bolzen gegenhalten zu können.
- Spurstangenkopf vom Gelenk trennen und Gelenk vom Radträger abschrauben

Einbau:

- In umgekehrter Reihenfolge
- Bolzen mit 46 Nm festziehen

Lenkgetriebe (ohne Servo)

Ausbau:

- Beide Pole der Batterie abklemmen um den Airbag stillzulegen.
- Vorderräder in Geradeausstellung fixieren

⚠ Wenn das Lenkrad nicht fixiert wird, kann die Kontaktspirale für den Airbag Schaden nehmen.

- Räder abnehmen
- Unterbodenverkleidung vorn abbauen
- Spurstangenköpfe rechts und links abdrücken
- Lenkungsdämpfer lösen und herausnehmen
- Lenkgetriebe vom Achsträger abschrauben
- Passschraube am Kreuzgelenk lenkungseitig entfernen
- Lenkung zur Fahrerseite hin entnehmen.

Einbau:

- Lenkung von der Fahrerseite her einführen und am Achsträger mit 46 Nm festschrauben.
- Lenkungsdämpfer montieren (je 15 Nm)
- Spurstangenköpfe rechts und links anschließen (40 Nm)
- Zahnstangenlenkung in Mittellage drehen (dazu ggf. die Räder anbauen)
- Kreuzgelenk mit neuer Passschraube und Mutter montieren und mit 27 Nm anziehen.
- Zum Abschluss der Arbeiten Fahrwerksvermessung durchführen.

Bild 9
Ausbau der Lenkung:
1 Mutter
2 Gelenk
3 Spurstangenkopf
4 Haltebolzen
5 Lenkungsdämpfer
6 Schrauben
7 Vorderachsträger
8 Lenkwelle
9 Mutter (27 Nm)
10 Kreuzgelenk
11 Passschraube
12 Lenkrad
13 Haltevorrichtung

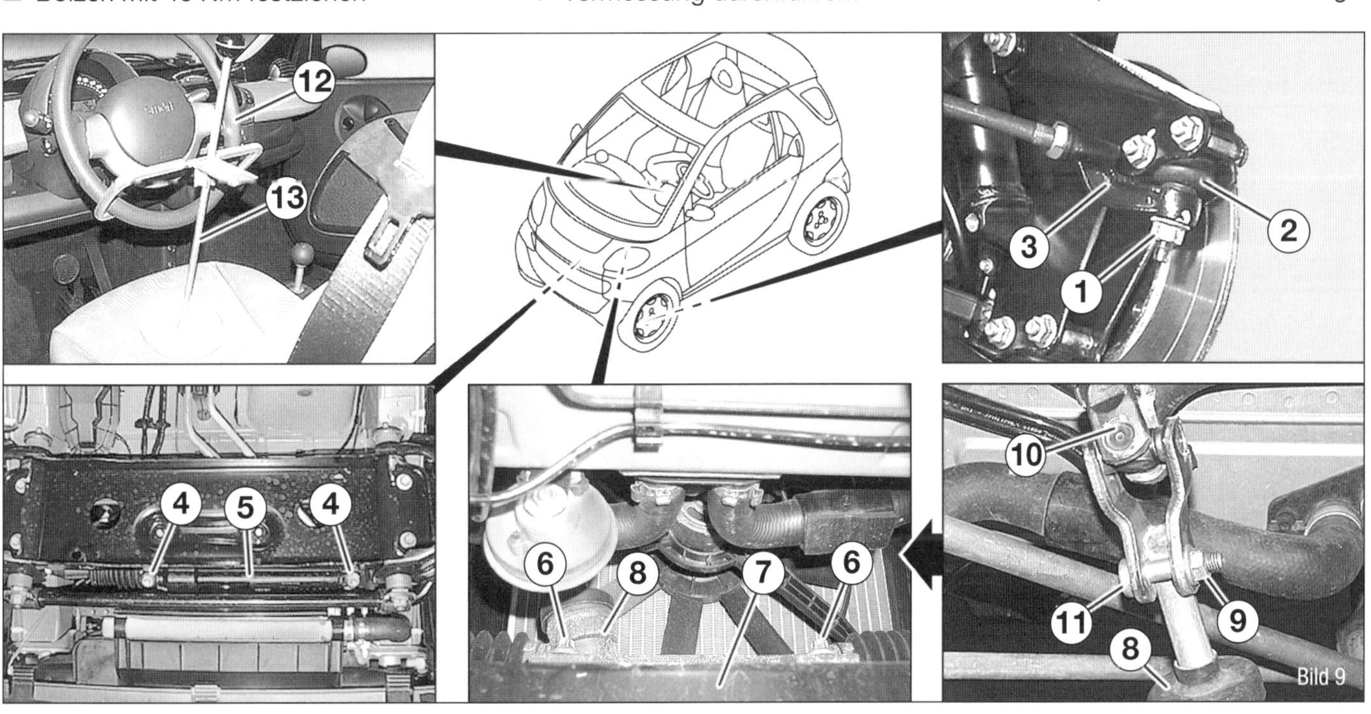

Prüf- und Einstellwerte Vorder- und Hinterachse

	Typ 450.3/4 bis 14.11.1999	**Typ 450.3/4** 15.11.1999 bis 7.1.2001	**Typ 450.3/4** 8.1.2001 bis 2.1.2003	**Typ 450.3/4** ab 3.1.2003
Vorderachse:				
Sturz (bei Spur 0)	±0° 15′ (Y0° 30′)	+0° 30′ (c0° 30′)	+0° 09′ (Y0° 30′)	±0° 18′ (c0° 30′)
Max. Diff. li/re Sturz	0° 30′	0° 30′	0° 30′	0° 30′
Nachlauf	+7° 00′ (c1° 00′)	+7° 00′ (c1° 00′)	+7° 00′ (c1° 00′)	+7° 00′ (c1° 00′)
Gesamtspur	+0° 24′ (c0° 10′)	+0° 22′ (Y0° 10′)	+0° 28′ (c0° 10′)	+0° 26′ (Y0° 10′)
Spurdifferenzwinkel	-2° 06′ (c0° 20′)	-2° 06′ (Y0° 20′)	-2° 06′ (c0° 20′)	-2° 06′ (c0° 20′)
Hinterachse:				
Sturz	-2° 00′ W0° 30′	-2° 00′ ±0° 30′	-2° 00′ W0° 30′	-2° 00′ W0° 30′
Gesamtspur	+0° 20′ (c0° 10′)	+0° 10′ (Y0° 10′)	+0° 10′ (Y0° 10′)	+0° 10′ (c0° 12′)
Fahrachswinkel	+0° 0′ (Y0° 30′)	+0° 0′ (Y0° 30′)	+0° 0′ (Y0° 30′)	+0° 0′ (Y0° 30′)

Prüfwerte Abstands- und Vergleichsmessung

V1	*735 mm*
V2	*394 mm*
V3	*850 mm*
V4	*694 mm*
V5	*873 mm*
V6	*683 mm*
V7	*1146 mm*
V8	*1327 mm*
V9	*1286 mm*
V10	*650 mm*
V11	*1812 mm*
V12	*1353 mm*
V13	*653 mm*
V14	*800 mm*
V15	*890 mm*
V16	*1512 mm*
V17	*1512 mm*
V18	*2125 mm*
V19	*2125 mm*

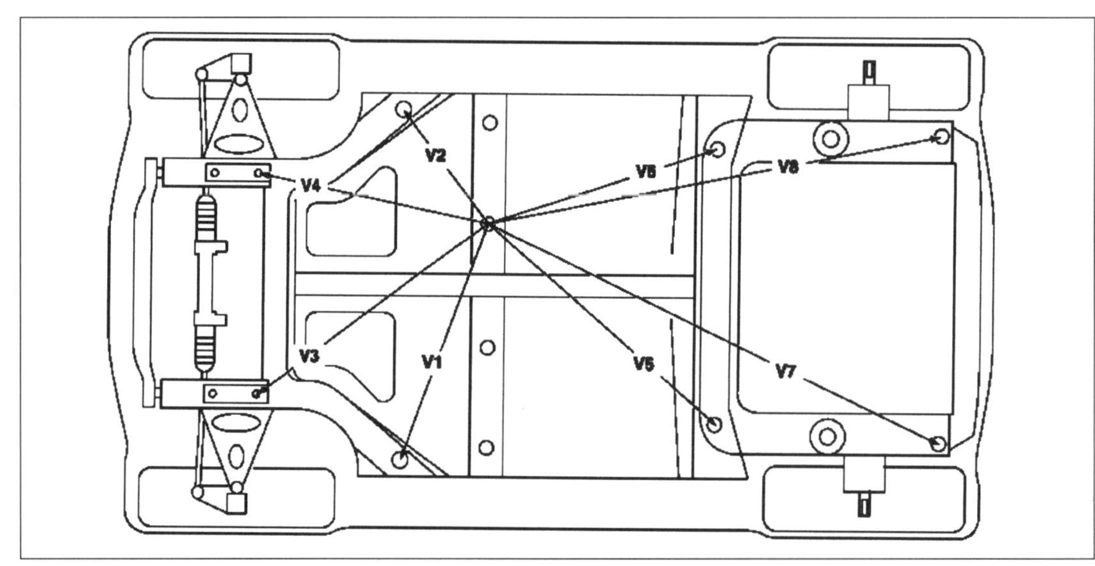

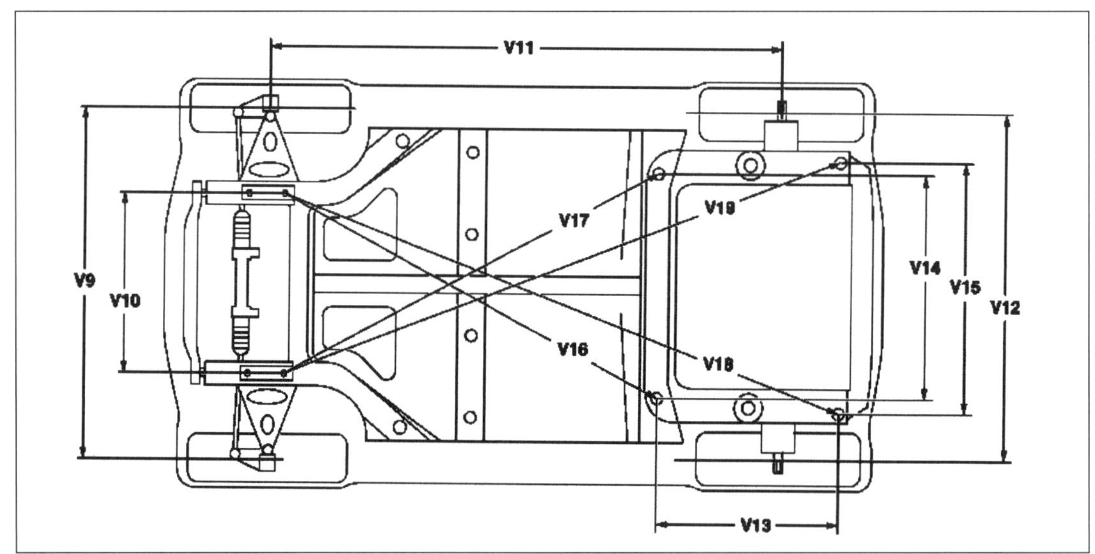

Hinterachse

Stoßdämpfer hinten

 Stoßdämpfer immer nur paarweise tauschen.

Ausbau:

- Bauen Sie die hinteren Räder ab.
- Schrauben der Radhausverkleidung lösen oder gesamte Verkleidung ausbauen.
- Stützen Sie das Achsrohr mit einem geeigneten Getriebeheber ab.
- Bauen Sie den Stoßdämpfer unten am Achsrohr ab.
- Drücken Sie den Radlauf nach hinten und schrauben Sie den Stoßdämpfer oben am Integralträger ab.
- Der Dämpfer kann jetzt entnommen werden.

Einbau:

- In sinngemäß umgekehrter Reihenfolge.
- Stossdämpfer oben und unten mit einem Anzugsdrehmoment von 65 Nm festziehen.

Federn hinten

Ausbau:

- Achswellen wie im Kapitel Kraftübertragung beschrieben ausbauen.
- Stoßdämpfer am Achsrohr abschrauben.
- Achsrohr vorsichtig ablassen und Federn entnehmen.

Einbau:

- In umgekehrter Reihenfolge.
- Federn im korrekten Winkel auf dem Achsrohr ausrichten (10 Grad zur gedachten Mittellinie)
- Nur Federn mit gleicher Kennlinie verwenden (blau 30 Nmm, gelb 25 Nmm)

Querlenker (Stablenker)

Ausbau:

- Innere und äußere Verschraubung lösen und Stablenker abnehmen

Einbau:

- Stablenker zunächst innen, dann außen ansetzen

Wenn nötig mit Montierhebel das Achsrohr in Position drücken.

- Bei belastetem Fahrzeug mit 100 Nm festziehen

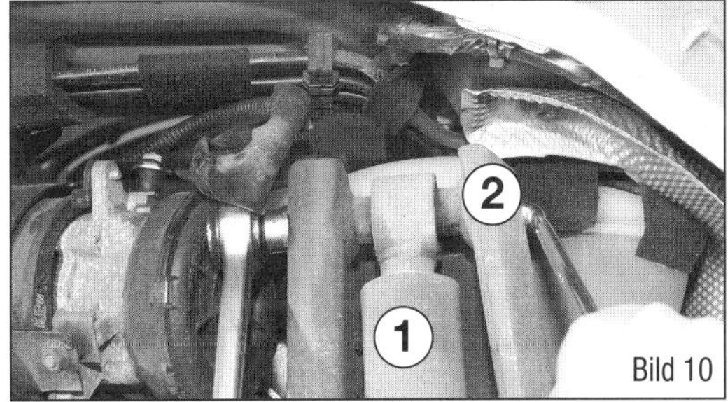

Bild 10

Bild 11

Bilder 10 und 11 Obere und untere Befestigung der Stoßdämpfer an der Hinterachse:
1 Stoßdämpfer
2 Ausleger am Integralträger

Bild 12

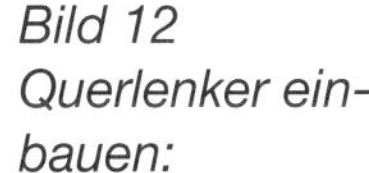

Bild 12 Querlenker einbauen:
3 Achsrohr
Schrauben 4 und 5 erst bei belastetem Fahrzeug mit 100 Nm anziehen

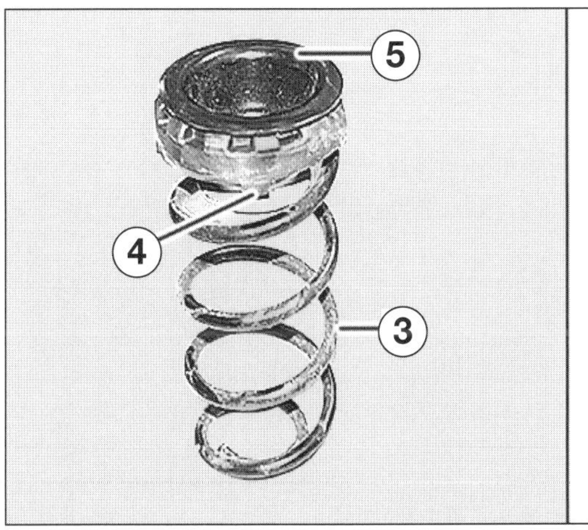

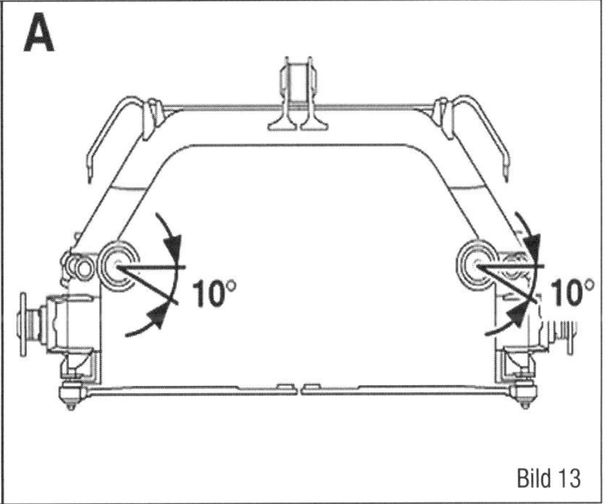

Bild 13

Bild 13 Beim Einbau der Federn an der Hinterachse darauf achten, dass die Federenden richtig positioniert sind (Zeichnung A)
3 Feder
4 Gummilager
5 Federteller

Sichtprüfung

Messen

Die Bremsanlage

Die Straßenverkehrs-Zulassungsordnung (StVZO) fordert für jedes Kfz zwei Bremsanlagen, die unabhängig voneinander arbeiten.Wenn ein System ausfällt, soll das andere das Fahrzeug immer noch abbremsen können: Ein Bremskreis für linkes Vorderrad/rechtes Hinterrad, der andere für rechtes Vorderrad/linkes Hinterrad. Fällt ein-Bremskreis aus, bleiben ein Vorder- und ein-Hinterrad bremsfähig. Man muss kräftiger aufs Pedal steigen, es lässt sich weiterdurchtreten, der Anhalteweg wird länger. Hierzu stehen beim Smart ein hydraulisches Zweikreissystem mit Unterdruckverstärkung, Scheibenbremsen vorn, Trommelbremsen hinten, die Elektronische Bremskraftverteilung EBV und das Antiblockiersystem ABS zur Verfügung.
Seit Modelljahr 2003 verfügen alle Smart zudem über das Stabilitätsprogramm ESP mit integriertem Antiblockiersystem ABS plus elektronischer Bremskraftverteilung EBV.

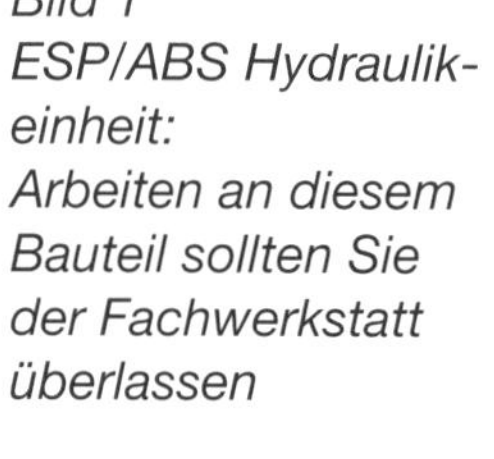

Bild 1 ESP/ABS Hydraulikeinheit: Arbeiten an diesem Bauteil sollten Sie der Fachwerkstatt überlassen

Das Antiblockiersystem verhindert bei scharfem Bremsen ein Blockieren der Räder. Es dosiert dazu die Bremskraft an den einzelnen Rädern. Sein Steuergerät ist mit der Hydraulikeinheit verschraubt. Es verarbeitet ständig die Drehzahl-Informationen der Radsensoren und vergleicht sie mit den programmierten Werten. Bei Blockiergefahr aktiviert das Steuergerät die Hydraulikeinheit. Der Bremsdruck für das betreffende Rad wird reduziert, bis es wieder frei läuft und erneut gebremst werden kann. Je nach Fahrbahnzustand erfolgt dieses Wechselspiel während des gesamten Bremsvorgangs im Millisekundentakt.
Die Kontrollleuchte des ABS-Bremssystems leuchtet mit dem Einschalten der Zündung auf und verlischt, wenn der Motor läuft, spätestens nach zwei Sekunden oder wenn schneller als 6 km/h gefahren wird. Leuchtet sie während der Fahrt, dreht entweder ein Rad länger als 20 Sekunden durch oder es liegt eine Störung im ABS-System vor. Es kann auch sein, dass die Bordspannung unter 10,0 Volt gefallen ist.
Wirkt die Bremse an den Rädern ungleichmäßig, kann das an Korrosion an den Gleitflächen von Bremssattel und Bremszange liegen. Der Bremssattel wird dadurch schwergängig.

⚠ Sollten Sie sich bei Arbeiten an der Bremse nicht zu 100 Prozent sicher sein, müssen Sie die Arbeit einem Fachmann überlassen. Nicht umsonst dürfen in Deutschland nur Meisterbetriebe gewerblich an Bremsanlagen arbeiten!

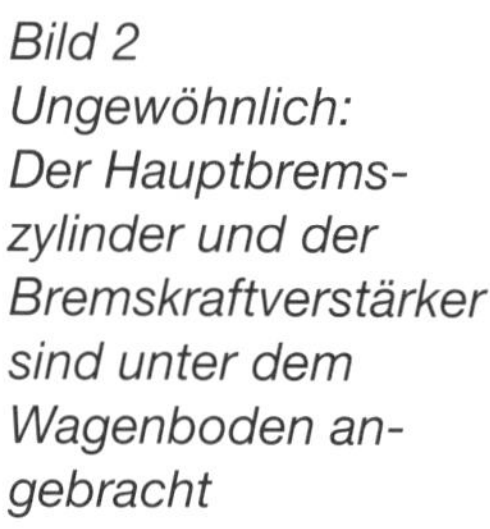

Bild 2 Ungewöhnlich: Der Hauptbremszylinder und der Bremskraftverstärker sind unter dem Wagenboden angebracht

Bremsanlage prüfen

■ Prüfen Sie Bremskraftverstärker, Hauptbremszylinder und Bremssättel auf Beschädigungen und Undichtigkeiten.

■ Prüfen Sie alle Anschlüsse und Verbindungen von Schläuchen und Leitungen auf richtigen Sitz, Undichtigkeiten und Korrosion. Achten Sie auf dunkle und feuchte Flecken.

■ Prüfen Sie die Bremsschläuche. Sie dürfen keine Scheuerstellen aufweisen, weder feucht noch aufgequollen sein. In diesen Fällen: Schläuche auswechseln.

■ Die Bremsschläuche dürfen nicht verdreht sein. Bei maximalem Lenkeinschlag dürfen die Schläuche keine Fahrzeugbauteile berühren.

■ Überprüfen Sie, ob sich auf allen Entlüftungsventilen an den Bremssätteln Schutzkappen befinden.

■ Bremsdruckprobe: Treten Sie eine Minute mit voller Kraft aufs Bremspedal. Das Pedal darf nicht nachgeben, sonst ist eine der Manschetten im Hauptbremszylinder defekt.

■ Prüfen Sie die Belagstärke und werfen Sie bei dieser Gelegenheit einen genauen Blick auf die Verbindung von Belag und Trägerplatte. Ist von außen bereits ein Spalt zu erkennen, müssen die Beläge unverzüglich ersetzt werden!

⚠ Generell gilt beim Thema Bremsen: Alle festgestellten Mängel müssen unverzüglich behoben werden!

Bremsscheiben prüfen

■ Räder abschrauben, Bremsscheiben genau ansehen. Eine bläuliche Verfärbung der Scheibe ist tolerierbar und weißt auf eine thermische Überbeanspruchung hin.

■ Sind Rillen durch Schmutz oder zu stark abgefahrene Beläge in den Scheiben? Sie dürfen nicht zu tief sein.

Die Bremsscheiben dürfen nicht nachgearbeitet werden. Bei Riefen oder zu starken Verschleißspuren ist stets ein paarweiser Austausch fällig!

☞ Die Stärke der Scheiben messen Sie am besten, indem Sie zwischen Messschieber und Bremsscheibe jeweils eine Münze legen. So erhalten Sie auch bei eingelaufenen Bremsscheiben genaue Werte. Die Dicke der Münzen müssen Sie dann natürlich vom gemessenen Wert abziehen. Messen Sie die Bremsscheibe an mehreren Punkten. Es gilt der jeweils schlechteste Wert.

■ Zu dünne Scheiben (Grenzwert 8 mm; siehe Tabelle) müssen immer paarweise ausgetauscht werden.

⚠ **Bremstrommeln prüfen**

■ Bauen Sie die Bremstrommel aus (entsprechend der später folgenden Arbeitsanleitung).

■ Messen Sie mit einem geeigneten Messschieber den Innendurchmesser der Trommeln.

■ Zu groß gewordenen Trommeln (Grenzwert für den Duchmesser: 204,5 mm; siehe obige Tabelle) müssen immer paarweise ausgetauscht werden.

Kenndaten der Smart-Bremse:

Vorderachs-Bremse:	
Scheibendurchmesser	280 mm
Scheibendicke	9 mm
Verschleißgrenze	8 mm
Bremsbelagdicke	15 mm
Verschleißgrenze	7 mm
Kolbendurchmesser	42 mm
Hinterachs-Bremse	
Trommel-Durchmesser	203,0 mm
Verschleißgrenze	204,5 mm
Bremsbelagdicke	6,6 mm
Verschleißgrenze	3,0 mm

☞ Bremsbelagdicke vorn mit Rückenplatte, hinten mit Träger.

Bild 3 Sichtprüfung der Bremsanlage: In diesem Fall hat sich bereits der Belag von der Trägerplatte gelöst

Sichtprüfung

Messen

Bremsflüssigkeit prüfen
Der Behälter für die Bremsflüssigkeit mit den MAX- und MIN-Markierungen befindet sich unterhalb des Servicegitters auf der Beifahrerseite. Kontrollieren Sie den Stand der Bremsflüssigkeit regelmäßig. Bei Übergabe vom Werk oder nach Inspektion durch die Werkstatt muss der Flüssigkeitsstand bei der MAX-Markierung liegen.
Mit einem speziellen Prüfgerät kann auch der Wassergehalt in der Bremsflüssigkeit und damit deren Qualität gemessen werden. Ein solches Gerät hat im Grunde jede profesionelle Werkstatt im Schrank.

- Stellen Sie sinkenden Pegel-Stand fest, ist das noch kein Grund zur Sorge, solange die Bremsflüssigkeit im Behälter zwischen den Markierungen MIN und MAX steht. Sind die Bremsbeläge neu oder noch weit von der Verschleißgrenze entfernt, muss der Stand eher Richtung MAX liegen.
- Sind die Beläge fast abgefahren, kann der Pegel nahe der MIN-Marke verbleiben. Beim Einbau neuer Beläge werden die Bremskolben zurückgedrückt, der Stand im Bremsflüssigkeitsbehälter steigt dadurch wieder an.
- Müssen Sie Bremsflüssigkeit auffüllen, dann tun Sie das erst, nachdem Sie sich vergewissert haben, dass keine Undichtigkeit am Bremssystem vorliegt.
- Zum Nachfüllen nur neue Bremsflüssigkeit der Kategorie DOT 4 plus verwenden.

Gebrauchte Bremsflüssigkeit vorschriftsmäßig entsorgen.

Bild 4

Bild 4
Blick unter die rechte Serviceklappe:
1 Deckel Bremsflüssigkeitsbehälter
2 Deckel Spritzwasserbehälter

Bremsflüssigkeit wechseln
Für diesen Arbeitsablauf benötigen Sie ein handelsübliches Bremsflüssigkeits-Wechselgerät, dessen Bedienungsanleitung zu befolgen ist. Neue Bremsflüssigkeit muss übrigens auch als Spül- und Reinigungsmittel für Zylinder, Leitungen und den Ausgleichsbehälter der hydraulischen Bremsanlage verwendet werden.

- Bauen Sie das rechte (Beifahrerseite) Servicegitter ab.
- Bremsflüssigkeits-Wechselgerät am Bremsflüssigkeitsbehälter anschließen. Die Bremsanlage mit dem vorgeschriebenen Druck beaufschlagen.
- Nacheinander Ventile (6,5 Nm) der Radbremszylinder , Reihenfolge hinten rechts und hinten links, sowie die Ventile (7,5 Nm) der Bremssättel vorn rechts und vorn links öffnen und schließen. Ventil schließen, wenn Bremsflüssigkeit blasenfrei und ohne Verunreinigungen (helle Farbe) austritt.
- Prüfen Sie den Bremspedalweg. Haben Sie ein weiches Pedalgefühl oder einen langen Pedalweg, müssen Sie die Bremsanlage manuell mittels gleichmäßigen und langsamen Pumpens am Bremspedal bei geöffneten Entlüftungsventilen entlüften.
- Führen Sie die Prozedur zuerst an den Entlüftungsventilen hinten rechts und links, anschließend vorn rechts und links durch. Schließen Sie die Entlüftungsventile unter Druck (durchgetretenes Pedal).
- Nehmen Sie das Bremsflüssigkeits-Wechselgerät ab, prüfen Sie den Bremsflüssigkeitsstand und korrigieren Sie ggf. auf den vorgeschriebenen Stand zwischen MAX- und MIN-Marke.

Bremsanlage entlüften
Das Entlüften ähnelt dem Arbeitsablauf beim Wechseln der Bremsflüssigkeit. Der Bremsflüssigkeits-Vorratsbehälter darf während des Entlüftens nicht leer sein, sonst wird wieder Luft ins System gesaugt. Lassen Sie daher einen Helfer ständig den Füllstand kontrollieren.

- Bauen Sie das Servicegitter der Beifahrerseite ab.
- Beaufschlagen Sie die Bremsanlage mit Druck. Entweder durch ein Entlüftungsgerät oder durch Pumpen am Pedal.
- Nacheinander die Entlüfterventile an den Radbremszylindern (6,5 Nm; hinten rechts und hinten links) sowie an den Bremssätteln

(7,5 Nm) vorn rechts und vorn links) öffnen und schließen. Schließen Sie jeweils das Ventil, wenn die Bremsflüssigkeit blasenfrei austritt.
Behalten Sie stets den Flüssigkeitsstand im Auge und füllen Sie rechtzeitig nach!

- Prüfen Sie den Bremspedalweg. Haben Sie ein weiches Pedalgefühl oder einen langen Pedalweg, müssen Sie die Prozedur wiederholen.
- Bremsflüssigkeits-Wechselgerät abnehmen und Bremsflüssigkeitsstand prüfen. Korrigieren Sie ggf. den Stand zwischen MAX- und MIN-Marke.
- Bauen Sie das Servicegitter der Beifahrerseite ein.
- Probefahrt zur ABS-Kontrolle unternehmen. Dabei muss mindestens eine Bremsung mit ABS-Regelung erfolgen.

Nasssiedepunkt prüfen

Der Hintergrund

Es gibt zwei gute Argumente die Bremsflüssigkeit regelmäßig zu wechseln. Bremsflüssigkeit ist hygroskopisch, das bedeutet sie bindet Wasser ein. Dieses Wasser stammt aus der Feuchtigkeit der Luft. Zum einen wird so der Siedepunkt herabgesetzt. In den meisten Fällen wird das aber viele Jahre dauern, bis der Wechsel durch einen herabgesetzten Siedepunkt erforderlich wird. Zum anderen sorgt das Wasser für Korrosion der Bremsgeräte von innen. Letzteres ist deutlich schwerwiegender und relevanter für den Zustand der Bremsanlage. Hinter dem Begriff Siedepunkt verbirgt sich die im Folgenden beschriebene Prüfung mit neuer Bremsflüssigkeit. Unter Nasssiedepunkt versteht man Bremsflüssigkeit mit einem Wassergehalt von 3,5%. Dieser Wert wird als Höchstmaß angenommen. Hier sollte dann spätestens der Flüssigkeitswechsel durchgeführt werden.

Die Prüfung

- Nehmen Sie mit einer Pipette eine Probe aus dem Vorratsbehälter der Bremsflüssigkeit. Die Einbaulage haben wir auf Seite 108 beschrieben.
- Füllen Sie die Probe in einen Probehälter.
- Stellen Sie den Tester mit der Messspitze in die Flüssigkeit.
- Starten Sie den Test, warten auf den Testablauf und lesen Sie das Messergebnis ab.

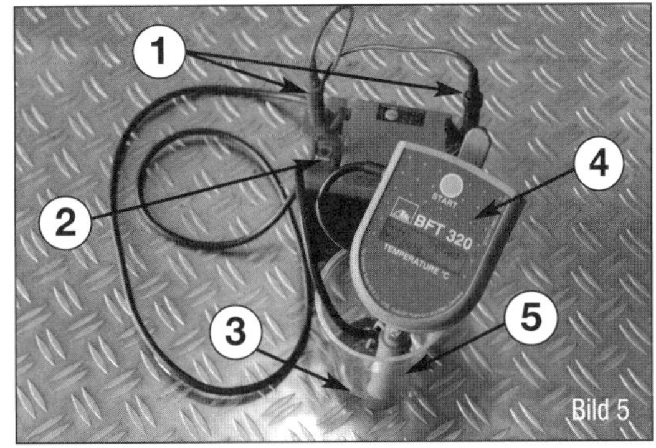

Bild 5
Bremsflüssigkeit testen.
1 Anschlusskabel
2 Batterie
3 Bremsflüssigkeit
4 Bremsflüssigkeitstester
5 Probenbecher

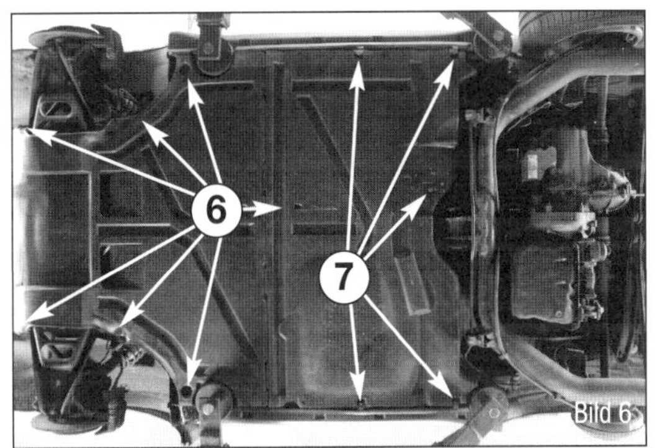

Bild 6
Unterboden mit Verkleidung.
6 Verschraubungen am Unterboden vorne.
7 Die Verkleidung ist vorn in der CBS-Front eingehängt, die hintere Verkleidung steckt in der vorderen

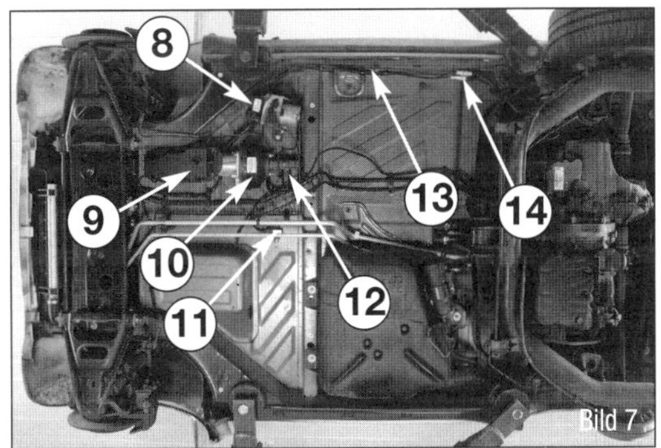

Bild 7
Unterboden ohne Verkleidung.
8 ABS/ESP-Steuergerät
9 Pedalbox
10 Bremskraftverstärker
11 ESP-Querbeschleunigungssensor
12 Hauptbremszylinder
13 Bremsleitungen
14 Stecker ABS-Sensoren

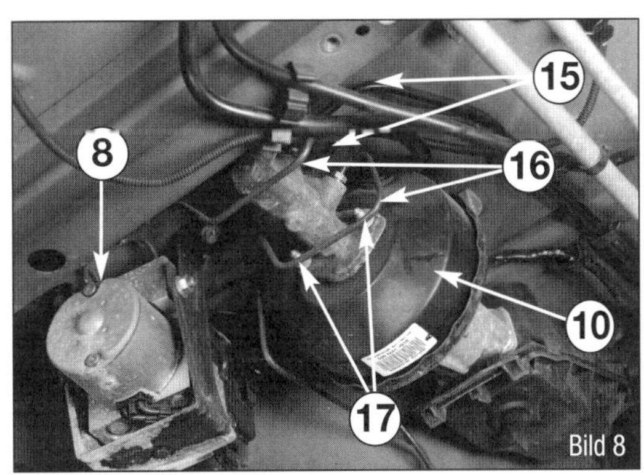

Bild 8
Bremsbetätigung.
8 ABS/ESP-Steuergerät
10 Bremskraftverstärker
15 Zuleitungen vom Vorratsbehälter
16 Bremsleitungen zum ABS/ESP-Steuergerät
17 Schrauben Hauptbremszylinder

Bremsflüssigkeit	Nasssiedetemperatur	Siedetemperatur
DOT 4	> 155 °C	> 230 °C
DOT 5.1	> 187 °C	> 269 °C

Hauptbremszylinder wechseln

⚠ Der Hauptbremszylinder ist von unten zugänglich. Für diese Arbeiten sollten Sie zum Eigenschutz geeignete Handschuhe und eine Schutzbrille tragen. Halten Sie ausreichend Lappen zum Auffangen der austretenden Bremsflüssigkeit bereit.

- Demontieren Sie die Unterbodenverkleidungen hinten und vorne.
- Bauen Sie die Diagonalstreben ab.
- Saugen Sie die Bremsflüssigkeit aus dem Vorratsbehälter ab.
- Hebeln Sie mit einem Kunststoffkeil die beiden Vorratsleitungen (15 im Bild 11) aus dem Bremszylinder heraus.

Fangen Sie die austretende Bremsflüssigkeit mit einem Lappen auf.

Bild 9 Clip für Bremsleitungen.
18 Clip am Boden
19 defekte Bremsleitung

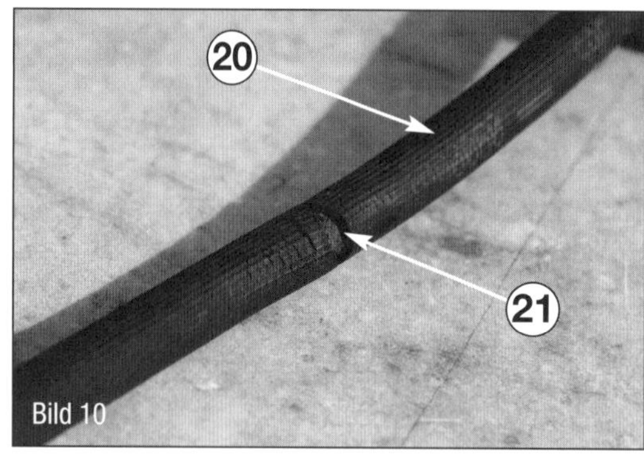

Bild 10 Bremsschlauch zum Bremssattel.
20 Bremsschlauch
21 Rissbildung durch Alterung

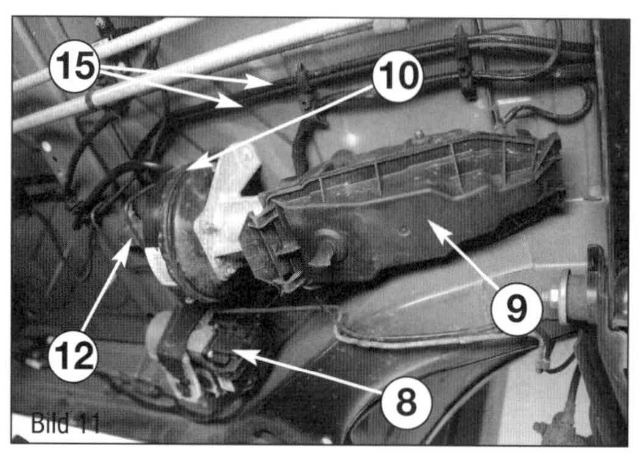

Bild 11 Bremse am Unterboden.
8 ABS/ESP-Steuergerät
9 Pedalbox
10 Bremskraftverstärker
12 Hauptbremszylinder
15 Zuleitungen vom Vorratsbehälter

- Demontieren Sie die Bremsleitungen (16) am Hauptbremszylinder.
- Drehen Sie die Befestigungsschrauben (17) des Hauptbremszylinders heraus.
- Nehmen Sie den Hauptbremszylinder (12) vom Bremskraftverstärker ab.

Die Montage erfolgt unter Beachtung der folgenden Punkte sinngemäß in umgekehrter Reihenfolge.

- Die Bremsleitungen müssen erneuert werden, wenn sie eine rote Farbmarkierung an dem entsprechenden Verschraubungspunkt aufweisen.
- Achten Sie darauf, die Bremsleitungen beim Einbau nicht zu verbiegen.
- Achten Sie bei der Verlegung auf die Dichtheit und den Freigang zur Karosserie.
- Entlüften Sie die Bremsanlage wie auf Seite 72 bereits beschrieben.

Bremsleitungen und Schläuche

Bremsleitungen und Schläuche und natürlich auch die Befestigungselemente gehören zu den wichtigen Punkten, die zumindest bei der Sichtprüfung auf der Fahrzeugunterseite zu jeder Wartung dazugehören (siehe Bild 3).

- Kontrollieren Sie die Bremsleitungen im gesamten Verlauf auf Korrosionsspuren.
- Reinigen Sie leicht korrodierte Stellen der Bremsleitung und fetten Sie sie mit säurefreiem Fett als Korrosionsschutz ein. Bei intensiverem Rostbefall oder stärkeren Schäden muss die Bremsleitung erneuert werden.
- Biegen Sie die Bremsschläuche in einem recht engen Radius um zu kontrollieren, ob bereits Rissbildungen im Gummi erkennbar sind.

⚠ Sind Schäden wie auf den Bildern 9 und 10 erkennbar, darf das Fahrzeug nicht mehr in Betrieb genommen werden. Die betroffenen Leitungen müssen zuerst ersetzt werden.

Bremskraftverstärker prüfen

- Das Bremspedal bei stehendem Motor mehrere Male kräftig durchtreten (dadurch wird der im Gerät vorhandene Unterdruck abgebaut).
- Bremspedal jetzt mit mittlerer Fußkraft in Bremsstellung halten und Motor starten. Bei einem einwandfrei funktionierenden Brems-

kraftverstärker gibt das Bremspedal dabei unter dem Fuß spürbar nach (Verstärkung wird wirksam). Senkt sich das Pedal nicht, liegt eine Störung vor.

Diese kann in der Unterdruckversorgung (Leitung, Pumpe, Anschluss) oder am Bremskraftverstärker selbst zu finden sein. In diesem Fall muss er ersetzt werden. Reparaturen an diesem Bauteil sind nicht vorgesehen.

Bremsklötze vorn ersetzen

Die Bremsklötze sind einfach zu ersetzen und bei allen Modellen gleich.

Ausbau:

- Bauen Sie die Räder vorn ab.
- Drücken Sie den Bremssattel etwas zurück (z.B. mit einer Schraubzwinge)
- Drehen Sie die obere Schraube am Bremssattel heraus. Halten Sie beim Lösen der Schraube den Bolzen (32 Nm) mit einem geeigneten Gabelschlüssel gegen.
- Klappen Sie den Bremssattel nach unten.
- Nehmen Sie den Bremsklotz heraus. Betätigen Sie bei ausgebautem Bremsklotz niemals das Bremspedal, da sonst der Bremskolben aus dem Bremssattel herausgedrückt wird.
- Reinigen Sie die Anlageflächen vom Bremsklotz im Gehäuseschacht.
- Prüfen Sie den Faltenbalg auf Beschädigungen. Bei Beschädigung ist dieser zu ersetzen.
- Prüfen Sie die Bolzen oben und unten auf deren Leichtgängigkeit! Bei hakenden bzw. schwergängigen Bolzen ist der Bremssattel zu erneuern.
- Drücken Sie den Bremskolben mit der Bremskolben-Rücksetzvorrichtung zurück. Dabei steigt der Flüssigkeitsstand im Bremsflüssigkeitsbehälter. Achten Sie darauf, dass keine Bremsflüssigkeit überläuft (Vergiftungsgefahr und Schäden!). Der Bremskolben muss leichtgängig zu bewegen sein.
- Prüfen Sie die Dichtheit der Staubmanschette am Bremskolben.
- Tragen Sie dünn und gleichmäßig Bremsenpaste auf die Anlageflächen am Gehäuseschacht und am Bremsklotz auf.

Einbau:

- Tragen Sie dünn und gleichmäßig Bremsenpaste auf die Anlageflächen am Gehäuseschacht und am Bremsklotz auf.
- Setzen Sie die Bremsbeläge in den Träger ein und klappen Sie den Sattel hoch.
- Die Befestigungsschraube (32 Nm) sollte ersetzt, oder zumindest neu mit Schraubensicherungslack behandelt werden.
- Achten Sie während des Einbaus beim Hochklappen des Bremssattels darauf, dass die Feder am Bremsklotz unter dem Bremssattel eingespannt ist.
- Achten Sie beim Einbau auch auf den korrekten Sitz des Faltenbalges. Die Dichtlippe am Faltenbalg muss korrekt in der Nut am entsprechenden Bolzen sitzen.
- Betätigen Sie mehrmals das Bremspedal, bis der Bremsklotz an der Bremsscheibe anliegt.
- Halten Sie das Bremspedal für einige Sekunden gedrückt. Der Druck im Bremssystem muss stabil gehalten werden. Wenn nicht: Bremsanlage (Anschlüsse und Verschraubungen sowie Steg zwischen Dichtungsnut und Staubmanschette) auf Dichtheit prüfen!

Bremsscheiben ersetzen

Erneuern Sie Bremsscheiben immer nur paarweise. Zu neuen Scheiben gehören neue Beläge. Die runderneuerte Bremsanlage braucht eine Einfahrstrecke von rund 100 Kilometern. Während dieser Phase ist

Bild 12

Bild 12 Ausbau der Bremsbeläge: Nur die obere Schraube (32 Nm) lösen und Haltbolzen gegenhalten

Sichtprüfung

Messen

Bild 13
Bremssattel abbauen:
1 Haltebolzen des Bremssattels (115 Nm)
2 Federbein
3 Bremssattel

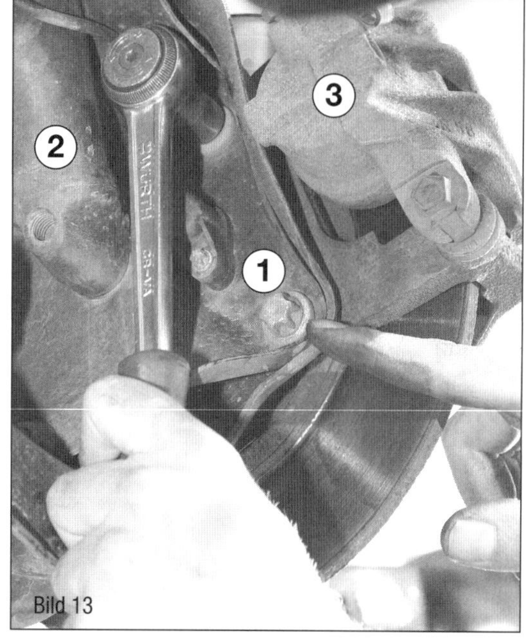

Bild 13

Bild 14
Wechsel der Bremsscheiben:
1 Sicherungsschraube
2 Bremsscheibe

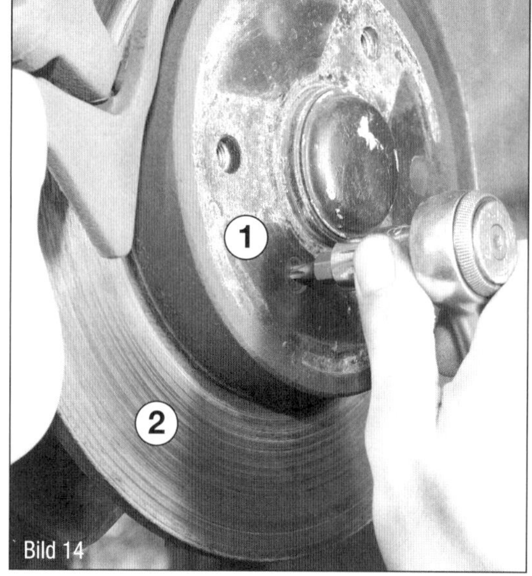

Bild 14

Bild 15
Zur Demontage der Bremstrommeln zunächst die Sicherungsschraube entfernen

Bild 15

mit verminderter Bremswirkung zu rechnen und eine hohe Belastung zu vermeiden.
Ausbau:
- Vorderräder abnehmen.
- Bauen Sie die Bremsklötze wie beschrieben aus.
- Schrauben Sie die Schrauben am Bremssattelhalter (115 Nm) heraus.
- Bremssattel komplett abnehmen, dabei den Bremsschlauch nicht abbauen.

⚠ Lassen Sie den Sattel niemals am Bremsschlauch hängen. Der Bremsschlauch darf auch nicht geknickt werden!

- Halteschraube herausdrehen, Bremsscheibe abnehmen.
- Reinigen Sie die Radnabe und fetten Sie die Zentrierfläche sparsam mit Bremsenpaste ein.

Einbau:
- Der Einbau erfolgt in umgekehrter Reihenfolge.
- Anzugsmoment Bremssattel an Radträger: 115 Nm
- Anzugsmoment obere Halteschraube Bremssattel (erneuern): 32 Nm

Bremsbeläge hinten

Die hintere Trommelbremse ist mit einem automatischen Nachstellmechanismus ausgerüstet. Nach dem Erneuern von Teilen muss eine Grundeinstellung vorgenommen werden.

Ausbau:
- Bauen Sie die Räder hinten ab.
- Halteschraube der Bremstrommel herausdrehen.
- Bremstrommel von der Nabe abnehmen und sorgfältig auf Verschleiß prüfen. Beim späteren Einbau Zentrierfläche fetten.
- Hängen Sie die Haltefedern mit einer geeigneten Zange aus (um 90 Grad drehen) und entfernen Sie die Federstifte.
- Drücken Sie die Feder am Handbremsseil zurück und hängen Sie das Handbremsseil aus.
- Kippen Sie die Bremsbacken um 90° über die Radnabe nach oben.
- Die Bremsbacken können jetzt entnommen werden. Dabei die Bremskolben des Radbremszylinders zusammendrücken.

Achten Sie bei Ein- und Ausbau auf die Staubmanschetten!

- Reinigen Sie das Bremsankerblech mit Bremsenreiniger. Streichen Sie beim Einbau das Bremsankerblech an den Auflageflächen der Bremsbacken dünn mit einer Bremsenpaste ein.

Prüfen Sie Leichtgängigkeit des Radbremszylinders und die Dichtheit der Manschetten. Heben Sie dazu die Staubmanschetten vorsichtig an und kontrollieren Sie, ob sich darunter Bremsflüssigkeit angesammelt hat.

Erneuern Sie immer beschädigte oder überdehnte Federn des Federnsatzes und die Radbremszylinder, falls es auch nur die geringsten Anzeichen von Bremsflüssigkeitsaustritt oder Schwergängigkeit der Bremskolben gibt.

Einbau:

- Der Einbau erfolgt in umgekehrter Reihenfolge.

Dabei die Bremsbacken mit einem Messschieber diagonal vermessen und sie auf einen Abstand von 202,6 mm (an der Oberseite der Beläge gemessen) einstellen.

- Reinigen Sie vor dem Einbau die Bremstrommel an der Bremsfläche und an der Radnabe metallisch blank und fetten Sie sie im Bereich der Zentrierfläche mit Bremsenpaste ein.

Handbremse nachstellen

Die Nachstellung erfolg automatisch über den Zug am Handbremshebel.

- Betätigen Sie einmal die Handbremse und lösen Sie sie dann wieder.
- Betätigen Sie sodann die Betriebsbremse. Lösen Sie sie wieder und warten Sie 1 Sekunde. Dann die Handbremse mit gedrücktem Knopf anziehen und wieder lösen.
- Wiederholen Sie diesen Vorgang 30 mal. Nach jedem Betätigen der Betriebsbremse muss ein Klicken in den Trommeln zu hören sein.
- Prüfen Sie das Freidrehen der Hinterachse bei gelöster Handbremse.
- Fahren Sie nach Abschluss der Einstellung auf den Bremsenprüfstand. Bremskraftunterschiede von mehr als 20 Prozent sind nicht zulässig und lassen auf ein größeres Problem schließen. Bremse erneut zerlegen und Ursache beseitigen!

Bilder 16 und 17
Die zusammengebaute Trommelbremse:
1 Auflageflächen leicht fetten
2 Radbremszylinder auf Dichtheit prüfen
3 Einstellmaß 202,6 mm
4 Spannfedern mit Zange einsetzen

Bild 18
Grundeinstellung des Nachstellmechanismus: Feder leicht anheben und am Rädchen Länge der Stange einstellen.

Unterboden

Der Unterboden des smart ist in zwei Teilstücken zum Schutz vor Spritzwasser verkleidet. Die Verkleidung muss bei Arbeiten am Unterboden ausgebaut werden.

Ausbau:

■ Fahrzeug mit einer Hebebühne anheben. Achten Sie auf die Aussparungen der Abdeckungen!

■ Drehen Sie die Schrauben des Verkleidungs-Hinterteils heraus.

■ Lassen Sie die hintere Verkleidung an der Heckseite etwas ab und ziehen Sie sie aus den Aufnahmen des Verkleidungs-Vorderteils.

zusätzlich beim Diesel:

■ Schrauben Sie die Schrauben des Kraftstoffkühlergitters heraus und nehmen Sie das Gitter ab.

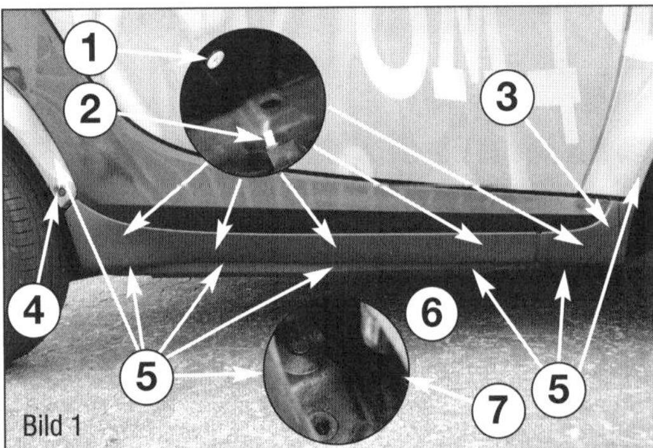

Bild 1 Schwellerverkleidung.
1 Clip im Schweller
2 Rastnase in der Verkleidung
3 Verkleidung vorne
4 Schraube im CBS hinten
5 Position der Spreiznieten
6 Spreiznietkopf
7 Spreizniet

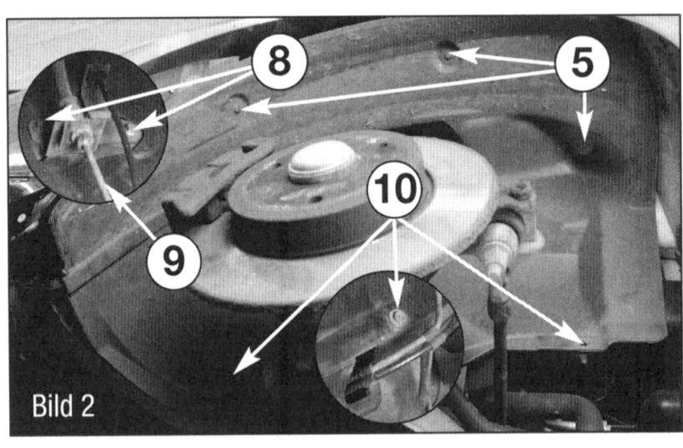

Bild 2 Radkastenverkleidung vorne.
5 Position der Spreiznieten
8 Schrauben für den Halter Sensorkabel und Bremsleitung
9 Bremsleitung
10 Verschraubung mit der Unterbodenverkleidung

Bild 3 Radkastenverkleidung hinten.
11 Verschraubungen

Schwellerverkleidungen

■ Drehen Sie die Schraube am entsprechenden Radlauf hinten heraus.

■ Drücken Sie den Radlauf des hinteren CBS etwas zu Seite und ziehen Sie den Spreiznietkopf (6) und dann den Niet (7) unter der Verkleidung heraus.

■ Lösen Sie den Kotflügel (CBS vorne) bei geöffneter Tür, ziehen ihn etwas ab und ziehen Sie die Spreiznietkopf (6) und dann den Niet (7) unter der Verkleidung heraus.

■ Ziehen Sie den Spreiznietkopf (6) und dann den Niet (7) in der Schwellerverkleidung von unten heraus.

■ Rasten Sie mit einem Montagehebel oder Montagekeil die Clips (2) im Schweller vorne aus und nehmen Sie die Schwellerverkleidung vorne (3) ab.

■ Rasten Sie mit einem Montagehebel oder Montagekeil die Clips (2) im Schweller hinten aus und nehmen Sie die Schwellerverkleidung ab.

Die Montage erfolgt sinngemäß in umgekehrter Reihenfolge.

Radkastenverkleidungen

Radkastenverkleidung vorne

Die vordere Radkastenverkleidung lässt sich nur dann herausnehmen, wenn das Federbein vorne gelöst wird. Für Kontrollen und Reinigungsarbeiten im Rahmen der Wartung ist das aber meist auch nicht erforderlich.

■ Drehen Sie die beiden Schrauben (8) heraus und lösen Sie den Halter.

■ Drehen Sie die beiden Schrauben (10) heraus.

■ Ziehen Sie den Spreiznietkopf und dann den Niet in der Radkastenverkleidung vorne heraus.

■ Nehmen Sie die Verkleidung heraus.

Die Montage erfolgt sinngemäß in umgekehrter Reihenfolge.

Radkastenverkleidung hinten

Die hintere Radkastenverkleidung ist hinter der Halterung des Stoßdämpfers gesteckt. Für die Demontage muss die CBS hinten demontiert werden.

■ Bauen Sie die CBS hinten wie auf Seite 117 bereits beschrieben aus.

■ Drehen Sie die Kunststoffmuttern (11) heraus und nehmen Sie die Radkastenverkleidung hinten ab.

Bild 4
Korrosion am Heck.
1 Innenradkasten
2 Anlage Stoßfängerverstärkung
3 ehemaliger Karosseriestopfen

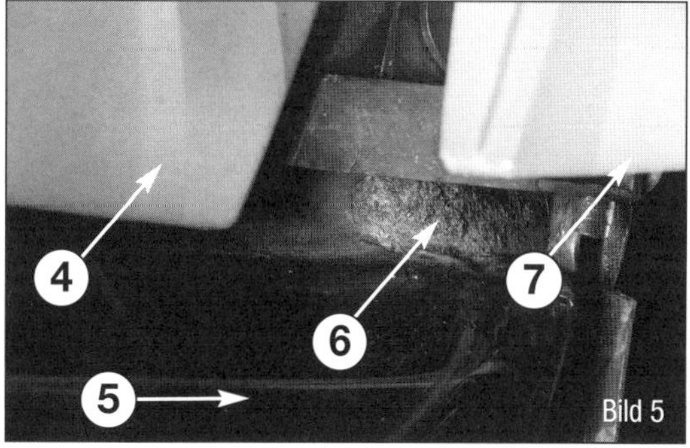

Bild 5
Korrosion vorne.
4 Tür vorne
5 Schweller vorne
6 Korrosion an der Anlagestelle der Verkleidung vorn
7 Kotflügel vorne

Korrosionsschutz

Korrosion ist kein großes Thema für den Smart, zumindest wenn er etwas gepflegt wird. Einige Roststellen finden sich aber recht häufig und auch diese sind leicht vermeidbar und leicht nachzubehandeln.

- Demontieren Sie regelmäßig die Innenradläufe, um die angelagerten Verschmutzungen abzuspülen und schon entstandenen Rostschäden auszuschleifen und mit Rostschutzfarbe zu behandeln.
- Ziehen Sie die dahinter liegenden Stopfen heraus und kontrollieren Sie den Schweller auf Korrosionsschäden oder auch auf fehlende oder nachzubessernde Hohlraumversiegelung.

Verkleidungen

Lufteintritt

- Entriegeln Sie das Servicegitter am Drehknopf und nehmen Sie es nach oben ab.
- Entriegeln Sie die Halterasten am Lufteintritt und bauen Sie den Lufteintritt nach oben aus.

Kühlerverkleidung
Ausbau:

- Befestigungsclip der Kühlerverkleidung durch Drücken der Rastnase vorsichtig lösen. Geeignetes Werkzeug (Kunststoffkeil) verwenden, um Kratzer zu vermeiden.
- Kühlerverkleidung aus dem Mittelteil der Front herausnehmen.

Front und Heckteil abbauen
Die Bodypanels Front-Mittelteil und Vorderkotflügel sind zur sogenannten CBS-Front beziehungsweise zum CBS-Heck (**C**ustomized **B**odypanel **S**ystem) zusammengesetzt. Erste wenn das komplette Front- oder Heckteil abgebaut ist, können die einzelnen Teile getrennt werden.
Die Demontage der Module wird abgesehen vom Austausch einzelner Karosserieteile auch für folgende Arbeitsschritte dringend empfohlen:

Front:

- Ausbau der Scheinwerfer
- Ersatz der Glühlampen im Scheinwerfer
- Befüllen der Klimaanlage

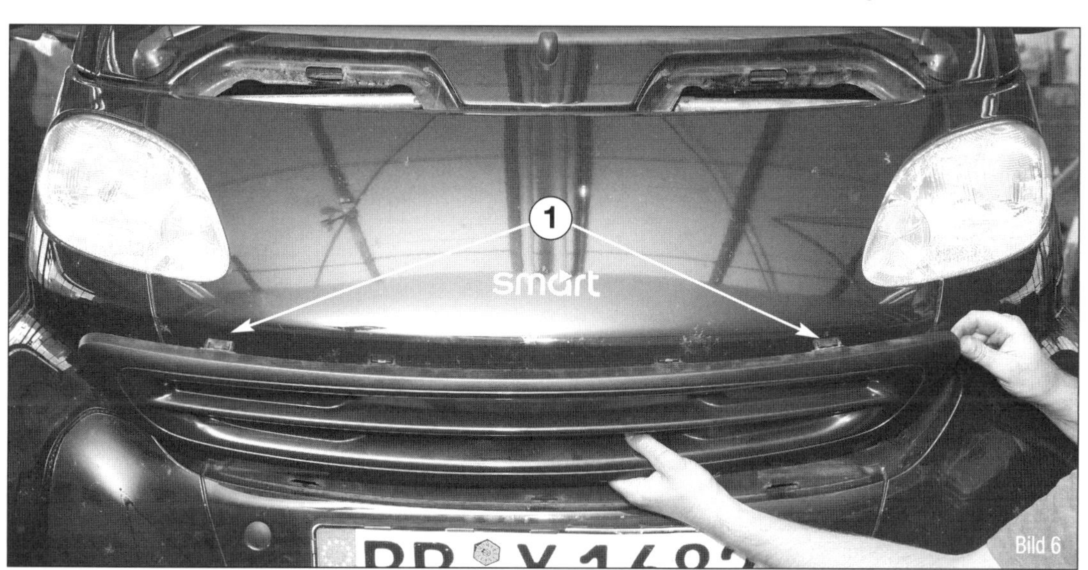

Bild 6
Ausbau der Kühlerverkleidung:
1 Haltenasen mit stumpfem Werkzeug entriegeln

Bilder 7 und 8
Zunächst die Verkleidung am Übergang zur A-Säule entfernen, dann die darunterliegende Schraube lösen

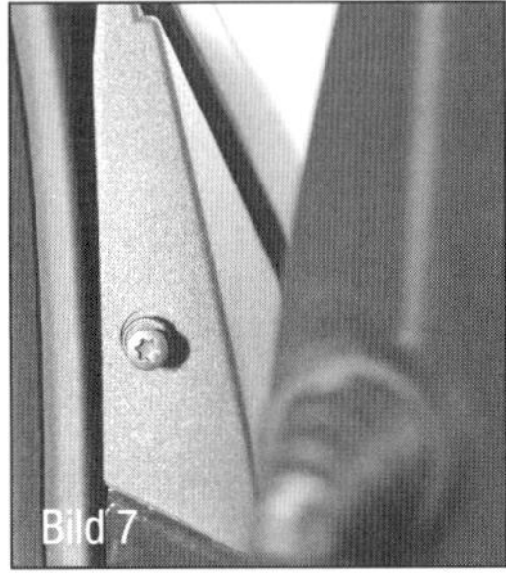
Bild 7

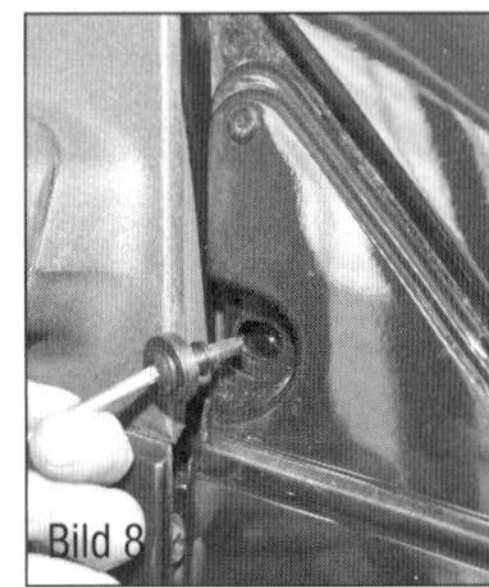
Bild 8

Bild 9
Hinter der Kühlerverkleidung sitzen zwei Halteschrauben, die das Frontteil mit der Karosserie verbinden

Bild 9

- Ersatz des Pollenfilters
- Wechsel der Bremsflüssigkeit

Heck:
- Austausch der Zündkerzen
- Austausch des Turboladers
- Ausbau des Motors

Frontteil komplett abnehmen
Ausbau:
- Bauen Sie den Antennenstab ab.
- Verkleidung im oberen Dreieck zum Scheibenrahmen entfrenen und darunter liegende Schraube lösen.
- Kühlerverkleidung herausnehmen. Dazu vorsichtig die Rastnasen drücken, um die Clips zu lösen.
- Bei Fahrzeugen, die mit Nebelscheinwerfern ausgerüstet sind, müssen auch diese ausgebaut werden
- Je eine Schraube rechts und links der Kühleröffnung lösen.
- Türen öffnen und die Schrauben an den A-Säulen herausdrehen.
- Blinker rechts und links ausrasten. Dazu die Blinker in Fahrtrichtung drücken und hinten aushebeln.
- Schließen Sie jetzt vorsichtig die Türen.

Bilder 10 und 11
Alle Schrauben (1) am Türrahmen entfernen, Türn vorsichtig schließen und dann des Frontteil vorsichtig nach außen ziehen

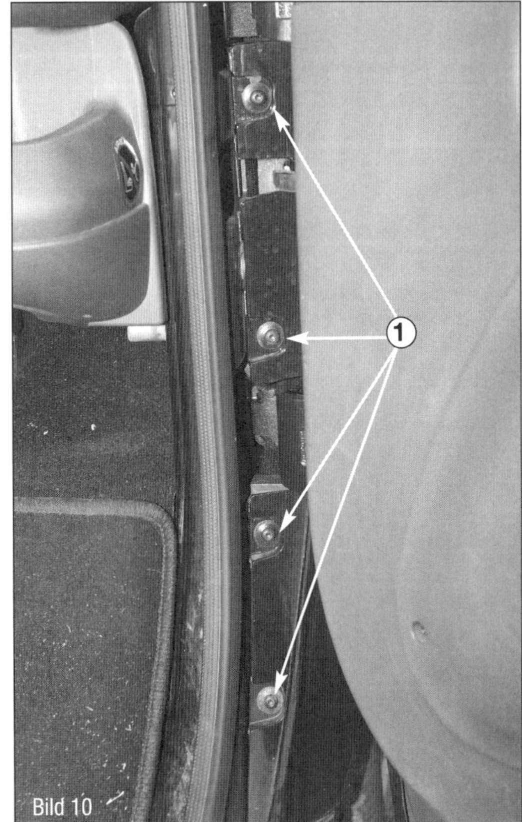

Bild 10

Bild 11

Ziehen Sie die Kotflügel an den A-Säulen nach außen.

- Das komplette Frontteil kann nun abgenommen werden. Am besten geht das zusammen mit einem Helfer.
Vorher eine weiche Unterlage zum Abstellen des Frontteils bereitstellen.

Einbau:

- Der Einbau erfolgt in umgekehrter Reihenfolge.
- Die CBS-Front muss in die Aufnahmen an der A-Säule einrasten und positioniert werden.
- Dann die vordere Aufnahme an der CBS-Front in die Unterbodenabdeckung einsetzen.

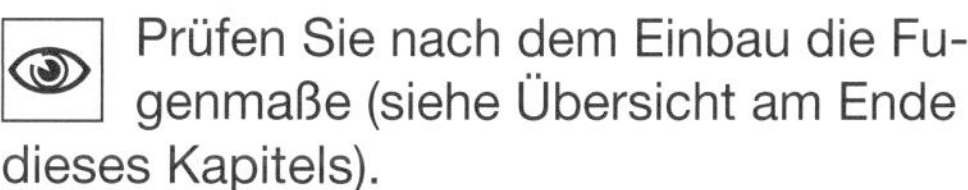
Prüfen Sie nach dem Einbau die Fugenmaße (siehe Übersicht am Ende dieses Kapitels).

Frontteil zerlegen

Ausbau bis 10.02.2002:

- Frontteil auf einer geigneten Unterlage ablegen.
- Von innen alle Schrauben und Clips entfernen.
- Der Einbau erfolgt in umgekehrter Reihenfolge.

Ausbau ab 11.02.2002 und Cabrio:

- Den Niet am Spoiler außen links und rechts und den Niet am Front-Mittelteil ausbauen.
- Spoiler mit flachem Schraubendreher aus den Verrastungen lösen und abnehmen.

Einbau:

- In umgekehrter Reihenfolge. Spoiler positionieren und festen Sitz der Rastnasen achten.

CBS-Heck aus-/einbauen

Ausbau:

- Die Schrauben unten rechts und links heruasdrehen.
- Am Heck-Mittelteil rechts und links unterhalb der Heckklappe je zwei Schrauben lösen
- Das CBS-Heck leicht nach hinten ziehen.

Einbau:

- In umgekehrter Reihenfolge.

Auf die Verrastung der Haltenasen am Seitenteil achten!

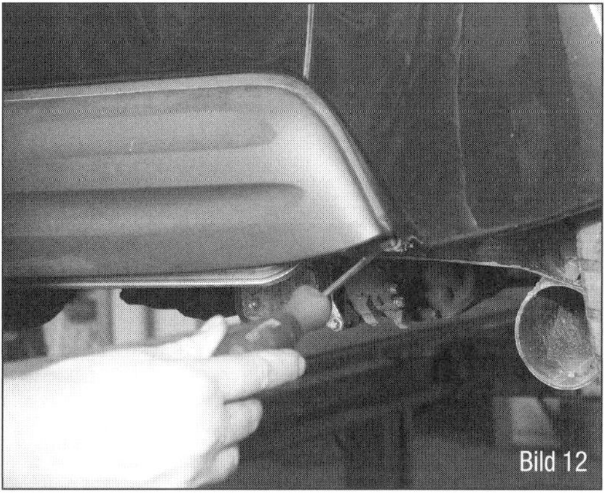
Bild 12

Bilder 12 bis 15 Ausbau des kompletten Heckteils:

Schrauben unten lösen...

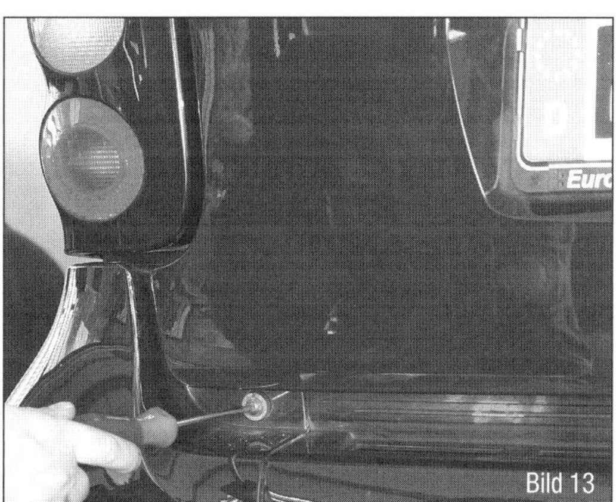
Bild 13

...Schrauben am Mittelteil lösen...

Bild 14

...Schrauben an den Seitenteilen lösen....

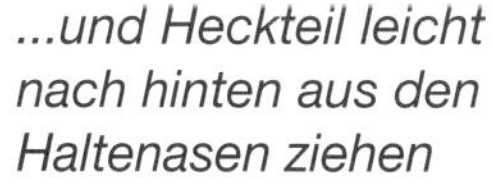
...und Heckteil leicht nach hinten aus den Haltenasen ziehen

Bild 15

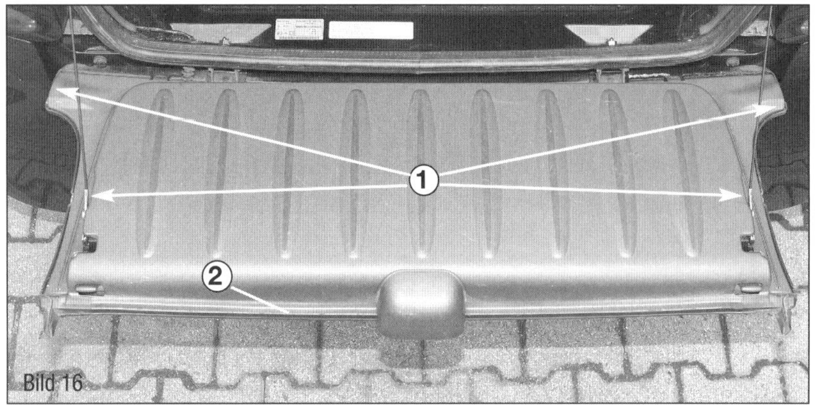

Bild 16
Äußere Beplankung der Heckklappe entfernen:
1 Lage der Befestigungsschrauben
2 Gummidichtung

Heckteil zerlegen

■ Nach dem Ausbau das Hecksteil auf einer geeigneten Unterlage ablegen.

■ Von der Innenseite her alle Schrauben und Clips lösen.

■ Die Einzelteile des CBS-Moduls können jetzt abgenommen werden.

■ Der Zusammenbau erfolgt in umgekehrter Reihenfolge.

Türbeplankung untere Heckklappe

■ Bauen Sie das Kennzeichen hinten ab.

■ Ziehen Sie die Dichtung der Rückwandtür von der Türbeplankung ab.

■ Schraube am mittleren Halter der Türbeplankung und je zwei Schrauben rechts und links an der Beplankung herausdrehen.

■ Türbeplankung aus den Rastnasen am Innenteil nach unten drücken und so weit nach unten schwenken, bis die Stecker der Kennzeichenleuchten abgezogen werden können. Beschädigen Sie dabei nicht die Rastnasen, da der Stecker sonst beim Wiedereinbau nicht mehr verriegelt.

■ Nehmen Sie die Beplankung der Rückwandtür ab.

■ Der Einbau erfolgt in umgekehrter Reihenfolge.

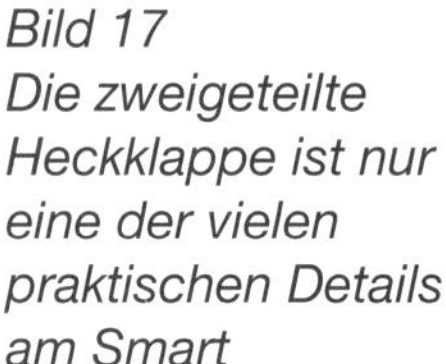
Beim Austausch der Türbeplankung müssen Sie die Schlossdichtung, den Rückwandtürhalter und die Kennzeichenleuchte aus der alten in die neue Beplankung umbauen.

Obere Heckklappe aus-/einbauen

Ausbau:

■ Bauen Sie die Verkleidung des Dachrahmens hinten aus, indem Sie zwei Schrauben herausdrehen und die Verkleidung aus drei Clips ziehen.

■ Ziehen Sie den darunter liegenden Wasserschlauch der Heckscheibenwischanlage vom Verbindungselement ab.

■ Ebenfalls alle elektrischen Steckverbindungen trennen.

■ Lösen Sie die Haltefeder an den Gasdruckhebern links und rechts.

■ Hängen Sie die Gasdruckfedern aus dem

Bild 17
Die zweigeteilte Heckklappe ist nur eine der vielen praktischen Details am Smart

Kugelkopf am Rückwandtür-Oberteil aus.

■ Ziehen Sie den Leitungsstrang oben mit der Tülle aus der Karosserie heraus.

■ Drehen Sie inks und rechts von innen je zwei Schrauben der Befestigung des Schaniers an der Karosserie heraus.

■ Nehmen Sie das Rückwandtür-Oberteil vorsichtig ab.

Einbau:

■ In umgekehrter Reihenfolge. Dabei die Schrauben der Scharnierbefestigung mit 14 Nm anziehen.

Untere Heckklappe ausbauen

Ausbau:

■ Bauen Sie die Türbeplankung der Rückwandtür aus.

■ Entfernen Sie die Dämmmatte an der Rückwandtür. Bei Fahrzeugen, die ab 28 .04. 2000 produziert wurden, müssen Sie die Akustikmatte entfernen.

■ Trennen Sie die elektrische Steckverbindung vom Türschloss.

■ Trennen Sie die elektrische Steckverbindung vom Zentralverriegelungselement der Rückwandtür. Beschädigen Sie dabei nicht die Rastnasen, da der Stecker sonst nicht mehr verriegelt.

■ Entfernen Sie den Hauptleitungssatz aus den Halterungen und Führungen unten.

■ Stützen Sie das Rückwandtür-Unterteil ab. Drehen Sie die Schrauben am Türfangband mit Schließkeil links und rechts an der Karosserie heraus.

■ Schrauben Sie die Mutter vom Türscharnier unten links und rechts an der Karosserie heraus

■ Nehmen Sie das Rückwandtür-Unterteil ab.

Einbau:

■ In umgekehrter Reihenfolge.

■ Achten Sie dabei auf das Einrasten der elektrischen Steckverbindung.

■ Beim Einbau werden die Schrauben am Fangband mit 30 Nm und die Mutter 8 mit 43 Nm angezogen.

Nach dem Einbau müssen Sie das Rückwandtür-Unterteil einstellen.

Heckklappen einstellen

Einstellung Oberteil:

■ Bauen Sie wie beschrieben die Verkleidung des Dachrahmens hinten aus.

■ Lösen Sie von innen leicht die Schrauben die Verschraubung am Scharnier.

■ Prüfen Sie die Fugenmaße des Rückwandtür-Oberteils und stellen Sie es gegebenenfalls ein (Übersicht am Ende dieses Kapitels).

■ Ziehen Sie die Schrauben mit 14 Nm links und rechts an der Karosserie fest.

Lösen Sie die Haltefedern oben und unten an den Gasdruckfedern. Hängen Sie die Gasdruckfedern aus den Kugelköpfen an der Karosserie und am Rückwandtür-Oberteil links und rechts aus und nehmen Sie sie ab.

■ Lösen Sie leicht die Schrauben von den Scharnieren oben am Rückwandtür-Oberteil links und rechts.

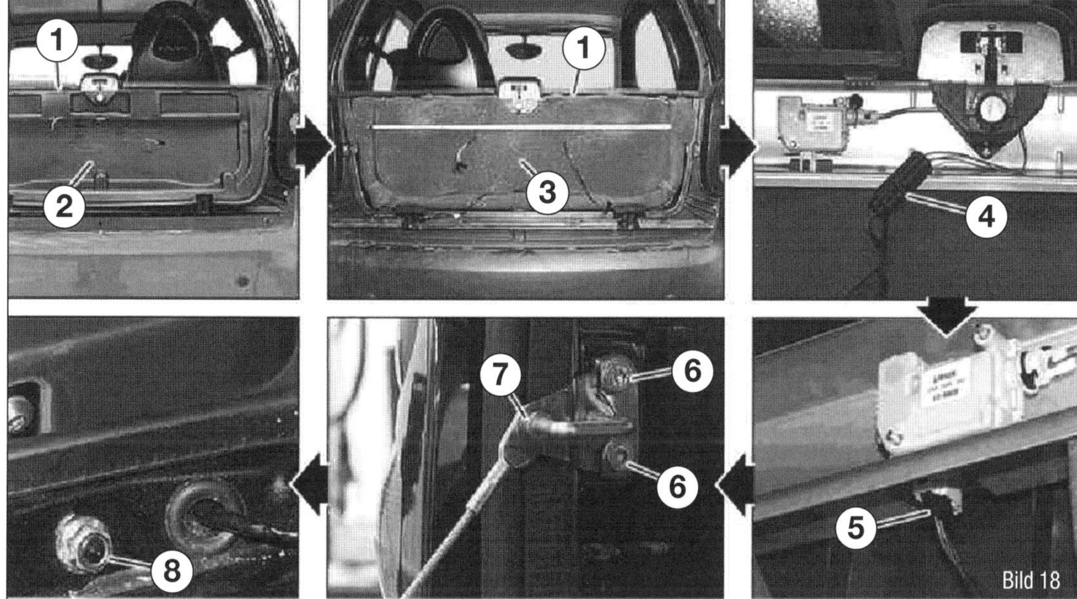

Bild 18
Untere Heckklappe ausbauen:.
1 untere Heckklappe ohne Beplankung
2 Dämmmatte bis 4/2000
3 Dämmmatte ab 4/2000
4 Stecker für Schloss
5 Stecker für ZV-Motor
6 Schrauben für Fanghaken
7 Fangband
8 Schrauben Türscharnier an Karosserie

Bild 19
Untere Heckklappe ausbauen:.
1 untere Heckklappe ohne Beplankung
2 Dämmmatte bis 4/2000
3 Dämmmmatte ab 4/2000
4 Stecker für Schloss
5 Stecker für ZV-Motor
6 Schrauben für Fanghaken
7 Fangband
8 Schrauben Türscharnier an Karosserie

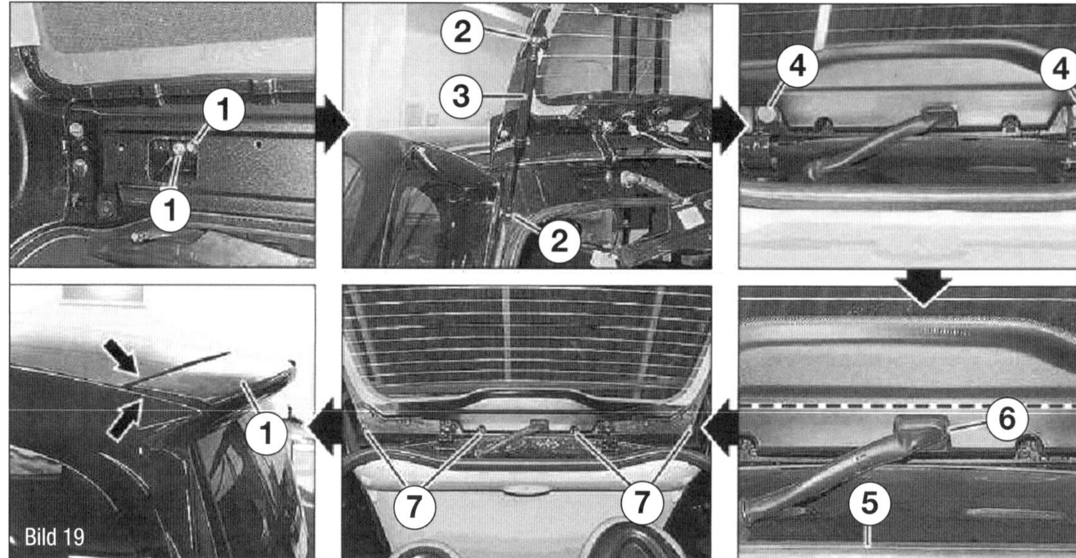

Bild 20
Obere Heckklappe einstellen:
1 innere Scharnierschrauben
2 Kugelkopf
3 Gasdruckfeder

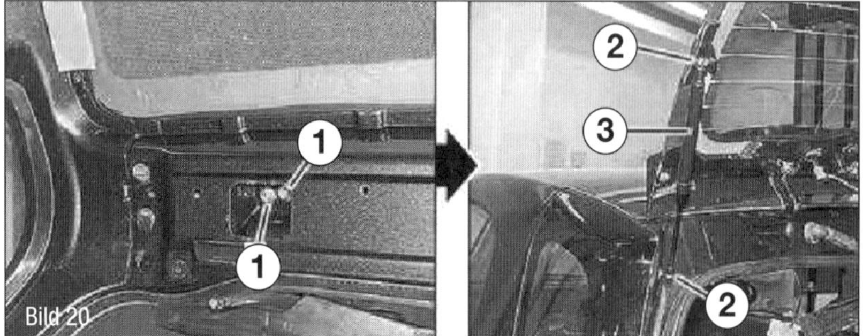

- Prüfen Sie die Fugenmaße des Rückwandtür-Oberteils und stellen Sie es gegebenenfalls ein.
- Ziehen Sie die Schrauben 8 im Bild 18 von den Scharnieren oben am Rückwandtür-Oberteil links und rechts mit einem Anzugsdrehmoment von 23 Nm fest.

Markieren Sie die Dichtlippe mit Kreide. Schließen Sie kurz das Rückwandtür-Oberteil und prüfen Sie den Abdruck der Dichtlippe an der Abdeckung des Wischermotors. Die Dichtlippe muss unterhalb der Mulde für die Gummitülle an der ebenen Fläche der Abdeckung des Wischermotors sitzen.

- Die Gasdruckfeder auf den Kugelkopf an der Karosserie und am Rückwandtür-Oberteil drücken. Einbaulage der Gasdruckfeder beachten!
- Lösen Sie leicht die Schrauben am Heckspoiler innen und außen. Der Heckspoiler muss zum Dach und zur Abdeckung der C-Säule in einer Ebene liegen. Die Schrauben am Heckspoiler wieder festschrauben.
- Verkleidung des Dachrahmens wieder einbauen.

Einstellung Unterteil:

- Lösen Sie leicht die Muttern am Scharnier unten links und rechts.
- Prüfen Sie die Fugenmaße des Rückwandtür-Unterteils. Stellen Sie es ggf. ein. Dazu die Übersicht auf der letzten Seite dieses Kapitels beachten!
- Die Muttern mit Anzugsdrehmoment 43 Nm am Scharnier unten festziehen.
- Gepäckbox hinten links und rechts ausbauen.
- Schrauben am Fangband mit Schließkeil beiderseits an der Karosserie leicht lösen, Schließkeil einstellen.

Die Beplankung des Türunterteils und die Heckleuchtengehäuse müssen in einer Ebene liegen (vergl. Übersicht Fugenmaße).

- Ziehen Sie die Schrauben 2 am Fanghaken mit einem Anzugsdrehmoment von 30 Nm fest.

Heckspoiler an- und abbauen

Ausbau:

- Drehen Sie die Schrauben 6 im Bild 18 an der Abdeckung des Wischermotors heraus.
- Abdeckung des Wischermotors vorsichtig anheben und nach oben schieben.
- Wasserschlauch 5 abziehen.
- Drehen Sie die Schrauben 6 am Heckspoiler innen und außen heraus.
- Stecker der Bremsleuchte trennen und Heckspoiler abnehmen.

Einbau:

- In umgekehrter Reihenfolge.

Wird der Heckspoiler erneuert, muss zusätzlich die Spritzdüse für den

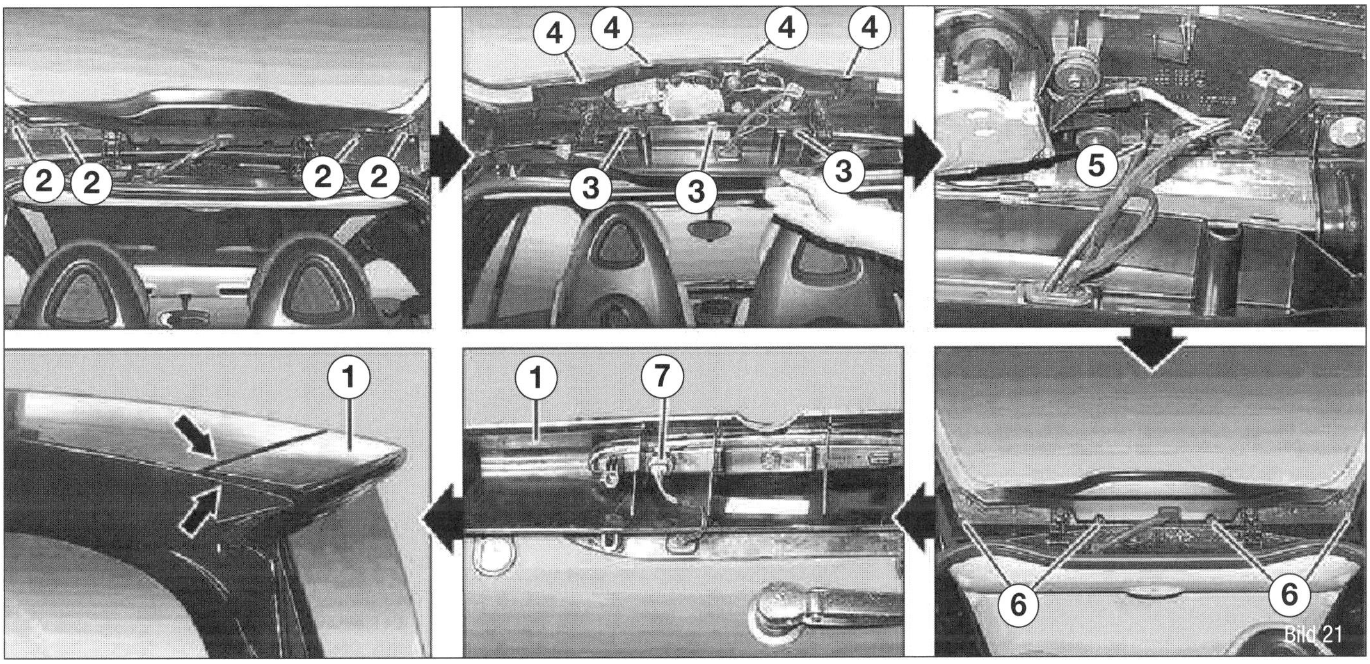

Heckscheibenwischer umgebaut werden. Der Heckspoiler muss zum Dach und zur Abdeckung der C-Säule in einer Ebene liegen (Pfeile im linken unteren Bild)

Spiegelglas Rückspiegel

Ausbau:

- Spiegelganz nach innen stellen und das Glas von außen aus der Halterung heraushebeln.

Einbau:

- Spiegelglas unter mittigem Druck in die Halterung einrasten.

⚠ Vermeiden Sie unnötigen Druck und Verdrehungen des Glases, die zur Beschädigung des Spiegels und damit zu Verletzungen führen könnten. Tragen Sie Handschuhe und Schutzbrille!

Außenspiegel ersetzen

Ausbau:

- Drehen Sie die Schraube an der Abdeckung heraus.
- Hängen Sie die Abdeckung aus und nehmen Sie sie ab.

Bei Modellen mit mechanisch verstellbaren Spiegeln ziehen Sie dazu die Gummikappe ab und lösen die Überwurfmutter.

- Bei Modellen mit elektrisch verstellbaren Rückspiegeln ziehen Sie die elektrische Steckverbindung aus dem Schaumstoffteil heraus und trennen den Stecker.

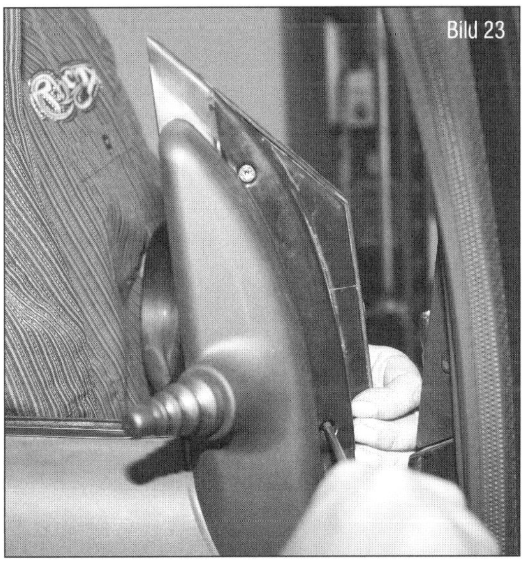

Bild 21
Ausrichtung des Heckspoilers
1 Heckspoiler
2 Schrauben der Abdeckung
3 Halterung des Wischermotors
4 Halterung des Wischermotors
5 Wasserschlauch
6 Schrauben Heckspoiler

Bild 22
Vorsicht Bruchgefahr:
Beim Heraushebeln des Glases Handschuhe und Augenschutz tragen

Bild 23
Zum Ausbau des gesamten Spiegels zunächst die Verkleidung entfernen

Sichtprüfung

Messen

Bild 24
Hinter der Gummikappe verbirgt sich bei mechanischen Spiegeln eine Überwurfmutter

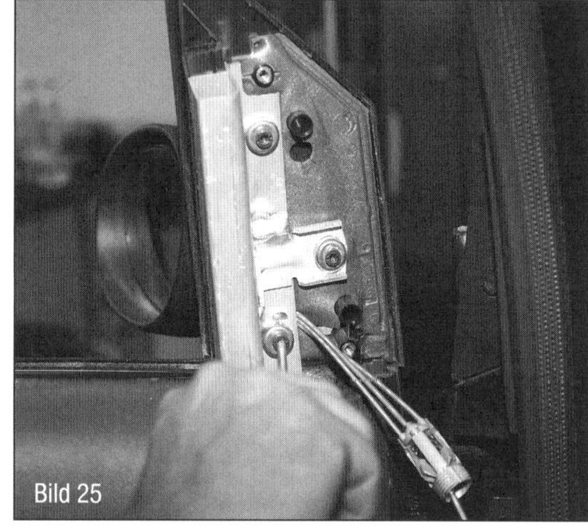

Bild 25
Jetzt kann der Spiegelfuß abgeschraubt werden. Spiegel außen festhalten sonst fällt er zu Boden

Beschädigen Sie dabei nicht die Sicherungslasche, da der Stecker sonst nicht mehr verriegelt.

- Drehen Sie die Schrauben heraus und nehmen Sie den Rückspiegel ab.

Einbau:

- In sinngemäß umgekehrter Reihenfolge. Kontrollieren Sie beim Einbau die Einbaulage der Hülsen für die Schrauben.

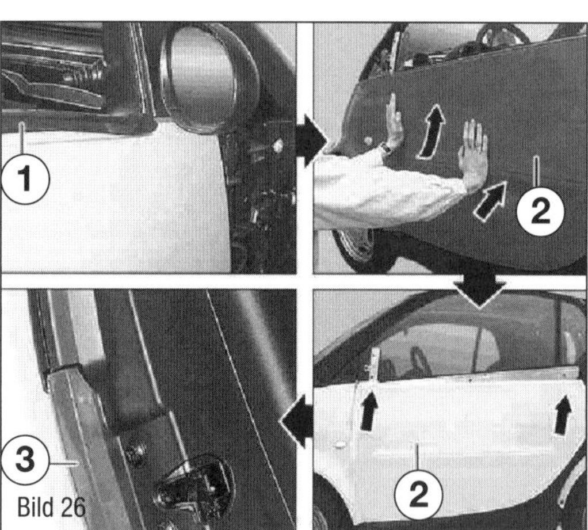

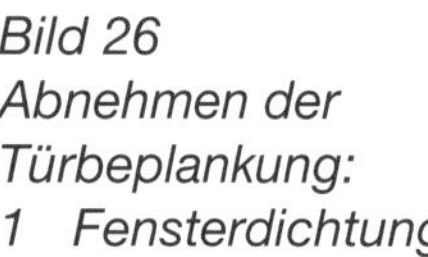

Bild 26
Abnehmen der Türbeplankung:
1 Fensterdichtung
2 Türbeplankung
3 Anschlagpuffer

Türbeplankung aus-/einbauen

Ausbau:

- Außenspiegel und die Dichtung der Seitenscheiben abbauen. Fenster schließen.
- Türbeplankung von außen eindrücken. Die Türbeplankung löst sich dann oben aus der Schiene.
- Von unten mit der Hand gegen Unterkante der Türbeplankung drücken. Diese rutscht aus ihren Befestigungen. Nach unten abnehmen.

Einbau:

- Türbeplankung von unten in die vordere Aufnahme einsetzen und vorsichtig unter den Türgriff einführen. Von unten gegen Unterkante Beplankung drücken, bis sie oben unter der Schiene verrastet.
Beim Austausch den Anschlagpuffer erneuern!
- Der weitere Einbau erfolgt sinngemäß umgekehrt wie der Ausbau. Setzen Sie die Dichtung der Kurbelfenster vorsichtig von vorn nach hinten ein.

Vordertür aus-/einbauen

Ausbau:

- Bauen Sie wie beschrieben die CBS-Front aus. Trennen Sie die elektrische Steckverbindung.
Beschädigen Sie dabei nicht die Rastnasen, da der Stecker sonst nicht mehr verriegelt.
- Hängen Sie den Türleitungssatz (1) und das Antennenkabel aus der Aufnahme im Montageanschlag aus.
- Markieren Sie die Einbaulage des Montageanschlages.
- Drehen Sie jetzt die Schrauben (2) am Montageanschlag heraus.
- Nehmen Sie den Montageanschlag ab.
- Drehen Sie die Schrauben (3) an der A-Säule heraus.
- Nehmen Sie die Vordertür ab.

Einbau:

- Erfolgt in umgekehrter Reihenfolge bis zum Einbau der CBS-Front.
Achten Sie auf die richtige Lage des Montageanschlages an den Scharnierstiften.

Vordertür einstellen

- Lösen Sie die Schrauben (3) an der A-Säule leicht.
- Prüfen Sie die Fugenmaße (Übersicht am Ende dieses Kapitels)

■ Drehen Sie die Schrauben (3) mit einem Anzugsdrehmoment von 40 Nm an der A-Säule fest.
■ Bauen Sie die CBS-Front wie bereits beschrieben ein.

Türgriffe der Vordertüren
Ausbau:
■ Türbeplankung wie beschrieben ausbauen, Schraube (2) am Innenteil herausdrehen.
■ Türgriff (1) nach hinten ziehen und aushängen.
■ Bowdenzug (3) am Lagerbock (4) und am Hebel (5) vom Türschloss (6) aushängen.
■ Den Türgriff abnehmen.

Einbau:
■ In umgekehrter Reihenfolge. Nehmen Sie danach eine Funktionsprüfung vor.

Schließzylinder Heckklappenschloss
Ausbau:
■ Bauen Sie, wie beschrieben, die Türbeplankung der Rückwandtür aus.
■ Stecken Sie den Zündschlüssel in den Schließzylinder.
■ Den Sicherungsstift am Türschloss mit einem 3 mm-Dorn zurückdrücken.
■ Nehmen Sie den Schließzylinder aus der Führung heraus.

Einbau:
■ In umgekehrter Reihenfolge.

 Beim Einbau muss der Stift zur Verrastung mit dem Ausdrückloch fluchten.

Türschlösser der Rückwandtür
Ausbau Türschloss Mitte:
■ Bauen Sie wie beschrieben die Türbeplankung der Rückwandtür aus.
■ Entfernen Sie die Dämmmatten an der Rückwandtür.
■ Stecker am Türschloss Mitte trennen.
■ Bauen Sie wie beschrieben den Schließzylinder aus.
■ Drehen Sie die Schrauben (5) am Türfangband (6) links und rechts an der Rückwandtür (8) heraus. Stützen Sie dabei die Rückwandtür ab.
■ Drehen Sie die Schrauben (7) vom Türbelag der Rückwandtür am Rohrrahmen oben heraus.
■ Schließen Sie von Hand das Türschloss Mitte rechts und links. Hängen Sie den Türbelag der Rückwandtür (8) an den oberen Verrastungen aus und drücken Sie ihn vorsichtig vom Rohrrahmen.
■ Drehen Sie die Schrauben (9) vom Türschloss Mitte am Rohrrahmen heraus.
■ Hängen Sie das Betätigungsgestänge (10)

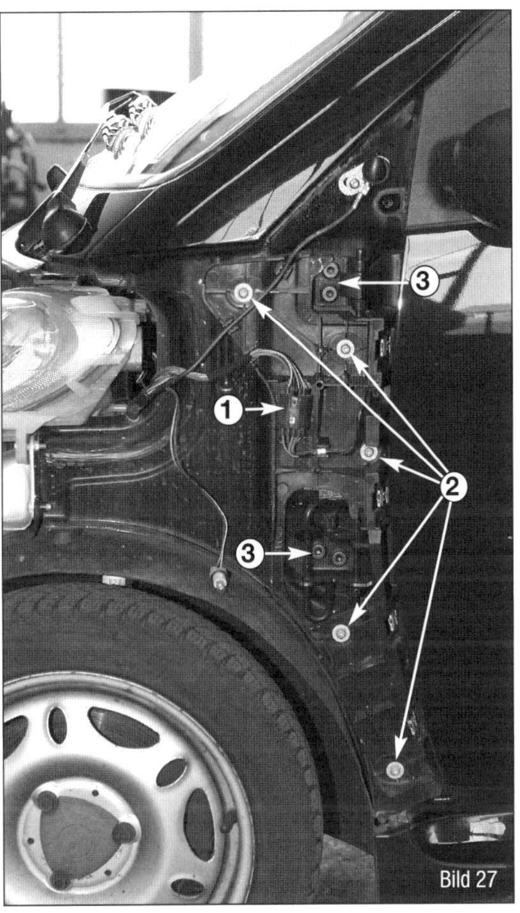

Bild 27
Befestigung der Vordertür:
1 Stecker Türkabelbaum
2 Halteschrauben des Montageanschlags
3 Türhalteschrauben

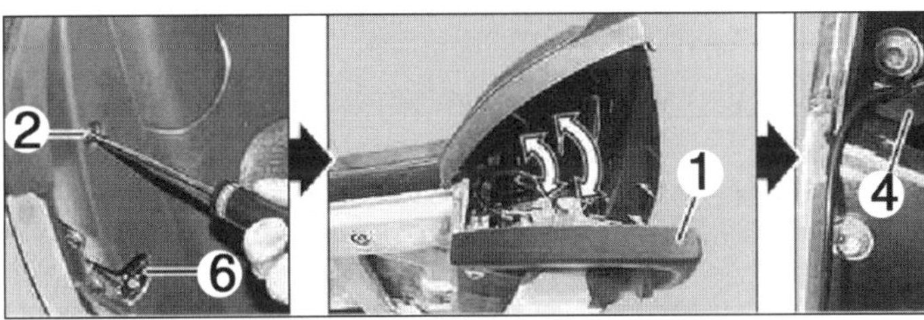

Bild 28
Türgriff ausbauen:
1 Türgriff
2 Halteschraube
3 Bowdenzug
4 Lagerbock
5 Betätigungshebel
6 Türschloss

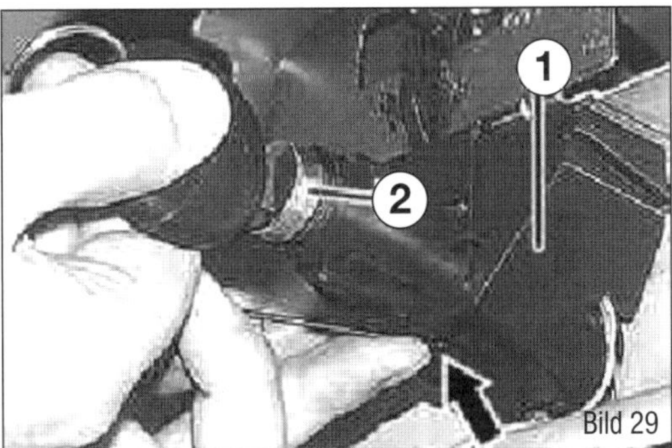

Bild 29
Schließzylinder ausbauen:
1 Türschloss
2 Schließzylinder

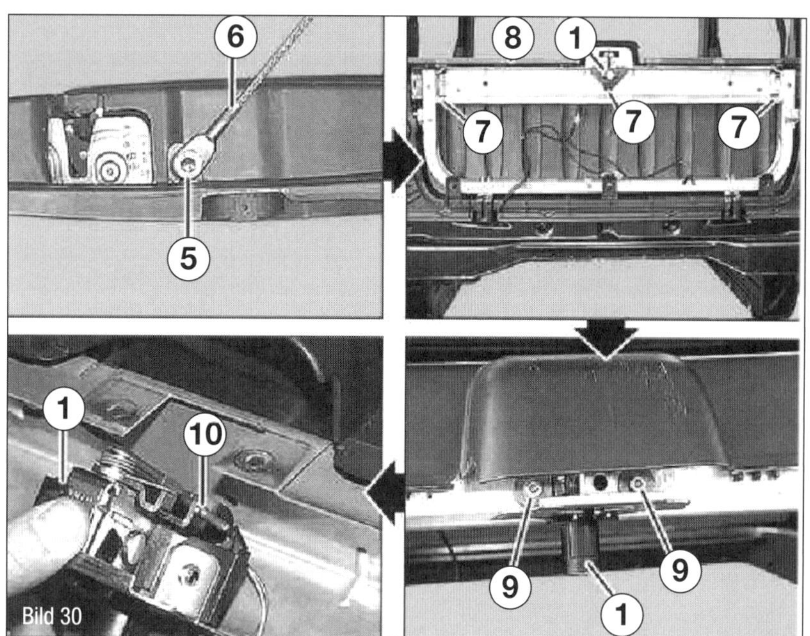

Bild 30
Türschloss ausbauen (Auswahl)
1 Türschloss
5 Schrauben (10 Nm)
6 Fangband
7 3 Schrauben für Türbelag
8 Rückwandtür
9 Schrauben für Türschloss
10 Betätigung

vom Zentralverriegelungs-Element aus und nehmen das Türschloss Mitte ab.

Einbau:

- In umgekehrter Reihenfolge.
- Ziehen Sie dabei die Schrauben (5 Türfangband, Rückwandtür) mit 10 Nm an. Beim Einbau müssen Sie den Türbelag der Rückwandtür (8) über den Rohrrahmen ziehen, ihn oben verrasten und das Türschloss Mitte rechts und links öffnen.

Ausbau Türschloss unten:

- Türbeplankung Rückwandtür ausbauen.
- Abdämpfung (2) an der Rückwandtür und bei Fahrzeugen ab 28. 04. 2000 die Akustikmatte (3) entfernen.
- Schrauben (4) am Türfangband (5) links und rechts an der Rückwandtür herausdrehen. Rückwandtür abstützen.
- Drehen Sie die Schrauben (6) vom Türbelag der Rückwandtür (7) am Rohrrahmen oben heraus.
- Schließen Sie von Hand beide Exemplare vom links und rechts eingebauten Türschloss unten (1), hängen Sie den Türbelag der Rückwandtür an den oberen Verrastungen aus und drücken Sie ihn vorsichtig vom Rohrrahmen ab.
- Drehen Sie die Schrauben (8) von beiden Türschlössern unten am Rohrrahmen heraus.
- Nehmen Sie die Türschlösser unten ab.

Einbau:

- In umgekehrter Reihenfolge.
- Dabei die Schrauben (4 Türfangband/Rückwandtür) mit 10 Nm anziehen.
- Ziehen Sie den Türbelag der Rückwandtür über den Rohrrahmen, verrasten ihn oben und öffnen rechts und links das Türschloss unten. Ziehen Sie die Schrauben (8) mit 9,5 Nm fest.

Türschloss der Vordertüren

Ausbau:

- Bauen Sie wie beschrieben den Türgriff außen an der Vordertür ab.
- Schrauben (2 und 3) herausdrehen.
- Hängen Sie den Bowdenzug (4) am Türschloss (1) aus.
- Den Kabelbinder vom Leitungssatz der Tür abnehmen.
- Trennen Sie nacheinander die elektrischen Steckverbindungen (5, 6 und 7).

☞ Beschädigen Sie dabei nicht die Rastnasen, da der Stecker sonst nicht mehr verriegelt.

- Motor der Zentralverriegelung ausbauen.

Einbau:

- In umgekehrter Reihenfolge.
- Die Schrauben (2 und 3) werden mit 23 Nm angezogen.

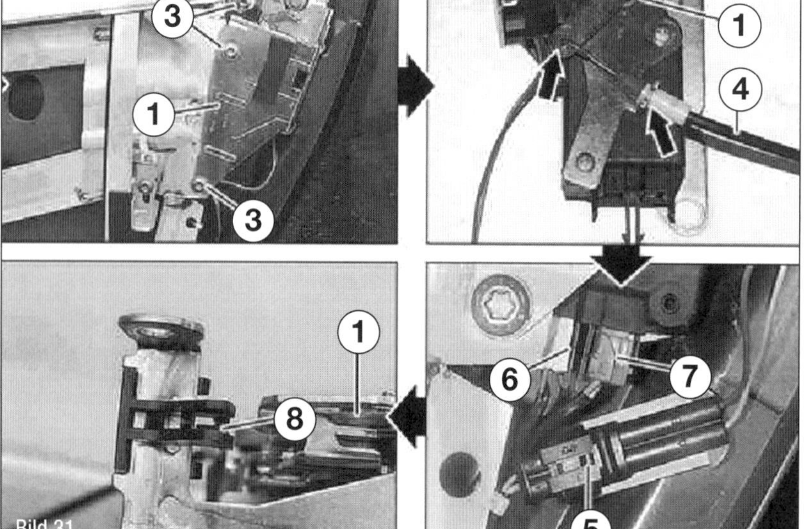

Bild 31
Türschloss an den Vordertüren ausbauen:
1 Türschloss
2/3 Schrauben (23 Nm)
4 Bowdenzug
5/6/7 Stecker
8 Hebel

Festverglasung am Smart

Frontscheibe
Die Frontscheibe beim Smart ist eingeklebt. Die Montage oder Demontagearbeiten sollten Sie einem Autoglaser überlassen. Zwar lässt sich die Scheibe durchaus auch selbst ausbauen, das Risiko für Lack und Kunststoff ist jedoch recht hoch. Die meisten Autoglas-Firmen wie z. B. »Carglass« bieten heute einen »Vor-Ort-Service« an. Die Profis können oftmals auch eine intakte Scheibe ausbauen und später auch wieder einsetzen. Die Kosten dafür erfragen Sie am besten bei einem Autoglaser in Ihrer Nähe.

Vorbereitungsarbeiten zur Frontscheibenmontage
Hier bietet sich etwas Einsparpotenzial. Wenn Sie die Demontagearbeiten selbst erledigen, können Sie vielleicht etwas am Arbeitslohn für den Autoglaser einsparen. Fragen Sie ruhig mal nach.

- Öffnen Sie die Motorhaube.
- Demontieren Sie den Rückspiegel.
- Demontieren Sie eventuell die Sonnenblenden und die A-Säulenverkleidungen.
- Bauen Sie wie schon auf Seite 147 beschrieben die Scheibenwischerarme ab.

Ausrichten der Frontscheibe
Mit dieser Arbeit wird die Positionierung der Scheibe fixiert. Das Ausrichten beim Kleben wird so erleichtert.

- Windschutzscheibe (1) auf die Abstandhalter am Karosserieflansch auflegen, Windschutzscheibe (1) oben ausrichten und seitlich ausmitteln.
- Geeignete Streifen Klebeband (2) aufkleben und an der Oberkante der Windschutzscheibe (1) durchtrennen.
- Windschutzscheibe (1) vom Karosserieflansch abnehmen und Scheibe zum Einkleben vorbereiten (lassen).

Türscheiben aus- und einbauen

Seitenscheibe beweglich

- Demontieren Sie die Türbeplankung der entsprechenden Tür wie auf der Seite 122 beschrieben.

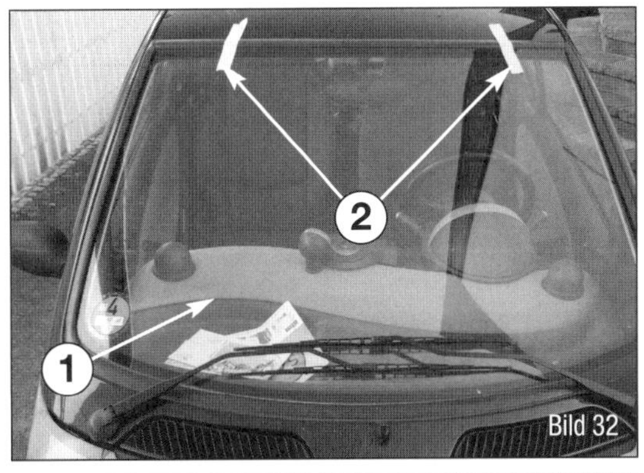

Bild 32 Frontscheibe fixieren.
1 Frontscheibe
2 Klebestreifen

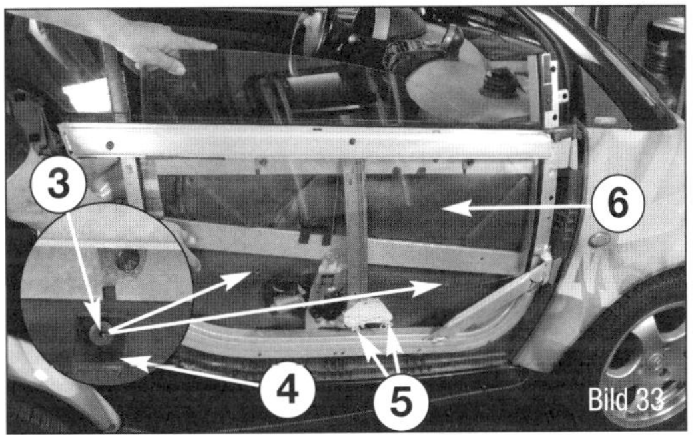

Bild 33 Seitenscheibe ausbauen.
3 Schraube
4 Anschlag
5 Halterung Seitenscheibe
6 Seitenscheibe

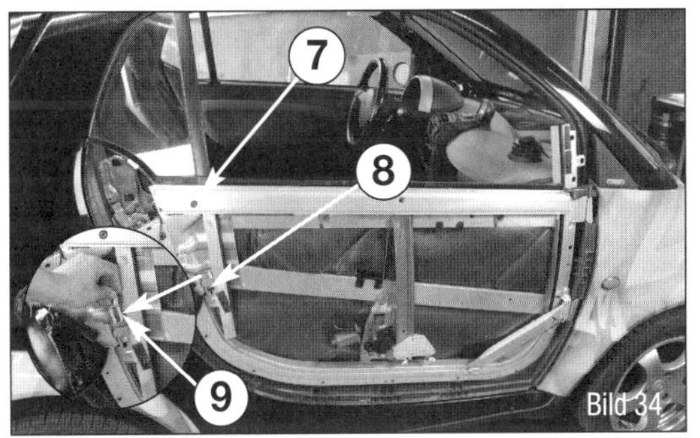

Bild 34 Radkastenverkleidung hinten.
7 Schraube oben
8 Schraube unten
9 Einstellungskeil

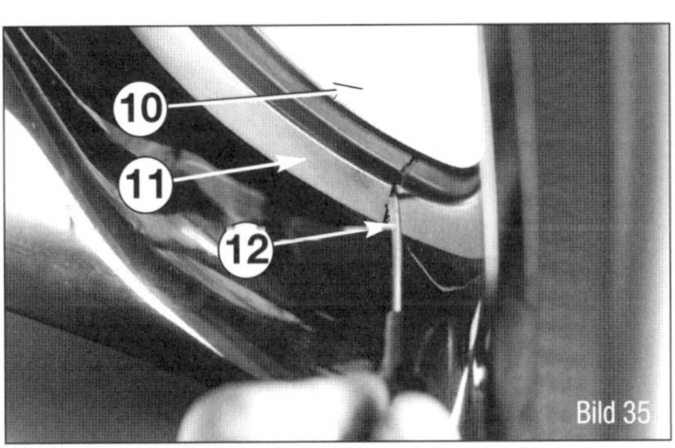

Bild 35 Radkastenverkleidung hinten.
10 Seitenscheibe (Dreiecksscheibe hinten)
11 Scheibenrahmen innen
12 kleiner Schraubendreher

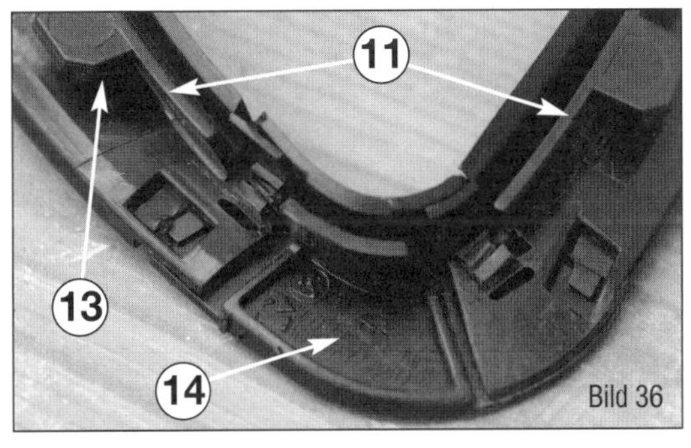

Bild 36 Scheibenrahmen im Detail.
11 Scheibenrahmen innen
13 Haltenase in den Scheiben
14 Ecke Scheibenrahmen

- Drehen Sie die Schrauben (3) heraus.
- Demontieren Sie die beiden Scheibenanschläge (4).
- Kippen Sie die Scheibe leicht nach vorne und nehmen Sie sie aus der Scheibenführung heraus.

Die Montage erfolgt sinngemäß in umgekehrter Reihenfolge.

Seitenscheibe (Dreieckscheibe) starr

- Bauen Sie die bewegliche Seitenscheibe wie vorher beschrieben aus.
- Achten Sie auf die Einbauposition des Einstellkeils (9). Mit ihm können Sie den Andruck der Seitenscheiben an das Türgummi einstellen.
- Lösen Sie die Schraube oben (7) und unten (8) der Seitenscheibe.
- Drehen Sie die Schrauben oben (7) und unten (8) heraus.

Bild 37 Scheibenrahmen und Scheibe gründlich reinigen

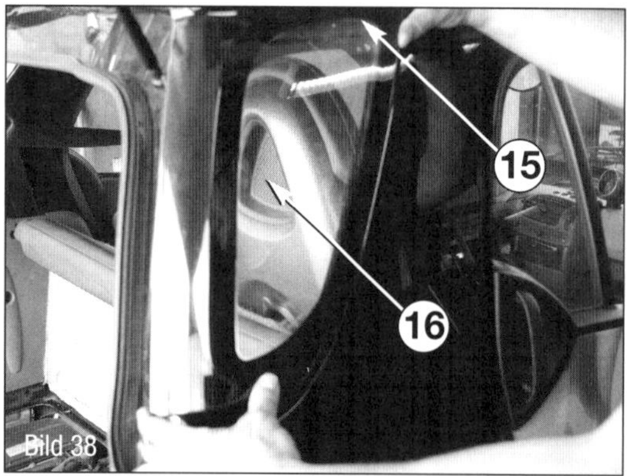

Bild 38 Dreieckscheibe hinten.
15 Position der Rastnase
16 Seitenscheibe (Dreiecksscheibe hinten)

- Nehmen Sie den Einstellkeil (9) heraus.
- Nehmen Sie die Dreieckscheibe nach oben heraus.

Die Montage erfolgt sinngemäß in umgekehrter Reihenfolge.

Heckseitenscheibe aus- und einbauen

Die Heckseitenscheibe ist nicht eingeklebt. Sie dichtet über einem Schaumgummi ab. Sollte hier Wasser eintreten, ersetzen Sie den Schaumgummi, aber kleben Sie die Scheibe niemals mit Scheibenkleber oder Silikon ein. Die Demontage ist dann fast unmöglich.

- Hebeln Sie mit einem kleinen Schraubendreher vorsichtig die Scheibenrahmenecke (14) heraus. Die Rastnasen brechen sehr häufig ab. Sie müssen dann entweder den Scheibenrahmen ersetzen oder die Ecke mit Silikon oder Karosserie- oder Scheibenkleber einkleben.
- Ziehen Sie den Scheibenrahmen zur Scheiben hin ab, sodass die Haltenasen (13) aus der Scheibe (16) herausgleiten.
- Ziehen Sie an der oberen vorderen Ecke die Scheibe aus dem Befestigungsclip (15).

Die Montage erfolgt sinngemäß in umgekehrter Reihenfolge.

- Reinigen Sie die Anlageflächen gründlich.

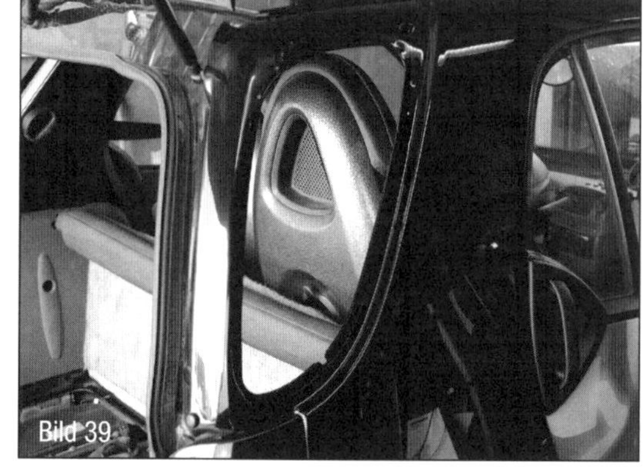

Bild 39 Gereinigten Scheibenrahmen gut abtrocknen lassen. Eventuell vorhandene Lackschäden beseitigen.

Fugenmaße und Toleranzen

Die in der Tabelle angegebenen Werte gelten nicht für Neuwagen, sondern sind nur als Anhaltspunkt zur Kontrolle im Reparaturfall und als Einstellhilfe bei der Ausrichtung von einzelnen Bauteilen gedacht.

Dach zu Dachrahmen seitlich	Maß »A«	5,0 mm (±1,5mm)
CBS-Front zu Scheinwerfer	Maß »B«	3,5 mm (±1,5mm)
CBS-Front zu Kühlerverkleidung oben	Maß »C«	6,0 mm (±1,0mm)
CBS-Front zu Kühlerverkleidung unten	Maß »D«	7,0 mm (±1,0mm)
Rückwandtür-Unterteil zu Rückleuchte	Maß »E«	10,0 mm (±2,0mm)
Rückwandtür-Oberteil zu Rückwandtür-Unterteil	Maß »F«	10,0 mm (±2,0mm)
Rückwandtür-Oberteil zu Seitenabdeckung	Maß »G«	7,0 mm (±2,5mm)
Vordertür zu CBS-Front	Maß »H«	8,0 mm (±1,5mm)
Dach zu Heckspoiler	Maß »I«	10,0 mm (±2,0mm)
Hinterkotflügel zu Seitenabdeckung	Maß »J«	7,0 mm (±1,5mm)
Hinterkotflügel zu Rückleuchte	Maß »K«	2,0 mm (±1,0mm)
Vordertür zu Dach	Maß »L«	7,0 mm (±1,5mm)
Vordertür zu Seitenteil unten	Maß »L«	7,0 mm (±1,5mm)
Vordertür zu Hinterkotflügel	Maß »L«	7,0 mm (±1,5mm)

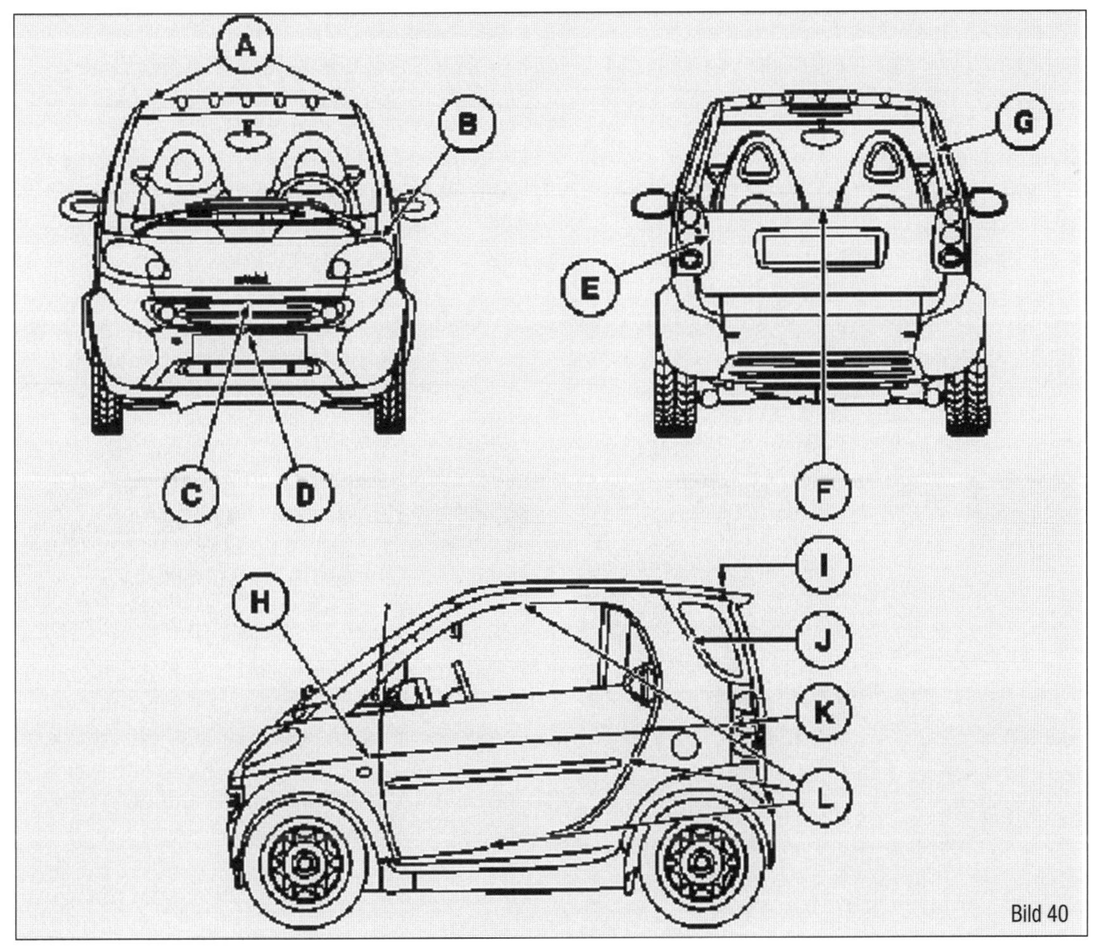

Bild 40
Fugenmaße und Toleranzen als Anhaltspunkte zur Kontrolle im Reparaturfall.
A bis L, siehe Tabelle

Heizung und Lüftung

⚠ Explosionsgefahr bei Schweiß- oder Lötarbeiten an der geschlossenen Klimaanlage. Daher niemals an geschlossener Anlage oder in deren Umgebung schweißen oder löten.
Vergiftungsgefahr durch Einatmen überhitzter Kältemitteldämpfe. Rauchen und offenes Feuer sind verboten.
Verletzungsgefahr durch Haut- und Augenkontakt mit flüssigem Kältemittel. Schutzbrille und Schutzhandschuhe tragen, gut durchlüften, am Klimakreislauf nur bei entleerter Anlage arbeiten.
Keine Reparaturarbeiten am Klimakreislauf bei feuchter Witterung im Freien durchführen. Bauteile und Kreislauf müssen stets vor Feuchtigkeit geschützt werden, da Feuchtigkeit im Kältekreis die Leistung der Anlage senkt und Bauteile schädigt.
Das in der Smart-Klimaanlage verwendete Kältemittel R134a darf nicht mit anderen Kältemitteln wie R12 gemischt werden. R134a ist FCKW-frei, bei normalen Temperaturen ungefährlich für die Umwelt und schädigt nicht die Ozonschicht der Erde.

Klimaanlage prüfen

■ Temperaturregler auf Kalt, Luftverteilung auf die mittleren Ausströmdüsen stellen.

■ Klimaanlage bei im Leerlauf laufendem Motor zuschalten, dabei auf das Klicken der Kompressorkupplung im Motorraum und auf erhöhten Leerlauf (1000 – 1200 U/min) achten.

■ Gebläse auf Max schalten und Luftstrom an den Austrittsdüsen fühlen oder messen. Die Luft darf nach wenigen Minuten keinesfalls wärmer als 20 Grad sein.

Bild 1
Der Anschluss zum Befüllen der Klimaanlage:
1 Kühler
2 Verschlusskappe

■ Prüfen: mit einem Klimaanlagen-Lecksuchgerät (von DCAG/smart empfohlen: Typ 5650, Bestell-Nr. 988 047 der Behr GmbH, Stuttgart) die Klimaanlage auf Dichtheit prüfen.

Häufigste Fehlerquellen:

■ Verlust des Kältemittels z.B. durch Abriss des Leitungsrohres am Kompressor

■ Defekte Magnetkupplung am Kompressor

■ elektrischer Defekt an Lüftermotor, Druckschalter oder Leitungssatz

Klimaanlage warten

■ Kühlerverkleidung ausbauen. Verschlusskappen vom Befüllventil des Kondensators der Klimaanlage und vom Befüllventil Saugrohr abschrauben und die Schläuche eines Evakuiergerätes anschließen.

Entleeren:

■ Klimaanlage nach der Bedienungsvorschrift des Evakuierungs-Füll-Gerätes komplett entleeren. Kältemittel mit Anteilen von Kompressoröl absaugen, Öl abscheiden.

■ Kompressoröl aus dem Ölabscheider ablassen und Ölmenge messen.

■ Evakuieren: Klimaanlage reinigen und nach Bedienungsvorschrift unter Einhaltung der Evakuierzeit von ca. 30 min evakuieren. Vakuumcheck durchführen.

Befüllen:

■ Mit dem Evakuier-/Befüll-Gerät Kompressoröl in die Klimaanlage einfüllen. Das Gerät mit nicht zu geringer Ölmenge betreiben, sonst wird der Kältemittelverdichter beschädigt. Daher: Beim Entleeren abgeschiedene Kompressorölmenge plus 10 ml einfüllen. Wenn allerdings der Kältemittelverdichter erneuert wird, entfällt die Ölbefüllung; der Kompressor wird mit Öl befüllt geliefert.

■ Mit dem Evakuiergerät das Kältemittel in die Klimaanlage einfüllen. Die Anschlussventile am Evakuiergerät schließen und den Anschluss vom Befüllventil Kondensator entfernen, Verschlusskappe aufsetzen/zudrehen. Dann den Anschluss vom Befüllventil Saugrohr entfernen und ebenfalls die Verschlusskappe wieder aufsetzen und zudrehen.

■ Funktion der Anlage prüfen. Abschließend den Fehlerspeicher auslesen.

Füllmengen Kältemittel (R134a):

Fortwo	Füllmenge
2003-2006:	450 Gramm
1998-2003:	620 Gramm
Roadster:	650 Gramm

Füllmenge Kompressorenöl: 180 cm3

Frischluftansaugung

Die gekapselte Baueinheit »Frischluftansaugung« enthält das Staub- und Pollenfilter, das seit Juli 2002 als Staub-, Partikel- und Pollenfilter ausgeführt ist und seitdem »Kombifilter« genannt wird. Sie können den Filtereinsatz natürlich bei ausgebauter Frischluftansaugung wechseln. Zum bloßen Filterwechsel (siehe später) ist dieser Ausbau jedoch nicht nötig.

Ausbau:

- Bauen Sie am besten das komplette Frontmodul aus.
- Stecker (1) der Scheibenwaschwasser-Pumpe abziehen. Dabei die Rastnasen nicht beschädigen. Kabelbinder abbauen.
- Den Wasserschlauch für die vordere Scheibenwaschdüse an der Pumpe abziehen. Den Anschluss mit einem geeigneten Schlauchstück verschließen.
- Den Wasserschlauch für die Heck-Scheibenwaschdüse hinten an der Pumpe abziehen. Auch diesen Anschluss mit einem geeigneten Schlauchstück verschließen.
- Ziehen Sie den Leitungssatz aus den beiden Haltern heraus.
- Den Bremsflüssigkeitsbehälter an der Frischluftansaugung abbauen. Dabei auf die Sicherungslasche achten.
- Schrauben Sie die Muttern an der Frischluftansaugung heraus.
- Nehmen Sie die Frischluftansaugung zusammen mit dem Scheibenwaschwasserbehälter ab und aus dem Fahrzeug heraus.

Einbau:

- In umgekehrter Reihenfolge.

Kombifilter (Reinluft- oder Pollenfilter)

Ausbau:

- Die CBS-Front ausbauen (Die Karosserie)
- Klammer oben am Deckel des Filterkastens (hinter Einfüllstutzen vom Scheibenwaschwasserbehälter) neben Leuchteinheit vorn rechts lösen.
- Deckel des Kombifilters nach oben aus der Serviceöffnung herausnehmen.

Einbau:

- Sinngemäß in umgekehrter Reihenfolge.
- Filter erneuern und Anlage desinfizieren.

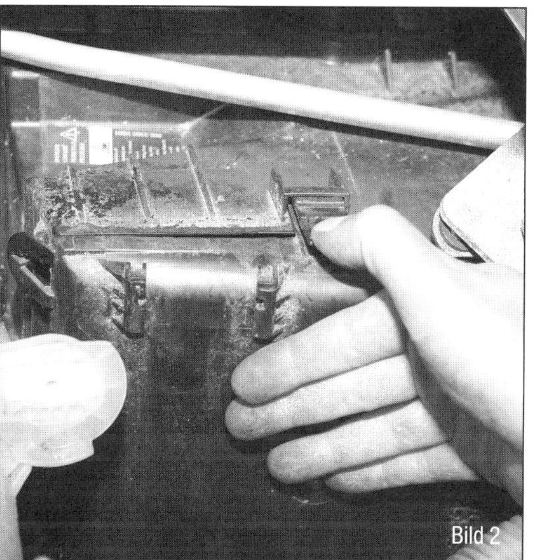
Bild 2

Bilder 2, 3 und 4 Zum Wechsel des Kombifilters die Halteklammer öffnen, Filter aus dem Gehäuse ziehen und Anlage desinfizieren

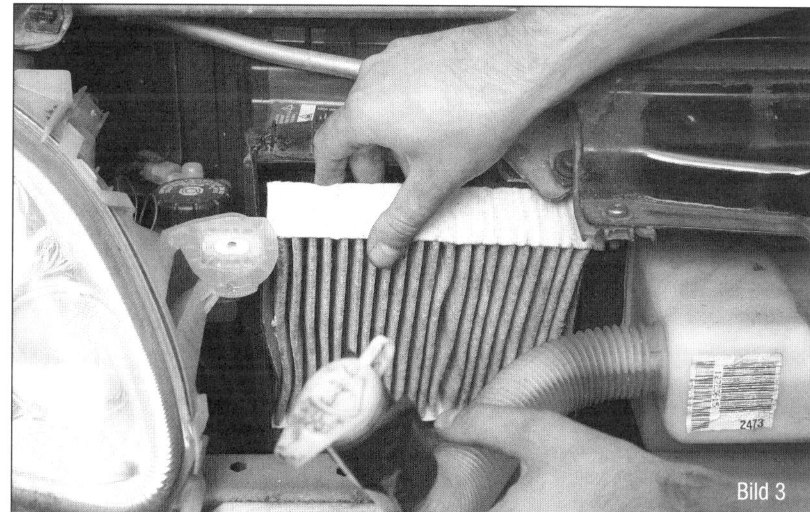
Bild 3

Bild 4

Sichtprüfung

Bild 5
Ausbau des Radios:
1 Radioschlüssel
2 Antennenstecker
3 Anschluß Stromversorgung
4.1 Stecker mit Soundsystem
4.2 Stecker ohne Soundsystem
5 Anschluß Lautsprecher

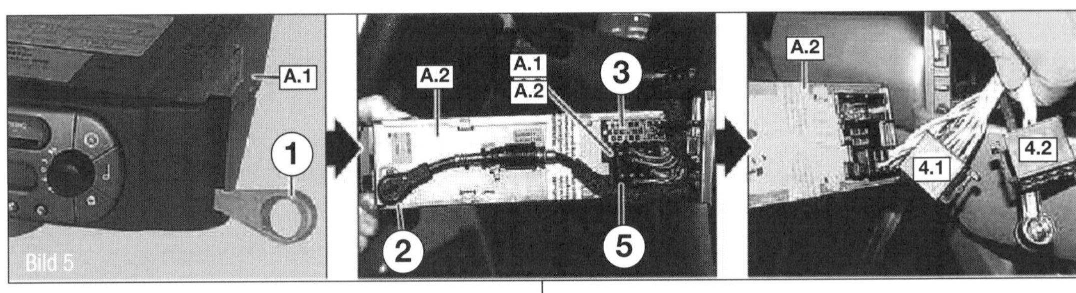

Radio aus-/einbauen

Ausbau:

- Setzen Sie den Radioschlüssel mit der Kerbe nach oben in die Öffnungen der Radioblende ein. Klemmen Sie dabei keine Kabel ein.
- Ziehen Sie das Radio mit dem Radioschlüssel aus dem Schacht heraus.
- Trennen Sie die elektrische Steckverbindungen. Beschädigen Sie dabei nicht die Rastnasen, da die Stecker sonst nicht mehr verriegeln.
- Trennen Sie den Antennenstecker vom Radio. Lösen Sie die Verrastung durch das Zurückziehen der Steckerummantelung.

Einbau:

- In umgekehrter Reihenfolge. Nach dem Einbau müssen Sie das Radio codieren und den Stationsspeicher einstellen.
- Wenn Sie ein Radio mit AM-Frequenzbereich einbauen, sollte ein zusätzlicher Entstörfilter für den Drehzahlmesser eingebaut werden.

Mittelkonsole oben

Ausbau:

- Radio ausbauen.
- An der Bildergruppe unten orientieren: Das Ablagefach (1) bis zum Anschlag herausziehen, die Verrastungen (Pfeile linkes Bild, obere Reihe) nach innen drücken, das Fach über die Arretierpunkte ziehen und abnehmen.
- Die Bedienknöpfe der Betätigungshebel am Bediengerät der Heizung vorsichtig abziehen.
- sogenannte Sicherheitsinsel ausbauen (siehe auch Kapitel Elektrik).
- Endkappen (Pfeile Bild Mitte, obere Reihe) entfernen, die Schrauben darunter herausdrehen, eventuell vorhandene Zubehörelemente von der Vertikalstrebe 3 abnehmen.
- Schrauben (4, 6 und 7) an Mittelkonsole herausdrehen.
- Mittelkonsole abheben, bis die elektrischen Steckverbindungen (8 und 9) zu sehen sind.

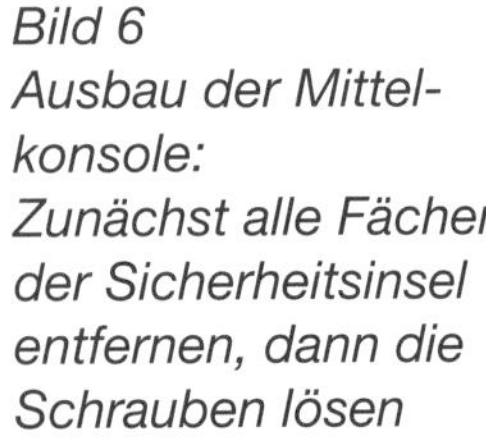
Bild 6
Ausbau der Mittelkonsole:
Zunächst alle Fächer der Sicherheitsinsel entfernen, dann die Schrauben lösen

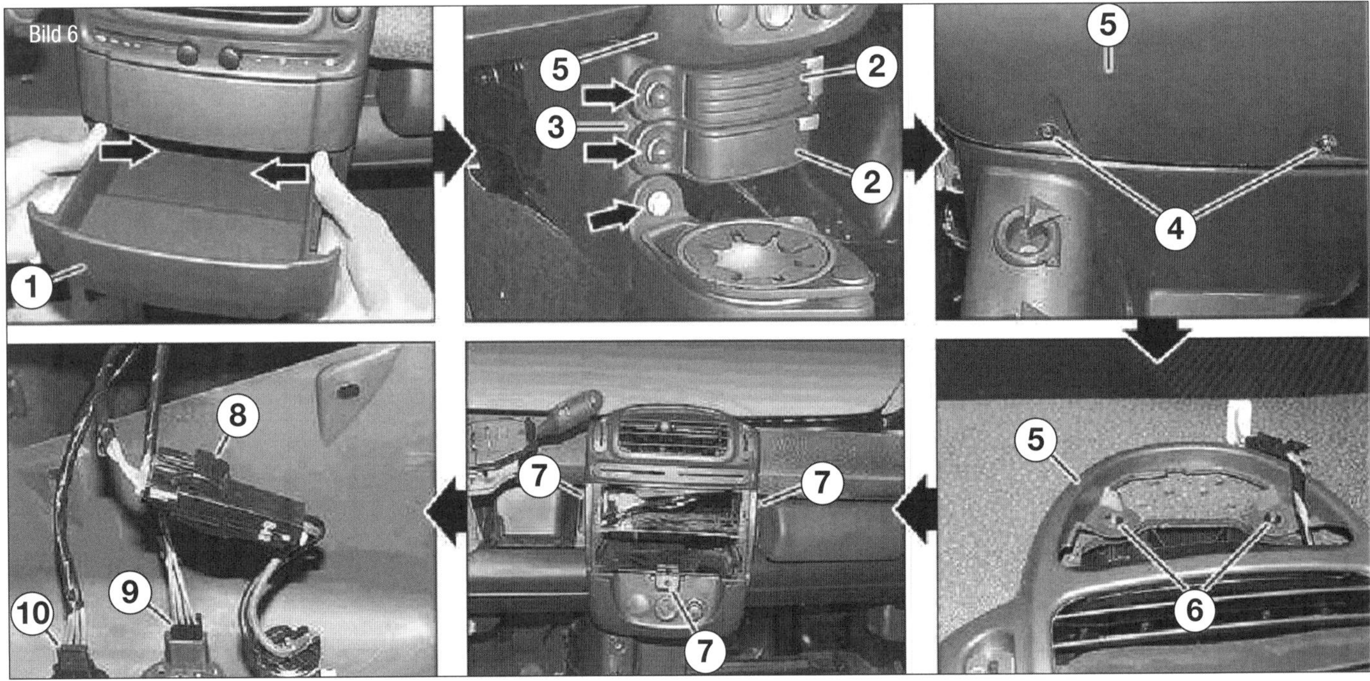

■ Die Stecker (8 und 9), bei Fahrzeugen mit Nebelscheinwerfern auch (10) trennen.

Einbau:

■ In umgekehrter Reihenfolge.

■ Cockpituhr einstellen und Radio codieren.

 Einbaulage der Heizungsknöpfe zu den Betätigungshebeln beachten.

Verkleidung der Vertikalstrebe neben Mittelkonsole vorn aus-/einbauen

Ausbau:

■ Drehen Sie die Schrauben unter den Endkappen (1) heraus und entfernen Sie die Zubehörteile von der Verkleidung der Vertikalstrebe.

■ Drehen Sie die Schrauben der Verkleidung der Mittelkonsole an der Verkleidung der Vertikalstrebe heraus.

■ Entfernen Sie die Niete an der Verkleidung der Vertikalstrebe.

Einbau:

■ Erfolgt in umgekehrter Reihenfolge.

 Dabei neue Niete vorsichtig mit der Zange einsetzen.

Abdeckung am Wählhebel

Ausbau:

■ Ziehen Sie den Schaltknauf ab.

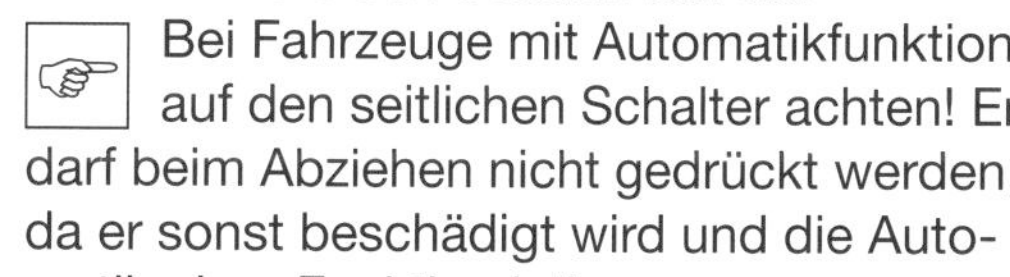
Bei Fahrzeuge mit Automatikfunktion auf den seitlichen Schalter achten! Er darf beim Abziehen nicht gedrückt werden, da er sonst beschädigt wird und die Automatik ohne Funktion ist!

■ Beim Cabrio müssen Sie die Rastnasen an der Abdeckung mit einem geeigneten Werkzeug, etwa einem flachen Schraubendreher, nach außen drücken.

■ Drehen Sie dann die Verkleidung nach rechts und nehmen Sie sie ab.

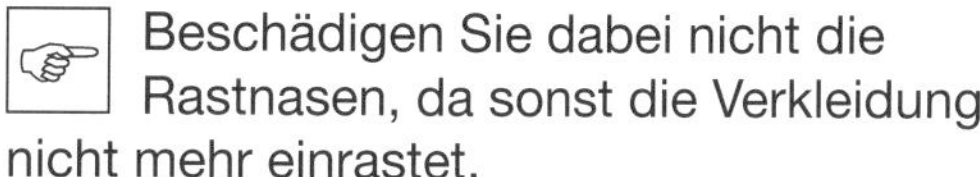
Beschädigen Sie dabei nicht die Rastnasen, da sonst die Verkleidung nicht mehr einrastet.

■ Trennen Sie die elektrische Steckverbindung. Beschädigen Sie dabei nicht die Rastnasen, da der Stecker sonst nicht mehr verriegelt.

■ Entfernen Sie nun die Abdeckung der Schraube an der Abdeckung des Wählhebels und drehen Sie diese heraus.

■ Ziehen Sie die Abdeckung des Wählhebels vorne links und rechts leicht nach außen und nehmen Sie sie ab.

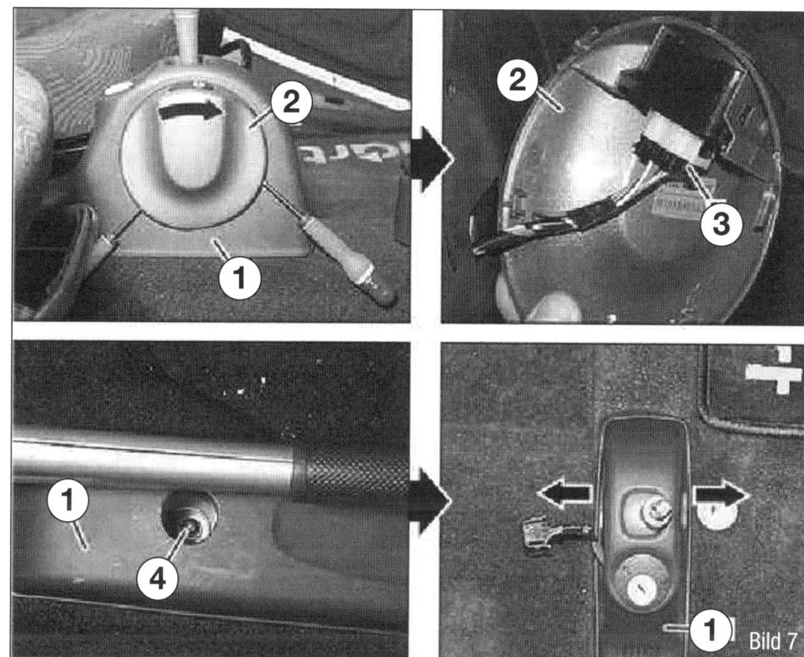

Bild 7
Wählhebelabdeckung ausbauen:
1 Abdeckung
2 Verkleidung
3 Anschluss
4 Schraube

Einbau:

■ Erfolgt in umgekehrter Reihenfolge. Achten Sie dabei auf das korrekte Einrasten der elektrischen Steckverbindung.

Mittelkonsole unten

Ausbau:

■ Ziehen Sie den Schaltknauf ab. Achten Sie auf den seitlichen Schalter: Er darf nicht gedrückt werden, da er sonst beschädigt wird. Dann könnte die Automatikfunktion ausfallen.

■ Nehmen Sie die Schaltknaufverkleidung zusammen mit der Feder ab.

■ Bei Fahrzeugen mit elektrisch verstellbarem Außenspiegel müssen Sie den Schalter für die Außenspiegelverstellung mit einem geeigneten Werkzeug (flacher Schraubendreher, Kunststoffkeil) durch leichtes Heraushebeln ausbauen.

■ Trennen Sie die elektrische Steckverbindung.

■ Entfernen Sie die Abdeckung (2).

■ Drehen Sie dann die Schraube aus der Mittelkonsole (4) heraus.

■ Nehmen Sie die Mittelkonsole nach oben ab.

Einbau:

■ In umgekehrter Reihenfolge.

Achten Sie bei der Ausrüstung mit elektrisch verstellbaren Außenspiegeln auf das korrekte Einrasten des Steckers am Schalter für die Spiegelverstellung.

Instrumententafel ausbauen

Ausbau:

Nach Ausbau der Fußraumabdeckungen Fahrer- und Beifahrerseite, des Kombiinstruments, des Vorderteils der Mittelkonsole, der Cockpit-Uhr, des Drehzahlmessers und der Hochtöner kann die Instrumententafel ausgebaut werden:

- Die Luftdüsen ganz außen links und rechts ausclipsen und abnehmen.
- Die Schraube unter der rechten Luftdüse herausdrehen.
- Links am Halter der Instrumententafel die Schraube herausdrehen.
- Die Instrumententafel im Bereich der Schaltergruppe Cockpit anheben, Steckverbindung für die Basislautsprecher trennen und die Tafel im flachen Winkel herausziehen.
- Die drei Clips von der Stirnwand entfernen und die Instrumententafel abnehmen.

Einbau:

- in umgekehrter Reihenfolge. Wenn die Instrumententafel erneuert werden soll, ist links und rechts vorn an der neuen Tafel die Einsparung für die Hochtönerkabel einzuarbeiten.

Innenspiegel aus-/einbauen

- Drehen Sie den Innenspiegel vorsichtig entgegen dem Uhrzeigersinn um 90°.
- Nehmen Sie den Innenspiegel ab.
- Der Einbau erfolgt in umgekehrter Reihenfolge.

Dachrahmen-Verkleidung vorn

Ausbau:

- Bauen Sie den Innenspiegel ab.
- Drehen Sie die Schraube an der Sonnenblende links und rechts heraus.
- Nehmen Sie die Sonnenblenden ab.
- Drehen Sie die Schraube am Spiegeladapter heraus.
- Drehen Sie die Schrauben an der Verkleidung des Dachrahmens vorn heraus.
- Clipsen Sie den Clip an der vorderen Dachrahmen-Verkleidung aus. Schieben Sie beim cabrio einen geeigneten Kunststoffkeil zwischen die Verkleidung und das Holmlager und clipsen Sie dann den Clip aus.
- Nehmen Sie jetzt die Verkleidung des Dachrahmens vorn ab.

bei Fahrzeugen mit Fernbedienung:

- Bei Fahrzeugen mit Infrarot-Fernbedienung ist die Empfängereinheit der Infrarot-Fernbedienung an der Verkleidung des Dachrahmens vorn angeklebt und muss vor dem Ausbau des Dachrahmens ausgebaut werden.
- Trennen Sie die elektrische Steckverbindung an der Empfängereinheit der Infrarot-Fernbedienung.

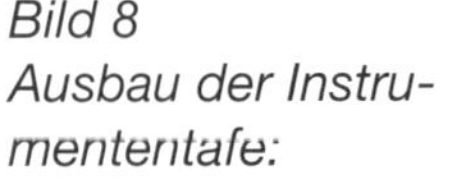

Bild 8
Ausbau der Instrumententafel:
1 Instrumententafel
2 Luftdüsen
3 Schraube rechts
4 Schraube links
5 Clips an der Stirnwand

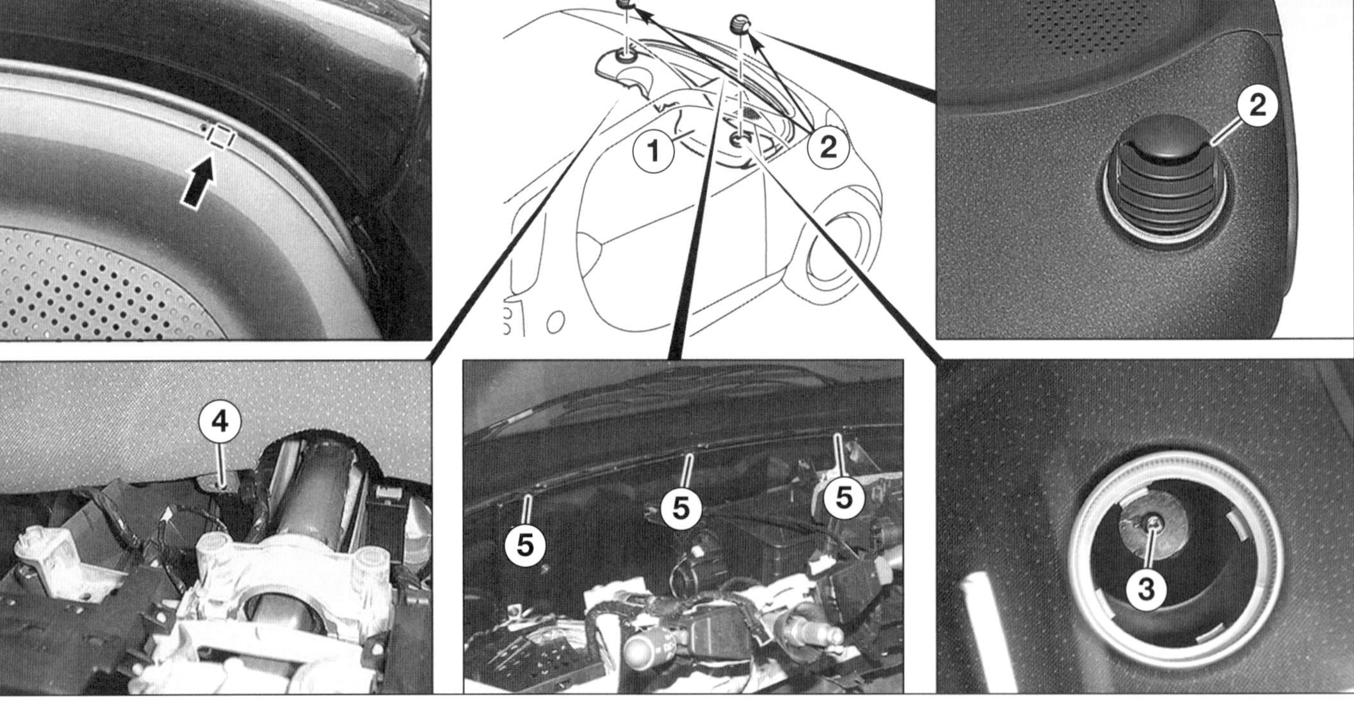

■ Drücken Sie die Empfängereinheit der Infrarot-Fernbedienung aus der Verkleidung des Dachrahmens vorn heraus und nehmen Sie sie ab.
■ Wenn Sie bei einem Fahrzeug mit Fernbedienung die Verkleidung des Dachrahmens erneuern, muss vor dem Einbau eine Montageöffnung für die Empfängereinheit der Fernbedienung eingearbeitet werden. Der Einbauort ist mit »IR« gekennzeichnet. Bringen Sie dort eine Bohrung von 16 mm Durchmesser ein.

Dachverkleidung (coupé mit elektrischem Glasschiebedach)
Ausbau:
■ Clipsen Sie die Verkleidung der A-Säule links und rechts aus.
■ Bauen Sie den Innenspiegel wie beschrieben ab.
■ Drehen Sie die Schrauben an der Sonnenblende links und rechts heraus.
■ Nehmen Sie die Sonnenblenden links und rechts ab.
■ Drehen Sie die Schraube am Spiegeladapter heraus und nehmen Sie den Spiegeladapter ab.
■ Bauen Sie die Deckenleuchte im Fond ab
■ Nehmen Sie den Sicherheitsgurt auf der Beifahrerseite aus der Gurtführung heraus und klappen Sie die Sitzlehne des Beifahrersitzes um.
■ Bei Fahrzeugen mit Seitenairbags müssen Sie die Kopfpads links und rechts abziehen.

Da die Kopfpads mit der Karosserie verklebt sind, werden Sie beim Ausbau zerstört und müssen grundsätzlich beim Einbau erneuert werden.

■ Drehen Sie die Schraube links und rechts an der Dachverkleidung heraus.
■ Drehen Sie Schraube an der Dachverkleidung hinten heraus.
■ Schwenken Sie die Dachverkleidung auf der Beifahrerseite nach unten. Ziehen Sie den Keder am Glasschiebedach vorsichtig ab und nehmen Sie die Dachverkleidung nach hinten aus dem Fahrzeug heraus.

Einbau:
■ in umgekehrter Reihenfolge.

Vor dem Abziehen der Schutzfolie müssen S die Kopfpads bündig zur Türdichtung positionieren und die Lage kennzeichnen.

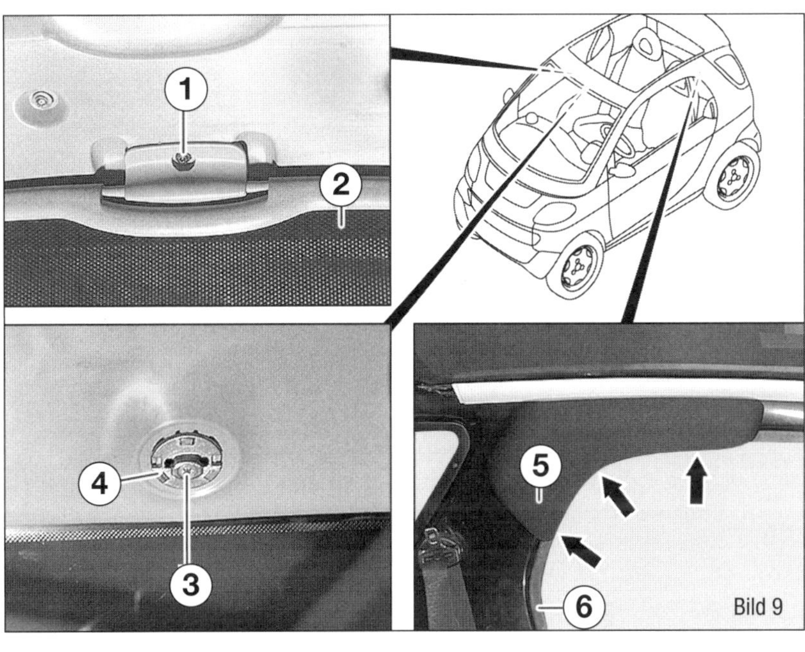

Bild 9

■ Beim Einbau der Montageschnur in die untere Kippe am Keder einsetzen
■ Achten Sie auf das sichere Einrasten der Verkleidung der A-Säule im Rahmen.

Dachverkleidung hinten
■ Deckenleuchte ausbauen und Schrauben links und rechts herausdrehen
■ Dachrahmen hinten leicht nach unten aus drei Befestigungsclipsen ziehen.
■ Beim Einbau zuerst vorn einführen.

Bilder 9 und 10
Beim Ausbau der Dachverkleidung beachten (Auswahl):
5 Kopfpad
7 Schrauben
8 Himmel,
9 Schrauben
10 Keder
11 Glasdach
12 Montageschnur

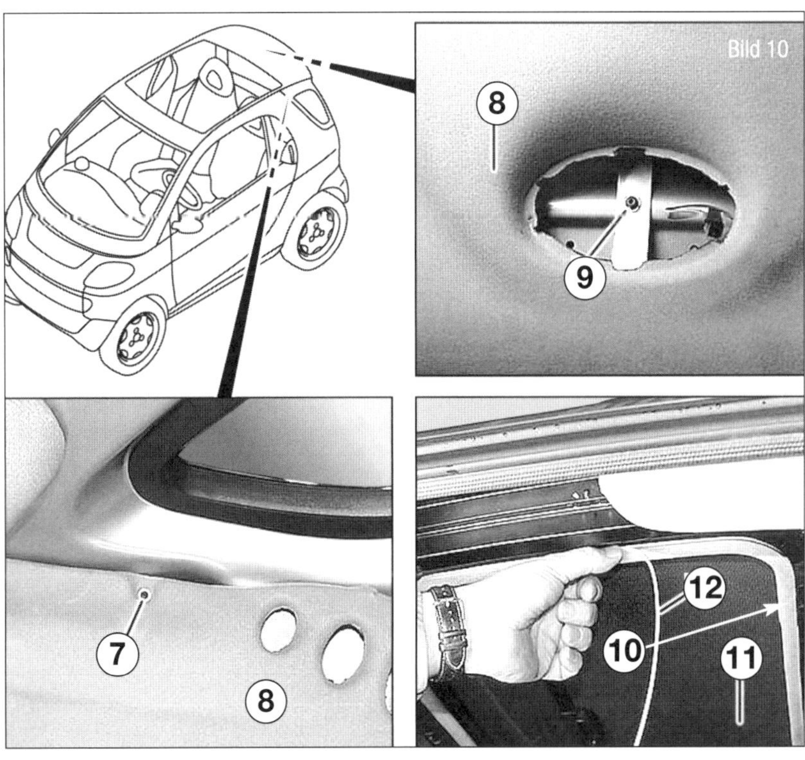

Bild 10

Sitze und Gurte

⚠ Verletzungsgefahr bei Prüf- und Montagearbeiten an Airbags und Gurtstraffern!

⚠ Airbag und Gurtstraffereinheiten unterliegen dem Sprengstoffgesetz. Erwerb, Beförderung, Lagerung, sowie Prüf - und Montagearbeiten dürfen daher nur von sachkundig geschultem Personal erfolgen oder beaufsichtigt werden.

☞ Unbrauchbare Airbag- oder Gurtstraffereinheiten nur in Originalverpackung der sach- und unweltgerechten Entsorgung zuführen.

⚠ Beim Ausbau von Sitzen und Gurten sind grundsätzlich folgende Vorsichtsmaßregeln einzuhalten:

- Beide Batteriepole abklemmen und sichern! Einige Minuten warten.
- Ausgebaute Airbag-Einheiten nur mit der Austrittsfläche nach oben lagern!
- Einheiten vor Funkeflug, Feuer und Temperaturen über 100 Grad schützen!
- Einheiten nicht mit Fett, Öl oder Reinigungsmittel in Berührung bringen.
- Einheiten, dieheruntergefallen sind, müssen ersetzt werden.
- Erstanschluss einer Batterie oder Fremdstromquelle nur ohne Insassen mit vorher eingeschalteter Zündung!

Sicherheitsgurt mit Gurtstraffer

⚠ Sicherheitshinweise beachten! Aufrollmechanismus darf nicht zerlegen werden!

Ausbau:

- Beide Batteriepole abklemmen, sichern und einige Minuten warten.
- Bauen Sie dann die Kofferraumverkleidung aus.
- Trennen Sie die Steckverbindung der Zündpille des Gurtstraffers (1) am Gurtaufrollautomaten (7). Stecken Sie die Leitung beim Einbau in den Halter (2).
- Drehen Sie die Befestigungsschraube (4) am Gurtendbeschlag (3) heraus.
- Bauen Sie die Abdeckung am Gurtumlenkbeschlag (5) ab und drehen Sie die Befestigungsschraube (6) am Gurtumlenkbeschlag (5) heraus.
- Drehen Sie die Befestigungsschraube (8) am Gurtaufrollautomat (7) heraus und nehmen Sie den Gurtaufrollautomat (7) nach oben heraus.

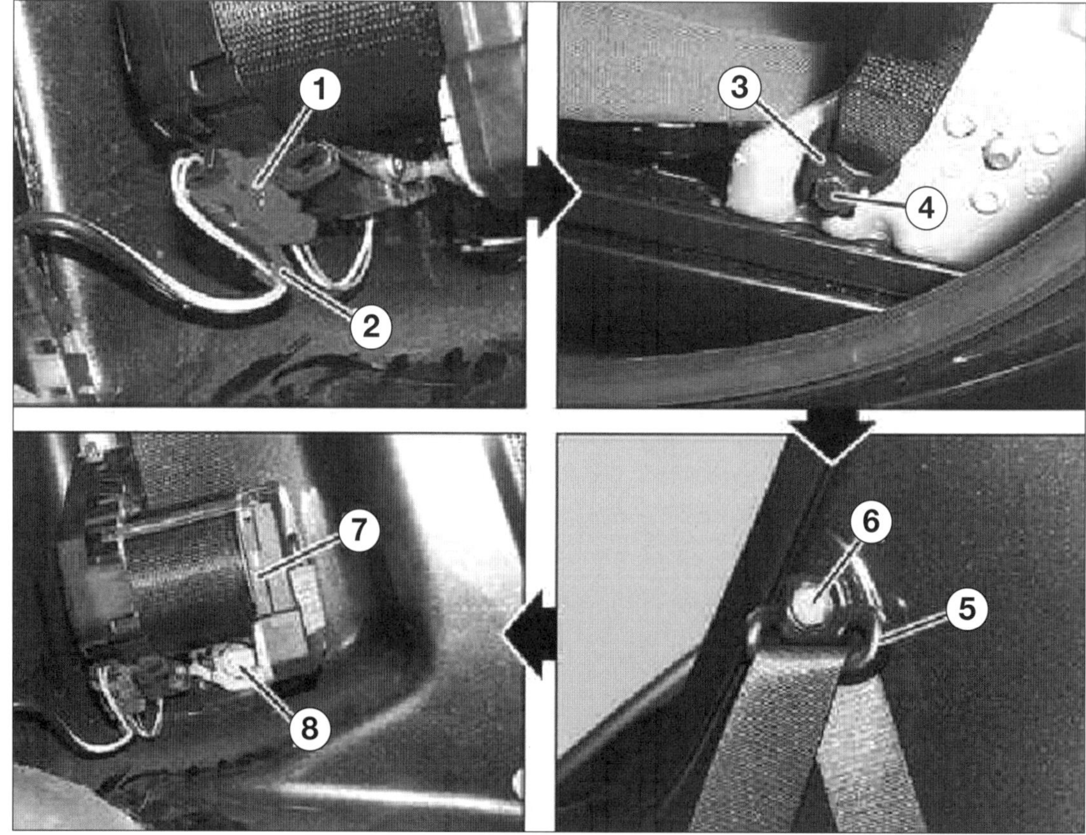

Bild 11
Beim Ausbau der Gurte beachten:
1 Stecker
2 Halter für Zuleitung
3 Gurtbeschlag
4 Befestigungsschraube
5 Gurtumlenkung
6 Befestigungsschraube
7 Gurtaufrollautomat
8 Befestigungsschraube

Einbau:
- erfolgt in umgekehrter Reihenfolge.
- Setzen Sie den Gurtaufrollautomat (7) beim Einbau in die Führung ein und schieben Sie ihn nach unten.
- Achten Sie dabei auf genügend Beweglichkeit des Gurtumlenkbeschlages (5).
- Alle Befestigungsschrauben werden mit 30 Nm angezogen.

Gurtschloss aus-/einbauen

Ausbau:
- Drehen Sie die Befestigungsschraube am Gurtschloss heraus.
- Bauen Sie den Vordersitz aus.
- Nehmen Sie das Gurtschloss ab.

Einbau:
- erfolgt in umgekehrter Reihenfolge.
- Anzugsmoment der Schraube am Gurtschloß: 30 Nm

Sitze

Ausbau:
Bei Fahrzeugen mit Seitenairbag müssen Sie zuerst beide Leitungen der Batterie abklemmen.
- Drehen Sie die Schraube (1) am Gurtendbeschlag ab und nehmen Sie den Sicherheitsgurt aus der Gurtführung heraus.
- Schieben Sie den Sitz (2) in die vorderste Stellung.und drehen Sie die hinteren Schrauben (1) an den Sitzschienen heraus.
- Schieben Sie den Sitz jetzt in die hinterste Stellung und drehen Sie die vorderen Schrauben (2 und 3) an den Sitzschienen heraus.

Tipp: Bei Fahrzeugen mit Seitenairbag, Sitzheizung oder Gurtschlosserkennung müssen Sie die Stecker unter dem Sitz trennen und den Leitungssatz vom Gestell lösen.
- Nehmen Sie den Sitz heraus.

Einbau:
- in umgekehrter Reihenfolge.
- Drehen Sie zuerst die hinteren Schrauben (1) ein
- Drücken Sie dann den Sitz vorne nach unten bis die Sitzschienen über die gesamte Länge auf der Konsole aufliegen
- Drehen Sie die Schrauben (2 und 3) ein. Positionieren Sie den Leitungssatz mit der weißen Markierung am Metallclip.

Tipp: Klemmen Sie keinesfalls elektrischen Leitungen wie das Sidebag-Kabel zwischen Sitzkonsole und Sitzschiene ein!
- Bringen Sie den Sitz dann mittels der Sitzlängenverstellung in die mittlere Position, bis das Einrastgeräusch zu hören ist. Bewegen Sie dann den Sitz am vorderen Bereich quer zur Fahrtrichtung mehrmals hin und her.
- Stellen Sie eine Bewegung von 1 bis 2 mm zwischen der Ober- und Unterschiene fest, sollte der Sitz erneuert werden.

Bild 12
Beim Ausbau der Sitze beachten:
1 Gurt
3 Befestigungsschraube
4 Befestigungsschraube
6 Kabelführung
7 Steckverbindung
8 Stecker,
10 Sitzgestell

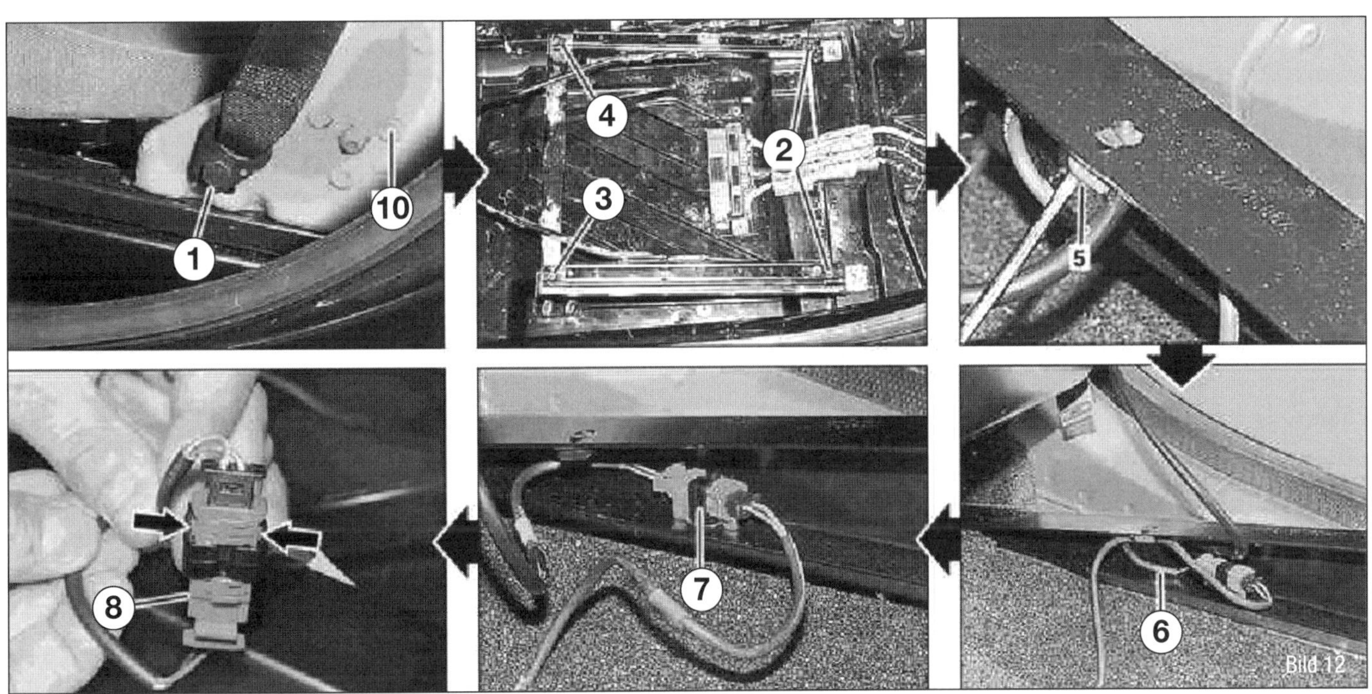

Sitzheizung nachrüsten

Natürlich können Sie auch eine Sitzheizung aus dem Zubehör verbauen. Universell geht immer. Wir möchten Ihnen hier die Nachrüstung einer originalen Sitzheizung vorstellen.

Teilebeschaffung
Sicherlich lassen sich alle Teile auch neu beschaffen, der Gebrauchtteilemarkt gibt aber genug und günstige Bauteile her, die sich für diesen Umbau verwenden lassen.

- Gebrauchte »Rettungsinsel« (Szenebezeichnung für die Bedieninsel (1) in der Mitte der Armaturentafel mit Warnblinkschalter) mit Tastern für die Sitzheizung (4) mit Anschlussstecker (Stück vom Kabelbaum des Schlachtfahrzeugs).
- 30-A-Entlastungsrelais (15).
- Sicherungsträger für 5 Sicherungen (12) oder einzelne Sicherungsträger (16).
- Zwei Sitzheizungsrelais (000 9857 V001) (17) Krimpstecker und Kabel.
- Zwei Steckgehäuse (21) mit Raststeckern.
- Zwei Sitze mit Sitzheizung oder Carbonmatten für den Einbau unter dem Sitzpolster.

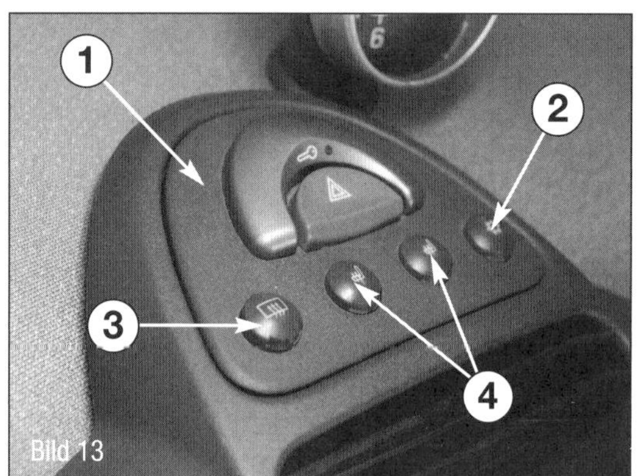

Bild 13

Bild 13
Rettungsinsel (in der Mitte Rettung, außenrum nichts ...).
1 Bedieninseleinsatz
2 Schalter Klimaanlage
3 Schalter Heckscheibenheizung
4 Sitzheizung links und rechts

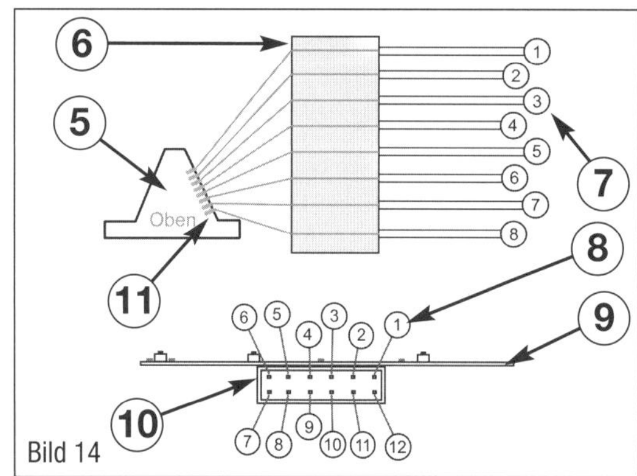

Bild 14

Bild 14
Anschluss auf den Platinen.
5 Platine »kleine Rettungsinsel« ohne Sitzheizung
6 Stecker
7 Anschlusspins »kleine Rettungsinsel« ohne Sitzheizung
8 Anschlusspins »große Rettungsinsel« mit Sitzheizung
9 Platine »große Rettungsinsel« mit Sitzheizung
10 Anschlüsse
11 Anschlüsse

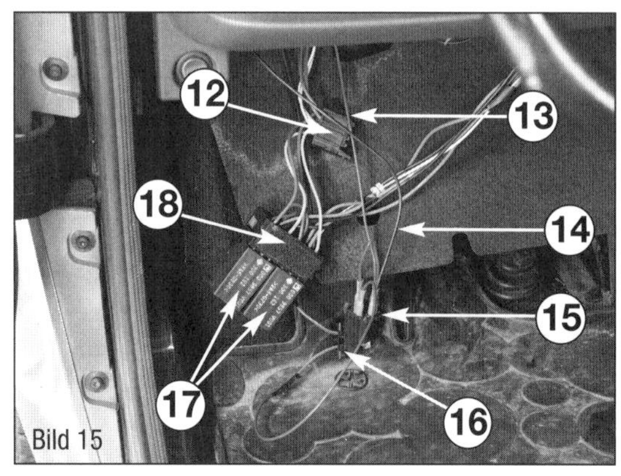

Bild 15

Bild 15
Anschlüsse Relais und Spannungsversorgung.
12 Sicherungsträger
13 Klemme 30 vom Sicherungsträger
14 Masseanschluss
15 Entlastungsrelais
16 Anschluss zu den Relais
17 Sitzheizungsrelais
18 Relaissockel mit passenden Raststeckern

Umbau Rettungsinsel (Sicherheitsinsel)
Bauen Sie die Mittelkonsole unten wie auf der Seite 155 beschrieben aus.

- Bauen Sie die Rettungsinsel wie Kapitel 9 beschrieben aus.
- Schalten Sie die Zündung aus.
- Ziehen Sie die Anschlusskabel (6) ab.

☞ Der Unterschied zwischen den Rettungsinseln mit und ohne Taster für die Sitzheizung ist unter anderem der Anschlussstecker. Die Steckercodierung ist gleich. Die Anschlusspins 9 –12 kommen allerdings hinzu.

- Schneiden Sie die Anschlusskabel durch und verlöten Sie die Anschlüsse 1– 8 nach dem Anschlussplan in Bild 14.
- Verlängern Sie die Anschlusspins 9 –12 der neuen Platine (10) bis zum gewählten Einbauort der Relais.

Anschluss der Sitze

- Verlegen Sie jeweils eine Leitung mit mindestens 1,5 mm^2 als Spannungsversorgung unter jeden Sitz.
- Versehen Sie die Leitung mit einem Raststecker und rasten Sie ihn im Steckergehäuse (21) ein.
- Schließen Sie ein Massekabel (19), wie im Bild 16 gezeigt, am Sitzgestell an und versehen Sie es mit einem Raststecker, der auch im Steckergehäuse (21) eingerastet wird.

Zusatzinstrumente nachrüsten

Auch diese Arbeiten fallen beim Smart sehr einfach aus. Die Nachrüstung ist generell vorgesehen und die erforderlichen Steckkontakte sind vorhanden.

Original-Uhr nachrüsten

■ Demontieren Sie wie auf Seite 155 beschrieben die »Sicherheitsinsel« (Rettungsinsel).
■ Stecken Sie die Uhr wie beschrieben in der »Sicherheitsinsel« (Rettungsinsel) ein und verschrauben Sie sie.
■ Stecken Sie das Kabel auf den freien Steckplatz auf der Platine der »Sicherheitsinsel« (Rettungsinsel) auf.
■ Stellen Sie die Uhr ein.
■ Montieren Sie die »Sicherheitsinsel« (Rettungsinsel) wieder.

Original-Drehzahlmesser nachrüsten

■ Demontieren Sie wie auf Seite 155 beschrieben das Kombiinstrument.
■ Demontieren Sie wie auf Seite 155 beschrieben die »Sicherheitsinsel« (Rettungsinsel).
■ Stecken Sie den Drehzahlmesser wie beschrieben in der »Sicherheitsinsel« (Rettungsinsel) ein und verschrauben Sie ihn.
■ Stecken Sie das Kabel auf den freien Steckplatz auf der Platine des Kombiinstruments auf.
■ Führen Sie eine Funktionskontrolle durch.
■ Montieren Sie die »Sicherheitsinsel« (Rettungsinsel) und das Kombiinstrument wieder.

OBD-Zusatzinstrument nachrüsten

Der kleine Bildschirm kann mehr, als sich zuerst vermuten lässt. Neben Piepsgeräuschen bei einer bestimmten Geschwindigkeit oder bei Erreichen einer Höchsttemperatur können der Kraftstoffverbrauch und einige andere Funktionen dargestellt werden, die vom Motorsteuergerät zur Verfügung gestellt werden. Zusätzlich ist es auch möglich, die Fehlerspeicher für die abgasrelevanten Fehler beziehungsweise das Motorsteuergerät auszulesen. Die Kosten hierfür liegen bei etwa 30 Euro bei diversen Internetplattformen.
■ Schalten Sie die Zündung aus.
■ Führen Sie das mitgelieferte Anschlusskabel von der OBD-Anschlussdose zum gewünschten Einbauort an Ihrem Fahrzeug.
■ Kleben Sie den Klebepad an die Montagestelle.
■ Stecken Sie das Anschlusskabel im Zusatzinstrument und an der OBD-Steckdose ein.

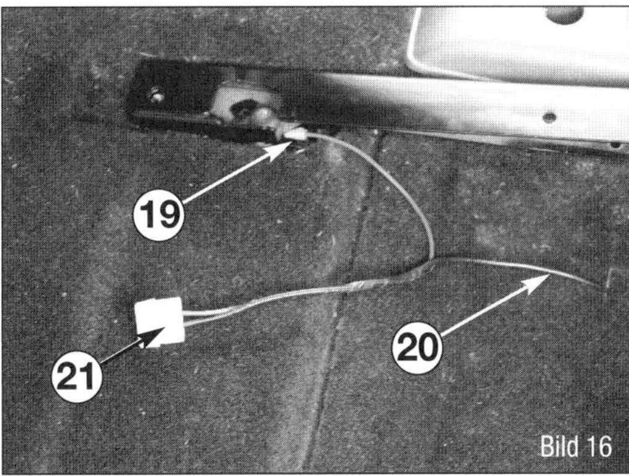

Bild 16
Bild 16
Anschluss Sitzverkabelung unterm Sitz.
19 Masseanschluss am Sitzgestell
20 Spannungsversorgung vom Relais
21 Steckersockel mit passenden Raststeckern

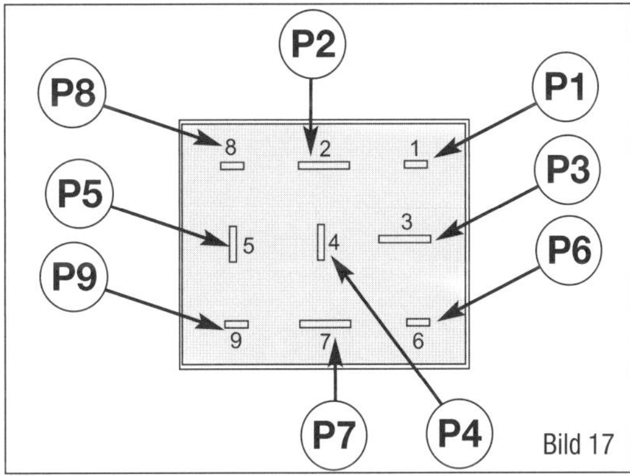

Bild 17
Bild 17
Anschluss am Sitzheizungsrelais (Steuergerät).
P1 Plus (KL15) (15 A Sicherung)
P2 Masse (KL31)
P3 Anschluss Sitzheizung
P4 Stufe 1 (+ vom Schalter Sitzheizung)
P5 Frei
P6 Plus (KL15) (20 A Sicherung)
P7 Plus (KL15) (25 A Sicherung)
P8 Stufe 2 (+ vom Schalter Sitzheizung)
P9 Frei

Bild 18
Bild 18
Sehr smart: Multifunktionsanzeige mit diversen Darstellungsmöglichkeiten, vielen Werten die vom Motorsteuergerät ausgegeben werden. Motordrehzahl, Geschwindigkeit usw. sind wie die Fehlerspeicherabfrage möglich.

■ Machen Sie einen Funktionstest und passen Sie die Einstellung Ihren Bedürfnissen an.

Schubfach nachrüsten

Das Nachrüsten der originalen Schublade unter dem Sitz ist recht einfach. Mit etwas Geschick lässt sich die gleiche Schublade auch auf der Beifahrerseite montieren.

Schublade auf der Fahrerseite (links)
■ Nehmen Sie die Fußmatten heraus.
■ Schieben Sie den Fahrersitz so weit es geht nach hinten.
■ Schieben Sie das Schubladengehäuse so

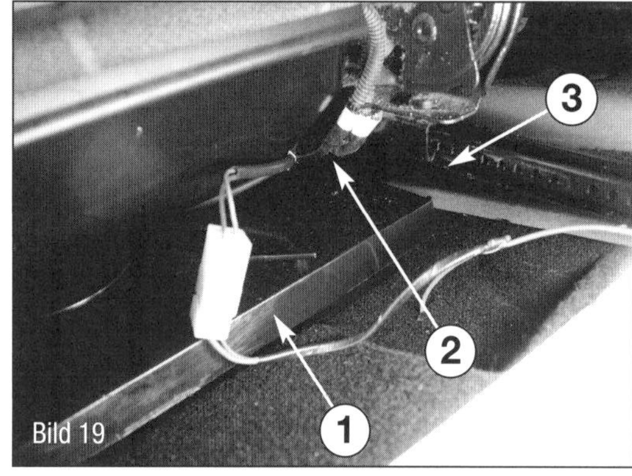

Bild 19
Schublade von hinten.
1 Schublade
2 Halterung in der Sitzschiene
3 Sitzschiene

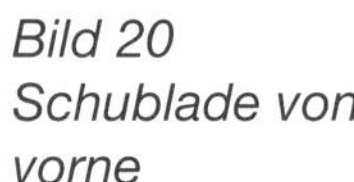

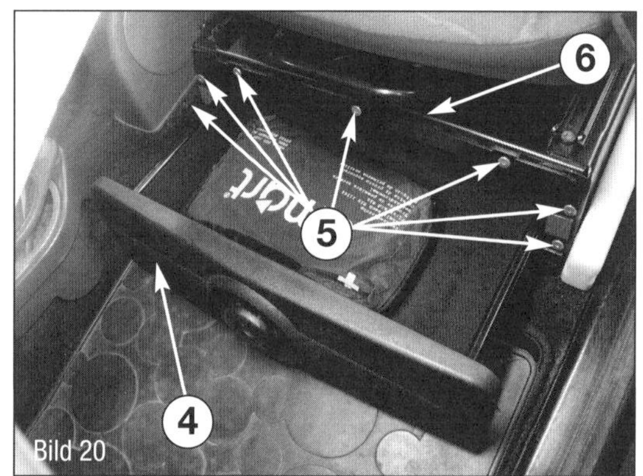

Bild 20
Schublade von vorne
4 Schublade
5 Blindnieten
6 Sitzgestell Fahrerseite

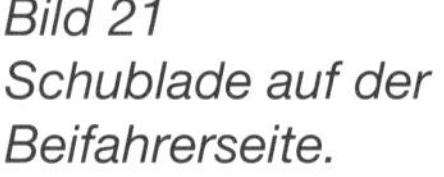

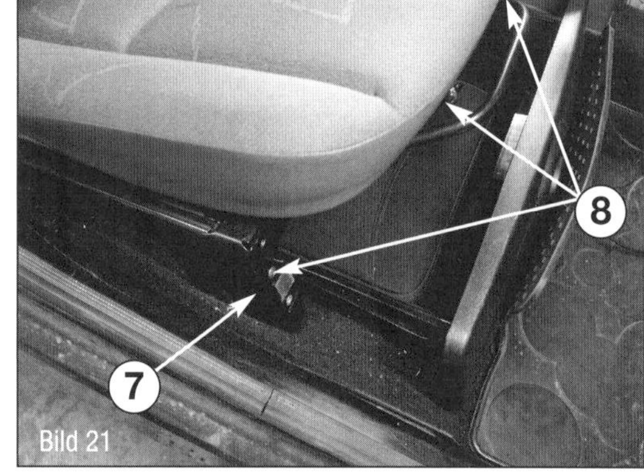

Bild 21
Schublade auf der Beifahrerseite.
7 zusätzliches Sitzgestell als Aufsatz
8 Blindnieten

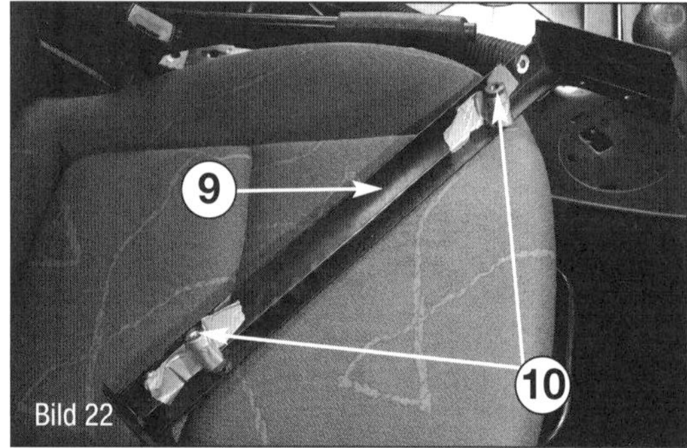

Bild 22
Distanzhülsen am zusätzlichen Sitzgestell.
9 Abschnitt als Zusatzsitzgestell
10 Distanzhülsen

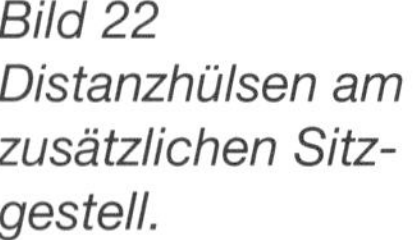

ein, dass die Führungsschiene (2) hinten im Sitzgestell (3) eingeschoben wird.

- Vernieten Sie das Schubladengehäuse mit den mitgelieferten Blindnieten (5) am Sitzgestell.
- Schieben Sie die Schublade (4) in das Schubladengehäuse ein.
- Legen Sie die Fußmatten wieder in den Fußraum ein.

Schublade auf der Beifahrerseite (rechts)
Für den Einbau auf der Beifahrerseite ist die Schublade eigentlich zu lang. Wir haben ein weiteres Sitzgestell zerschnitten und die fehlende Länge mit dem gewonnenen Blech ausgeglichen. Die Schublade wird wie beschrieben vernietet. Allerdings nur noch an den drei oberen Nietstellen (8). Die seitlichen Befestigungsstellen wurden mit Distanzhülsen (10) und Blechschrauben befestigt.

Faltenbalg am Bremspedal
Ausbau:

- Die Schraube (1) herausdrehen und den Pedalkopf (2) abnehmen. Der Fixierdorn am Pedalkörper muss beim Einbau mit der Bohrung am Pedalkopf (2) übereinstimmen.
- Lösen Sie den Faltenbalg (3) durch Zusammendrücken aus dem Bodenblech.

Einbau

- erfolgt in umgekehrter Reihenfolge. Rasten Sie dabei den Faltenbalg im Bodenblech (Pfeile in der Abbildung) ein.

Fußraumabdeckung Fahrerseite
Ausbau:

- Drehen Sie die Kunststoffmutter (1) am Radlauf links heraus (Bilder links).
- Lösen Sie den Clip (2) an der Horizontalstrebe.
- Ziehen Sie die Fußraumabdeckung (3) aus dem Bodenbelag, aus der Abdeckung der Träger und aus der Abdeckung der Vertikalstrebe heraus und nehmen Sie sie diese ab.

Einbau:
erfolgt in umgekehrter Reihenfolge.

Bodenbeläge
Ausbau:

- Bauen Sie die Sitzkonsole aus.
- Bauen Sie das elektronische Fahrpedal aus.
- Bauen Sie wie beschrieben den Faltenbalg am Bremspedal, die Verkleidung der Vertikalstrebe und die Abdeckung am Wählhebel aus.
- Beim Coupé ab Baudatum 15. 11. 1999

und beim Cabrio ab Baudatum 11 .01. 2000 müssen Sie die elektrische Steckverbindung trennen und den Empfänger der Funk-Fernbedienung vom Bodenbelag vorn lösen und abnehmen.
- Bauen Sie die Befestigungsscheibe ab.
- Heben Sie den Bodenbelag vorn an und führen Sie die elektrischen Leitungen durch dessen Öffnungen. Beachten Sie dabei genau die Verlegungsweise der Leitungen.
- Nehmen Sie den Bodenbelag vorn heraus.
- Bauen Sie die Gepäckboxen hinten links und rechts aus.
- Nehmen Sie den Bodenbelag hinten heraus.
- Der Einbau erfolgt in umgekehrter Reihenfolge.

Fußraumabdeckung Beifahrerseite
Ausbau:
- Lösen Sie die Fußraumabdeckung (1) am Umluftkasten (2) und am Radlauf rechts (3). Aus- und Einbau des Umluftkastens werden am Kapitelschluss beschrieben.
- Ziehen Sie die Fußraumabdeckung vorne nach unten (Pfeil Abbildung) und ziehen Sie sie dabei aus der Abdeckung der Träger (4) heraus.

Einbau:
Erfolgt in umgekehrter Reihenfolge. Drücken Sie dabei das Klettband im Bereich des rechten Radlaufs an.

Fußstütze Beifahrerseite
Ausbau:
- Klappen Sie den Bodenbelag (1) im Bereich des Fußraums der Beifahrerseite zurück. Gehen Sie dabei vorsichtig zu Werke und überdehnen Sie den Belag nicht.
- Bei Fahrzeugen ab Baudatum 19. 06. 2000 müssen Sie den Kompressor des Pannensets »Tirefit« herausnehmen.
- Bauen Sie die Fußstütze (3) aus. Achten Sie dabei genau auf die Befestigung dieser Fußstütze.
- Der Einbau erfolgt in umgekehrter Reihenfolge.

Umluftkasten aus- und einbauen
Der Kasten im Fußraum der Beifahrerseite muss je nach Baujahr und Fahrzeugausstattung etwas anders montiert werden.

Ausbau:
- Bauen Sie wie beschrieben den Bodenbelag vorn aus.
- Bauen Sie die Schallwandlerbox rechts und das Elektronische Fahrpedal aus.
- Entfernen Sie die beiden Kabelbinder an der Horizontalstrebe (2) am Umluftkasten (1).
- Nachdem Sie die beiden Schrauben vom Querträger über der Horizontalstrebe abgeschraubt haben, müssen Sie die Muttern (3) an der Stirnwand abdrehen und die Horizontalstrebe abnehmen.
- Bauen Sie die Fußstütze Fahrerseite aus (abschrauben) und hängen Sie den Seilzug Umluft (2) am Umluftkasten aus.
- Drehen Sie die Muttern, mit denen der Umluftkasten oben und unten an der Stirnwand befestigt ist, heraus und nehmen Sie den Kasten ab.

Einbau:
- Sinngemäß umgekehrt.
- Den Umluft-Seilzug in die Arretierung neben dem Hebel am Umluftkasten einsetzen und am Hebel einhängen.

Seilzug einstellen:
- Aus der Arretierung lösen, Hebel am Bediengerät Heizung/Lüftung bis Anschlag nach oben drücken
- Hebel am Kasten bis Anschlag nach links drücken
- Hülle des Seilzugs arretieren.

Bild 23
Ab Juni 2000 wurde ein Pannenset in die Beifahrerstütze integriert. Beim Ausbau darauf achten, dass der Träger nicht bricht

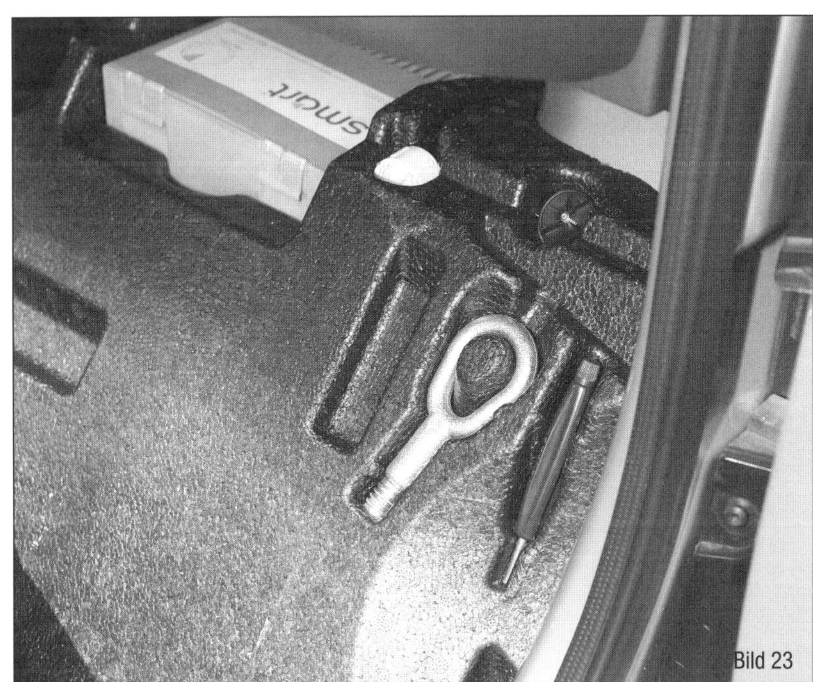

Bild 23

Lenksäulenverkleidungen aus- und einbauen

Demontage der unteren Verkleidung

- Drehen Sie die vier Schrauben (2) heraus.
- Rasten Sie die beiden Haltenasen (1) aus.
- Nehmen Sie die untere Verkleidung nach unten ab. Führen Sie sie beim Abnehmen um die Armaturentafeln herum.

Die Montage erfolgt sinngemäß in umgekehrter Reihenfolge.

Demontage der oberen Verkleidung

- Der obere Teil (4) ist mit der Tachoeinheit (3) verbunden.
- Schalten Sie die Zündung aus.
- Bauen Sie die untere Verkleidung wie beschrieben ab.
- Ziehen Sie den Stecker zum Tachometer ab.
- Soweit verbaut, ziehen Sie den Anschlussstecker für den Drehzahlmesser ab.
- Nehmen Sie die Verkleidung mit dem Tachometer nach oben ab.

Die Montage erfolgt sinngemäß in umgekehrter Reihenfolge.

Arbeiten am Lenkrad

Beachten Sie die Sicherheitshinweise zum Airbagsystem, die wir im Folgenden zusammengestellt haben.

Aus- und Einbau des Lenkrades

- Klemmen Sie die Batterie bei eingeschalteter Zündung ab.
- Demontieren Sie, wie beschrieben, die untere Lenksäulenverkleidung.
- Stellen Sie das Lenkrad gerade (Geradeausstellung).
- Ziehen Sie den Stecker (8) ab.

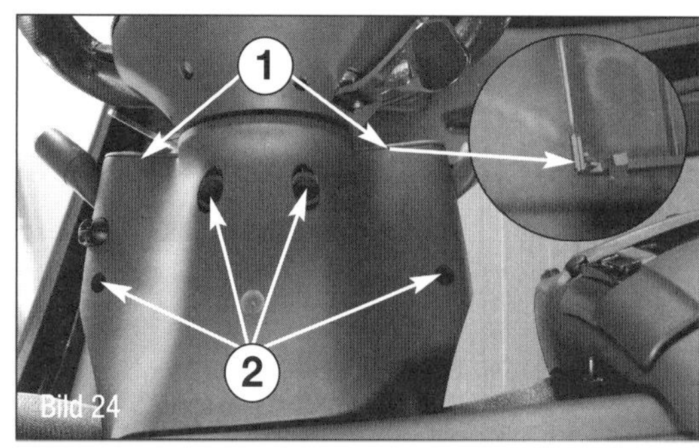

Bild 24 Lenksäulenverkleidung unten.
1 Rastnasen
2 Verschraubungen

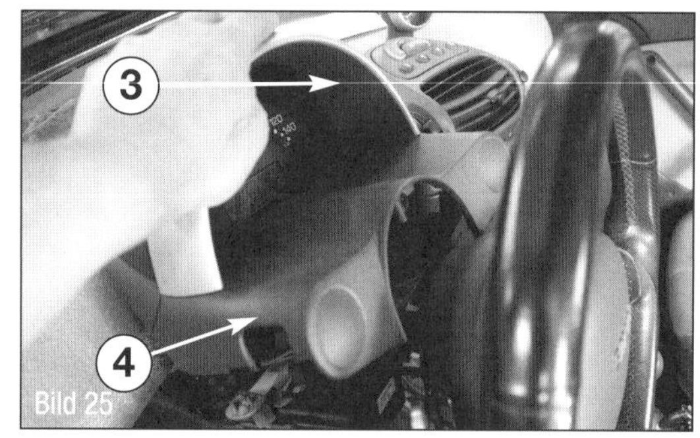

Bild 25 Lenksäulenverkleidung oben.
3 Tachoeinheit
4 obere Lenksäulenverkleidung

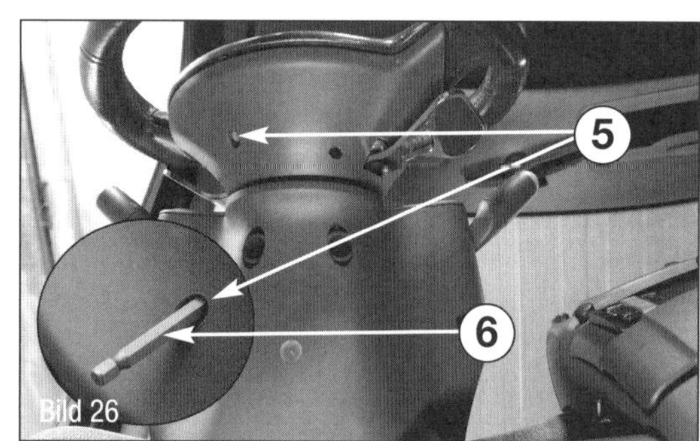

Bild 26 Verschraubung am Lenkrad.
5 Bohrung für den Zugang zur Schraube
6 Torx-Steckschlüssel T40

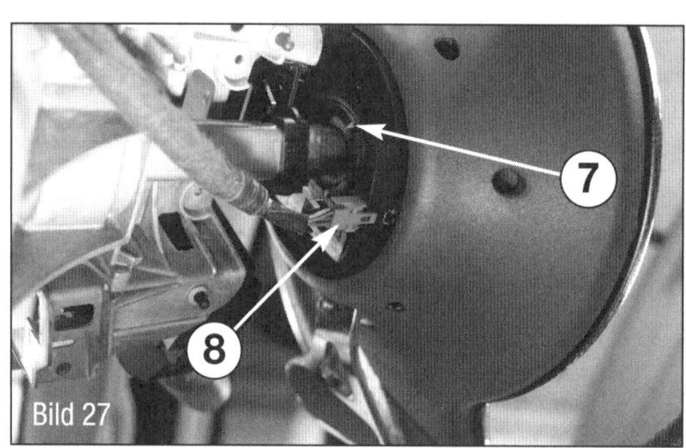

Bild 27 Lenkrad von hinten.
7 Wickelfeder
8 Stecker zur Wickelfeder

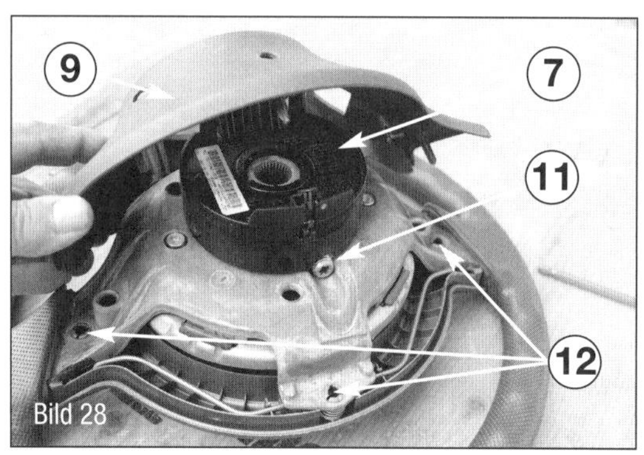

Bild 28 Lenkrad zerlegen.
7 Wickelfeder
9 Abdeckung hinten
11 Sicherungsschraube Lenkrad
12 Rastung Hupenring

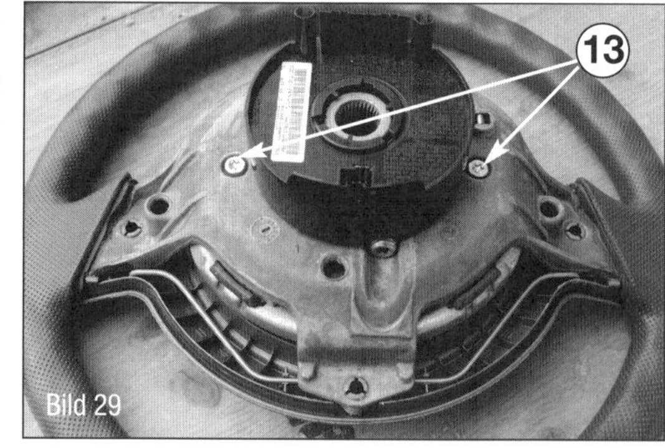

Bild 29 Verschraubungen Airbag (13).

■ Drehen Sie die Klemm- und Sicherungsschraube (5 oder 11) so weit los, dass ein Verdrehen der Wickelfeder (7) verhindert wird.
■ Nehmen Sie das Lenkrad ab.

Die Montage erfolgt sinngemäß in umgekehrter Reihenfolge.

Lenkrad zerlegen
■ Bauen Sie das Lenkrad wie beschrieben ab.
■ Ziehen Sie die hintere Verkleidung (9) gerade vom Lenkrad ab.
■ Drücken Sie die Verrastungen des Hupenrings aus dem Lenkrad heraus.
■ Nehmen Sie den Hupenring ab.
■ Drehen Sie die beiden Schrauben des Airbags heraus (Achtung: Sachkunde erforderlich!!!).
■ Entsichern Sie den Stecker (16) und ziehen Sie ihn vom Airbag ab.
■ Lagern Sie den Airbag vorschriftsmäßig ein.
■ Ziehen Sie den Massekontakt (14) des Hupenrings ab.
■ Ziehen Sie den Steckkontakt (15) des Hupenrings ab.
■ Nehmen Sie den Hupenring ab.

Die Montage erfolgt sinngemäß in umgekehrter Reihenfolge.

Airbagsysteme und Gurtstraffer

⚠ Wir stellen Ihnen an dieser Stelle einige wichtige Hinweise zu den Airbagsystemen vor. Es handelt sich um Sprengsätze nach dem Sprengstoffgesetz. Der Umgang ist klar geregelt. Ohne fachliche Eignung sollten Sie Montagearbeiten an Komponenten des Airbagsystems schon zur eigenen Sicherheit unterlassen.
■ Prüf-, Montage- und Instandsetzungsarbeiten dürfen nur von geschultem Personal durchgeführt werden.
■ Keinesfalls mit Prüflampe, Voltmeter oder Ohmmeter prüfen.
■ Pyrotechnische Bauteile dürfen nur im eingebauten Zustand und mit vom Hersteller frei gegebenen Fahrzeugdiagnose-, Mess- und Informationssystemen geprüft werden.

Bild 30
Anschlüsse im Lenkradtopf.
14 Masseanschluss Hupe
15 Kontakt Hupe
16 Airbagstecker

■ Bei Arbeiten an pyrotechnischen Bauteilen und am Airbag-Steuergerät muss das Masseband der Batterie bei EINGESCHALTETER Zündung abgeklemmt werden. Anschließend den Minuspol abdecken.
■ Nach dem Abklemmen der Batterie ist eine Wartezeit von 10 Sekunden erforderlich.
■ Das Anklemmen der Batterie muss bei EINGESCHALTETER Zündung erfolgen. Hierbei darf sich keine Person im Innenraum des Fahrzeugs aufhalten. Ausnahme: Fahrzeuge mit Batterie im Fahrzeuginnenraum wie beim Smart.
⚠ Halten Sie sich hierbei nicht im Wirkungsbereich der Airbags und der Sicherheitsgurte auf. Wenn nach dem Wiederanklemmen der Batterie die Zündung nicht eingeschaltet ist (die Kontrollleuchten im Schalttafeleinsatz leuchten nicht), halten Sie zum erstmaligen Einschalten der Zündung Kopf und Arm entfernt vom Lenkrad und dem Beifahrerairbag, damit Sie sich nicht im Wirkungsbereich der Airbags und der Sicherheitsgurte befinden.
■ Vor dem Hantieren mit pyrotechnischen Bauteilen des Rückhaltesystems, zum Beispiel dem Trennen der elektrischen Steckverbindung, muss sich der Mechaniker elektrostatisch entladen. Das elektrostatische Entladen wird durch das Berühren von geerdeten Metallteilen, zum Beispiel durch kurzes Anfassen des Türschließkeils, erreicht.

Batterie

Batterien neuester Generation sind mit Zentralentgasung und Rückzündungsschutz ausgestattet: Eine kleine runde Glasfasermatte von 15 mm Durchmesser und 2 mm Dicke lässt ähnlich wie ein Ventil das bei Ladung in der Batterie entstehende Gas ausströmen. Das Gas tritt durch eine Öffnung oben im Deckel aus. Die Zündung des brennbaren Gases wird verhindert. Bei Batterien mit Schlauch und Rohr für die Zentralentgasung den Schlauch nicht abklemmen! Bei Batterien ohne Schlauch/Rohr muss die Öffnung in der oberen Deckelseite frei von Verstopfungen sein.

Die Batterieverordnung

Für Kauf und Entsorgung von Starterbatterien gelten die Vorschriften der »Batterieverordnung«. Eine ausgediente Batterie muss bei einem Händler oder einer Werkstatt abgegeben werden. Dort ist man verpflichtet, die Alt-Akkus unentgeltlich abzunehmen. Für den Neukauf einer Autobatterie gilt:

- Es muss ein Pfand gegen Quittung oder Pfandmarke gezahlt werden. Die Zahlung entfällt, wenn Sie beim Kauf eine alte Batterie zurückgeben.
- Haben Sie für die alte Batterie bereits Pfand gezahlt, erhalten Sie Ihr Geld gegen Vorlage der Quittung zurück, grundsätzlich aber nur dort, wo Sie die Batterie gekauft haben.

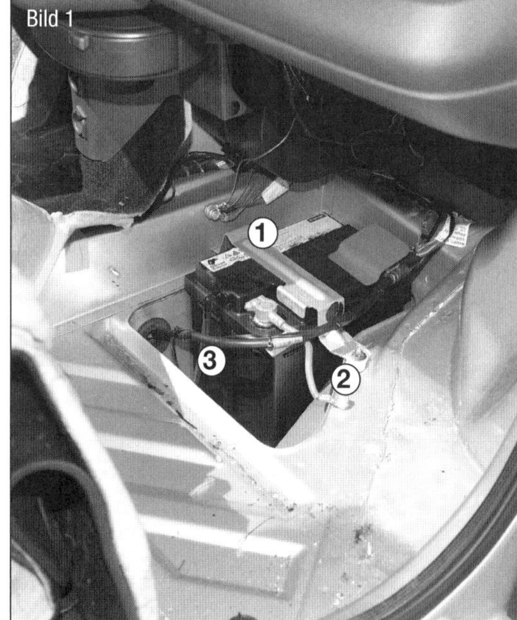

Bild 1
Einbaulage der Batterie im rechten Fussraum:
1 Batterie
2 Befestigungs-schraubeHalter
3 Massekabel

- Die zurückgegebene Starterbatterie muss nicht mit der Batterie identisch sein, für die Sie das Pfandgeld bezahlt haben. Sie können bei Quittungsvorlage auch jede andere Starterbatterie abgeben.
- Geben Sie beim Kauf der neuen Batterie eine alte zurück, für die Sie noch kein Pfand entrichtet haben, ist es egal, wo Sie sie kauften. Ein Pfand für die neue Batterie entfällt aber auch in diesem Fall.

Batterie ab-/anklemmen

Abklemmen:

- Bauen Sie die Fußstütze auf der Beifahrerseite aus .
- Zündung und alle Verbraucher abschalten. Die Masseleitung (Masseband 3) von der Batterie abklemmen.

Anklemmen:

- Masseband auf den Minuspol aufsetzen und Klemme mit 6 Nm festschrauben. Fußstütze einbauen.

Batterie aus- und einbauen

Ausbau:

- Masseband und Plusleitung der Batterie wie beschrieben abklemmen.
- Den Halter von der Batterie abbauen.
- Die Batterie herausnehmen, den Entgasungsschlauch aus der Batteriemulde ziehen.

Defekte Batterie entsorgen oder gemäß

⚠ Batterieverordnung zurückgeben.

Einbau:

- In umgekehrter Reihenfolge.

⚠ Den Entlüftungsschlauch nicht quetschen oder klemmen. Zuerst die Plusleitung anklemmen!

Batterie prüfen

Sie führt ein unbeachtetes Dasein in einer möglichst versteckten Ecke und wird schon nach wenigen Einsatzjahren oft schon wieder in den Recyclingkreislauf zurückgeführt.

Die Batterie kann aber, vorausgesetzt sie ist von guter Qualität, wird regelmäßig gewartet und nachgeladen, einige Jahre halten. Auch der plötzliche Batterietod kann gut vorausgesehen werden.

Prüfung des Säurestandes

Diese Prüfung ist natürlich nur bei Nassbatterien möglich, an denen Sie die Zellenverschlussdeckel noch öffnen können. Der Säurestand ist sehr wichtig für die Leistungsfähigkeit einer Batterie. Im Laufe der Zeit verdunstet etwas vom Wasseranteil der Batteriesäurefüllung und der Elektrolytstand nimmt in den Zellen ab. Wird eine Zelle nicht mehr vom Elektrolyten komplett abgedeckt, steht auch nur noch der kleinere noch im Elektrolyten stehende Plattenanteil als Kapazität zur Verfügung.

- Öffnen Sie die Zellenverschlussdeckel der Batterie.
- Kontrollieren Sie, ob der Säurestand die Markierungsnase über den Platten erreicht.
- Wenn erforderlich, füllen Sie den Säurestand mit destilliertem Wasser auf.

Prüfung der Säuredichte

Der Ladezustand einer Batterie spiegelt sich in der Säuredichte am deutlichsten wider.

- Öffnen Sie die Zellenverschlussdeckel der Batterie.
- Drücken Sie den Gummiball des Säurehebers (1) zusammen und saugen Sie den Elektrolyten aus einer Batteriezelle an. Der Schwimmer mit Skala des Säurehebers (2) muss aufschwimmen.
- Lesen Sie die Dichte an der Flüssigkeitslinie am Schwimmer ab. Werten Sie die Säuredichte aus:

Dichte	Ladezustand (etwa)
1,28 g/cm^3	Voll geladen
1,22 g/cm^3	Normal geladen
1,18 g/cm^3	Schwach geladen
1,12 g/cm^3	Normal entladen
1,06 g/cm^3	Tief entladen

Prüfung der Batteriespannung

Die Prüfung der Batteriespannung ist zwar die am häufigsten eingesetzte Methode, liefert aber wie der Test mit den Batterietestern nur dann ein zuverlässiges Ergebnis, wenn die Batterie nach der Vollladung mindestens 3 Stunden weder ge- noch entladen wurde. Hier finden Sie die meisten Messfehler auch bei der Einschätzung durch die Werkstätten und Händler. Die Ruhezeit ist von entscheidender Wichtigkeit.

- Laden Sie die Batterie auf und lassen Sie sie etwa 3 Stunden ruhen.

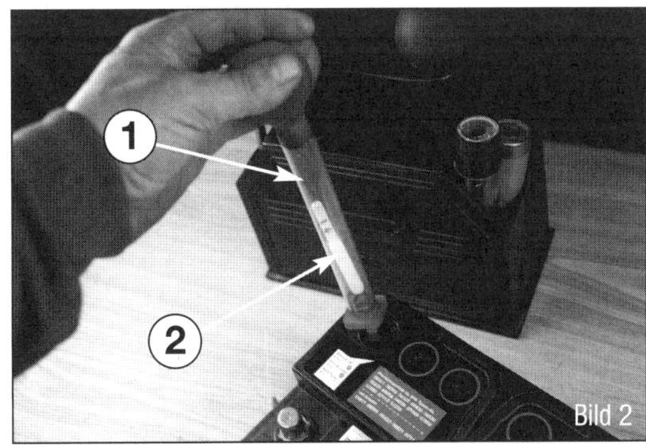

Bild 2
Säureheber als Werkzeug.
1 Säureheber
2 Skala auf dem Schwimmer

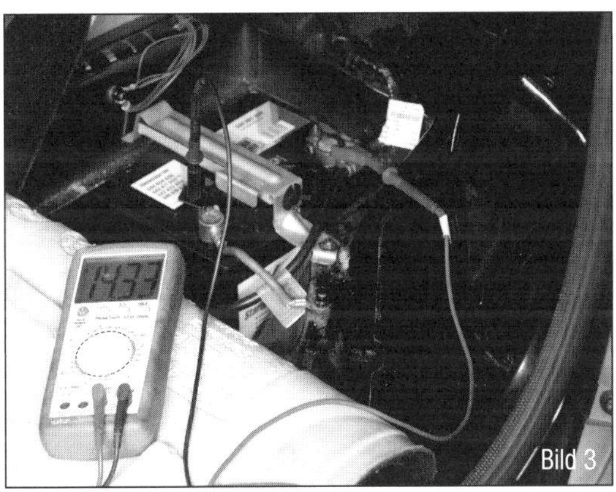

Bild 3
Spannungsmessung an der Batterie. Das Messergebnis zeigt, dass die Batteriespannung bei laufendem Motor in Ordnung ist.

- Schließen Sie ein Multimeter an die Pole der Batterie an und lesen Sie die Spannung ab.

Spannung	Ladezustand (etwa)
> 12,8 V	Voll geladen
ca. 12,4 V	Normal geladen
ca. 12,2 V	Schwach geladen
ca. 11,9 V	Normal entladen
< 10,7 V	Tief entladen

Drehstromgenerator

Ausbau (Benziner):

- Klemmen Sie wie beschrieben die Masseleitung der Batterie ab.
- Heckantriebsmodul ablassen und den Keilrippenriemen ausbauen.
- Die Generatorabdeckung ausbauen. Dazu die Rastnasen am Motorlager lösen.
- Die Abdeckung mit Bolzen aus dem Generatorhalter führen, zwischen Ölwanne und Achsrohr herausschwenken und abnehmen.
- Drehen Sie die Kontermutter am Halter heraus und nehmen Sie die Verstellschraube ab.
- Drehen Sie die Muttern am Generator heraus. Ziehen Sie die elektrischen Leitungen von Klemme D+ und Klemme B+ ab.
- Schrauben Sie die Befestigungsschraube

Bild 4
Für den Ausbau des Generators sollte die Heckantriebseinheit abgesenkt werden.
1 Anschlüsse am Generator,
2 Kontermutter,
3 Halter,
4 Verstellschraube,
5 Schraube,
G2 Generator

aus dem Aggregateträger heraus und nehmen Sie den Generator ab.

Einbau (Benziner):

- In umgekehrter Reihenfolge. Die Muttern zur Befestigung der Kabel an die Klemmen D+ und B+ werden mit 8 Nm festgezogen.
- Die Schraube zur Befestigung des Generators am Aggregateträger und die Verstell-Schraubverbindung Kontermutter werden mit 27 Nm festgezogen.

Zum Abschluss der Arbeiten sollte der Fehlerspeicher mit Star Diagnosis abgefragt und gelöscht werden.

Ausbau (Diesel):

- Klemmen Sie die Masseleitung der Batterie ab.
- Heckantriebsmodul ablassen und die Abdeckung am Keilrippenriemen ausbauen.
- Bauen Sie, die Generatorabdeckung aus.
- Den Stecker am Generator abziehen, Mutter herausdrehen und den elektrischen Anschluss nach oben herausziehen.
- Schraube (Generator an Aggregateträger) und Kontermutter (Generator an Halter) herausdrehen und Verstellschraube abnehmen.
- Den Keilrippenriemen und dann den Generator abnehmen.

Einbau (Diesel):

- In umgekehrter Reihenfolge.

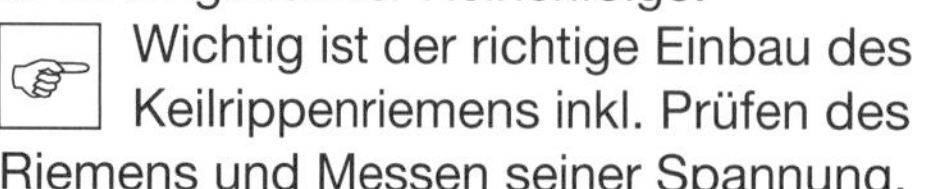

Wichtig ist der richtige Einbau des Keilrippenriemens inkl. Prüfen des Riemens und Messen seiner Spannung.

- Generatorabdeckung und die Abdeckung des Keilrippenriemens einbauen.
- Mutter an Generatorverstellschraube und Befestigungsschraube Generator an Aggregateträger mit 27,5 Nm, Kabel an B+ mit 8 Nm festziehen.
- Das Heckantriebsmodul wieder positionieren.
- Die Masseleitung der Batterie anklemmen.

Zum Abschluss der Arbeiten sollte mit dem Systemtester Star Diagnosis der Funktionstest »Batterieladung« vorgenommen werden, sowie der Fehlerspeicher abgefragt und gelöscht werden.

Spannungsregler prüfen

- Multimeter zwischen Plus Klemme der Lichtmaschine (Generator G2) und Masse schalten.
- Den Motor zwei Minuten mit erhöhter Drehzahl laufen lassen, damit der Generator betriebswarm wird (ca. 80 °C).
- Beim Startvorgang darf die Spannung bis 8 Volt absinken, ansonsten sollte die Batterie volle Spannung haben.
- Schalten Sie Standlicht, Radio oder Frischluftgebläse ein. Die Regulierspannung muss zwischen 13,5 und 14,8 Volt liegen, dann arbeiten Generator und Regler korrekt.
- Schalten Sie das Fernlicht ein und wiederholen Sie die Messung bei 3.000 U/min.
- Die Spannung sollte nun nicht mehr als 0,4 V über dem zuvor gemessenen Wert liegen.
- Messen Sie höhere Spannungen, ist der Regler defekt und muss ersetzt werden.

Ausbau:

- Drehstromgenerator ausbauen, die Schutzkappe abnehmen.
- Befestigungsschrauben herausdrehen und den Spannungsregler aus dem Generator herausnehmen.

Einbau:

- Erfolgt in sinngemäß umgekehrter Reihenfolge.
- Ist die Spannung zu niedrig, deutet das auf abgenutzte Schleifkohlen hin. Die Länge der Kohlebürsten beträgt neu 12 mm, die Verschleißgrenze liegt bei 5mm. Die Längenabweichung der beiden Schleifkohlen zueinander darf maximal 1 mm betragen.
- Werden die Toleranzen nicht eingehalten, sollten Sie die Lichtmaschine ausbauen und zum Überholen in die Autoelektrik-Werkstatt bringen.

Generatoren am Smart

Auch beim Thema »Generator« fällt der Smart aus der Reihe. Es werden unterschiedliche Generatoren verbaut, die auch nicht zwingend miteinander kompatibel sind.

Typische Generatorfehler beim Smart
Dass Leistungsdioden kaputt gehen oder der Generatorregler seinen Dienst versagt, ist auch bei anderen Autos ein klassischer Defekt am Generator. Beim Smart ergibt sich aus der ungünstigen Einbausituation zusätzlich, dass die Lagerungen des Generators durch Wasser und Rostfraß so weit beschädigt werden, dass der Generator festgeht. Ein kreischender Antriebsriemen ist ein sicherer Vorbote für einen dringend anstehenden Generatortausch.

Bedeutung der Klemmenbezeichnung
Zuerst einmal eine Übersicht über die möglichen Anschlüsse am Generator. Sie sind nie alle vorhanden. Sehen Sie sich die Anschlüsse an Ihrem Generator genau an.

Klemme	Bedeutung
B+	Dauerplus von der Batterie
D+	Anschluss der Ladekontrollleuchte oder/und des Vorerregerstromkreises
D-	Masseanschluss
DF	Feldanschluss zur Fremderregung (Magnetfeldaufbau)
W	Ausgangssignal zur Drehzahlerfassung
PHin	Eingang Vorerregung über Dioden-Kabel oder Anschluss an das Bordnetzsteuergerät.

Diodenkabel zur Vorerregung
Am Anschluss des Generators »PHin« ist ein Diodenkabel angeschlossen. Die Diode ermöglicht den Durchgang zur Masse, solange der Generator nicht den Anschluss mit +12 V belegt. Dann sperrt die Diode. Bei einer defekten Diode liegt entweder dauerhaft oder eben keine Masse an – was eine mangelhafte Vorerregung zur Folge hat. Das wiederum bedeutet, dass die Ladekontrollleuchte leuchtet und natürlich der Generator nicht lädt.

Prüfung der Diode (Sperrrichtung):

- Klemmen Sie das PHin-Kabel am Generator ab.
- Stellen Sie Ihr Multimeter auf »Widerstandsmessung« ein.
- Halten Sie das Pluskabel (rotes Kabel in der Messbuchse) des Multimeters an das abgeklemmte Kabel, das schwarze an Masse.

Das Multimeter sollte einen großen Widerstand anzeigen (mehrere Mega-Ohm). Ist das nicht der Fall, müssen Sie den Masseanschluss des Kabels sowie die Diode im Kabel prüfen. Die Messung ist die gleiche wie die hier beschriebene.

Prüfung der Diode (Durchlassrichtung):

- Klemmen Sie das PHin-Kabel am Generator ab.

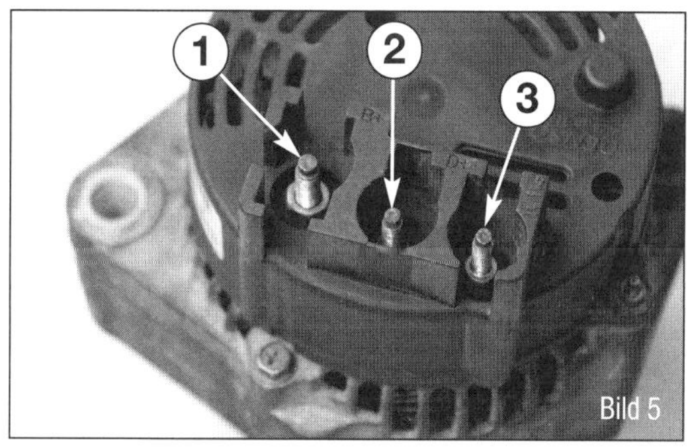

Bild 5
Anschlüsse am Generator.
1 Anschluss B+
2 Anschluss D+
3 Anschluss PHin

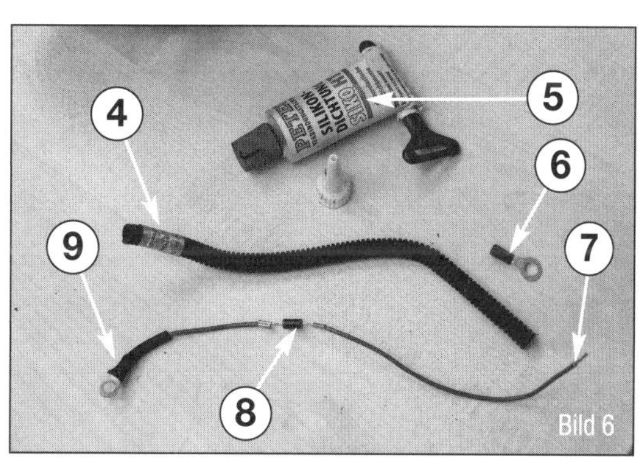

Bild 6
Diodenkabel-Reparatur.
4 Außenschutzrohr
5 Silikon zum Abdichten
6 Krimp-Öse
7 Kabel am Masseanschluss
8 Diode
9 Kabel am PHin-Anschluss

■ Stellen Sie Ihr Multimeter auf »Widerstandsmessung« ein.
■ Halten Sie das Minuskabel (schwarzes Kabel in der COM-Buchse) des Multimeters an das abgeklemmte Kabel, das rote an Masse.

Das Multimeter sollte einen kleinen Widerstand anzeigen (unter 20 Ω). Ist das nicht der Fall, ist die Diode defekt. Das Diodenkabel oder die Diode müssen ersetzt werden.

Bordnetzgesteuerte Generatoren
Die klassische Anschlussfolge D+ über die Ladekontrollleuchte auf Klemme 15 gibt es im Smart nicht. Die Ladekontrollleuchte wird vom oder über das Bordnetzsteuergerät angesteuert. In den meisten Fällen ist der Anschluss D+ nicht ausgeführt. Die Idee dahinter ist eine verspätete Zuschaltung des Generators, um ein besseres Startverhalten zu realisieren. Die Überwachung der Ladespannung erfolgt vom Bordnetzsteuergerät, die Rückmeldung an den Fahrer mittels der Ladekontrollleuchte. Die Spannungsreglung selbst übernimmt der Regler im Drehstromgenerator.

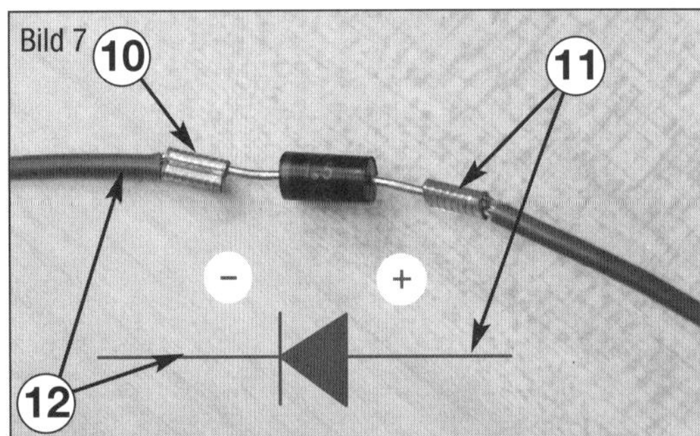

Bild 7

Bild 7
Einbaurichtung der Diode.
10 Markierung der Sperrseite
11 Anschlussseite Masse-seitig
12 Anschlussseite PHin

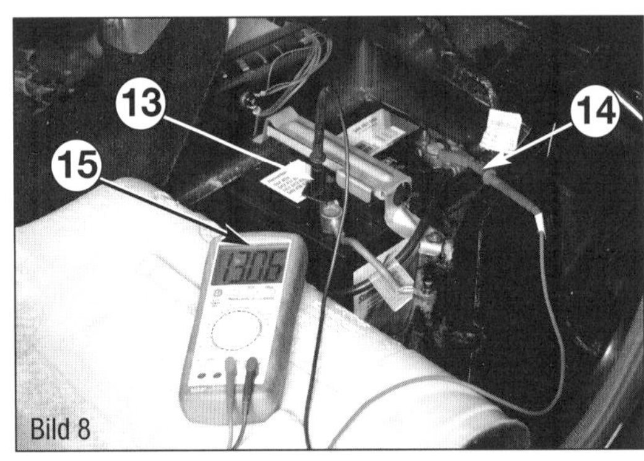

Bild 8

Bild 8
Spannungsmessung an der Batterie.
13 Masseanschluss
14 Plusanschluss
15 Multimeter

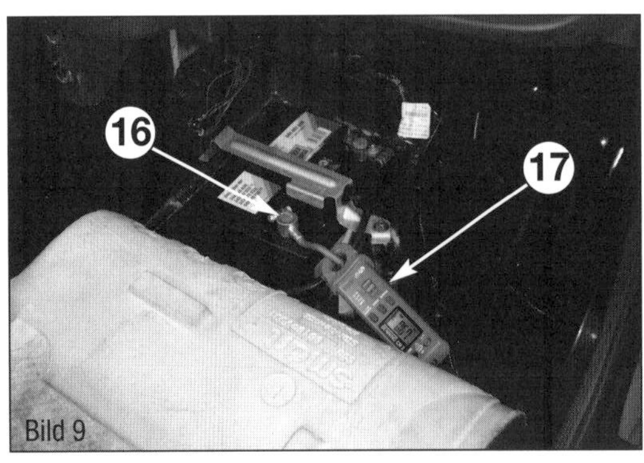

Bild 9

Bild 9
Strommessung an der Batterie.
16 Massekabel an der Batterie
17 Zangenamperemeter

Generatoren prüfen
Prüfen der Ladespannung:
■ Schließen Sie ein Multimeter an die Pole der Batterie (13 und 14) an und lesen Sie die Spannung ab. Das Messergebnis ist die Ruhespannung.
■ Starten Sie den Motor und lesen Sie beim Startvorgang die Spannung ab. Das Messergebnis ist die Startspannung.

Sie sollte 9 V nicht unterschreiten. Ist das der Fall, laden Sie die Batterie und prüfen Sie den Zustand der Batterie.

■ Lassen Sie den Motor laufen und lesen Sie erneut die Spannung ab. Das Messergebnis ist die Ladespannung.

Sie sollte nun etwas über der Ruhespannung liegen und etwa 13,2 V bis 14,2 V betragen.

Prüfen des Ladestroms:
Auch die Stromaufnahme ist ein wichtiger Indikator für die Funktion des Generators.
■ Klemmen Sie ein Zangenamperemeter (17) an das Massekabel (16) der Batterie und setzen Sie die Anzeige nach Bedienungsanleitung auf null.
■ Starten Sie den Motor und lesen Sie die Stromaufnahme beim Starten ab. Die Messung ist recht schwierig, da der Smartmotor im Allgemeinen sehr gut anspringt und das Amperemeter entsprechend schnell sein muss.
■ Lassen Sie den Motor laufen. Lesen Sie die Anzeige auf dem Amperemeter ab.

Bei laufendem Motor sollte die Batterie nun geladen werden. Je nach Ladezustand der Batterie und der eingeschalteten Verbraucher fällt die Ladespannung unterschiedlich aus.

■ Schalten Sie nacheinander Verbraucher wie Licht, Sitzheizung, Heckscheibenheizung usw. zu und beobachten Sie das Ladeverhalten.

- Auch bei Belastung muss die Batterie weiterhin geladen werden. Eventuell ist eine leichte Drehzahlerhöhung erforderlich.

Anlasser

Ausbau:

- Masseleitung der Batterie wie beschrieben abklemmen, das Kühlmittel ablassen
- Ladeluftkühler ausbauen.
- Den Stecker am Drehwinkelsensor 1 abziehen, die Rastnasen nicht beschädigen!
- Die Schellen lösen und die Luftansaugleitung abziehen.
- Die beiden Schrauben herausdrehen und den Wasseranschlussstutzen abnehmen.
- Die Mutter am Starter herausdrehen und den elektrischen Anschluss 8 abnehmen.
- Den Stecker 9 vom Starter (Anlasser) abziehen.
- Schrauben 10 am Getriebegehäuse herausdrehen.
- Starter aus dem Getriebegehäuse nehmen.

Einbau:

- erfolgt sinngemäß in umgekehrter Reihenfolge.
- Achten Sie beim Aufstecken von Steckverbindungen (Drehwinkelsensor) auf das sichere Einrasten!
- Die Schrauben 10 werden mit 23 Nm, die Mutter 7 für das Kabel an Klemme 30 wird mit 8 Nm, und die Schrauben für den Stutzen am Kühlmittelpumpengehäuse werden mit 14 Nm festgezogen.

Scheibenwischeranlage

Einklemm- und Quetschgefahr beim Anlaufen der Scheibenwischeranlage! Bei Arbeiten an der Mechanik unbedingt Zündschlüssel abziehen oder besser noch die Batterie abklemmen!

Ausbau:

- Die Leuchteinheit links ausbauen.
- Den Wischermotor in Endstellung bringen und den Stecker abziehen.
- Die Schiene 7 abbauen und den Stecker 3 der Waschwasserpumpe abziehen; auf die Rastnasen achten!

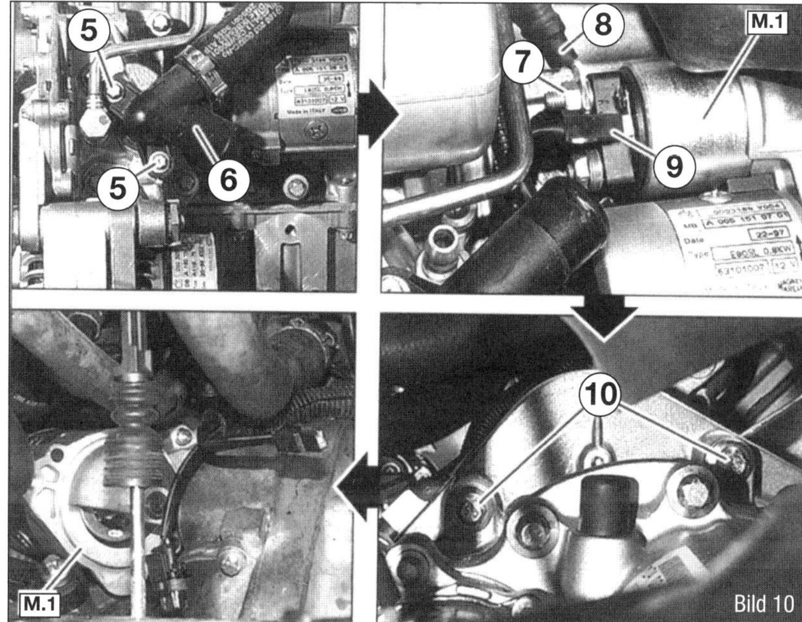

Bild 10

Bild 10
Beim Ausbau des Anlassers (M1) folgende Teile demontieren:
5 Schrauben Kühlwasserstutzen
6 Kühlwasserstutzen
7 Mutter (8 Nm)
8 Anschlusskabel
10 Befestigungsschrauben (23 Nm)

- Den Wasserschlauch vorn an der Pumpe abziehen und den Anschluss mit einem geeigneten Schlauchstück verschließen.
- Beim Typ 450.4 den Wasserschlauch hinten (für die hinteren Scheibenwaschdüsen) an der Pumpe abziehen und den Anschluss ebenfalls verschließen.
- Die Pumpe für Scheibenwaschwasser aus dem Scheibenwaschwasserbehälter herausziehen und die Bohrung mit einem Torxschlüssel verschließen.
- Bei Fahrzeugen bis Baudatum September 2000 den Wasserschlauch vorn am Anschluss der linken Wischerwelle abziehen, Klammer am Wischergestänge abnehmen.
- Den Wasserschlauch vorn aus der Bohrung ziehen.
- Wischerarme ausbauen. Einbaulage und Paarung der Wischerstangen markiren.
- Die Mutter an den Wischerachsen links und rechts und Schraube herausdrehen. Dann die Stangen mit einem Gbelschlüsel von den kugelköpfen abhebeln.
- Jetzt muss das Kühlsystem am Ausgleichsbehälter geöffnet werden. Das System muss unter 90 °C Temperatur haben! Deckel langsam aufdrehen, Überdruck ablassen, dann den Deckel ganz abdrehen.

Decken Sie Gewinde und Dichtflächen am Ausgleichsbehälter mit geeigneten Lappen ab und fixieren Sie die Abdeckung mit Klebeband.

- Bauen Sie das Wischergestänge mit dem Wischermotor nach links aus.

Sichtprüfung Messen

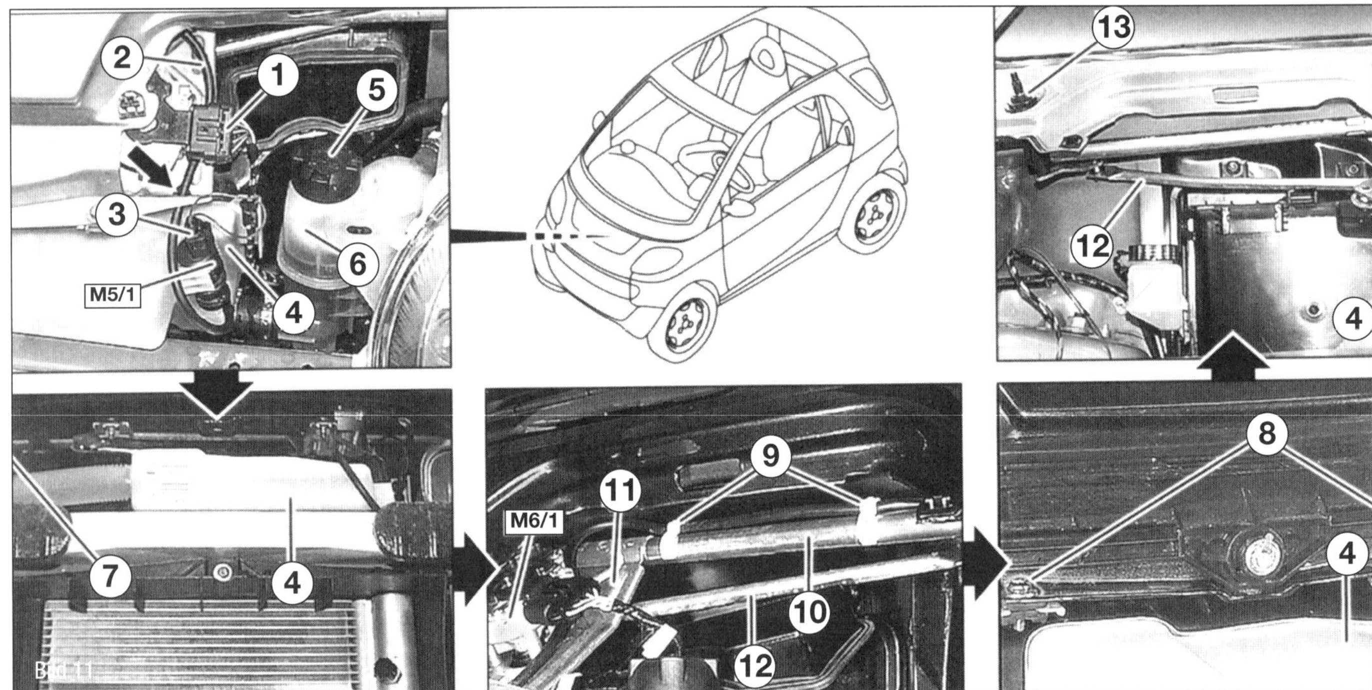

Bild 11
Vorsicht! Einklemmgefahr!
Beim Ausbau des Scheibenwischergestänges unbedingt den Zündschlüssel abziehen, besser noch die Batterie abklemmen.

1 *Stecker Wischermotor*
2 *Wasserschlauch,*
3 *Stecker Scheibenwaschpumpe*
4 *Wischwasserbehälter,*
5 *Deckel Kühlmittelbehälter,*
6 *Kühlmittelbehälter*
7 *Schiene,*
8 *Schrauben Wischerrahmen,*
9 *Halterung (Klammern),*
10 *Wischergestänge (Rahmen)*
11 *Halterung Wischermotor,*
12 *Schubstange Wischer,*
M5/1 *Scheibenwaschpumpe*
M6/1 *Wischermotor*

⚠ Gehen Sie sehr vorsichtig und ohne Gewalt beim Ausbau vor, weil sonst Lackflächen, die Dichtflächen am Kühlmittelausgleichsbehälter und Teile des Wischergestänges beschädigt werden könnten.

☞ Um den Ausbau zu vereinfachen, sollten Sie den Hebel an der Wischerwelle rechts und den Umlenkhebel mit Gestänge in einer Linie fluchten lassen!

■ Die Mutter des Umlenkhebels am Wischermotor herausdrehen und den Umlenkhebel abnehmen.

■ Dann die Schrauben vom Wischermotor an der Halteplatte herausdrehen und den Motor abnehmen.

Einbau:

■ Den Wischermotor an der Halteplatte befestigen. Mit 10 Nm festziehen. Dann das Gestänge mit dem Motor einbauen und ausrichten. Lassen Sie dabei dieselbe Vorsicht walten wie beim Ausbau, um Schäden an Lack, Ausgleichsbehälter und Gestänge zu vermeiden.

☞ Lassen Sie zum leichteren Einbau den Hebel an der Wischerwelle rechts und den Umlenkhebel mit Gestänge in einer Linie fluchten.

■ Nehmen Sie die Abdecklappen vom Kühlmittelausgleichsbehälter ab und schrauben Sie den Deckel wieder fest auf.

■ Die Mutter jeweils an der Wischerachse links und rechts mit 12 Nm und dann die Schrauben festdrehen. Die Wischerstangen in die Kugelköpfe drücken.

⚠ Die Kugelköpfe dürfen nicht überdrückt werden! Die Bohrungen der Wischerstangen müssen sich mittig auf den Kugelkopfflächen und nicht am Anschlag befinden. Prüfen Sie dann die Wischerstangen durch Hin- und Herkippen.

■ Den Stecker aufstecken und sicher verrasten. Den Wischermotor kurz auf Stufe 1 anlaufen lassen. Schalten Sie den Motor ab; er fährt dann in die Einbaulage für den Umlenkhebel. Befestigen Sie diesen am Wischermotor; mit einem Gabelschlüssel gegenhalten.

■ Lassen Sie den Wischermotor wiederum kurz in Stufe 1 laufen und kontrollieren Sie die Endstellung vom Umlenkhebel. Nach Abschalten des Motors müssen Umlenkhebel und Antriebsgestänge miteinander fluchten.

■ Jetzt den linken und rechten Wischerarm einbauen.

■ Schieben Sie den Wasserschlauch vorn durch die Bohrung. Bei Fahrzeugen mit Baudatum bis 09/00 müssen Sie nun wieder den Schlauch am Anschluss der linken Wischerwelle aufstecken und die Klammer am Gestänge befestigen.

■ Entfernen Sie den Torxschlüssel aus dem Scheibenwaschbehälter und setzen Sie die Pumpe wieder ein. Prüfen Sie die Pumpe auf Dichtheit.

■ Ziehen Sie das Schlauchstück an der Pumpe ab und stecken Sie den Wasserschlauch vorn auf. Beim Fahrzeugtyp 450.4 das Schlauchstück von der Pumpe abziehen und den Wasserschlauch für hinten aufstecken.
■ Den Stecker der Scheibenwaschwasserpumpe aufstecken, dabei auf die Rastnasen achten.
■ Die Leuchteinheit links wieder einbauen.

Wischerarme

Ausbau:

■ Die Abdeckung hochklappen. Bei Fahrzeugen bis Baudatum 09/00 beim Ausbau des linken Wischerarms den Wasserschlauch am Anschluss der Wischerachse 5 abziehen. Wenn bei diesen Fahrzeugen der linke Wischerarm erneuert werden soll, die Waschdüse mit dem Wasserschlauch am Wischerarm abbauen.
■ Die Mutter herausdrehen.
■ Den Wischerarm abnehmen.

Einbau:

■ Überprüfen Sie die Endstellung des Wischermotors! Diese Stellung ist wichtig, damit eine Kollision am Wischerarm ausgeschlossen wird.
■ Kontrollieren Sie die Kerbung am Wischerarm an der Wischerachse.

Wenn die Kerbung nicht mehr vorhanden ist, muss der Wischerarm ersetzt werden.

■ Stecken Sie den Wischerarm auf die Wischerachse auf.
■ Wenn der Wischer richtig positioniert ist, drehen Sie die Mutter mit 18 Nm fest.
■ Wenn bei Fahrzeugen bis Baudatum 09/00 der linke Wischerarm erneuert wurde, die Waschdüse mit dem Wasserschlauch am Wischerarm montieren.

Wurde bei solchem Fahrzeug der linke Wischerarm ausgebaut, müssen der Wasserschlauch am Anschluss der Wischerachse aufgesteckt und die Abdeckung geschlossen werden.

■ Den Wischerarm hochklappen, den Wischermotor anlaufen lassen und in Endstellung abschalten.
■ Den Wischerarm zurückklappen, die Position des Wischerblatts prüfen.

Das Blatt darf nicht an der Einfassung der Windschutzscheibe anstehen! Lassen sich die Wischerarme nicht mehr genau positionieren oder festziehen, sollten die Arme ersetzt werden.

■ Wurde bei Fahrzeugen bis 09/00 der linke Wischerarm ausgebaut, müssen jetzt die Scheibenwaschdüsen eingestellt werden.
■ Zum Abschluss Düseneinstellung prüfen.

Heckwischermotor

Ausbau:

■ Wischerarm-Abdeckung nach oben klappen, Mutter herausschrauben und Wischerarm abnehmen.
■ Die vier Schrauben an der Abdeckung des Wischermotors herausschrauben.
■ Wischermotor-Abdeckung aus den Rastnasen lösen, vorsichtig anheben und durch Schieben nach oben aus den Rastnasen herausnehmen.
■ Stecker aus dem Halter am Wischermotor ausclipsen und trennen.

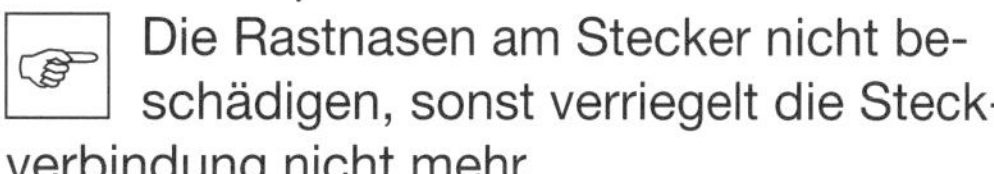

Die Rastnasen am Stecker nicht beschädigen, sonst verriegelt die Steckverbindung nicht mehr.

■ Die drei Schrauben des Wischermotors an der Rückwandtür herausdrehen und den Motor abnehmen.

Einbau:

■ Heckwischermotor in sinngemäß umgekehrter Reihenfolge einbauen und anschließen.

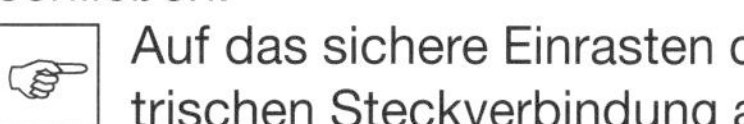

Auf das sichere Einrasten der elektrischen Steckverbindung achten.

■ Die Schrauben am Wischermotor mit 2 Nm und die Mutter des Heckwischerarms an der Wischerachse mit 14 Nm festziehen.

Signaleinrichtungen

Ein »E« mit Ziffer kennzeichnet leuchten. Die Hauptscheinwerfer oder »Leuchteinheiten« sind links mit »E1« und rechts mit »E2« bezeichnet. Zum Wechsel der Glühlampen wird der Ausbau des Frontteils empfohlen.

Leuchteinheit (bis 10. 02. 2002)

Ausbau:

■ CBS-Front, Servicegitter rechts und Lufteintritt ausbauen. Den Stecker der Blinkleuchte abziehen.
■ Fassung um 90° gegen Uhrzeigersinn drehen und aus der Leuchteinheit herausziehen.
■ Schutzkappe der Leuchteinheit ausbauen und den darunter liegenden Stecker ab-

Sichtprüfung Messen

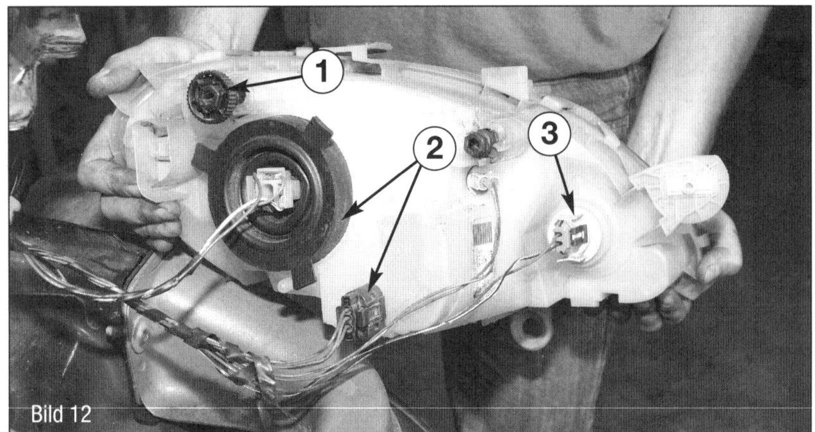

Bild 12
Bei ausgebauten Scheinwerfern ist die Position der Glühlampen gut zu erkennen.
1 Einstellschraube »Höhe«,
2 Einstellschraube »Seite«,
3 Steckkontakte zum Scheinwerfer

Bild 13
Der Scheinwerfer selbst ist mit wenigen Schrauben befestigt.
1 Schrauben

ziehen. Ferner den Stecker für die BNiveauregulierung (Leuchtweitenregelung) abziehen.

■ Die Schrauben der Leuchteinheit an der Z-Schiene herausschrauben und die Einbaulage der Leuchteinheit markieren, falls die alte Einheit wieder eingebaut und nicht durch eine neue Leuchteinheit ersetzt werden soll.

■ Die beiden Schrauben und die Mutter herausschrauben und die Leuchteinheit E1, E2 abnehmen.

Einbau:

■ Die Leuchteinheit E1, E2 einsetzen und ausrichten. Wird die alte Einheit eingebaut, geschieht das Ausrichten nach der Markierung.

■ Die Schrauben und Mutter festschrauben. Falls die Gewinde für die Schrauben nicht mehr fest greifen, den Adapter einsetzen.

■ CBS-Front einsetzen und die Positionierung kontrollieren. Auf gleichmäßigen Abstand der CBS-Front zur Leuchteinheit achten.

Wenn Nachstellung nötig ist: Korrekturabstände notieren. CBS-Front wieder abnehmen, gegebenenfalls die Leuchteinheit nachjustieren. Dann die Leuchteinheit an der Z-Schiene befestigen.

■ Stecker und Stecker Glühlampe aufstecken.

Wenn Lampe gewechselt wird: Mit aufgestecktem Stecker ausbauen! Schutzkappe einsetzen.

■ Fassung (Standlicht) einbauen, Stecker Blinkleuchte aufstecken.

■ Leuchteinheit einstellen, Scheinwerfereinstellung prüfen und wenn nötig richtigstellen. Funktion prüfen.

Leuchteinheit (ab 11. 02. 2002)

Ausbau:

■ CBS-Front, Servicegitter rechts und Lufteintritt ausbauen. Den Stecker an der Leuchteinheit E1, E2 abziehen.

■ Die Schraube herausschrauben. Wenn die Leuchteinheit erneuert werden soll, die Einbaulage genau markieren.

■ Die Schrauben herausdrehen und die Leuchteinheit abnehmen.

Einbau:

■ Die Leuchteinheit E1, E2 einsetzen und positionieren. Falls die alte Leuchteinheit wieder eingebaut wird, nach der Markierung ausrichten. Die Schrauben festdrehen.

Falls sich die Schrauben nicht festziehen lassen, müssen die Befestigungsadapter aus Kunststoff ausgebaut und ausgewechselt werden.

Die Adapter und müssen aus dem Querträger ausgebohrt werden. Dabei die Adapter mit einer Zange gegen Verdrehen sichern, um den Querträger nicht zu beschädigen. Dann werden die neuen Adapter eingedrückt.

■ Die Schraube festschrauben. Dabei müssen die Unterlegscheibe der Schraube und die Einprägung deckungsgleich sein.

■ Auf gleichmäßigen Abstand der CBS-Front zur Leuchteinheit achten. Die CBS-Front darf nicht an der Leuchteinheit anliegen! Wenn Nachstellung nötig ist: Korrekturabstände notieren. CBS-Front wieder abnehmen, ggf. die Leuchteinheit nachjustieren. Dann die Schraube (1 im Bild 13) festschrauben.

■ Stecker (3 im Bild 12) an der Leuchteinheit aufstecken und dabei auf sicheres Einrasten des Steckers achten.

■ Die Leuchteinheit E1, E2 einstellen und die Scheinwerfereinstellung überprüfen, ggf. richtigstellen (nachfolgende Anleitung).

■ CBS-Front, Lufteintritt und Servicegitter rechts wieder einbauen.

Leuchteinheit (bis 10. 02. 2002) mit Einstellhülse

■ Ergänzung zum Einbau: Bei einer Variante der Leuchteinheit in Fahrzeugen bis Baudatum 04/00 muss beim Einbau ein Gewindedoppelbolzen im Langloch außen an der Leuchtenhalterung mittig positioniert werden. Dann wird eine Einstellhülse EH unten an der Leuchteinheit E1, E2 eingeschraubt und auf das Einstellmaß A = 6 mm eingestellt.

■ Danach die Leuchteinheit einsetzen und mittig an den Gewindedoppelbolzen ausrichten.

■ Abschließend die Leuchteinheit wie beschrieben festschrauben.

Scheinwerfereinstellung

■ Stellen Sie Ihr Fahrzeug gegenüber der Einstellwand auf ebener Fläche ab. Der Abstand zwischen Front und Wand muss exakt fünf Meter betragen.

■ Drücken Sie das Fahrzeug vorn und hinten mehrmals kräftig durch, damit sich die Federn setzen.

■ Die Einstellung erfolgt bei Abblendlicht. Damit wird gleichzeitig der Fernscheinwerfer eingestellt. Das vorgeschriebene Neigungsmaß beträgt zehn Zentimeter auf zehn Meter Entfernung (Projektionsabstand).

Das Leuchtweitenverhältnis in Prozent (zum Beispiel 1 %) ist oben auf dem Scheinwerfergehäuse eingeprägt. Auf dieses Maß müssen die Scheinwerfer eingestellt werden.

■ Messen Sie den Abstand zwischen Boden und Mittelpunkt der beiden Scheinwerfer. Markieren Sie das Maß an der Wand und verbinden Sie die Punkte durch eine Linie (S 1).

■ Zeichnen Sie fünf Zentimeter darunter eine parallele Linie E an der Wand an. Das ist die Neigung des Abblendlichts auf fünf Meter Entfernung.

■ Durch das Heckfenster nach vorn peilen, von einem Helfer in Fahrzeugmitte die senkrechte Linie M einzeichnen lassen.

■ Abstand zwischen Fahrzeugmitte und Mittelpunkt des Scheinwerfers (rechts und links) messen. Diese Werte sind auf die Hilfslinie S1 (rechts und links vom Schnittpunkt der Linien M und S1) zu übertragen und mit einem Einstellkreuz (S2) zu markieren.

■ Fünf Zentimeter unter diesen Kreuzen müssen die Abknickpunkte des Abblendlichts auf der Einstelllinie E justiert werden.

■ Verstellen Sie die Scheinwerfer an ihren zwei Einstellschrauben (2 im Bild 12, Seitenverstellung) und (1 im Bild 12, Höhenverstellung) der Leuchteinheit. Prüfen Sie bei der Einstellung, ob beide Scheinwerfer bei manueller Leuchtweitenregulierung gleichmäßig arbeiten.

■ Zündung und Abblendlicht einschalten.

■ Zur Höhenverstellung an der Einstellschraube 2 so lange drehen, bis die Hell-Dunkel-Grenze des Abblendlichtstrahls mit der Einstelllinie E übereinstimmt.

■ Zur Seiteneinstellung verdrehen Sie die Einstellschraube 1 in der Weise, dass der Abknickpunkt im Abblend-Lichtbild genau auf das Einstellkreuz ausgerichtet ist. Dabei darf ein Streuanteil von 15 Prozent über der Linie liegen.

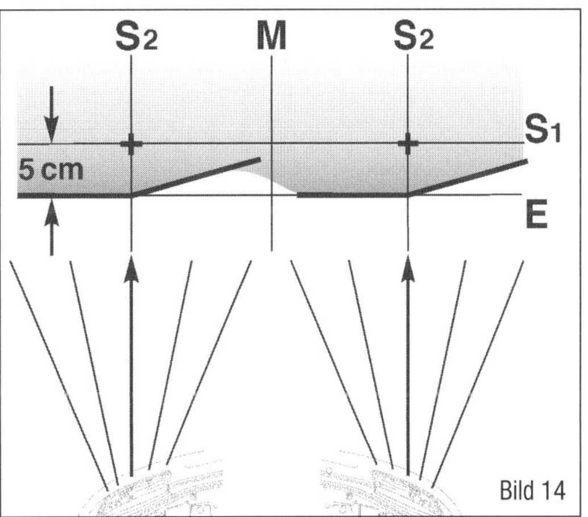

Bild 14
Mit an die Wand gemalte Linien können Sie die Scheinwerfer sehr genau einstellen

Bild 15
Mit Hilfe des Handrades kann die Höhe sehr einfach justiert werden

■ Nebelscheinwerfer im Stoßfänger: Das Neigungsmaß dieser Scheinwerfer (E5/1 und E5/2) beträgt 20 cm.
■ Drehen Sie zum Verstellen der Leuchtweite die Einstellschraube. Eine Seitenverstellung ist nicht vorgesehen.

Nebelscheinwerfer
Ausbau:
■ Kühlerverkleidung ausbauen.
■ Die Schrauben unten an der Nebelleuchte links bzw. rechts herausdrehen.
■ Die jeweilige Nebelleuchte E5 aus dem Halteclip an der Einstellschraube lösen.
☞ Die Nebelleuchte sehr vorsichtig aus der CBS-Front herausziehen, da sonst der Lampensockel brechen kann.
■ Die elektrische Steckverbindung trennen. Dazu die Feder am Stecker drücken und den Stecker abziehen. Dann die Nebelleuchten herausnehmen.

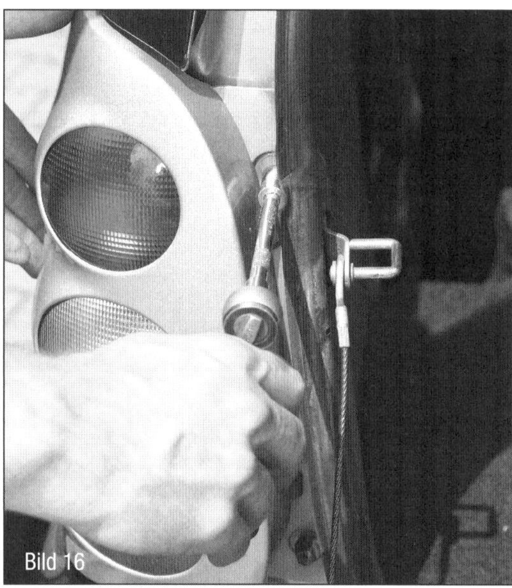

Bild 16
Die Schlussleuchten sind sehr leicht auszubauen. Dahinter sitzen die Glühlampen

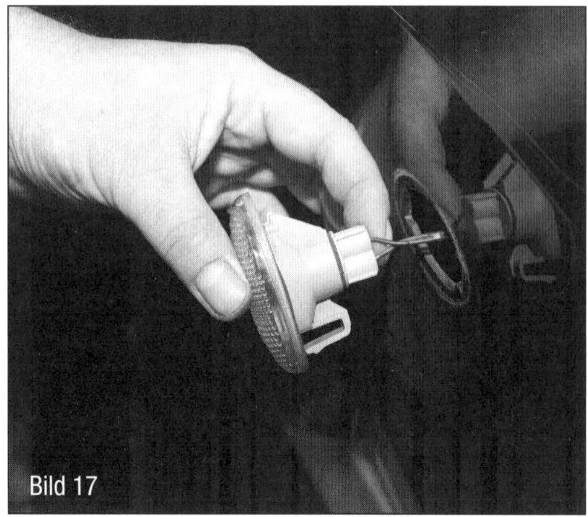

Bild 17
Die Seitenblinker werden gegen den Kunststoffbügel nach vorne gedrückt und dann herausgenommen

Einbau:
■ Nach dem Einbau der Kühlerverkleidung muss die Einstellung des Nebelscheinwerfers wie beschrieben kontrolliert und ggf. korrigiert werden.

Schlussleuchte
Ausbau:
■ Die Dichtung lösen (nur beim Cabrio, 450.4).
■ Muttern herausschrauben. Schlussleuchte E3, E4 aus der Karosserie ziehen. Dazu die Haltenasen aushaken.
■ Den Stecker der Schlussleuchte abziehen. Die Leuchte entnehmen, nach Bedarf Glühlampen wechseln. Lampentyp laut Betriebsanleitung wählen.

Einbau:
■ Sinngemäß umgekehrt. Dabei auf sicheren Sitz der Dichtung und der Leuchte in den äußeren Haltenasen achten.

Zusatzblinkleuchte
Ausbau:
■ Zusatzblinkleuchte E22/1 oder E22/2 (links oder rechts) nach vorn drücken und aus dem Kotflügel herausziehen.
■ Fassung 90° gegen Uhrzeigersinn drehen, Leuchte abnehmen.

Einbau:
■ Sinngemäß umgekehrt. Fassung mit Clipteil nach vorn einbauen.

Kennzeichenleuchten
Ausbau:
■ Türbeplankung der Rückwandtür ausbauen.
■ Kennzeichenleuchte E19/1 oder E19/2 (links oder rechts) aus der Türbeplankung herausnehmen. Dabei nicht die Rastnasen beschädigen

Einbau:
■ in umgekehrter Reihenfolge. Nach Einbau die Funktion überprüfen.

Deckenleuchte im Fond
Ausbau:
■ Innenraumleuchte hinten aus dem Dachrahmen ausclipsen, Steckverbindung trennen und die Leuchte abnehmen.

Einbau:

- in umgekehrter Reihenfolge. Auf korrektes Einrasten im Dachrahmen achten und nach Einbau Funktion prüfen.

Fanfare (Zweiklanghorn)

Einbau:

Wenn Sie Ihren Smart mit der Fanfare ausstatten wollen, die aus dem Hoch- und dem Tieftonhorn besteht (Bild unten), hängt die Einbaumöglichkeit vom Baudatum des Fahrzeugs ab.

- Unterbodenverkleidung ausbauen.
- Bei Fahrzeugen bis 12/02 und bei Fahrzeugen ab 01/03, die nicht mit Elektro-Servolenkung EPS ausgestattet sind, werden die beiden einzelnen Hörner der Fanfare zusammen an den Einbauort der Hupe geschraubt.
- Bei Fahrzeugen ab 01/03 mit EPS werden die Fanfaren-Hörner getrennt montiert. Die Tieftonfanfare wird an die Stelle der normalen Hupe eingebaut. Die Hochtonfanfare wird mit ihrem Halter an der unteren Befestigungsschraube der linken CBS-Aufnahme montiert.
- Dazu die Schraube herausdrehen, die CBS-Front ausbauen, den Halter mit der Hochtonfanfare mit der CBS-Befestigungsschraube montieren und die CBS-Front wieder einbauen. Zur Hornbefestigung ist nur die untere CBS-Befestigungsschraube geeignet. Achten Sie darauf, das Horn mit Schallrichtung in Fahrtrichtung zu montieren.
- Das Anschlusskabel wird oberhalb der Lenksäule zur Hochtonfanfare geführt und angeschlossen. Das Kabel mit Kabelbindern (liegen der Fanfare bei) am Kühlwasserschlauch fixieren.
- Die Fanfaren testen.
- Unterbodenverkleidung wieder einbauen.

Fensterhebermotor

Ausbau Motor:

- Türbeplankung, Schalter für Außenspiegelverstellung Fahrerseite ausbauen.
- Schraube (1 im Bild 18) herausdrehen und Türinnengriff (2) abnehmen.
- Anschlusskabel (4) für Schalter Außenspiegelverstellung (3), Fahrerseite, aus der Aufnahme am Türinnengriff herausziehen.
- Die elektrische Steckverbindung (5) trennen. Dabei nicht die Rastnasen beschädigen, sonst verriegelt der Stecker nicht mehr.

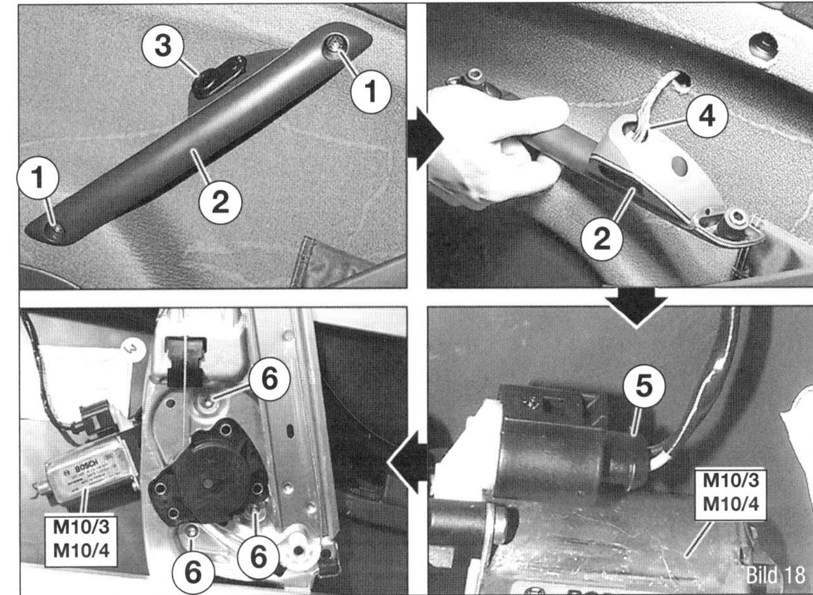

Bild 18
Ausbau des Fensterhebermotors:
1 Schraube
2 Türgriff
3 Schalter
4 Anschlusskabel
5 Stecker
6 Schraube
M10/3 Fensterhebermotor links,
M10/4 Fensterhebermotor rechts

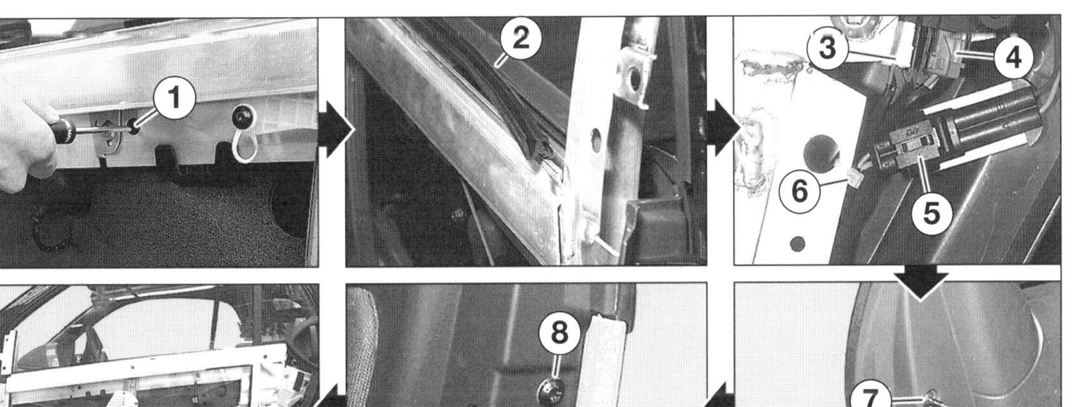

Bild 19
Verschraubungen am Fensterheber:
1 Schraube,
2 Dichtung,
3 Steckverbindung,
4 Steckverbindung,
5 Steckverbindung,
6 Kabelbinder,
7 Schraube,
8 Schraube,
9 Schraube,
10 Fensterheber

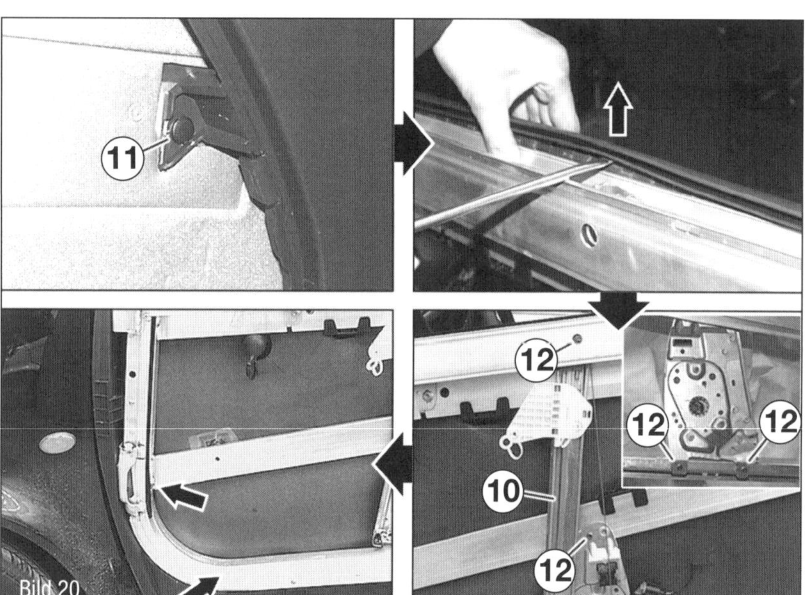

Bild 20
Ausbau des Fensterhebers:
Die beiden Nieten (12) an der Führungsschiene (10) müssen ausgebohrt oder mit einem scharfen Meißel abgeschlagen werden
11 Clip

Bild 21
Die sogenannte Sicherheitsinsel ist leicht zu entfernen:
1 Sicherheitsinsel
2 Stecker
3 Lichtleiter
S6/1 Sicherheitsinsel (Rettungsinsel)

■ Schraube (6) herausdrehen.
■ Drücken Sie jetzt die Innenverkleidung von außen nach innen und drücken dabei den Fensterhebermotor (M10/3 links) oder (M10/4 rechts) aus der Getriebeverzahnung.
■ Nehmen Sie den Fensterhebermotor zur Seite heraus.

Einbau Motor:
■ in umgekehrter Reihenfolge. Überprüfen Sie nach dem Einbau die Funktion.

Fensterheber
Ausbau Fensterheber:
■ Den Fensterhebermotor, den Türbelag sowie das Dreieckfenster ausbauen.
■ Die Schraube (1 im Bild 19) herausdrehen und die Dichtung (2) des Kurbelfensters aus der Schiene herausziehen.
■ Die elektrischen Steckverbindungen (3, 4) und (5) trennen und eventuell vorhandene Kabelbinder (6) entfernen.
■ Die Schrauben (7, 8 und 9) herausdrehen.
■ Den Clip (11 im Bild 20) an der mittleren Strebe vorn am Türrohbau ausclipsen und den Innenteil der Tür aus dem Rohbau oben aushängen. Kabel in der Tür und Bowdenzug aus dem Befestigungsclip aushängen.
■ Innenteil der Tür so weit wie nötig zum Fahrzeuginnenraum ziehen .
■ Die beiden Niete (12) am Fensterheber (10) ausbohren. Wenn der Fensterheber nicht wieder verwendet wird, dürfen die Nietköpfe auch mit einem scharfen Meißel abgeschlagen werden.
■ Fensterheber abnehmen. Am tiefliegenden Ende der Hohlkammerprofile Löcher bohren, Nietreste und Bohrspäne entfernen.

Einbau Fensterheber:
■ in umgekehrter Reihenfolge. Niete (12) einziehen.

Schalter

Schalter Außenspiegelverstellung
Ausbau:
■ Der Schalter wird mit einem geeigneten Werkzeug, etwa einem schmalen Flachschraubendreher, aus dem Türgriff gehebelt.
■ Die elektrische Steckverbindung am Schalter trennen.
Dabei nicht die Rastnasen beschädigen, da sonst der Stecker beim Einbau nicht mehr sicher verriegelt.
■ Den Schalter abnehmen.

Einbau:
■ in umgekehrter Reihenfolge.
Dabei auf korrektes Verrasten der elektrischen Steckverbindung achten.

Innenraum-Lichtschalter
Ausbau:
■ Der Schalter (S15/7 im Bild 22) für die Innenbeleuchtung befindet sich in der

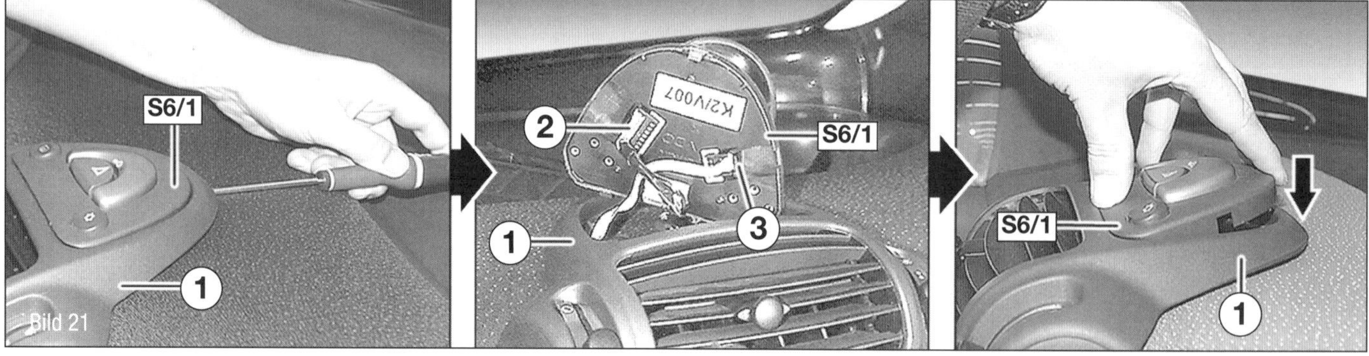

Mittelkonsole. Er wird mit einem geeigneten Werkzeug, etwa einem schmalen Flachschraubendreher, aus der Konsole ausgeclipst. Vorsichtig vorgehen (evtl. Kunststoffkeil verwenden), damit die Verkleidung der Mittelkonsole nicht verkratzt wird.

- Die elektrische Steckverbindung (2) am Schalter trennen. Dabei nicht die Rastnasen beschädigen.
- Den Schalter abnehmen.

Einbau

- in umgekehrter Reihenfolge. Dabei auf Führung und korrektes Verrasten der elektrischen Steckverbindung achten.

Schaltergruppe Cockpit

Ausbau:

- Die Cockpit-Schaltergruppe (S6/1 im Bild 21) aus der Mittelkonsole (1) ausclipsen. Dazu kleinen Flachschraubendreher.
- Die elektrischen Steckverbindungen (2 und 3) trennen und die Schaltergruppe abnehmen.

Dabei die Rastnasen nicht beschädigen, weil die Schaltergruppe sonst nicht mehr verriegelt. Das Anschlussstück muss an der Platine verbleiben.

Einbau:

- in umgekehrter Reihenfolge. Auf korrektes Einrasten der Steckverbindungen, richtige Kabelverlegung und sicheres Verrasten der Schaltergruppe achten.

Nach Einbau die Cockpituhr einstellen (Betriebsanleitung).

Licht- und Blinkerschalter

Die Vorgehensweise unterscheidet sich für den Lichtschalter links (1) oder den Wischerschalter (5) rechts nicht.

- Bauen Sie die untere und die obere Lenksäulenverkleidung wie beschrieben ab.
- Drücken Sie die Rastnase (6) und ziehen Sie den jeweiligen Schalter vorsichtig nach oben.
- Betätigen Sie die Rastnase am Kombistecker (2 oder 4) des jeweiligen Schalters.
- Ziehen Sie den Kombistecker (2 oder 4) am Schaltergehäuse (1 oder 5) ab.

Die Montage erfolgt sinngemäß in umgekehrter Reihenfolge.

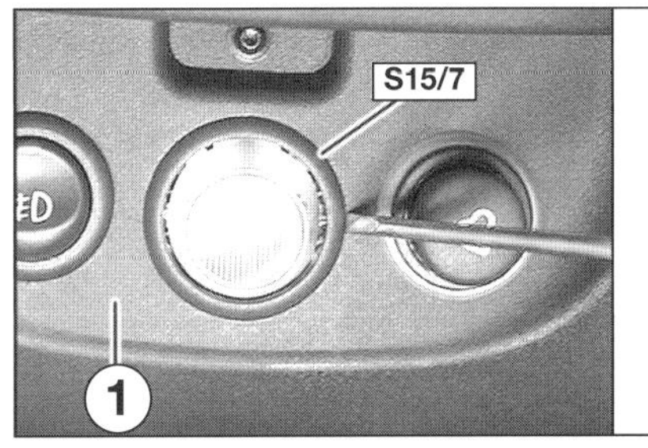

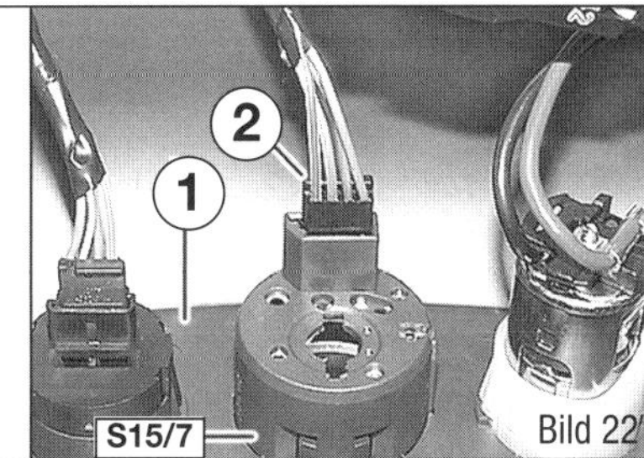

Bild 22
Den Lichtschalter für die Innenbeleuchtung mit einem kleinen Schraubendreher aushebeln:
1 Mittelkonsole
2 Stecker
S15/7 Innenraumlichtschalter

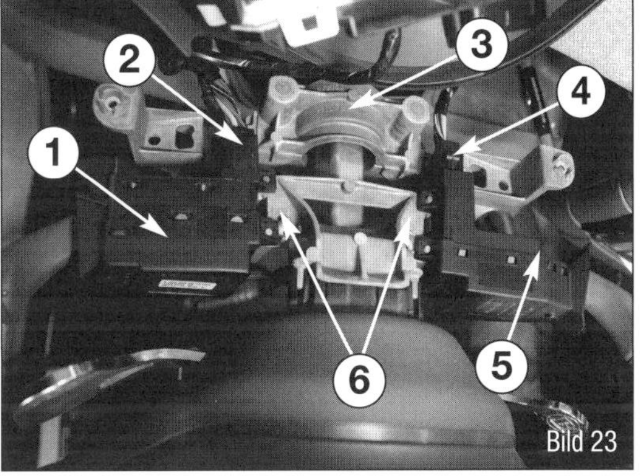

Bild 23
Schalter an der Lenksäule
1 Licht- und Blinkerschalter
2 Steckergehäuse Licht- und Blinkerschalter
3 Lenksäule mit Lager und Halterung
4 Steckergehäuse Scheibenwischer schalter
5 Scheibenwischerschalter
6 Rastnasen

Instrumente

Drehzahlmesser

Ausbau:

- Nach Ausbau des Kombiinstruments die Schaltergruppe Cockpit ausbauen.
- Die beiden Schrauben links und rechts unten an der Mittelkonsole und die drei Schrauben rechts unten vor dem Drehzahlmesser herausdrehen.
- Kabel aus dem Befestigungsclip an der unteren Verkleidung des Kombiinstruments herausziehen.
- Die Mittelkonsole anheben, den Drehzahlmesser herausziehen und abnehmen.

Einbau:

- in umgekehrter Reihenfolge.

Entstörfilter für Drehzahlmesser

- Nach Ausbau des Kombiinstruments die elektrische Steckverbindung am Entstörfilter trennen und das Filter abnehmen.

Cockpit-Uhr (Bild 24)

Ausbau:

- Die Schaltergruppe Cockpit ausbauen.
- Die beiden Schrauben unten an der Mittelkonsole und die zwei Schrauben links unten an der Uhr herausdrehen.
- Die Mittelkonsole anheben, die Uhr unter der Mittelkonsole herausziehen und abnehmen.

Bild 24 Drehzahlmesser und Uhr werden unter der Sicherheitsinsel eingesteckt

Einbau:
■ In umgekehrter Reihenfolge.

Kombiinstrument
Ausbau:
■ Schrauben (1 im Bild 25) an der Verkleidung unten (2) herausdrehen
■ Das Kombiinstrument (A1) komplett mit Verkleidungen oben und vorne abnehmen.
■ Sicherungsbügel öffnen und die elektrischen Steckverbindungen (6) und (falls Drehzahlmesser vorhanden) (7) trennen.
■ Bei Fahrzeugen mit Drehzahlmesser das AM-Entstörfilter (8) ausbauen.
■ Stellknopf LC-Display (9) herausziehen.
■ Die Blende (4) nach vorn aus der Verrastung herausziehen und abnehmen.
■ Die Instrumentverkleidung vorne (5) leicht anheben und aus der Verkleidung oben (3) abnehmen. Vorsicht! Beim Abnehmen den Stellknopf (9) für LC-Display nicht beschädigen
■ Die Schrauben (10) herausschrauben und die Verkleidung oben abnehmen.

Einbau:
■ In umgekehrter Reihenfolge. Anschließend das Instrument mit Star Diagnosis programmieren.

Radio

Radio aus- und einbauen

Ausbau:
■ Setzen Sie den Radioschlüssel mit der Kerbe nach oben in die Öffnungen der Radioblende ein.
⚠ Klemmen Sie dabei keine Kabel ein.
■ Ziehen Sie das Radio mit dem Radioschlüssel aus dem Schacht heraus.
■ Trennen Sie die Steckverbindungen. Beschädigen Sie dabei nicht die Rastnasen, da die Stecker sonst nicht mehr verriegeln.
■ Trennen Sie den Antennenstecker vom Radio. Lösen Sie die Verrastung durch das Zurückziehen der Steckerummantelung.

Einbau:
■ In umgekehrter Reihenfolge.
■ Nach dem Einbau Radio decodieren.
■ Bei einem Radio mit AM-Frequenzbereich sollte ein Entstörfilter für den Drehzahlmesser eingebaut werden, um Störgeräusche der Lichtmaschine wirkungsvoll zu unterdrücken.

Entstörkit einbauen
■ Radio aus dem Schacht ziehen.
■ Antennenkabel (1) dekontaktieren.
■ Ferritring (2) an Antennenkabel (1) anbringen und fixieren.

Bild 25 Cockpit Ausbau:
1 Schrauben
2 Verkleidung
3 Verkleidung
6 Stecker Uhr
7 Stecker Drehzahlmesser
8 Entstörfilter
9 Stellknopf
10 Schrauben
11 Kabelstrang
A1 Kombiinstrument

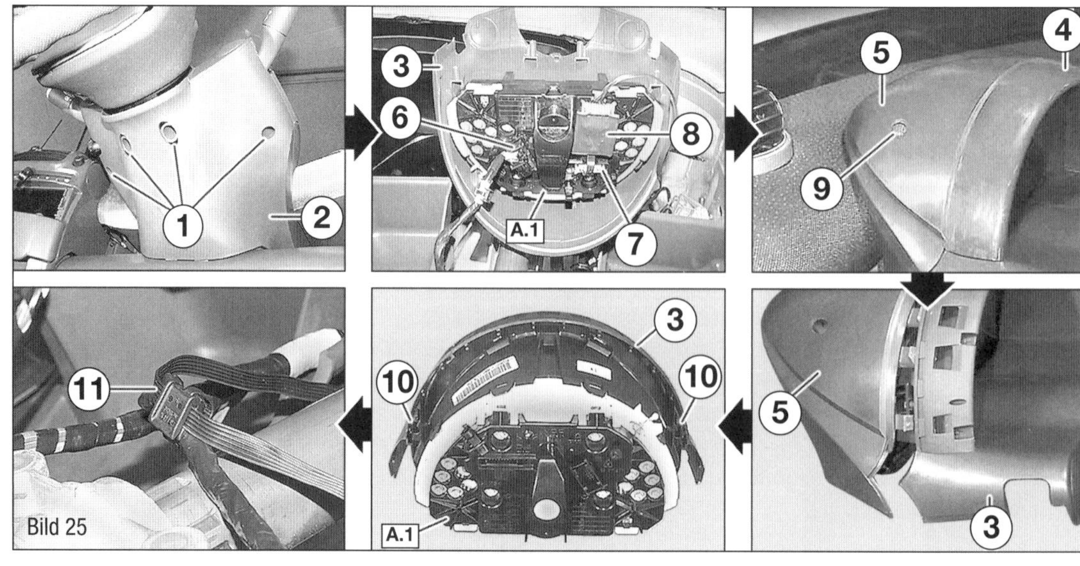

- Schaumstoffschlauch (3) auf eine Länge von 120 mm kürzen.
- Zum Fixieren Kabelbinder verwenden.
- Radio in Einbauschacht einsetzen.

Antennenkabel nacharbeiten
Bei Empfangsschwierigkeiten sollte der Anschluss der Antenne an der A-Säule nachgearbeitet werden:

- Frontteil abbauen.
- Überwurfmutter (14) lösen und Antennenkabel handfest vorziehen, anschließend 90° festziehen.
- Schraube (12) herausdrehen und Antennenfuß (13) entfernen.
- Gewinde M6 nachschneiden um einwandfreien Kontakt sicherzustellen.
- Einbau in umgekehrter Reihenfolge.

Hochtonlautsprecher
Ausbau:

- Bei Fahrzeugen ab Baudatum November 1999 die Fußraumabdeckungen Fahrer- und Beifahrerseite ausbauen.
- Den Zentralelektrik-Grundkörper auf der Fahrerseite (bei Fahrzeugen noch jüngeren Baudatums mit Steuergerät SAM das Relais- und Sicherungsmodul Fahrzeug) aus den Rastnasen aushängen und nach vorne abklappen.
- Die elektrischen Steckverbindungen für die Hochtöner trennen.
- Die Hochtonlautsprecher ganz vorn in der Instrumententafel links und rechts durch Drehen im Uhrzeigersinn lösen und abheben, dabei auf die Rastnasen achten.
- Die Schraube am Gehäuseunterteil jedes Hochtöners herausschrauben und die Lautsprecher mit Gehäuseunterteil abnehmen.

Einbau:

- In umgekehrter Reihenfolge.

 Beim Einsetzen müssen die Lötkontakte von der Windschutzscheibe wegzeigen.

- Die Kabel verlegen und mit Kabelbindern befestigen.

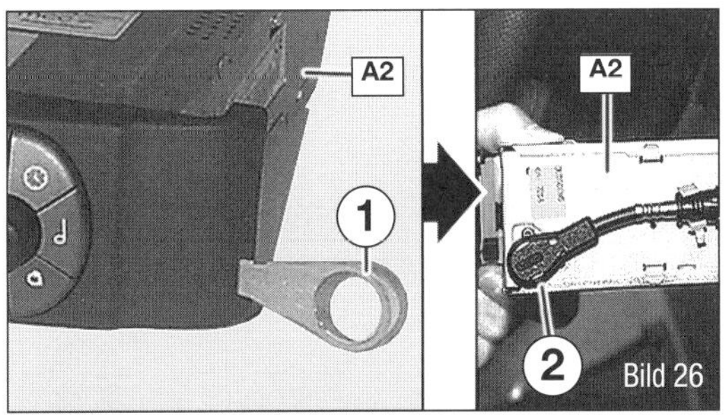

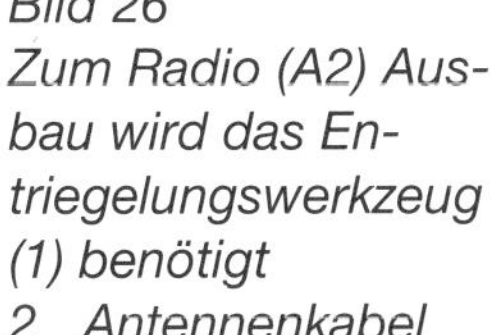

Bild 26
Zum Radio (A2) Ausbau wird das Entriegelungswerkzeug (1) benötigt
2 Antennenkabel

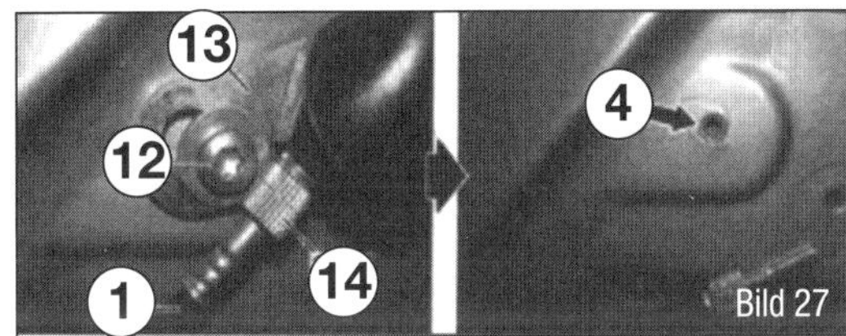

Bild 27
Bei Empfangsschwierigkeiten die Antennenbefestigung unter dem linken Kotflügel nacharbeiten
1 Antennenkabel
2 Schraube Antenne
3 Antenne
4 Korrosion an der Verschraubung

Freisprecheinrichtung montieren

- Masseleitung der Batterie abschließen
- Verkleidung Dachrahmen vorn ausbauen
- Verkleidung A-Säule Beifahrerseite ausclipsen.
- Antenne Telefon an Windschutzscheibe befestigen. Antenne Telefon so positionieren,dass sie sich mittig zur Scheibenbreite auf der Innenseite und 15 mm zum unteren Rand des oberen Siebdrucks befindet.
- Das Antennenkabel in Richtung der vorderen Dachverkleidung verlegen. Die Klebefläche muss staub- und fettfrei sein.
- Antennenkabel an Dachrahmen und A-Säule verlegen.
- Verkleidung Dachrahmen vorn einbauen.
- Antennenkabel im Fußraum verlegen. Antennenkabel in Richtung Batteriemulde verlegen.
- Radio ausbauen (Radio nur aus dem Schacht ziehen).
- Mikrofon Handy an Mittelkonsolenverkleidung befestigen.
- Mikrofon Handy mit Mikrofonhalter auf der dem Fahrer zugewandten Seite der Mittelkonsolenverkleidung (3) anbringen. Die Klebefläche muss staub- und fettfrei sein.
- Mikrofonkabel (2) verlegen.
- Mikrofonkabel (2) hinter Mittelkonsolen-

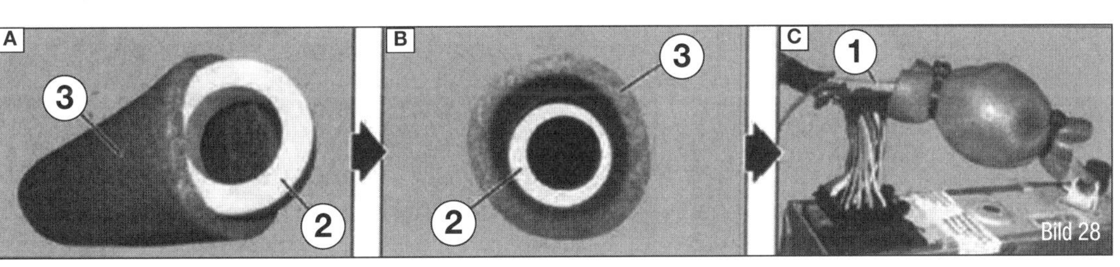

Bild 28
Entstörfilter nachrüsten:
1 Kabelstrang
2 Ferritring
3 Schaumstoff

Bilder 29 und 30
Einbau der werksseitigen Freisprechanlage:
2 Mikrofonkabel
3 Mittelkonsolenverkleidung
4 Blende Vertikalstrebe
5 Telefonkonsole
6 Schrauben
7 Leitungssatz Cradle
8 Schrauben
9 Grundhalter
10 Abdeckung Wählhebel
B25/2 Mikrofon Handy

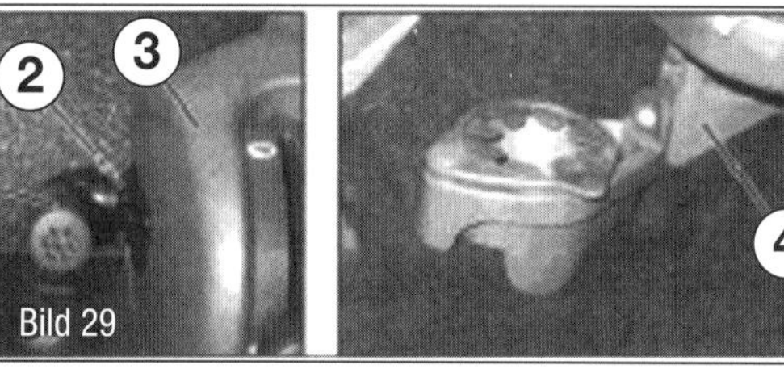

Bild 29

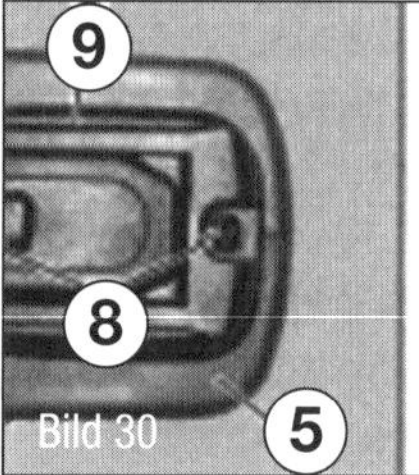

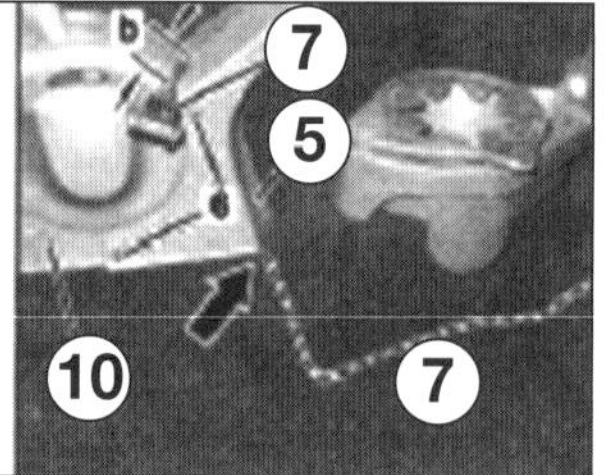

Bild 30

verkleidung (3) hindurchführen und am Hauptleitungssatz, hinter der Blende Vertikalstrebe (4), in Richtung Batteriemulde verlegen.

■ Leitungssatz Freisprechanlage (15) einbauen.

■ In Verbindung mit einem Navigationsgerät ist ein Y-Kabel zu verwenden, welches zwischen dem Hauptleitungssatz und dem Original- Navigation System Adapter eingesetzt wird.

■ Mittelkonsole ausbauen, um das Verlegen Leitungssatz Cradle (7) zu ermöglichen.

■ Mittelkonsole einbauen.

■ Telefonkonsole (5) mit Schrauben (6) an Abdeckung Wählhebel (10) montieren.

■ Um Schraubenüberstand zu vermeiden, nur Schrauben mit einer maximalen Länge von 9,5 mm verwenden.

■ Der Leitungssatz Cradle (7) muss vor dem Verschrauben zwischen der Telefonkonsole (5) und der Abdeckung Wählhebel (10) verlegt werden. Beim Verlegen ist ein Kabelüberhang von 100 mm (b) am Leitungssatz Cradle (7) zu berücksichtigen.

■ Leitungssatz Cradle (7) unter dem Bodenbelag in Richtung Batteriemulde verlegen. Gegebenenfalls den Bodenbelag im Bereich (Pfeil) um 15 mm einschneiden. Einschnitt muss von der Telefonkonsole (5) verdeckt bleiben.

■ Zwei Bohrungen 2,5 mm anbringen.

■ Der Grundhalter Cradle (9) muss so positioniert werden, dass sich beide Verschraubungspunkte auf der Klebenaht der Telefonkonsole (5) befinden.

■ Grundhalter Cradle (9) mit Schrauben (8) an Telefonkonsole (5) montieren.

■ Steuergerät UHI (Universal Handy Interface) je nach Kombination mit smart radio (N123/1) programmieren.

■ navigator »navigation & sound«, smart radio one, smart radio three oder smart radio five müssen am Steuergerät UHI (Universal Handy Interface) (N 123/1) unterschiedliche Voreinstellungen vorgenommen werden:

smart navigation & sound:

■ Dippschalter 1 (11) und Dippschalter 2 (12) auf »ON« stellen.

smart radio one, smart radio three oder smart radio five:

■ Dippschalter 1 (11) auf »OFF« und Dippschalter 2 (12) auf »ON« stellen.

■ Steuergerät UHI (Universal Handy Interface) (N123/1) mit Schrauben (13) auf Halterplatte (14) montieren.

■ Mikrofonkabel (2), Leitungssatz Cradle (7) und Leitungssatz Freisprechanlage (15) an Steuergerät UHI (Universal Handy Interface) (N 123/1) kontaktieren.

■ Antennenkabel (1) an Leitungssatz Cradle (7) kontaktieren.

■ Entlüftungsschlauch Batterie (16) mit Adapter Entlüftungsschlauch (17) an Halterplatte (14) verlegen.

■ Steuergerät UHI (Universal Handy Interface) auf Halterplatte (14) positionieren.

■ Masseleitung der Batterie anschließen.

Radio auf Freisprechanlage einstellen

smart radio one, smart radio three:

Radio einschalten. Taste für Experteneinstellungen so oft betätigen, bis im Display »Phone« erscheint. Mit dem rechten Drehknopf im Display die Funktion »Phone IN« anwählen. Zur Lautstärkevoreinstellung muss über die Funktion »Phone Volume« ein Wert von 25 gewählt werden. Die Lautstärke kann, während des Gespräches, über den linken Drehregler am Gerät eingestellt werden.

smart radio five:

Radio einschalten. Die Taste »CD« so lange gedrückt halten bis im Display »Expert« erscheint. Mit Taste »Tuning« im Display die Funktion »Phone IN« anwählen. Zur Lautstärkevoreinstellung muss über die Funktion »Phone Volume« ein Wert von 25 gewählt werden.

Wird in beiden Varianten keine weitere Aktion vorgenommen, erfolgt die Speicherung automatisch. Die Lautstärke kann während des Gespräches über den linken Drehregler am Gerät eingestellt werden.

smart radio navigator »navigation & sound«:
Es sind keine Voreinstellungen möglich.
Die Lautstärke kann nur über das Handy eingestellt werden.

iPod einbauen

- Masseleitung der Batterie abschließen.
- Mittelkonsole ausbauen.

Konsole Telefon nachträglich einbauen
Wenn noch nicht eingebaut, Aussparung an Konsole Telefon auf 1,4 mm vergrößern.

- iPod-Halter aufsetzen und Anschlusskabel durchführen.
- Konsole Telefon an Mittelkonsole anbauen.
- iPod-Halter an Konsole Telefon anhalten und Bohrungen markieren.
- Bohrungen 2 mm an Konsole Telefon anbringen.
- iPod-Halter an der Konsole Telefon anbauen.
- Metallplatte an iPod-Halter aufkleben, Schutzfolie an Klebestreifen abziehen. Die Klebeflächen müssen staub- und fettfrei sein.
- Bodenbelag zur besseren Verlegung vom Anschlusskabel einschneiden.
- Mittelkonsole einbauen.
- Bodenbelag Beifahrerseite umklappen
- Pannenset herausnehmen.
- Anschlusskabel zum Radio verlegen
- Bodenbelag verlegen.
- Radio ausbauen.
- Elektrische Steckverbindungen mit A (im Bild 31) und B.Steuergerät iPod kontaktieren Chinch-Stecker – rot ist der rechte Kanal, Chinch- Stecker schwarz ist der linke Kanal.
- Elektrische Steckverbindung Radio kontaktieren.
- Klettband an der Unterseite iPod und Fußstütze Beifahrer aufkleben.
- Kabelschlaufe (9) bilden. Auf Länge vom Leitungssatz iPod achten. Leitungssatz iPod muss lang genug bleiben, dass Radioausbau möglich bleibt.
- Radio einbauen.
- Masseleitung der Batterie anschließen.

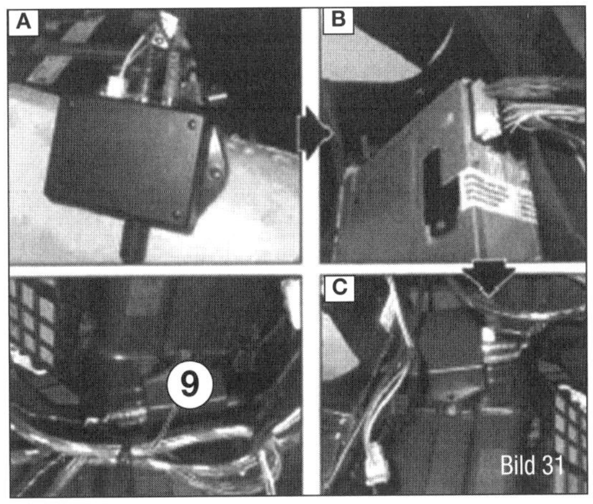

Bild 31
Kabelverlegung für den iPod-Adapter hinter dem Radio
9 Leitungssatz

- Pannenset einsetzen und Bodenbelag Beifahrerseite zurückklappen .
- Radio decodieren.

Prüfung iPod carkit

- iPod einschalten und in iPod-Halter einsetzen.
- Radio einschalten.
- Radio auf CD-Wechsler Eingang umschalten.
- Ladevorgang vom iPod kontrollieren Der Ladevorgang wird oben im Display angezeigt. Die Balken der Batterieanzeige bewegen sich dabei von links nach rechts.
- Audiowiedergabe vom iPod einschalten Wiedergabeliste anwählen und MP3-Datei auswählen.
- Audiowiedergabe überprüfen.
- Lautstärkeregelung prüfen Lautstärkeregler vom Radio betätigen.

Alarmanlage einbauen

- Masseleitung der Batterie abschließen
- Fußraumabdeckung Beifahrerseite ausbaucn.
- Fußraumabdeckung Fahrerseite ausbauen.
- Mittelkonsole vorn ausbauen.
- Schaltmodul ausbauen.
- Sitzkonsole ausbauen.
- Gepäckbox hinten links ausbauen.
- Gepäckbox hinten rechts ausbauen.
- Steuergerät EDW (N26) an Stirnwand positionieren.
- Muttern (5) Steuergerät EDW (N26 im Bild 32) an Stirnwand festdrehen.
- Leitungssatz DWA (4) anschließen (452589029900 Leitungssatz-Reparaturset)
- Elektrische Steckverbindung (1) kontaktieren.

Auf richtiges Verriegeln vom Stecker achten.

Sichtprüfung Messen

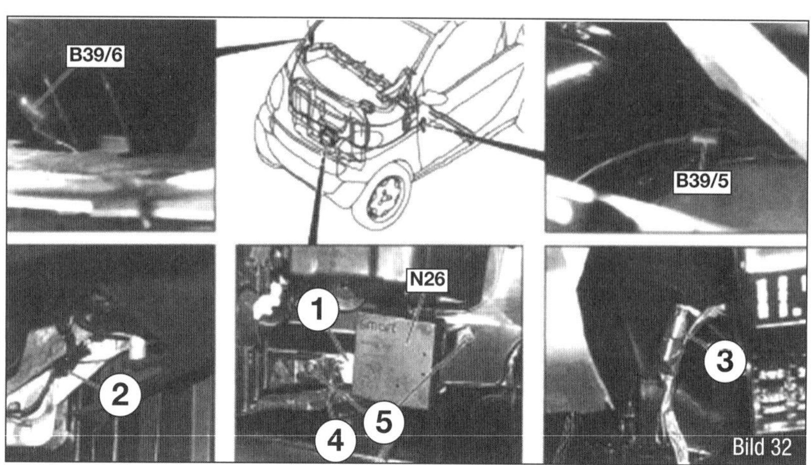

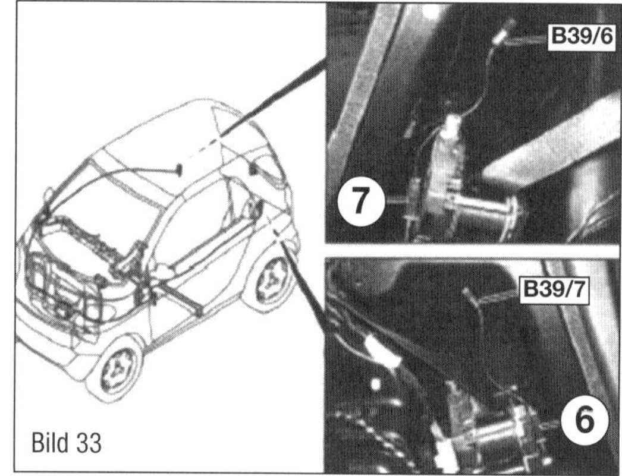

Bilder 32 und 33 Einbau der werksseitigen Alarmanlage:
1 Steckverbindung
2 Steckverbindung
3 Steckverbindung
4 Leitungssatz DWA
5 Schrauben
6 Steckverbindung Gurtautomat links
7 Steckverbindung Gurtautomat rechts
B39/5 Ultrachallsensor vorne links
B39/6 Ultrachallsensor hinten rechts
B39/7 Ultrachallsensor hinten links
N26 Steuergerät EDW vorn links

- Leitungssatz DWA (4) unter Instrumententafel verlegen.
- Ultraschallsensor EDW vorn rechts (B39/6) an A-Säule unterhalb der Instrumententafel einclipsen.
- Elektrische Steckverbindung (2) kontaktieren Auf richtiges Verriegeln vom Stecker achten.
- Ultraschallsensor EDW vorn links (B39/5) an A-Säule unterhalb der Instrumententafel einclipsen.
- Elektrische Steckverbindung (3) kontaktieren. Auf richtiges Verriegeln vom Stecker achten.
- Leitungssatz DWA (4) in Richtung der Gurtrollen links und rechts DWA (4) für den Ultraschallsensor EDW verlegen.

Der Leitungssatz DWA (4) muss so verlegt und fixiert werden, dass Beschädigungen und Vibrationsgeräusche auszuschließen sind.

- Ultraschallsensor EDW hinten links (B39/7) oberhalb der Gurtrolle anclipsen.
- Elektrische Steckverbindung (6) kontaktieren.

Auf richtiges Verriegeln vom Stecker achten.

- Ultraschallsensor EDW hinten rechts (B39/8) oberhalb der Gurtrolle anclipsen.
- Elektrische Steckverbindung (7) kontaktieren. Auf richtiges Verriegeln vom Stecker achten.
- Sitzkonsole einbauen.
- Schaltmodul einbauen.
- Mittelkonsole einbauen.
- Mittelkonsole vorn einbauen.
- Fußraumabdeckung Fahrerseite einbauen.
- Masseleitung der Batterie anschließen
- DWA programmieren.
- Fußraumabdeckung Beifahrerseite einbauen und Teppich zurückschlagen.

Klemmen	Leitung von	Leitung nach	Kabelfarbe
1	Zündspule	Zündverteiler	Grün
2	Magnetzünder	Zündschalter	
		(Kurzschlussleitung)	
		Stop	–
4	Zündspule	Zündverteiler	
		(Hochspannungsleitung)	–
15	Zündschloss	Zündspule (Zundungsplus)	Schwarz
15a (16)	Vorwiderstand	Zündspule	–
16 (15a)	Anlasser-Magnetschalter	Zündspule	–
15/54	Zündschloss	Anlasserdruckknopf	Schwarz
	(Sicherung)	Scheibenwischer	Schwarz/Lila
		Kraftstoffanzeige	Hellblau/
			Schwarz
		Horn	Schwarz/Gelb
		Bremslichtschalter	Schwarz/Rot
		Öldruckkontrolle	Hellblau/Grün
		Ladekontrolle	
		Blinkgeber (Kl.49)	Schwarz
		Gluhanlasschalter	Schwarz
17	Glühanlasschalter	Glühüberwacher	Schwarz
	(Stellung starten)	(Ende Widerstand)	Schwarz
19	Glühanlasschalter	Glühüberwacher	Schwarz
	Stellung glühen)	(Anfang Widerstand)	
30	Anlasser	Sicherungskasten	Rot
	Batterie (Dauerplus)	Zündschloss	
31	Fahrzeugmasse	–	Braun
31b	Wischerschalter	Wischermotor	–
		(Kurzschlusskontakt)	
49	Sicherungskasten	Blinkrelais	Schwarz
49a	Blinkrelais	Blinkerschalter	Schwarz/Weiß/
Grun			
50	Anlasserschalter	Anlasser	Rot/Schwarz
		(bzw. Batterieumschalter)	
50a	Batterieumschalter	Anlasser	–
	(Fahrzeuge mit 12V		
	Spannung und 24V		
	Starter)		
51	Regler	D+	Rot
	Gleichstromgenerator	Gleichstromgenerator	
53	Wischerschalter (Ein)	Wischermotor	–
53a	Wischerschalter	Wischermotor	–
		(plus fur Stop)	
53b	Wischerschalter	Wischermotor	–
53c	Wischerschalter	Wischerpumpe	–
53e	Wischerschalter	Wischermotor	–
		(Bremswicklung)	
53i	Wischerschalter	Wischermotor (3. Kohle)	–
54	Bremslichtschalter	Anhängersteckdose 54	Schwarz/Rot
L54	Blinkerschalter	Blink-Bremslicht links	–
R54	Blinkerschalter	Blink-Bremslicht rechts	–
4f	Bremslichtschalter	Blinkerschalter (Zweikreisanlage)	–
55		Nebelscheinwerfer	–

Sichtprüfung

Messen

Klemmen	Leitung von	Leitung nach	Kabelfarbe
556	Lichtschalter	Abblendschalter	Weiß/Schwarz
56a	Abblendschalter	Fernlicht	Weiß
56b	Abblendschalter	Abblendlicht	Gelb
57a	Parklicht		
57L	Parklicht links		
57R	Parklicht rechts		
57L	Lichtschalter	Parklicht links	Grau/Schwarz
57R	Lichtschalter	Parklicht rechts	Grau/Rot
58	Lichtschalter	Standlicht	Grau/Rot
		Kennzeichenleuchte rechts	Grau/Schwarz
		Standlicht	
		Kennzeichenleuchte links	
61	Ladekontrollleuchte	Regler oder Lichtmaschine Kl. D+/61	Hellblau
85	Relais Spule Minus		–
86	Relais Spule Plus		–
87	Relaiskontakt Schließer)		–
87a	Relaiskontakt (Öffner)		–
87b	Relaiskontakt (Schließer)		–
88/30	Relaiskontakt (Eingang)		–
K, C	Blinklichtkontrolle	Blinkgeber	Hellblau
K1, C1	Blinklichtkontrolle	Blinkgeber Anhänger	–
K2, C2	Blinklichtkontrolle	Blinkgeber Anhänger	–
L	Blinkerschalter	Blinker links	Schwarz/Weiß
R	Blinkerschalter	Blinker rechts	Schwarz/Grün
B+	Batterie Plus,		
B-	Batterie Minus		
D+	Dynamo Plus		
D-	Dynamo Minus		
DF	Dynamo Feld		
U, V, W	Drehstromwicklung		
W	Drehzahlmesseranschluss am Drehstromgenerator		–

Beim Fortwo werden nebenstehende Lampen verwendet (Abweichungen auf Grund besonderer Ausstattung sind allerdings möglich)

Leuchte	Typ	Stärke	Farbe
Abblend-/Fernlicht	H4	55/60W	Weiß
Standlicht	W5W	5W	Weiß
Blinker (vorne)	PY	21W	Weiß
Nebelscheinwerfer	H3	55W	Weiß
Blinker (Seite) Weiß	WY5W	5W	Weiß
Blinker (Seite) Gelb	W5W	5W	Gelb
Rück-/Bremslicht	P21/5	21/5W	Weiß
Blinker (hinten)	P21W	21W	Gelb
Nebelschlussleuchte	P21W	21W	Weiß
Rückfahrlicht	P21W	21W	Weiß
3. Bremslicht	W2,3W	2,3W	Weiß
Kennz.-Beleuchtung	W5W	5W	Weiß
Innenraumleuchte	W5W	7W	Weiß

Übersicht Sicherungen

Sicherungen sind je nach Belastbarkeit mit verschiedenen Farben gekennzeichnet. Durchgebrannte Sicherungen nur durch Sicherungen des identischen Typs ersetzen!

Kennfarbe	Ampere
Schwarz	1
Grau	2
Violett	3
Rosa	4
Hellbraun	5
Dunkelbraun	7,5
Rot	10
Hellblau	15
Gelb	20
Weiß/Farblos	25
Hellgrun	30
Blaugrun	35
Orange	40
Hoch belastbare Sicherungen:	
Pink	30
Rot	50
Gelb	60
Schwarz	80

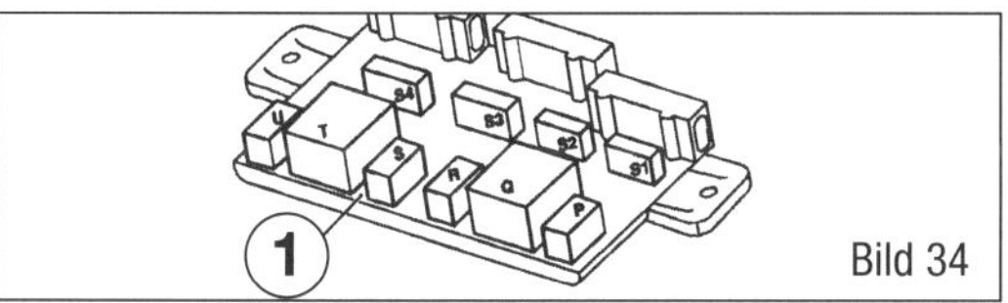

Bild 34

Bild 34 Sicherungsträger unter dem Fahrersitz:
1 Sicherungsträger »F2«

Sicherungskästen

Im Smart sind zwei Sicherungskästen verbaut. Einer (Zentralelektrik-Grundkörper) befindet sich links unten im Fahrerfußraum. Dort ist auch die Prüfkupplung für den Diagnosestecker (OBD) zu finden.
Der andere Kasten beherbergt das Sicherungs- und Relaismodul für die Motorsteuerung (F2). Dieses befindet sich unter dem Fahrersitz, der zum Prüfen oder Ersetzen von Sicherungen ausgebaut werden muss.

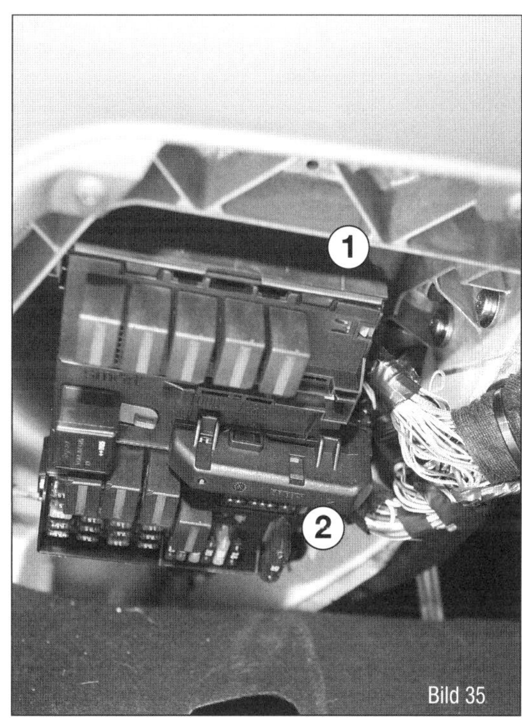

Bild 35

Bild 35 Sicherungsträger Armaturentafel links:
1 Sicherungsträger »F1« und ZEG,
2 OBD Diagnoseanschluss

Sicherungsbelegung F2

Steckplatz	Sicherung	Kennfarbe	Absicherung	Abgesicherte Funktion
S1	F2f1	blau	15 A	Ladeluftkühler, Magnetkupplung Kältemittelverdichter
S2	F2f2	rot	10 A	Kraftstoffpumpe
S3	F2f4	blau	15 A	Einspritzventile, MEG (Typ 450 mit Motor 160)
		blau	15 A	Injektoren, Druckregelventil elektrische Abstellung (Typ 450 mitMotor 660)
S4	F2f3	rot	10 A	Tankentlüftungsventil Lambda-Sonde (Typ 450 mit Motor 160)
		rot	10 A	Glühzeitsteuerung (Typ 450 mit Motor 660)

Sicherungsbelegung F1

Steckplatz	Sicherung	Kennfarbe	Absicherung	Abgesicherte Funktion
1	F1f1	braun	7,5	Stand- und Schlusslicht rechts, Instrumentierungsbeleuchtung,Kennzeichenleuchte
2	F1f2	braun	7,5	Stand- und Schlusslicht links
3	F1f3	blau	15	Nebelscheinwerfer vorne (Typ 450 mit Code (V07) Nebelscheinwerfer (FFO)
–	–	Frei	–	(Typ 450 ohne Code (V07) Nebelscheinwerfer (FFO)
4	F1f4	braun	7,5	Nebelschlussleuchte
5	F1f5	braun	7,5	Abblendlicht links mit Leuchtweitenregulierung
6	F1f6	braun	7,5	Abblendlicht rechts mit Leuchtweitenregulierung
7	F1f7	braun	7,5	Fernlicht links, Fernlichtkontrolle
8	F1f8	braun	7,5	Fernlicht rechts
9	F1f9	natur	25	Zündspule, Starter (Typ 450 mit Motor 160 ab 16.11.99)
–	–	blau	15	Starter (Typ 450 mit Motor 660 ab 16.11.99)
–	–	Frei	–	(Typ 450 bis 15.11.99)
10	F1f10	blau	15	Blinkleuchten, Bremsleuchten (Typ 450 ab 16.11.99)
–	–	Frei	–	(Typ 450 bis 15.11.99)
11	F1f11	blau	15	Radio, Navigationssystem, CD-Wechsler, Kombiinstrument, Drehzahlmesser,Rückfahrlicht, Kindersitzerkennung, Diagnosedose, Schalter PTC-Zuheizer (Typ 450 mit Motor 660)
12	F1f12	blau	15	12 Volt Steckdose
13	F1f13	blau	15	Innenleuchte hinten, Diagnosedose
14	F1f14	blau	15	Radio, Navigationssystem, CD-Wechsler
15	F1f15	braun	7,5	Steuergeräte: Kombiinstrument, ZEE, Zentralverriegelung, Diebstahlwarnanlage, Heckdeckel Fernentriegelung, Innenlicht vorn
16	F1f16	blau	15	Zentralverriegelung, Sicherheitsinsel, Uhr, Horn, Heckdeckel Fernentriegelung, Innenlicht
17	F1f17	blau	15	Heckscheibenwischermotor (Typ 450.3)
		natur	25	Sitzheizung (Typ 450.4 mit Code (S17) Sitzheizung
–	–	Frei	–	(Typ 450.4 ohne Code (S17) Sitzheizung (FFO))
18	F1f18	natur	25	Verdeckmotor (Typ 450.4)
		natur	25	Sitzheizung (Typ 450.3 mit Code (S17) Sitzheizung
–	–	Frei	–	(Typ 450.3 ohne Code (S17) Sitzheizung (FFO)
19	F1f19	natur	25	Verdeckmotor (Typ 450.4)
		blau	15	Glasschiebedach (Typ 450.3 mit Code (V29)
–	–	Frei	–	(Typ 450.3 ohne Code (V29)
20	F1f20	braun	7,5	Motorsteuergerät (Typ 450 mit Motor 160)
–	–	Frei	–	(Typ 450 bis 15.11.99)
21	F1f21	grün	30	Heckscheibenheizung (nur Typ 450.3), Motorlüfter
22	F1f22	orange	40	Schaltung, Klemme 30 Relaisbox (Typ 450 ab 16.11.99)
		blau	15	Blinkleuchten, Bremsleuchten (Typ 450 bis 15.11.99)
23	F1f23	gelb	20	Heizungsgebläse
24	F1f24	grün	30	Fensterheber links und rechts
25	F1f25	gelb	20	Frontwischer, Waschpumpe, Heckwischer
26	F1f26	braun	7,5	Steuergeräte: ABS, Airbag, ZEE
27	F1f27	rot	50	ABS

Lesehilfe Schaltpläne

Die Schaltpläne sind den bekannten Funktionsgruppen 00–91 zugeordnet. Zum leichteren Auffinden von einzelnen Schaltplänen haben wir in der »Suchhilfe der Schaltplangruppen« die Systeme nach Funktionsgruppen aufgelistet. Die Schaltpläne können dann mit der jeweiligen Dokumentennummer beim Mercedes-Benz-Händler ausgedruckt werden.

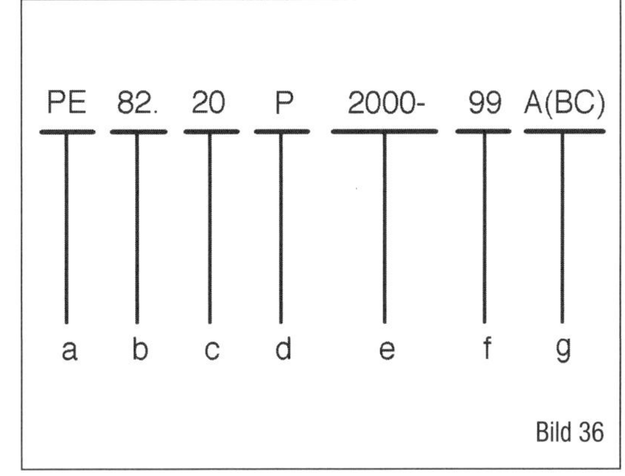

Bild 36

Bild 36 Bezeichnungen der Schaltpläne beim Smart.
a Informationsart
b Funktionsgruppe
c Funktionsuntergruppe
d Erstellerkenner
e Ordnungs-Nummer
f Informationseinheit-Nummer
g Gültigkeitsbuchstabe(n)

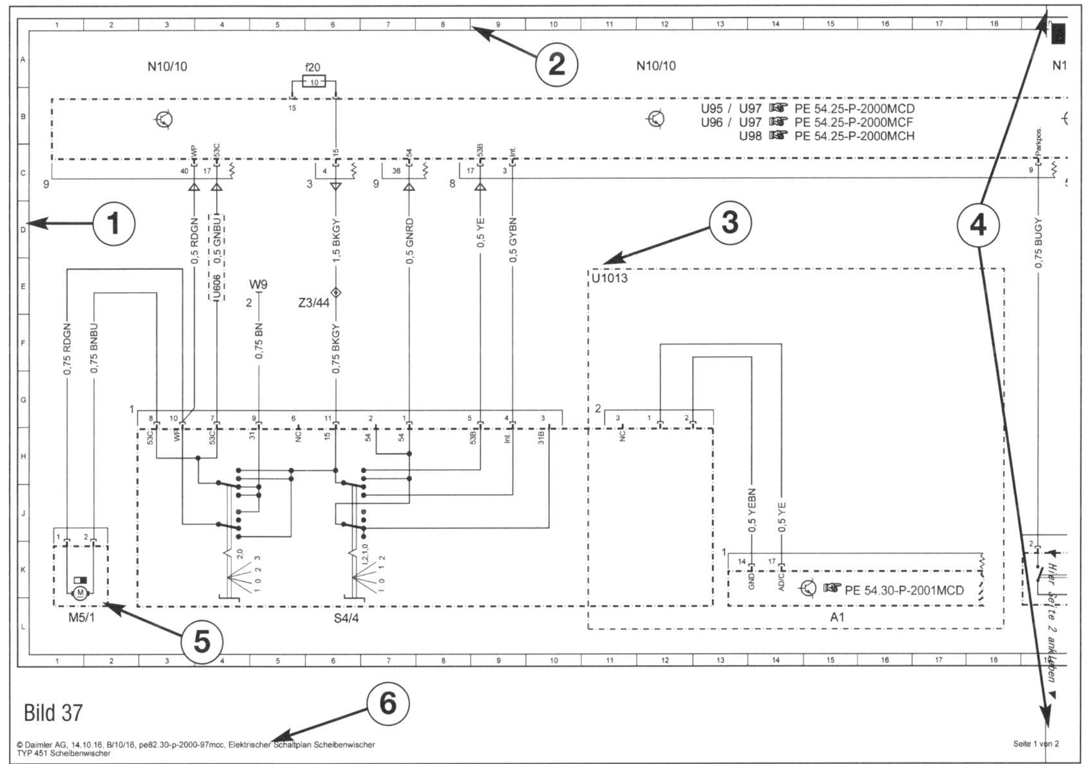

Bild 37

© Daimler AG, 14.10.16, B/10/16, pe82.30-p-2000-97mcc, Elektrischer Schaltplan Scheibenwischer TYP 451 Scheibenwischer

Bild 37 Schaltplanauszug Teil 1 vom Scheibenwischer.
1 Buchstaben zur Positionsbestimmung der Bauteile
2 Zahlen zur Positionsbestimmung der Bauteile
3 Variantenhinweis
4 Schnittlinie zum Zusammensetzen ausgedruckter Pläne
5 Bauteil
6 Hinweise zur Schaltplanvariante und Gültigkeit

Die Schaltpläne sind als Funktionsschemen oder Steuergerätepläne erstellt und wie folgt aufgebaut:

Funktionsschemen

- Die zur Funktion gehörenden Steuergeräte und elektrischen Bauteile werden als Symbole dargestellt.
- Die funktionalen Verbindungen sind durch direkte Leitungen bzw. durch den Datenbus realisiert.

Steuergerätepläne

- Steuergeräte werden komplett mit allen angeschlossenen Bauteilen dargestellt. Vorangestellt ist die Einspeisung der Steuergeräte.
- Die Schaltpläne enthalten auch Verknüpfungen von möglichen Varianten und Funktionen.

Verknüpfungen sind, als Varianten erkennbar, eingerahmt und mit einer Kurzbezeichnung »U« versehen und sind in den Legenden aufgeführt.

Schaltplan Zentralelektrik bis 1999

Kurzbezeichnung/Benennung/Koordinate:

A1	Kombiinstrument 15 L
E15/2	Innenraumleuchte Mittelkonsole 54 L
F1	Sicherungs- und Relaismodul 2 B
F1	Sicherungs- und Relaismodul 9 B
F1	Sicherungs- und Relaismodul 29 B
F1	Sicherungs- und Relaismodul 35 B
F1	Sicherungs- und Relaismodul 47 C
F1	Sicherungs- und Relaismodul 53 C
F1	Sicherungs- und Relaismodul 65 C
F1	Sicherungs- und Relaismodul 68 C
F1	Sicherungs- und Relaismodul 78 B
F1f15	Sicherung 15 11 B
F1f16	Sicherung 16 10 B
F1f21	Sicherung 21 34 B
F1f22	Sicherung 22 8 B
F1f23	Sicherung 23 31 B
F1f24	Sicherung 24 30 B
F1f26	Sicherung 26 7 B
F1f3	Sicherung 3 53 B
F1kA	Relais Nebelscheinwerfer 51 A
F1kB	„Relais ZV auf (bis 15.11.99); Heckdeckelfernöffnung (ab 16.11.99)" 66 A
F1kC	„Relais ZV zu (bis 15.11.99); Heckwischer (ab 16.11.99)" 68 A
F1kE	„Relais Heckdeckelfernöffnung (bis 15.11.99); 69 A Heizgebläse, Fensterheber und Entlastung (ab 16.11.99)"
F1kF	Relais heizbare Heckscheibe 36 A
F1kG	Relais Motorlüfter 33 A
F1kH	Relais Blinker links 46 A
F1kI	Relais Blinker rechts 48 A
F1kK	„Relais Heizgebläse, Fensterheber und Entlastung (bis 15.11.99); 28 A Intervall Frontwischer (ab 16.11.99)"
G1	Batterie 2 L
K39/1	Relais Intelligente Hupe 63 L
K43	Relais Funk 72 L
M14/3	Motor ZV Heckdeckel 70 L
M4/2	Lüftermotor Kühlwasser 32 L
N10	Zentralelektronik 4 B
N10	Zentralelektronik 12 B
N10	Zentralelektronik 20 B
N10	Zentralelektronik 27 B
N10	Zentralelektronik 32 B
N10	Zentralelektronik 38 B
N10	Zentralelektronik 45 B
N10	Zentralelektronik 50 B
N10	Zentralelektronik 61 B
N10	Zentralelektronik 71 B
N10	Zentralelektronik 76 B
N2/7	Steuergerät Rückhaltesysteme 23 L
N26	Steuergerät EDW 59 L
N47-7	Steuergerät ABS 19 L
R1	Heizbare Heckscheibe 37 L
S12	Schalter Feststellbremskontrolle 56 L
S2/1	Zündstartschalter 4 L
S30	Schalter Nebelscheinwerfer 50 L
S4	Kombi-Schalter 26 L
S6/1	Schaltergruppe Cockpit 42 L
S6/1s1	Warnblinkschalter 43 L
S6/1s2	Schalter ZV Innenbetätigung 43 L
S6/1s5	Schalter Klimaanlage 45 L
S6/1s6	Schalter Heckscheibenheizung 44 L
S62/36	Schalter Rückwandtürschließung 61 L
S87/6	Mikroschalter Drehfalle, Tür rechts 76 L
S87/7	Mikroschalter Drehfalle, Tür links 74 L
S98/1	Gebläseschalter 39 L
U114	Gültig für Nebelscheinwerfer 49 A
U179	Gültig für EDW mit Horn 57 A
U62	Nicht gültig für Sidebag 23 G
U65	Gültig für Sidebag 23 G
U87	Gültig für Klimaanlage 39 G
U87	Gültig für Klimaanlage 44 G
U87	Gültig für Klimaanlage 45 G
W10	Masse Batterie 2 G
W26	Masse Mitteltunnel 38 G
W26	Masse Mitteltunnel 41 G
W26	Masse Mitteltunnel 50 G
W26	Masse Mitteltunnel 54 G
W26	Masse Mitteltunnel 56 G
W26	Masse Mitteltunnel 72 G
W43	Masse Stirnwand links außen 32 G
W43	Masse Stirnwand links außen 74 D
W43	Masse Stirnwand links außen 76 D
W6	Masse Kofferraum Radlauf links 37 D
W6	Masse Kofferraum Radlauf links 61 G
W6	Masse Kofferraum Radlauf links 70 H
W9	Masse vorn links (bei Leuchteinheit) 14 E
W9	Masse vorn links (bei Leuchteinheit) 14 E
W9	Masse vorn links (bei Leuchteinheit) 62 G
X11/4	Prüfkupplung Diagnose 27 L
X18/1	Steckverbindung Masse Innenraum/ Heckdeckel 37 E
X19	Steckverbindung heizbare Heckscheibe 36 H
X26/9	Steckverbindung Innenraum/ Aggregate 18 H
X35/1	Türtrennstelle links 73 F
X35/2	Türtrennstelle rechts 75 F
Z19/1	Endhülse ZV auf 65 E
Z19/2	Endhülse ZV zu 66 E
Z21/6	Endhülse ZV- Zustand offen 70 E
Z29/4	Endhülse Klemme 58R, gesichert 40 H
Z3/26	Endhülse Klemme 15, ungesichert 3 G
Z3/29	Endhülse Klemme 15, gesichert 6 E
Z30/1	Endhülse Blinker links 45 E
Z30/2	Endhülse Blinker rechts 47 E
Z30/6	Endhülse Nebellicht 50 E
Z4/10	Endhülse Klemme 30 ungesichert 1 G
Z4/10	Endhülse Klemme 30 ungesichert 27 E
Z50/2	Endhülse Klemme 30, gesichert 9 E
Z50/2	Endhülse Klemme 30, gesichert 42 H
Z50/2	Endhülse Klemme 30, gesichert 65 E
Z50/2	Endhülse Klemme 30, gesichert 67 E
Z50/2	Endhülse Klemme 30, gesichert 68 E
Z6/20	Endhülse Masse Heckdeckel 37 G
Z6/35	Endhülse Masse, Tür links 75 H
Z6/36	Endhülse Masse, Tür rechts 76 H
Z7/19	Endhülse Klemme 30 gesichert 13 E
Z7/19	Endhülse Klemme 30 gesichert 71 H

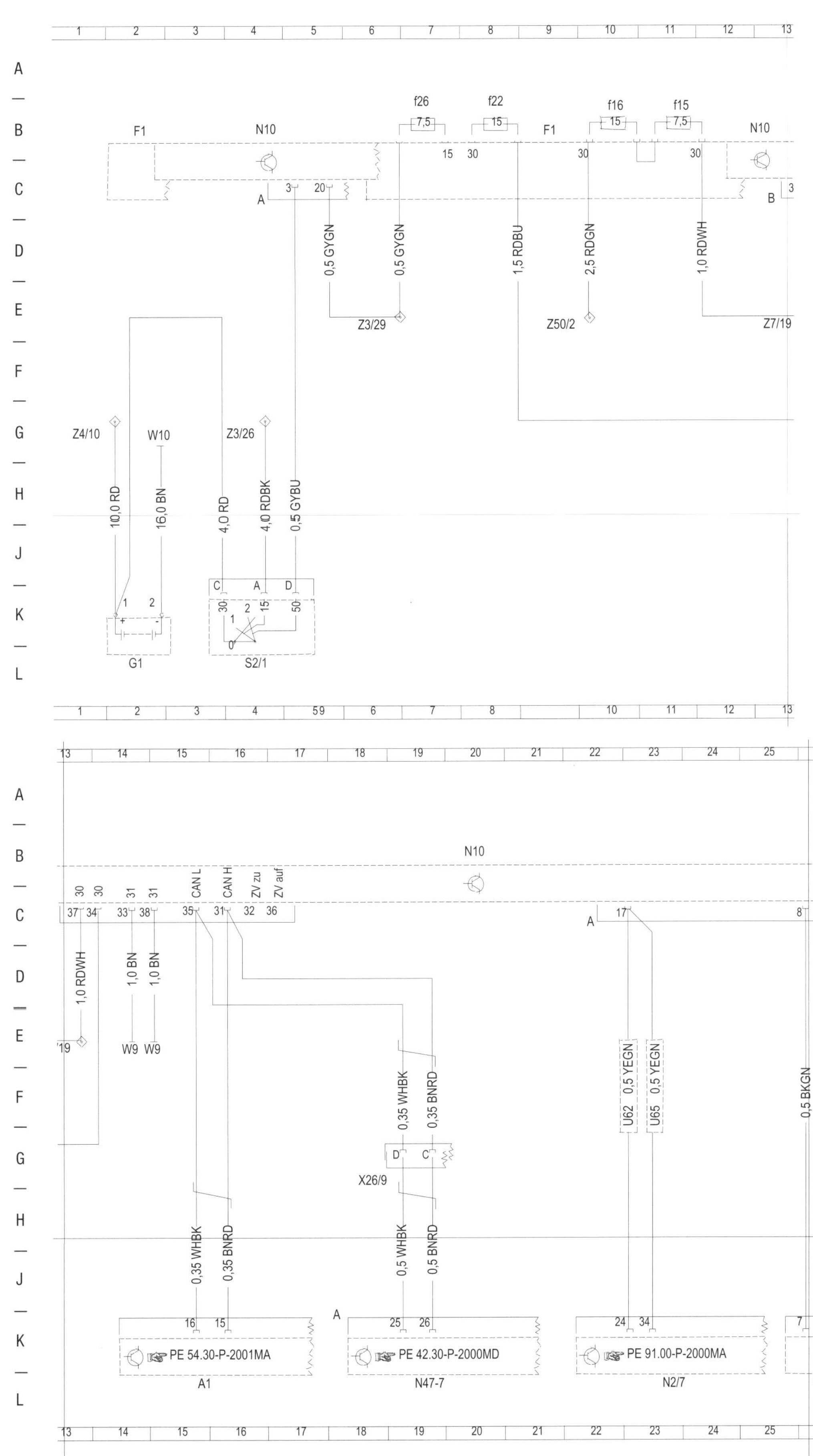
F1
N10
f26
7,5
f22
15
f16
15
f15
7,5
0,5 GYGN
0,5 GYGN
1,5 RDBU
2,5 RDGN
1,0 RDWH
Z3/29
Z50/2
Z7/19
Z4/10
W10
Z3/26
10,0 RD
16,0 BN
4,0 RD
4,0 RDBK
0,5 GYBU
G1
S2/1
CAN L
CAN H
ZV zu
ZV auf
1,0 RDWH
1,0 BN
1,0 BN
W9 W9
0,35 WHBK
0,35 BNRD
X26/9
U62 0,5 YEGN
U65 0,5 YEGN
0,5 BKGN
0,35 WHBK
0,35 BNRD
0,5 WHBK
0,5 BNRD
PE 54.30-P-2001MA
A1
PE 42.30-P-2000MD
N47-7
PE 91.00-P-2000MA
N2/7

Sichtprüfung Messen

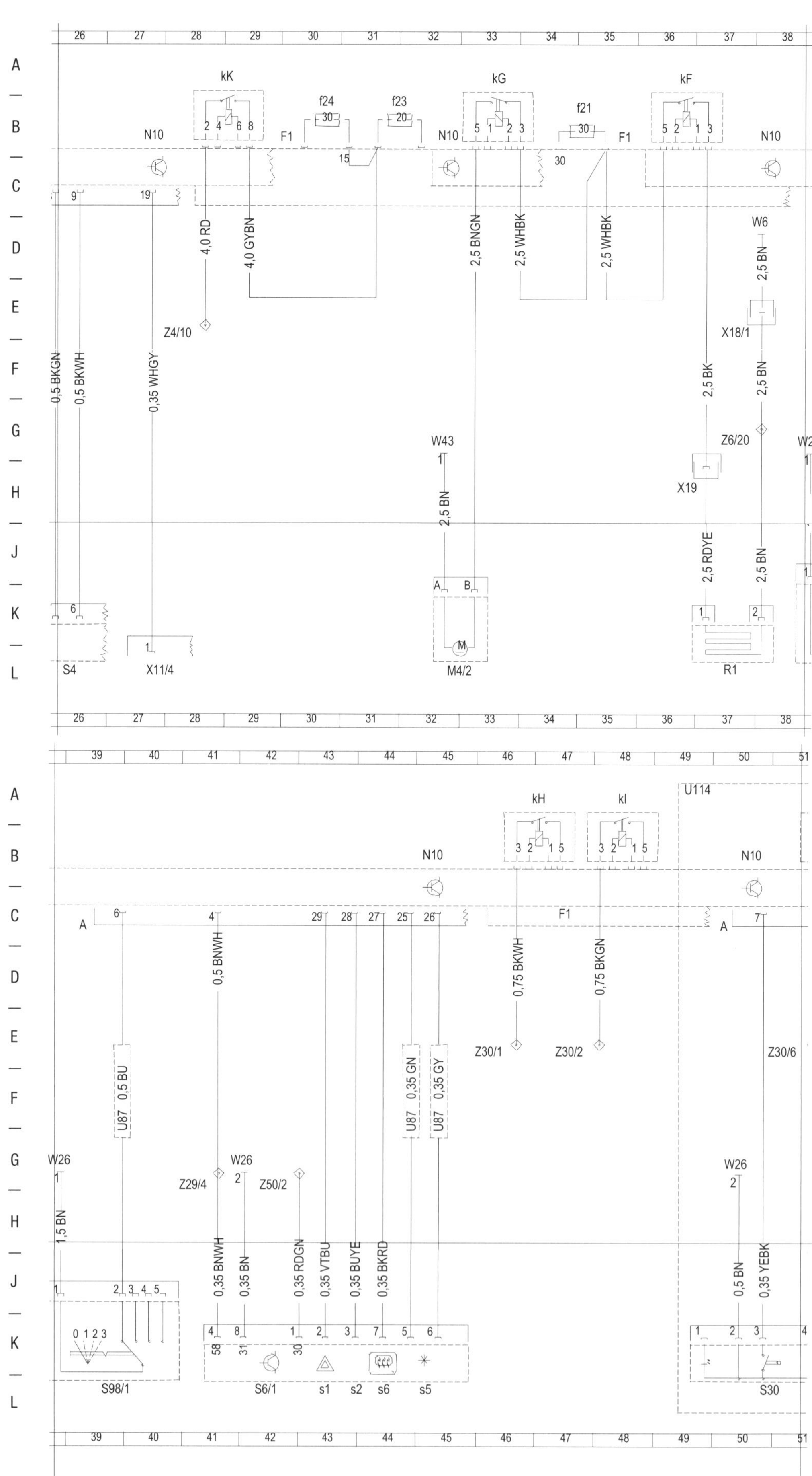

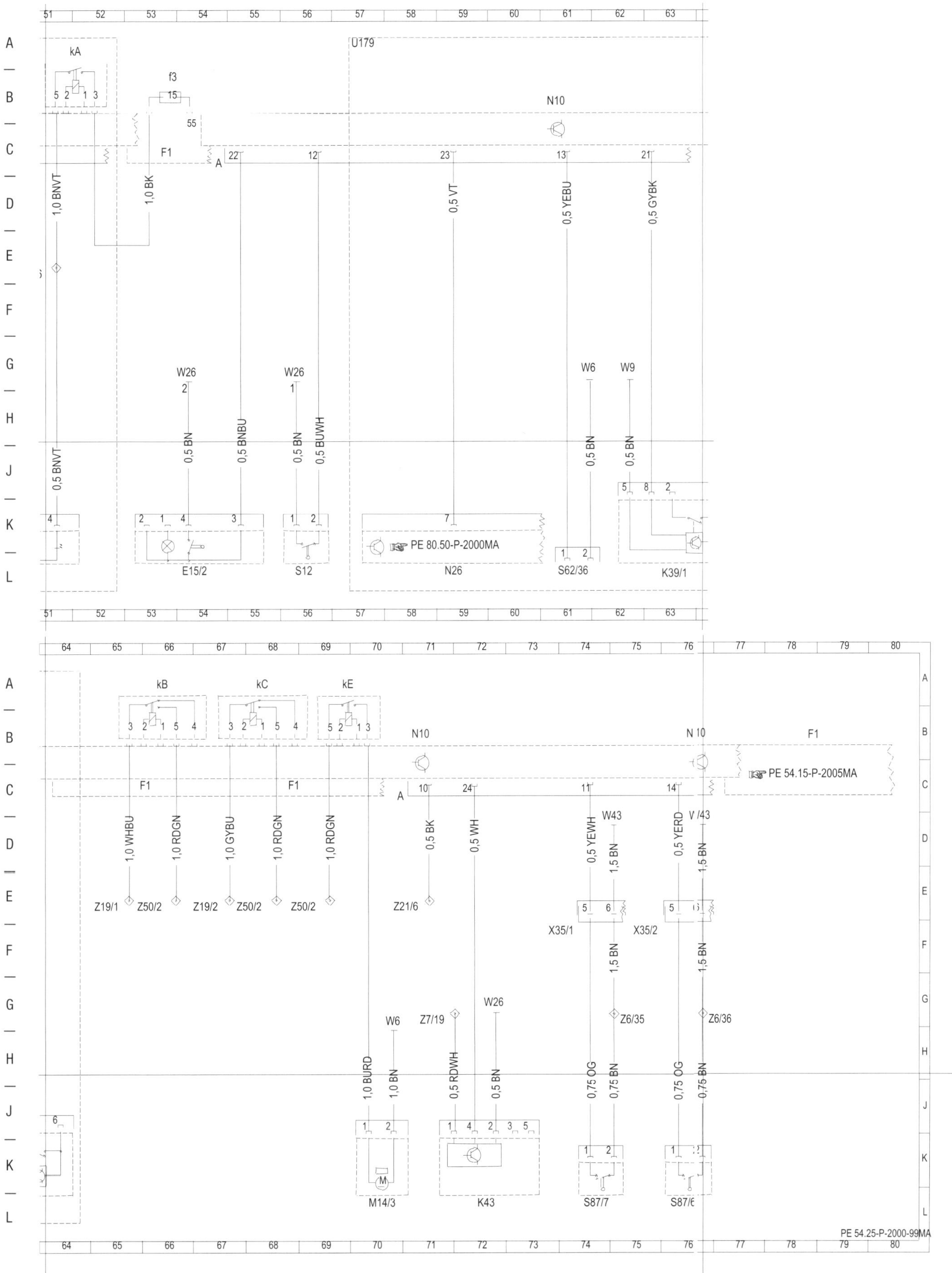
kA
f3
15
55
F1
N10
U179
22
12
23
13
21
1,0 BNVT
1,0 BK
0,5 VT
0,5 YEBU
0,5 GYBK
W26
W6
W9
0,5 BNVT
0,5 BN
0,5 BNBU
0,5 BUWH
E15/2
S12
PE 80.50-P-2000MA
N26
S62/36
K39/1
kB
kC
kE
1,0 WHBU
1,0 RDGN
1,0 GYBU
1,0 BURD
0,5 BK
0,5 WH
0,5 YEWH
0,5 YERD
1,5 BN
W43
Z19/1
Z50/2
Z19/2
Z21/6
X35/1
X35/2
PE 54.15-P-2005MA
Z7/19
Z6/35
Z6/36
0,5 RDWH
0,75 OG
0,75 BN
M14/3
K43
S87/7
PE 54.25-P-2000-99MA

Sichtprüfung

Messen

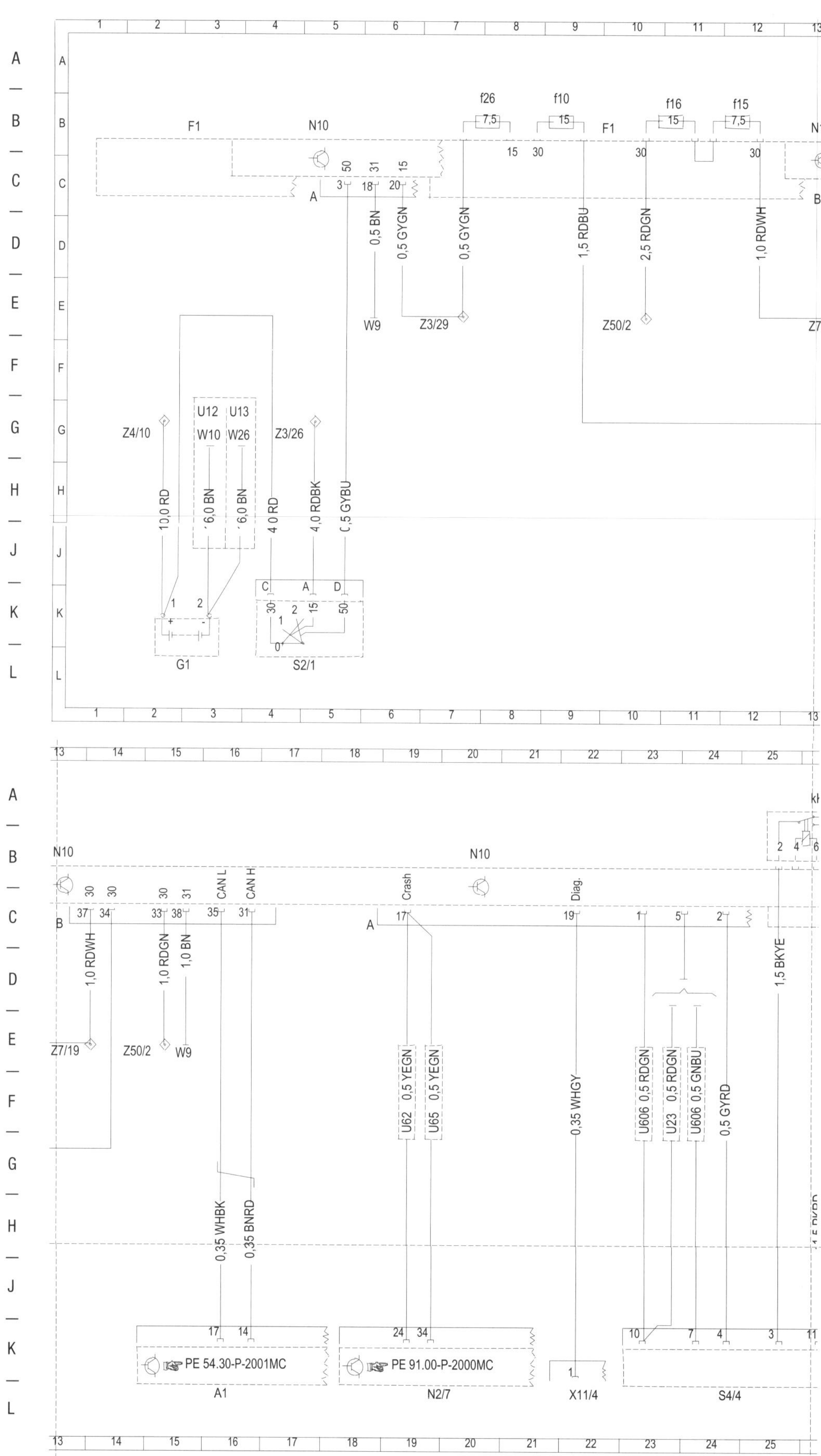

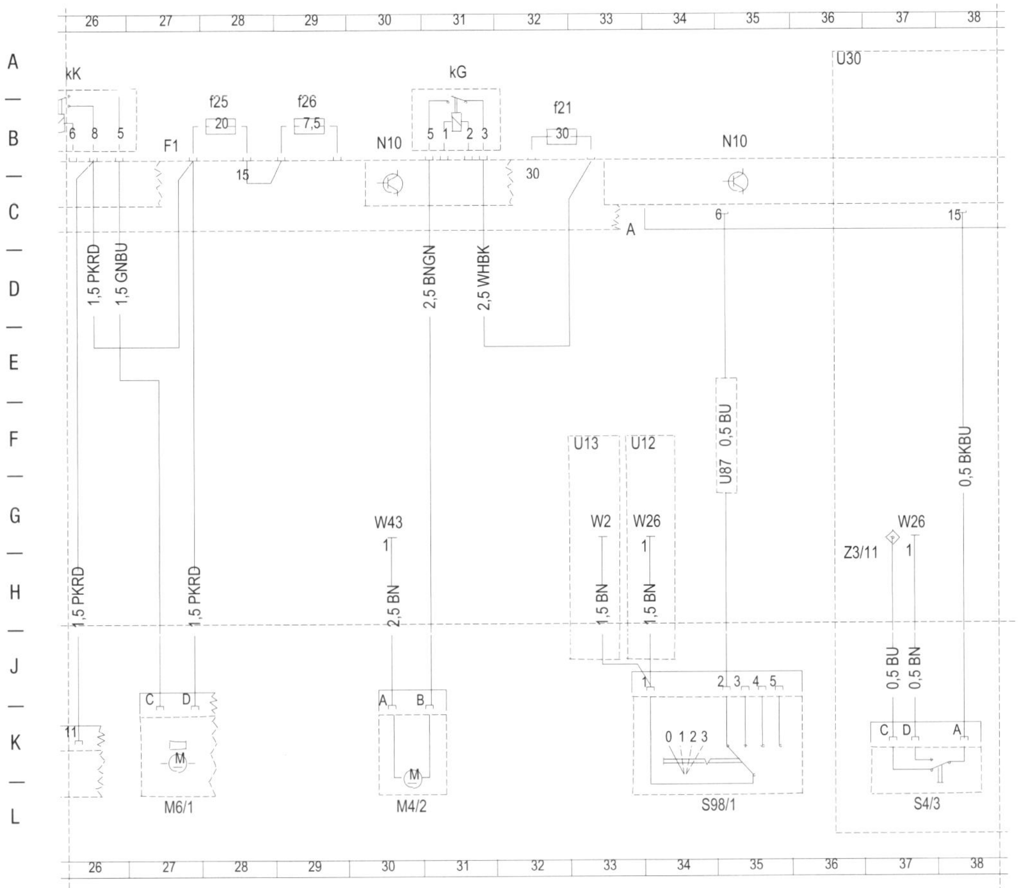

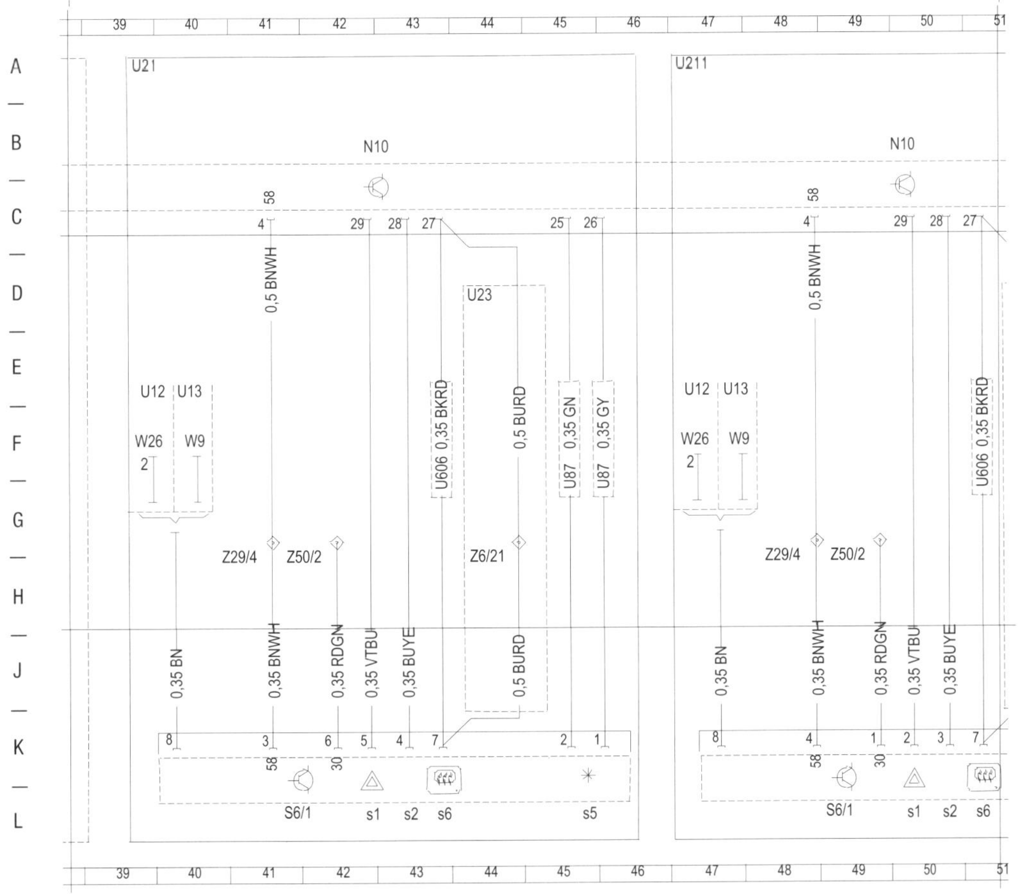

26 27 28 29 30 31 32 33 34 35 36 37 38
A B C D E F G H J K L
kK
kG
U30
f25
20
f26
7,5
f21
30
6 8 5
F1
N10
5 1 2 3
N10
15
30
A
6
15
1,5 PKRD
1,5 GNBU
2,5 BNGN
2,5 WHBK
U87 0,5 BU
0,5 BKBU
U13
U12
W43
1
W2
W26
1
W26
Z3/11
1
1,5 PKRD
1,5 PKRD
2,5 BN
1,5 BN
1,5 BN
0,5 BU
0,5 BN
C D
A B
1 2 3 4 5
0 1 2 3
C D A
11
M
M
M6/1
M4/2
S98/1
S4/3
39 40 41 42 43 44 45 46 47 48 49 50 51
U21
U211
N10
N10
58
4
29 28 27
25 26
58
4
29 28 27
0,5 BNWH
U23
0,5 BNWH
U12 U13
W26 W9
2
U606 0,35 BKRD
0,5 BURD
U87 0,35 GN
U87 0,35 GY
U12 U13
W26 W9
2
U606 0,35 BKRD
Z29/4
Z50/2
Z6/21
Z29/4
Z50/2
0,35 BN
0,35 BNWH
0,35 RDGN
0,35 VTBU
0,35 BUYE
0,5 BURD
0,35 BN
0,35 BNWH
0,35 RDGN
0,35 VTBU
0,35 BUYE
8 3 6 5 4 7 2 1
58 30
S6/1 s1 s2 s6 s5
8 4 1 2 3 7
58 30
S6/1 s1 s2 s6

Sichtprüfung
Messen

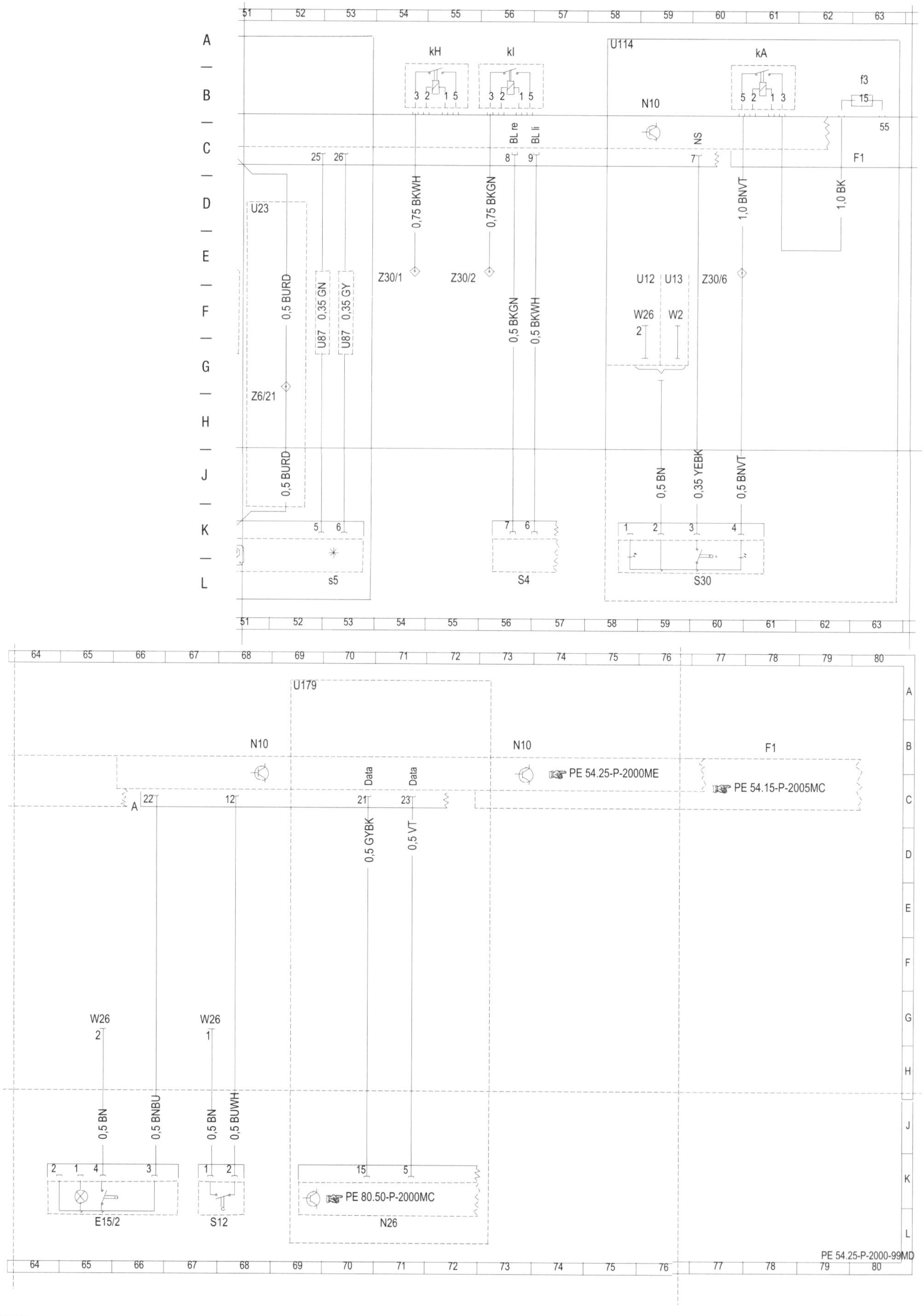

kH
kI
U114
kA
f3
15
N10
55
BL re
BL li
NS
F1
0,75 BKWH
0,75 BKGN
1,0 BNVT
1,0 BK
U23
Z30/1
Z30/2
U12
U13
Z30/6
0,5 BURD
U87 0,35 GN
U87 0,35 GY
0,5 BKGN
0,5 BKWH
W26
W2
Z6/21
0,5 BN
0,35 YEBK
0,5 BNVT
s5
S4
S30
U179
N10
Data
Data
PE 54.25-P-2000ME
F1
PE 54.15-P-2005MC
0,5 GYBK
0,5 VT
W26
0,5 BNBU
0,5 BUWH
PE 80.50-P-2000MC
E15/2
S12
N26
PE 54.25-P-2000-99MD

Schaltplan Zentralelektrik 1999 bis 2001

Kurzbezeichnung/Benennung/Koordinate:

A1 Kombiinstrument 16 L
E15/2 Innenraumleuchte Mittelkonsole 58 L
F1 Sicherungs- und Relaismodul 3 B
F1 Sicherungs- und Relaismodul 9 B
F1 Sicherungs- und Relaismodul 27 B
F1 Sicherungs- und Relaismodul 58 C
F1 Sicherungs- und Relaismodul 70 B
F1f10 Sicherung 10 9 B
F1f15 Sicherung 15 12 B
F1f16 Sicherung 16 11 B
F1f21 Sicherung 21 32 B
F1f25 Sicherung 25 28 B
F1f26 Sicherung 26 7 B
F1f26 Sicherung 26 29 B
F1f3 Sicherung 3 58 B
F1kA Relais Nebelscheinwerfer 56 A
F1kG Relais Motorlüfter 30 A
F1kH Relais Blinker links 51 A
F1kl Relais Blinker rechts 52 A
F1kK „Relais Heizgebläse, Fensterheber und Entlastung (bis 15.11.99); 26 A Intervall Frontwischer (ab 16.11.99)"
G1 Batterie 2 L
M4/2 Lüftermotor Kühlwasser 30 L
M6/1 Wischermotor 27 L
N10 Zentralelektronik 5 B
N10 Zentralelektronik 13 B
N10 Zentralelektronik 20 B
N10 Zentralelektronik 30 B
N10 Zentralelektronik 37 B
N10 Zentralelektronik 45 B
N10 Zentralelektronik 54 B
N10 Zentralelektronik 61 B
N10 Zentralelektronik 65 B
N2/7 Steuergerät Rückhaltesysteme 19 L
N26 Steuergerät EDW 63 L
S12 Schalter Feststellbremskontrolle 60 L
S2/1 Zündstartschalter 4 L
S30 Schalter Nebelscheinwerfer 55 L
S4 Kombi-Schalter 52 L
S4/3 Schalter Zuheizer 36 L
S4/4 Wischerschalter rechts 24 L
S6/1 Schaltergruppe Cockpit 38 L
S6/1 Schaltergruppe Cockpit 45 L
S6/1s1 Warnblinkschalter 39 L
S6/1s1 Warnblinkschalter 46 L
S6/1s2 Schalter ZV Innenbetätigung 40 L
S6/1s2 Schalter ZV Innenbetätigung 46 L
S6/1s5 Schalter Klimaanlage 42 L
S6/1s5 Schalter Klimaanlage 49 L
S6/1s6 Schalter Heckscheibenheizung 40 L
S6/1s6 Schalter Heckscheibenheizung 47 L
S98/1 Gebläseschalter 33 L
U114 Gültig für Nebelscheinwerfer 54 A
U179 Gültig für EDW mit Horn 61 A
U21 Gültig für Sitzheizung 37 A
U211 Nicht gültig für Sitzheizung 43 A
U23 Gültig für Cabriolet 23 G
U23 Gültig für Cabriolet 41 D
U23 Gültig für Cabriolet 47 D
U30 Gültig für Dieselmotoren 35 A
U606 Gültig für alle außer Cabriolet 23 G
U606 Gültig für alle außer Cabriolet 24 G
U606 Gültig für alle außer Cabriolet 40 G
U606 Gültig für alle außer Cabriolet 47 G
U62 Nicht gültig für Sidebag 19 G
U65 Gültig für Sidebag 19 G
U87 Gültig für Klimaanlage 33 G
U87 Gültig für Klimaanlage 42 G
U87 Gültig für Klimaanlage 43 G
U87 Gültig für Klimaanlage 49 G
U87 Gültig für Klimaanlage 49 G
W10 Masse Batterie 3 G
W26 Masse Mitteltunnel 32 G
W26 Masse Mitteltunnel 35 G
W26 Masse Mitteltunnel 38 G
W26 Masse Mitteltunnel 44 G
W26 Masse Mitteltunnel 54 G
W26 Masse Mitteltunnel 58 G
W26 Masse Mitteltunnel 60 G
W43 Masse Stirnwand links außen 30 G
W9 Masse vorn links (bei Leuchteinheit) 6 E
W9 Masse vorn links (bei Leuchteinheit) 15 E
X11/4 Prüfkupplung Diagnose 22 L
Z29/4 Endhülse Klemme 58R, gesichert 37 H
Z29/4 Endhülse Klemme 58R, gesichert 43 H
Z3/11 Endhülse Klemme 15 gesichert 35 H
Z3/26 Endhülse Klemme 15, ungesichert 4 G
Z3/29 Endhülse Klemme 15, gesichert 6 E
Z30/1 Endhülse Blinker links 50 E
Z30/2 Endhülse Blinker rechts 51 E
Z30/6 Endhülse Nebellicht 55 E
Z4/10 Endhülse Klemme 30 ungesichert 1 G
Z50/2 Endhülse Klemme 30, gesichert 9 E
Z50/2 Endhülse Klemme 30, gesichert 14 E
Z50/2 Endhülse Klemme 30, gesichert 38 H
Z50/2 Endhülse Klemme 30, gesichert 45 H
Z6/21 Endhülse Taster Rückwandtür 41 H
Z6/21 Endhülse Taster Rückwandtür 47 H
Z7/19 Endhülse Klemme 30 gesichert 13 E

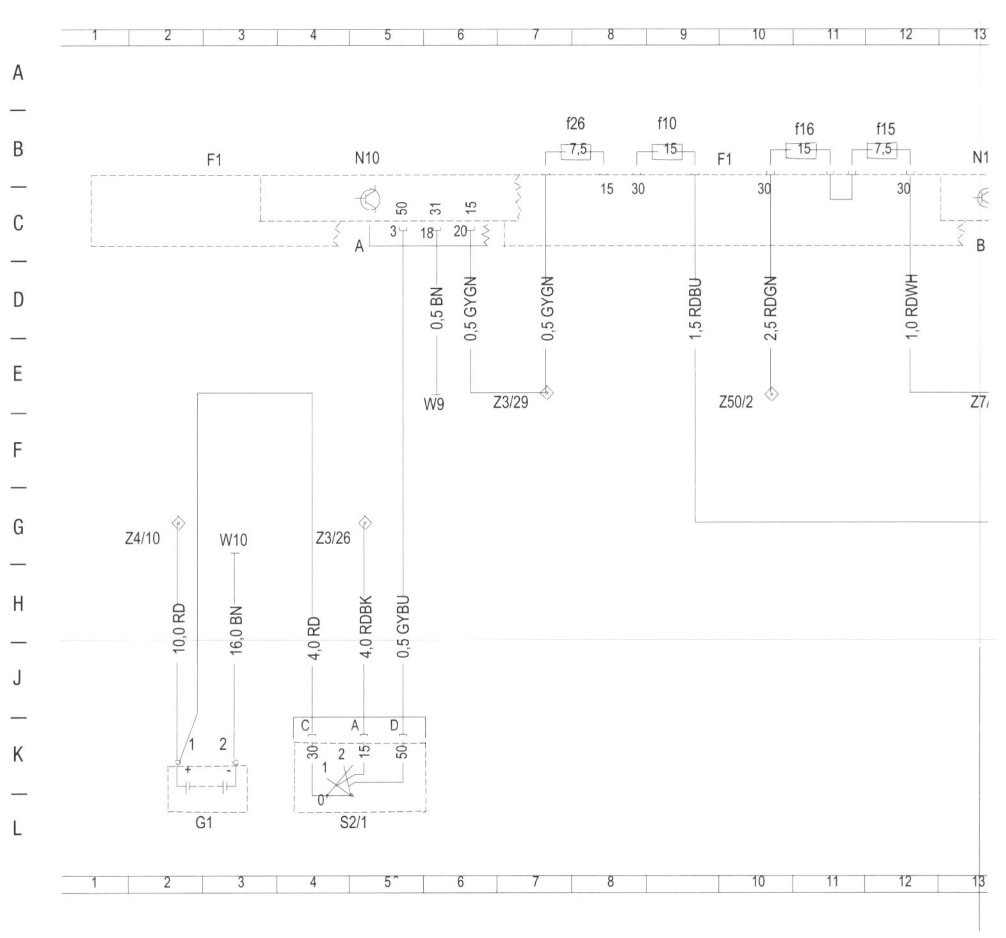

Sichtprüfung

Messen

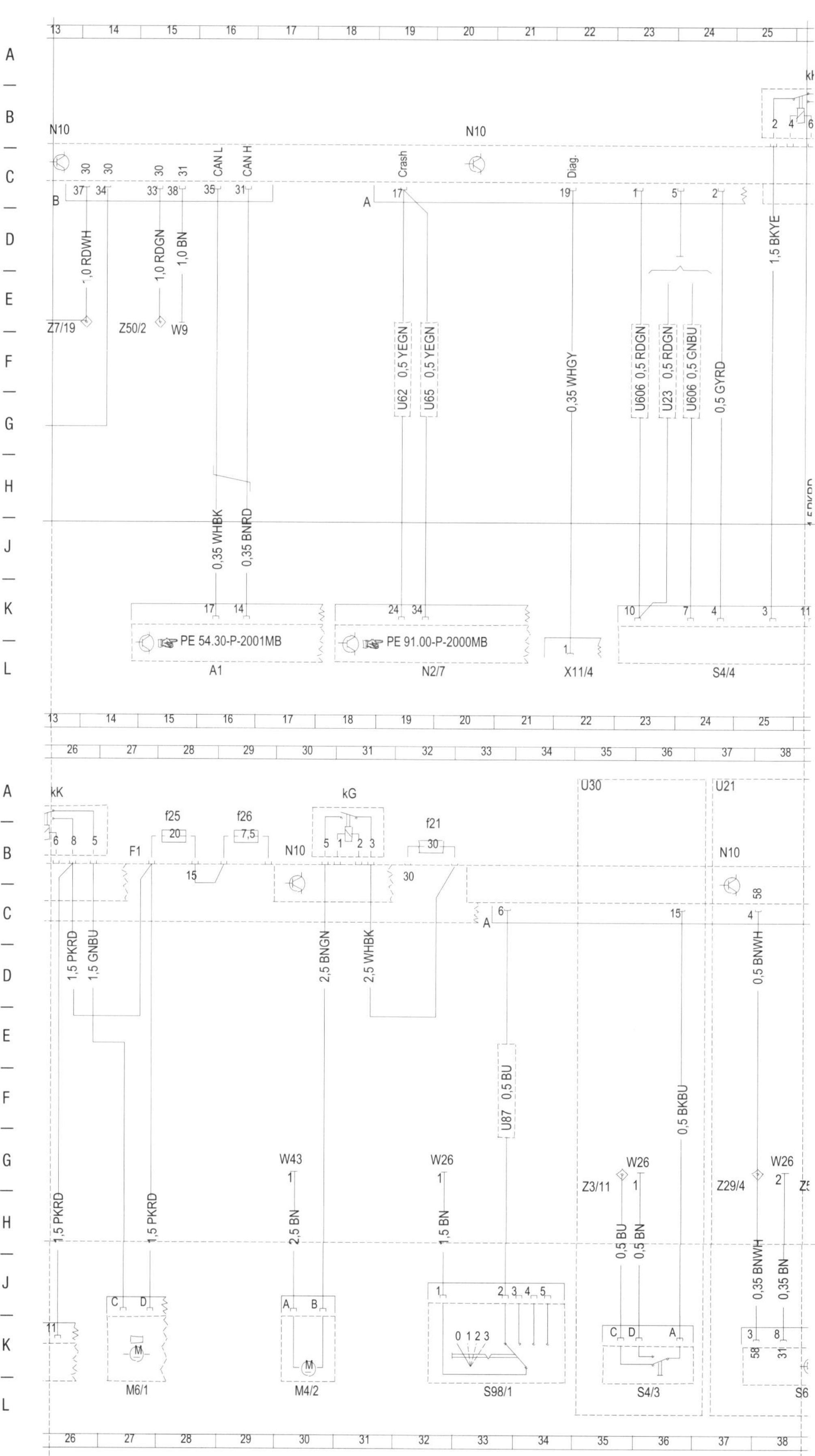

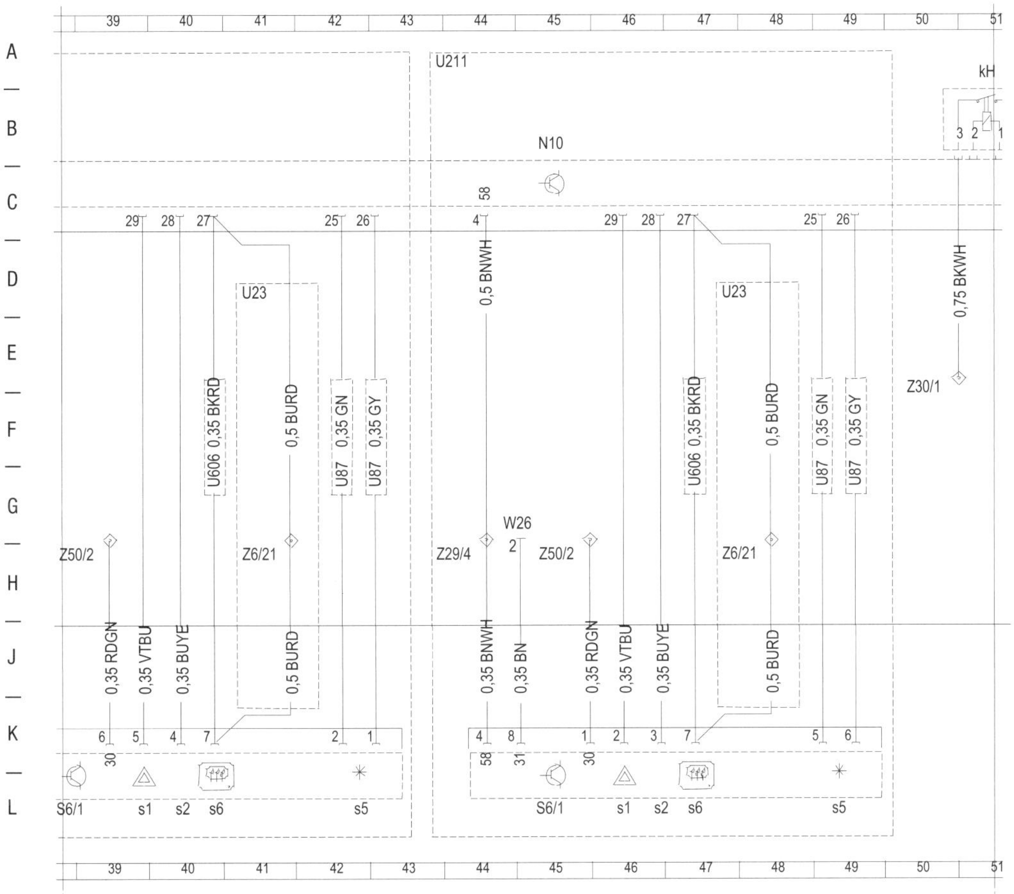

U211
N10
U23
U606 0,35 BKRD
0,5 BURD
U87 0,35 GN
U87 0,35 GY
0,5 BNWH
0,75 BKWH
Z30/1
Z50/2
Z6/21
Z29/4
W26
0,35 RDGN
0,35 VTBU
0,35 BUYE
0,35 BNWH
0,35 BN
S6/1
s1
s2
s6
s5
kH
U114
kI
kA
f3
F1
BL re
BL li
NS
0,75 BKGN
1,0 BNVT
1,0 BK
Z30/2
Z30/6
0,5 BKGN
0,5 BKWH
0,5 BN
0,35 YEBK
0,5 BNVT
0,5 BNBU
0,5 BUWH
U179
Data
0,5 GYBK
0,5 VT
S4
S30
E15/2
S12
N26
PE 80.50-P-200

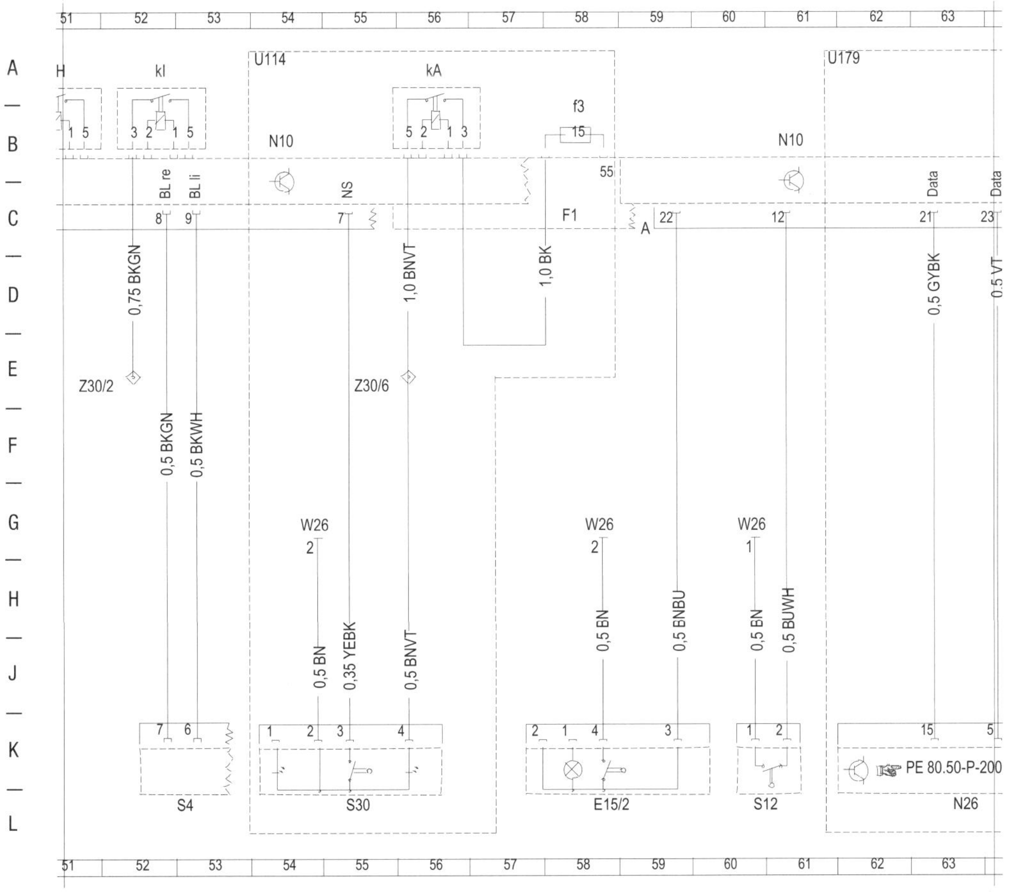

Messen

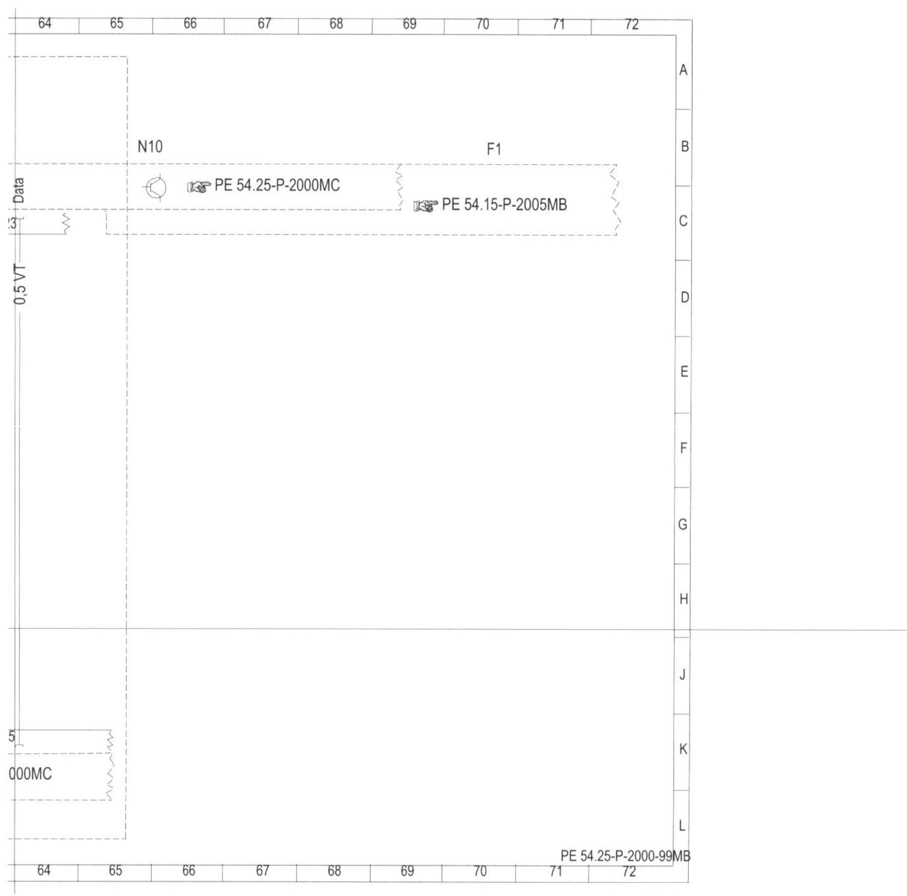

Schaltplan Zentralelektrik 2001 bis 2002

Kurzbezeichnung/Benennung/Koordinate:

E15/2 Innenraumleuchte Mittelkonsole 65 L
F1 Sicherungs- und Relaismodul 3 B
F1 Sicherungs- und Relaismodul 9 B
F1 Sicherungs- und Relaismodul 27 B
F1 Sicherungs- und Relaismodul 62 C
F1 Sicherungs- und Relaismodul 78 B
F1f10 Sicherung 10 9 B
F1f15 Sicherung 15 12 B
F1f16 Sicherung 16 11 B
F1f21 Sicherung 21 32 B
F1f25 Sicherung 25 28 B
F1f26 Sicherung 26 7 B
F1f26 Sicherung 26 29 B
F1f3 Sicherung 3 63 B
F1kA Relais Nebelscheinwerfer 61 A
F1kG Relais Motorlüfter 31 A
F1kH Relais Blinker links 55 A
F1kI Relais Blinker rechts 56 A
F1kK „Relais Heizgebläse, Fensterheber und Entlastung (bis 15.11.99); 26 A Intervall Frontwischer (ab 16.11.99)“
G1 Batterie 2 L
M4/2 Lüftermotor Kühlwasser 30 L
M6/1 Wischermotor 27 L
N10 Zentralelektronik 5 B
N10 Zentralelektronik 13 B
N10 Zentralelektronik 20 B
N10 Zentralelektronik 30 B
N10 Zentralelektronik 35 B
N10 Zentralelektronik 42 B
N10 Zentralelektronik 49 B
N10 Zentralelektronik 59 B
N10 Zentralelektronik 68 B
N10 Zentralelektronik 73 B
N2/7 Steuergerät Rückhaltesysteme 19 L
N26 Steuergerät EDW 71 L
S12 Schalter Feststellbremskontrolle 67 L
S2/1 Zündstartschalter 4 L
S30 Schalter Nebelscheinwerfer 60 L
S4 Kombi-Schalter 56 L
S4/3 Schalter Zuheizer 37 L
S4/4 Wischerschalter rechts 24 L
S6/1 Schaltergruppe Cockpit 41 L
S6/1 Schaltergruppe Cockpit 49 L
S6/1s1 Warnblinkschalter 42 L
S6/1s1 Warnblinkschalter 50 L
S6/1s2 Schalter ZV Innenbetätigung 43 L
S6/1s2 Schalter ZV Innenbetätigung 50 L
S6/1s5 Schalter Klimaanlage 45 L
S6/1s5 Schalter Klimaanlage 53 L
S6/1s6 Schalter Heckscheibenheizung 43 L
S6/1s6 Schalter Heckscheibenheizung 51 L
S98/1 Gebläseschalter 34 L
U114 Gültig für Nebelscheinwerfer 58 A
U12 Gültig für Linkslenker 3 G
U12 Gültig für Linkslenker 33 F
U12 Gültig für Linkslenker 39 E
U12 Gültig für Linkslenker 47 E
U12 Gültig für Linkslenker 58 E
U13 Gültig für Rechtslenker 3 G
U13 Gültig für Rechtslenker 33 F
U13 Gültig für Rechtslenker 40 E
U13 Gültig für Rechtslenker 47 E
U13 Gültig für Rechtslenker 59 E
U179 Gültig für EDW mit Horn 69 A
U21 Gültig für Sitzheizung 39 A
U211 Nicht gültig für Sitzheizung 47 A
U23 Gültig für Cabriolet 23 G
U23 Gültig für Cabriolet 44 D
U23 Gültig für Cabriolet 51 D
U30 Gültig für Dieselmotoren 36 A
U606 Gültig für alle außer Cabriolet 23 G
U606 Gültig für alle außer Cabriolet 24 G
U606 Gültig für alle außer Cabriolet 43 G
U606 Gültig für alle außer Cabriolet 51 G
U62 Nicht gültig für Sidebag 19 G
U65 Gültig für Sidebag 19 G
U87 Gültig für Klimaanlage 35 G
U87 Gültig für Klimaanlage 45 G
U87 Gültig für Klimaanlage 46 G
U87 Gültig für Klimaanlage 53 G
U87 Gültig für Klimaanlage 53 G
W10 Masse Batterie 3 G
W2 Masse vorn rechts (bei Leuchteinheit) 33 G
W2 Masse vorn rechts (bei Leuchteinheit) 59 F
W26 Masse Mitteltunnel 3 G
W26 Masse Mitteltunnel 33 G
W26 Masse Mitteltunnel 37 G
W26 Masse Mitteltunnel 39 F
W26 Masse Mitteltunnel 47 F
W26 Masse Mitteltunnel 58 F
W26 Masse Mitteltunnel 65 G
W26 Masse Mitteltunnel 67 G
W43 Masse Stirnwand links außen 30 G
W9 Masse vorn links (bei Leuchteinheit) 5 E
W9 Masse vorn links (bei Leuchteinheit) 15 E
W9 Masse vorn links (bei Leuchteinheit) 40 F
W9 Masse vorn links (bei Leuchteinheit) 47 F
X11/4 Prüfkupplung Diagnose 22 L
Z29/4 Endhülse Klemme 58R, gesichert 40 H
Z29/4 Endhülse Klemme 58R, gesichert 48 H
Z3/11 Endhülse Klemme 15 gesichert 36 H
Z3/26 Endhülse Klemme 15, ungesichert 4 G
Z3/29 Endhülse Klemme 15, gesichert 6 E
Z30/1 Endhülse Blinker links 54 E
Z30/2 Endhülse Blinker rechts 55 E
Z30/6 Endhülse Nebellicht 60 E
Z4/10 Endhülse Klemme 30 ungesichert 1 G
Z50/2 Endhülse Klemme 30, gesichert 9 E
Z50/2 Endhülse Klemme 30, gesichert 14 E
Z50/2 Endhülse Klemme 30, gesichert 41 H
Z50/2 Endhülse Klemme 30, gesichert 49 H
Z6/21 Endhülse Taster Rückwandtür 44 H
Z6/21 Endhülse Taster Rückwandtür 51 H
Z7/19 Endhülse Klemme 30 gesichert 13 E

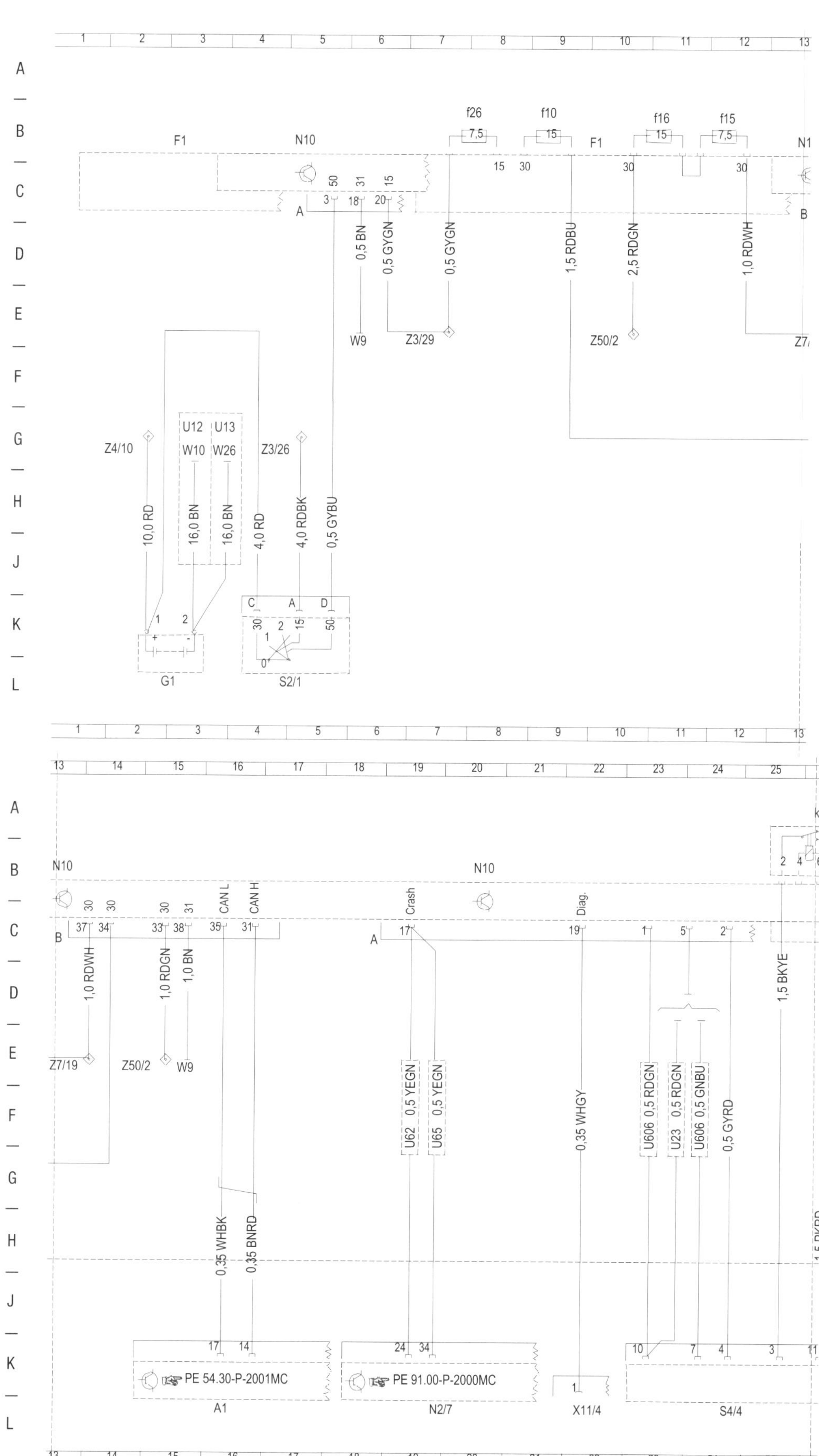
F1
N10
f26
f10
f16
f15
Z3/29
Z50/2
W9
Z4/10
U12
U13
W10
W26
Z3/26
G1
S2/1
Z7/19
CAN L
CAN H
Crash
Diag.
A1
PE 54.30-P-2001MC
N2/7
PE 91.00-P-2000MC
X11/4
S4/4

Sichtprüfung

Messen

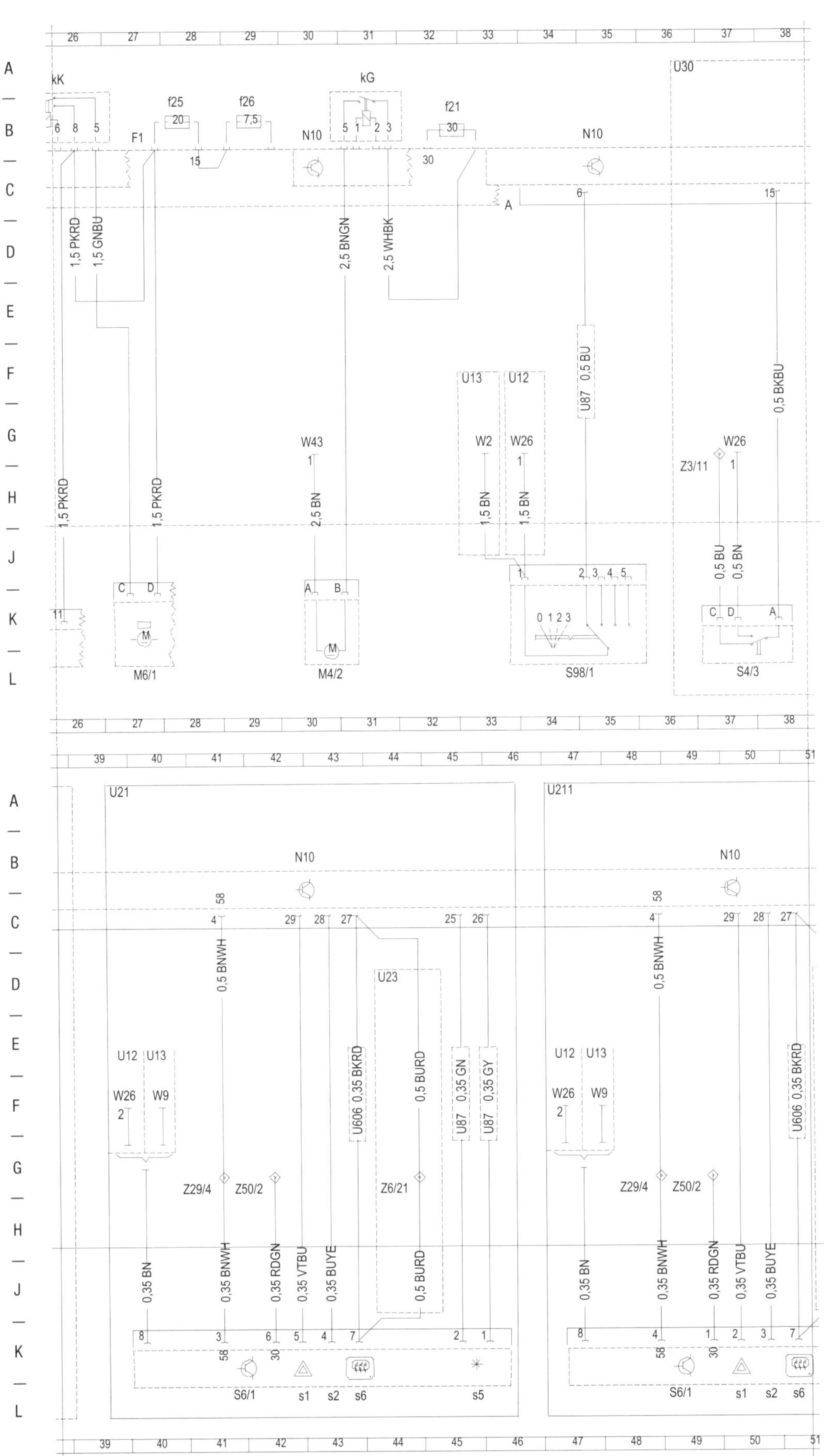

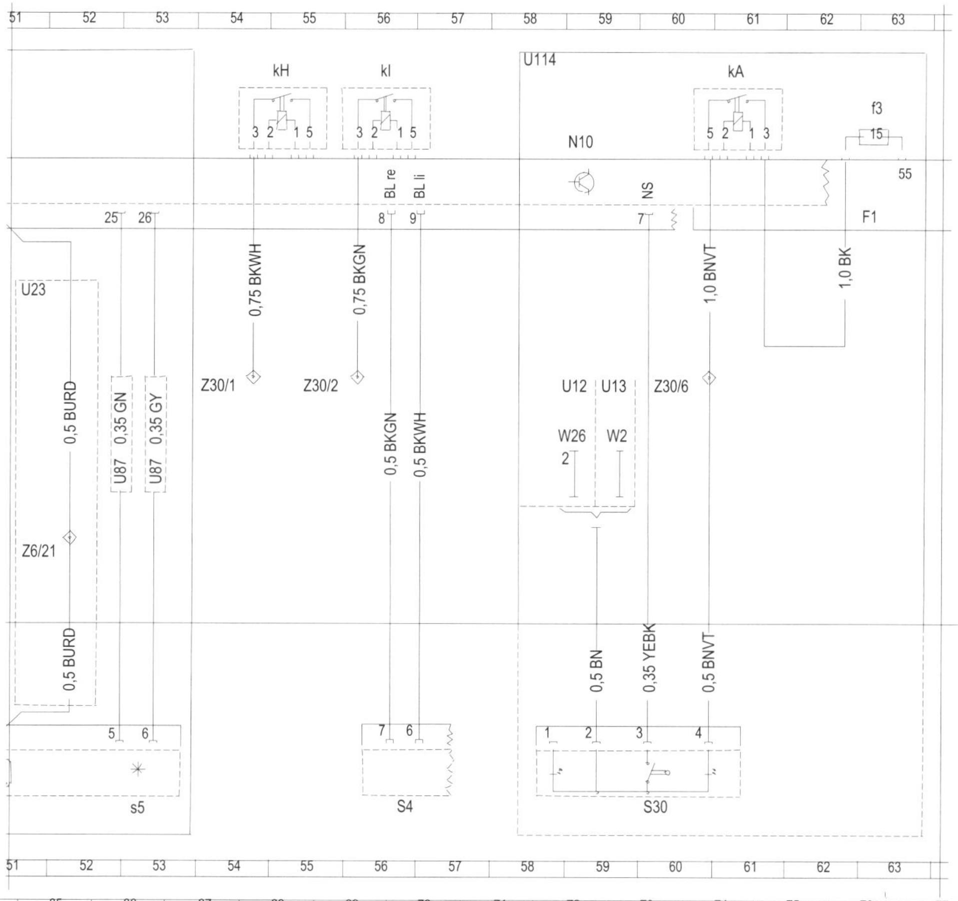

kH kI U114 kA N10 f3 15 55 BL re BL li NS F1
25 26 8 9 7
0,75 BKWH 0,75 BKGN 1,0 BNVT 1,0 BK
U23 Z30/1 Z30/2 U12 U13 Z30/6 W26 W2 2
0,5 BURD 0,35 GN 0,35 GY U87 U87 0,5 BKGN 0,5 BKWH
Z6/21
0,5 BURD 0,5 BN 0,35 YEBK 0,5 BNVT
5 6 7 6 1 2 3 4
s5 S4 S30

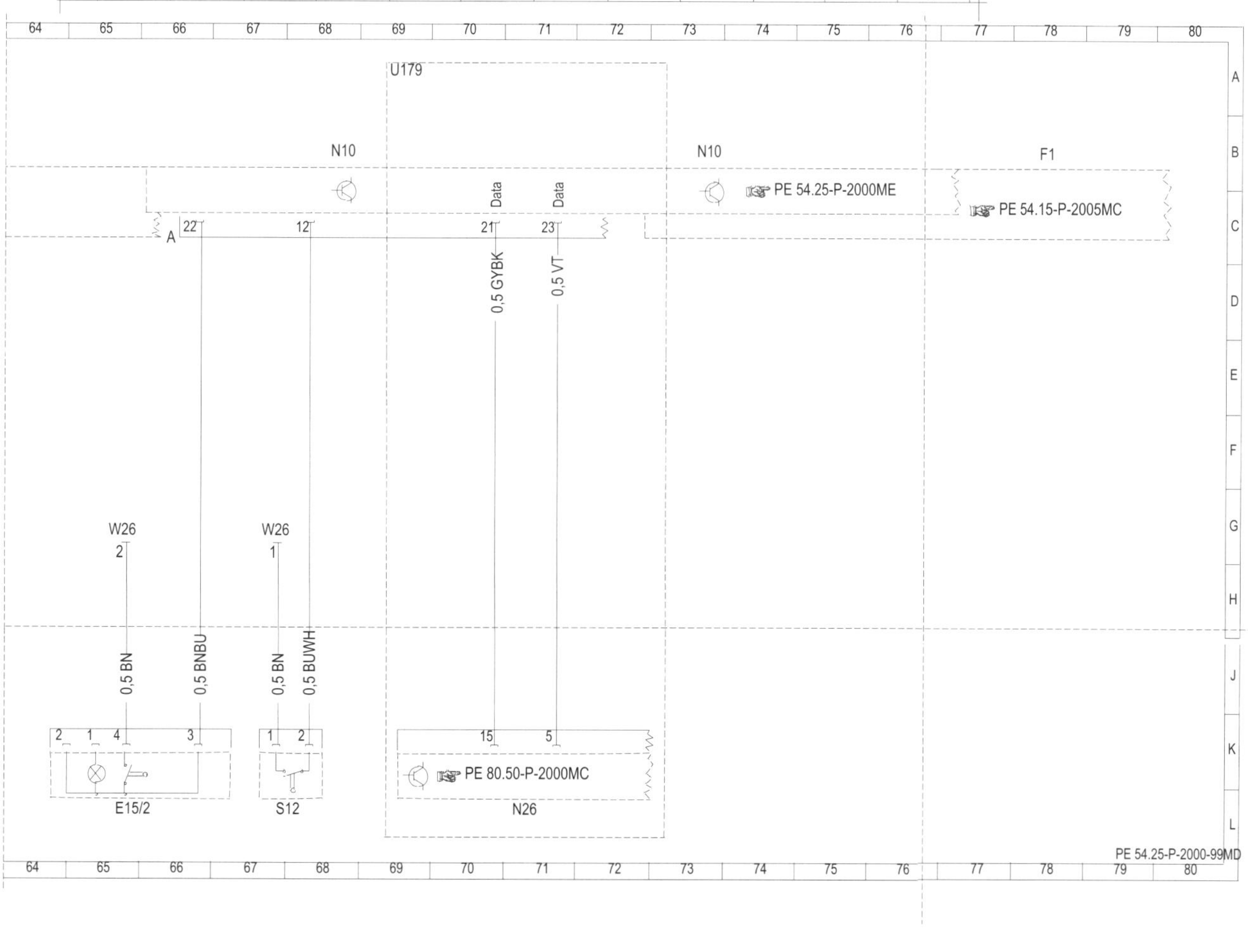

U179
N10 N10 F1
Data Data
PE 54.25-P-2000ME
PE 54.15-P-2005MC
A 22 12 21 23
0,5 GYBK 0,5 VT
W26 2 W26 1
0,5 BN 0,5 BNBU 0,5 BN 0,5 BUWH
2 1 4 3 1 2 15 5
PE 80.50-P-2000MC
E15/2 S12 N26

PE 54.25-P-2000-99MD

Schaltplan Zentralelektrik 2002 bis 2003

Kurzbezeichnung/Benennung/Koordinate:

A1 Kombiinstrument 16 L
E15/2 Innenraumleuchte Mittelkonsole 65 L
F1 Sicherungs- und Relaismodul 3 B
F1 Sicherungs- und Relaismodul 9 B
F1 Sicherungs- und Relaismodul 27 B
F1 Sicherungs- und Relaismodul 62 C
F1 Sicherungs- und Relaismodul 78 B
F1f10 Sicherung 10 9 B
F1f15 Sicherung 15 12 B
F1f16 Sicherung 16 11 B
F1f21 Sicherung 21 32 D
F1f25 Sicherung 25 28 B
F1f26 Sicherung 26 7 B
F1f26 Sicherung 26 29 B
F1f3 Sicherung 3 62 B
F1kA Relais Nebelscheinwerfer 60 A
F1kG Relais Motorlüfter 31 A
F1kH Relais Blinker links 54 A
F1kI Relais Blinker rechts 56 A
F1kK „Relais Heizgebläse, Fensterheber und Entlastung (bis 15.11.99); 26 A Intervall Frontwischer (ab 16.11.99)“
G1 Batterie 2 L
M4/2 Lüftermotor Kühlwasser 30 L
M6/1 Wischermotor 27 L
N10 Zentralelektronik 5 B
N10 Zentralelektronik 13 B
N10 Zentralelektronik 20 B
N10 Zentralelektronik 30 B
N10 Zentralelektronik 34 B
N10 Zentralelektronik 42 B
N10 Zentralelektronik 49 B
N10 Zentralelektronik 58 B
N10 Zentralelektronik 68 B
N10 Zentralelektronik 73 B
N2/7 Steuergerät Rückhaltesysteme 19 L
N26 Steuergerät EDW 71 L
S12 Schalter Feststellbremskontrolle 67 L
S2/1 Zündstartschalter 4 L
S30 Schalter Nebelscheinwerfer 59 L
S4 Kombi-Schalter 56 L
S4/3 Schalter Zuheizer 37 L
S4/4 Wischerschalter rechts 24 L
S6/1 Schaltergruppe Cockpit 41 L
S6/1 Schaltergruppe Cockpit 48 L
S6/1s1 Warnblinkschalter 42 L
S6/1s1 Warnblinkschalter 49 L
S6/1s2 Schalter ZV Innenbetätigung 42 L
S6/1s2 Schalter ZV Innenbetätigung 50 L
S6/1s5 Schalter Klimaanlage 45 L
S6/1s5 Schalter Klimaanlage 52 L
S6/1s6 Schalter Heckscheibenheizung 43 L
S6/1s6 Schalter Heckscheibenheizung 50 L
S90/1 Gebläseschalter 34 L
U114 Gültig für Nebelscheinwerfer 58 A
U12 Gültig für Linkslenker 3 G
U12 Gültig für Linkslenker 33 F
U12 Gültig für Linkslenker 39 E
U12 Gültig für Linkslenker 46 E
U12 Gültig für Linkslenker 58 E
U13 Gültig für Rechtslenker 3 G
U13 Gültig für Rechtslenker 32 F
U13 Gültig für Rechtslenker 39 E
U13 Gültig für Rechtslenker 47 E
U13 Gültig für Rechtslenker 59 E
U179 Gültig für EDW mit Horn 69 A
U21 Gültig für Sitzheizung 39 A
U211 Nicht gültig für Sitzheizung 46 A
U23 Gültig für Cabriolet 23 G
U23 Gültig für Cabriolet 43 D
U23 Gültig für Cabriolet 51 D
U30 Gültig für Dieselmotoren 36 A
U606 Gültig für alle außer Cabriolet 23 G
U606 Gültig für alle außer Cabriolet 24 G
U606 Gültig für alle außer Cabriolet 43 G
U606 Gültig für alle außer Cabriolet 50 G
U62 Nicht gültig für Sidebag 19 G
U65 Gültig für Sidebag 19 G
U87 Gültig für Klimaanlage 34 G
U87 Gültig für Klimaanlage 45 G
U87 Gültig für Klimaanlage 45 G
U87 Gültig für Klimaanlage 52 G
U87 Gültig für Klimaanlage 52 G
W10 Masse Batterie 3 G
W2 Masse vorn rechts (bei Leuchteinheit) 32 G
W2 Masse vorn rechts (bei Leuchteinheit) 59 F
W26 Masse Mitteltunnel 3 G
W26 Masse Mitteltunnel 33 G
W26 Masse Mitteltunnel 37 G
W26 Masse Mitteltunnel 39 F
W26 Masse Mitteltunnel 46 F
W26 Masse Mitteltunnel 58 F
W26 Masse Mitteltunnel 65 G
W26 Masse Mitteltunnel 67 G
W43 Masse Stirnwand links außen 30 G
W9 Masse vorn links (bei Leuchteinheit) 5 E
W9 Masse vorn links (bei Leuchteinheit) 15 E
W9 Masse vorn links (bei Leuchteinheit) 39 F
W9 Masse vorn links (bei Leuchteinheit) 47 F
X11/4 Prüfkupplung Diagnose 22 L
Z29/4 Endhülse Klemme 58R, gesichert 40 H
Z29/4 Endhülse Klemme 58R, gesichert 47 H
Z3/11 Endhülse Klemme 15 gesichert 36 H
Z3/26 Endhülse Klemme 15, ungesichert 4 G
Z3/29 Endhülse Klemme 15, gesichert 6 E
Z30/1 Endhülse Blinker links 53 E
Z30/2 Endhülse Blinker rechts 55 E
Z30/6 Endhülse Nebellicht 59 E
Z4/10 Endhülse Klemme 30 ungesichert 1 G
Z50/2 Endhülse Klemme 30, gesichert 9 E
Z50/2 Endhülse Klemme 30, gesichert 14 F
Z50/2 Endhülse Klemme 30, gesichert 41 H
Z50/2 Endhülse Klemme 30, gesichert 48 H
Z6/21 Endhülse Taster Rückwandtür 43 H
Z6/21 Endhülse Taster Rückwandtür 51 H
Z7/19 Endhülse Klemme 30 gesichert 13 E

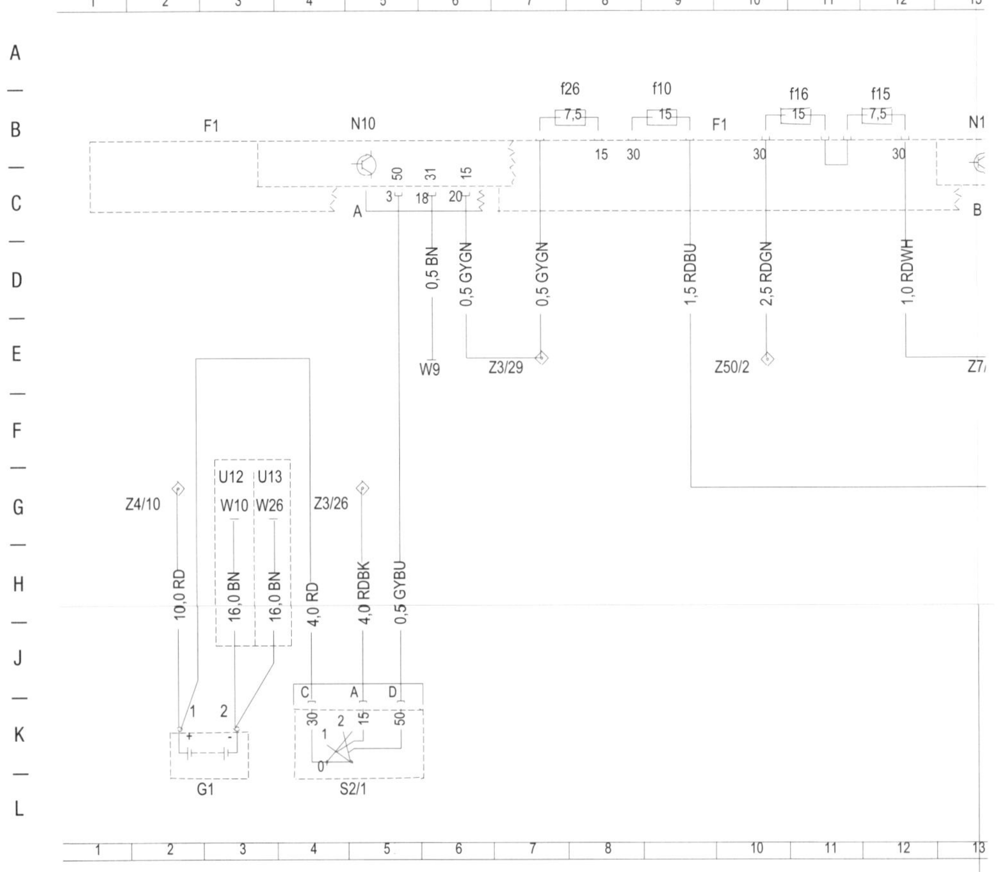

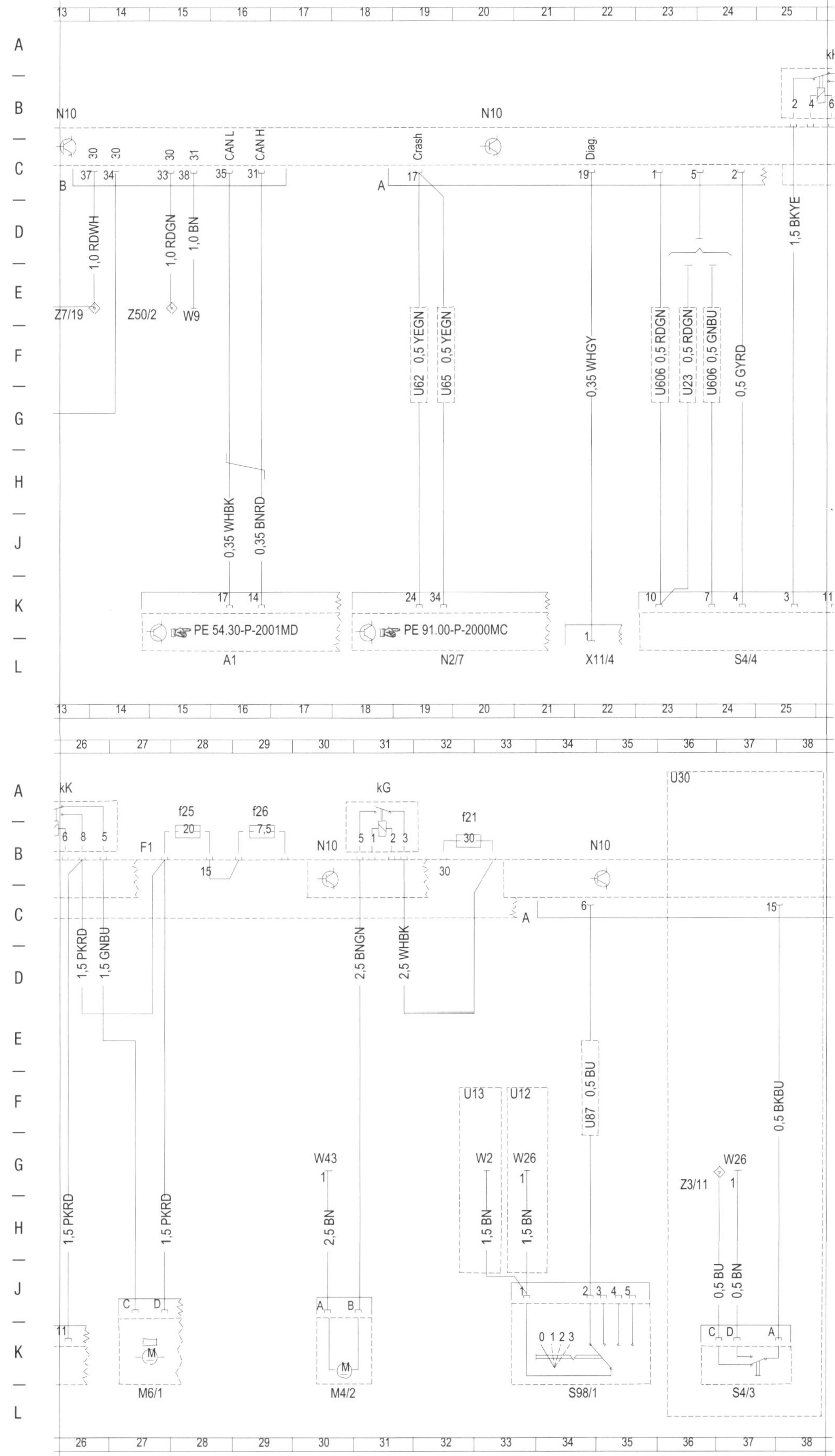
N10
CAN L
CAN H
Crash
Diag
1,0 RDWH
1,0 RDGN
1,0 BN
1,5 BKYE
Z7/19
Z50/2
W9
U62 0,5 YEGN
U65 0,5 YEGN
0,35 WHGY
U606 0,5 RDGN
U23 0,5 RDGN
U606 0,5 GNBU
0,5 GYRD
0,35 WHBK
0,35 BNRD
PE 54.30-P-2001MD
A1
PE 91.00-P-2000MC
N2/7
X11/4
S4/4
kK
kG
f25
f26
f21
F1
U30
1,5 PKRD
1,5 GNBU
2,5 BNGN
2,5 WHBK
U87 0,5 BU
0,5 BKBU
U13
U12
W43
W2
W26
Z3/11
2,5 BN
1,5 BN
0,5 BU
0,5 BN
M6/1
M4/2
S98/1
S4/3

Sichtprüfung Messen

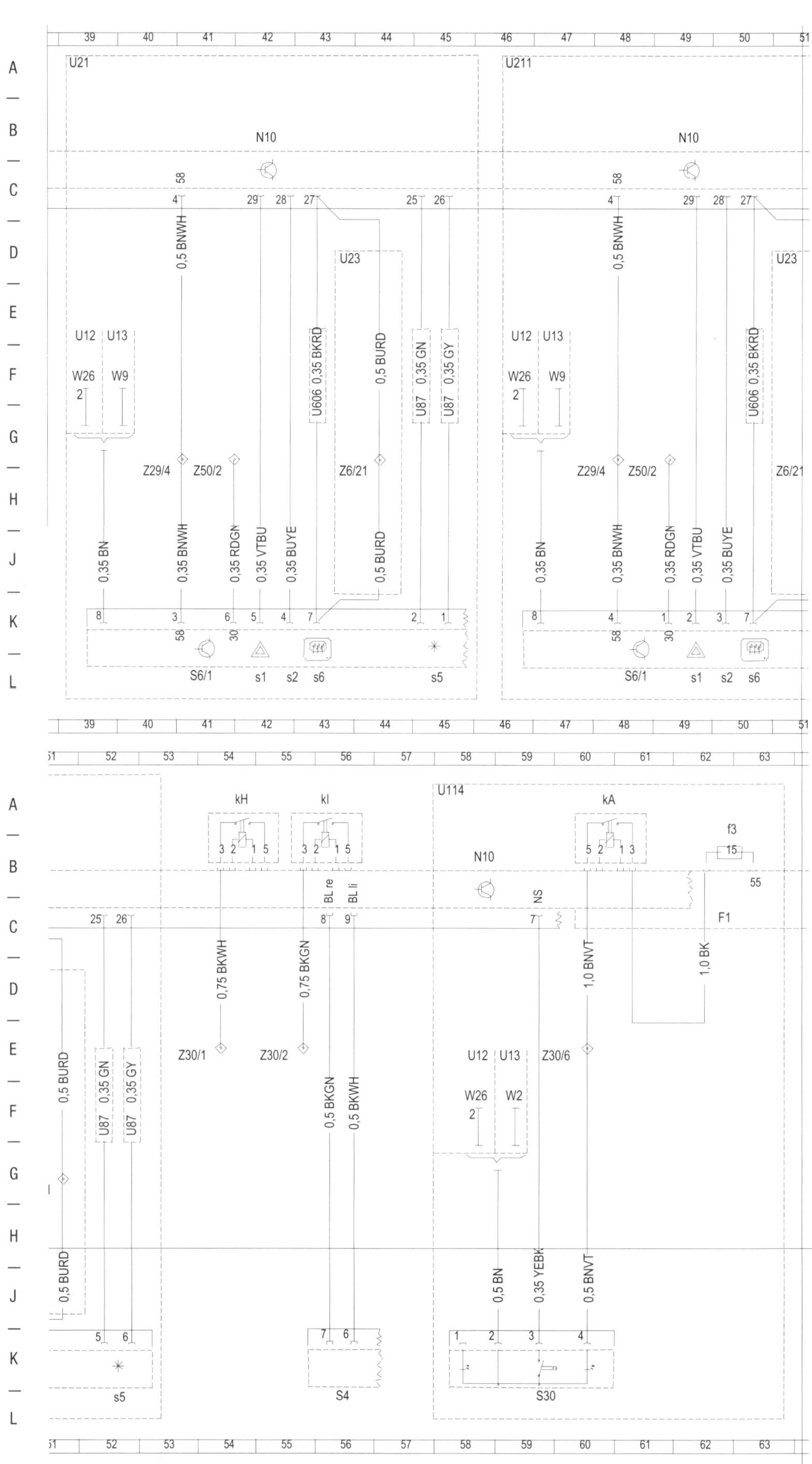

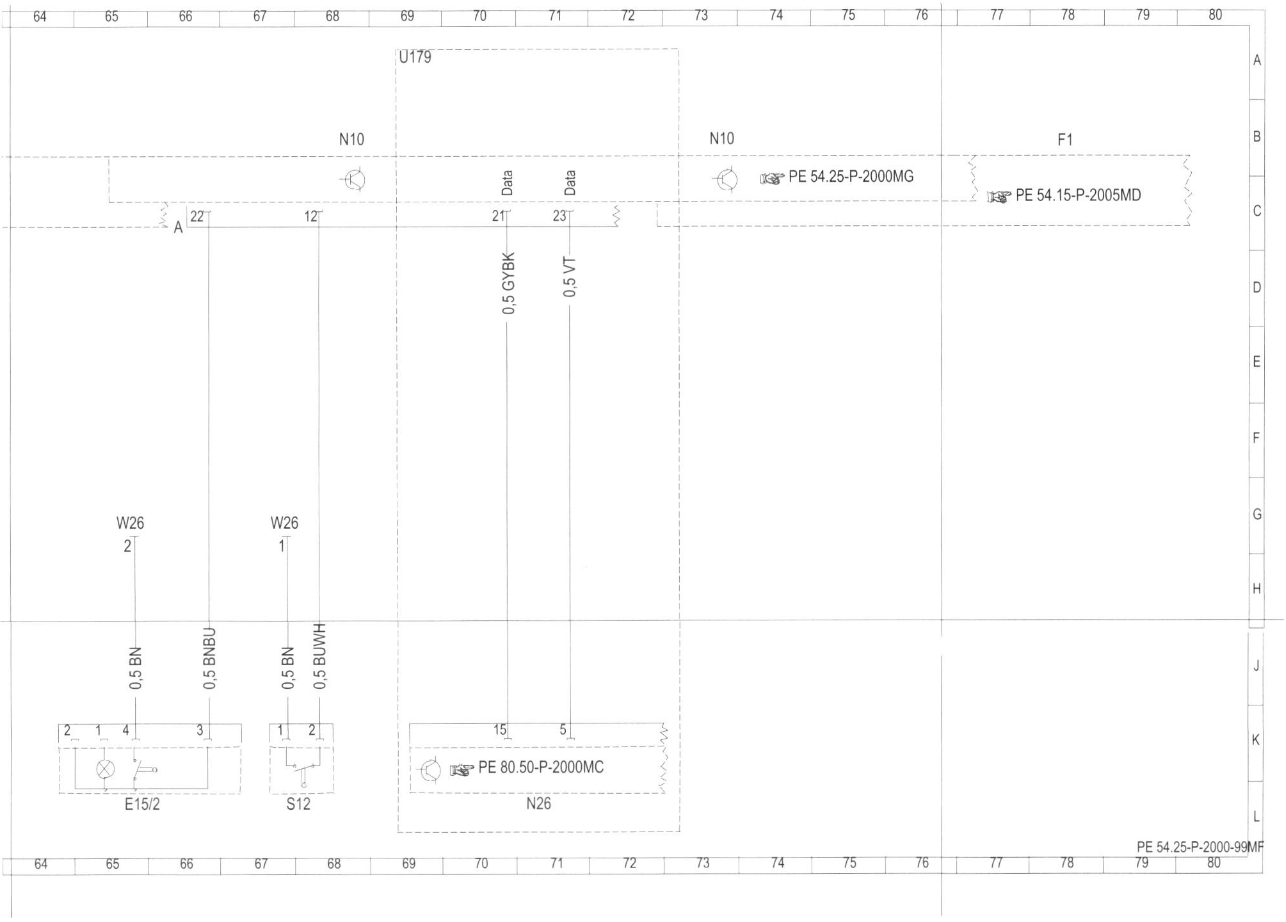

64 65 66 67 68 69 70 71 72 73 74 75 76 77 78 79 80
A
B
C
D
E
F
G
H
J
K
L
U179
N10
N10
F1
PE 54.25-P-2000MG
PE 54.15-P-2005MD
Data
Data
A
22
12
21
23
0,5 GYBK
0,5 VT
W26
2
W26
1
0,5 BN
0,5 BNBU
0,5 BN
0,5 BUWH
2 1 4 3
1 2
15 5
PE 80.50-P-2000MC
E15/2
S12
N26
PE 54.25-P-2000-99MF
64 65 66 67 68 69 70 71 72 73 74 75 76 77 78 79 80

Schaltplan Zentralelektrik ab 2003

Kurzbezeichnung/Benennung/Koordinate:

A1 Kombiinstrument 2 L
A26/7 Empfängereinheit Infrarot-Fernbedienung Innenspiegel 44 L
A26/7 Empfängereinheit Infrarot-Fernbedienung Innenspiegel 47 L
A45 Kontaktspirale Fanfaren und Airbag 72 J
A45x1 Steckverbindung Kontaktspirale und Airbag 72 H
E15/2 Innenraumleuchte Mittelkonsole 68 L
G2 Generator 8 L
K43 Relais Funk 35 L
K52 Relais Nebelscheinwerfer 66 L
N10/10 Steuergerät SAM 4 B
N10/10 Steuergerät SAM 12 B
N10/10 Steuergerät SAM 19 B
N10/10 Steuergerät SAM 27 B
N10/10 Steuergerät SAM 36 B
N10/10 Steuergerät SAM 44 B
N10/10 Steuergerät SAM 50 B
N10/10 Steuergerät SAM 61 B
N10/10 Steuergerät SAM 69 B
N10/10 Steuergerät SAM 76 B
N2/7 Steuergerät Rückhaltesysteme 6 L
S12 Schalter Feststellbremskontrolle 70 L
S15/1 Schalter Heckdeckelentriegelung 61 L
S30 Schalter Nebelscheinwerfer 64 L
S4 Kombi-Schalter 15 L
S4/2 Schalter Fanfaren 73 L
S4/3 Schalter Zuheizer 20 L
S4/4 Wischerschalter rechts 11 L
S4/4 Wischerschalter rechts 78 L
S4/4s1 Tastschalter TPM mit variabler Geschwindigkeitsbegrenzung 79 K
S4/4s2 Verzögern und Fixieren 79 J
S4/4s3 Beschleunigen und Fixieren 79 H
S6/1 Schaltergruppe Cockpit 24 L
S6/1 Schaltergruppe Cockpit 30 L
S6/1s1 Warnblinkschalter 25 L
S6/1s1 Warnblinkschalter 31 L
S6/1s2 Schalter ZV Innenbetätigung 25 L
S6/1s2 Schalter ZV Innenbetätigung 31 L
S6/1s5 Schalter Klimaanlage 27 L
S6/1s5 Schalter Klimaanlage 33 L
S6/1s6 Schalter Heckscheibenheizung 32 L
S62/35 Taster Rückwandtür 58 L
S62/36 Schalter Rückwandtürschließung 55 L
S84 Schalter Verdeckbetätigung 56 L
S84/32 Endschalter Verdeck Vorrasthaken rechts 54 L
S84/33 Endschalter Verdeck Vorrasthaken links 53 L
S87/6 Mikroschalter Drehfalle, Tür rechts 51 L
S87/7 Mikroschalter Drehfalle, Tür links 49 L
S98/1 Gebläseschalter 18 L
U114 Gültig für Nebelscheinwerfer 63 D
U12 Gültig für Linkslenker 18 F
U12 Gültig für Linkslenker 36 E
U12 Gültig für Linkslenker 37 E
U12 Gültig für Linkslenker 41 E
U12 Gültig für Linkslenker 43 E
U12 Gültig für Linkslenker 49 B
U12 Gültig für Linkslenker 51 B
U12 Gültig für Linkslenker 61 G
U12 Gültig für Linkslenker 63 E
U12 Gültig für Linkslenker 68 G
U12 Gültig für Linkslenker 70 E
U12 Gültig für Linkslenker 75 E
U13 Gültig für Rechtslenker 17 F
U13 Gültig für Rechtslenker 36 E
U13 Gültig für Rechtslenker 38 E
U13 Gültig für Rechtslenker 42 E
U13 Gültig für Rechtslenker 44 E
U13 Gültig für Rechtslenker 50 B
U13 Gültig für Rechtslenker 51 B
U13 Gültig für Rechtslenker 61 G
U13 Gültig für Rechtslenker 64 E
U13 Gültig für Rechtslenker 67 G
U13 Gültig für Rechtslenker 70 E
U13 Gültig für Rechtslenker 74 E
U132 Gültig für Funkfernbedienung 34 D
U134 Gültig für IR Fernbedienung außer Japan 40 D
U21 Gültig für Sitzheizung 22 B
U211 Nicht gültig für Sitzheizung 28 B
U23 Gültig für Cabriolet 11 G
U23 Gültig für Cabriolet 58 D
U30 Gültig für Dieselmotoren 8 D
U30 Gültig für Dieselmotoren 19 D
U4 Gültig für Tempomat 77 D
U495 Nicht gültig für SAL 71 E
U606 Gültig für alle außer Cabriolet 11 G
U606 Gültig für alle außer Cabriolet 12 G
U606 Gültig für alle außer Cabriolet 26 G
U606 Gültig für alle außer Cabriolet 32 G
U606 Gültig für alle außer Cabriolet 60 D
U62 Nicht gültig für Sidebag 6 G
U65 Gültig für Sidebag 6 G
U78 Gültig für Japan 46 D
U87 Gültig für Klimaanlage 19 G
U87 Gültig für Klimaanlage 27 G
U87 Gültig für Klimaanlage 27 G
U87 Gültig für Klimaanlage 33 G
U87 Gültig für Klimaanlage 33 G
W2 Masse vorn rechts (bei Leuchteinheit) 17 G
W2 Masse vorn rechts (bei Leuchteinheit) 61 H
W2 Masse vorn rechts (bei Leuchteinheit) 64 F
W2 Masse vorn rechts (bei Leuchteinheit) 67 H
W2 Masse vorn rechts (bei Leuchteinheit) 75 H
W26 Masse Mitteltunnel 18 G
W26 Masse Mitteltunnel 20 G
W26 Masse Mitteltunnel 22 G
W26 Masse Mitteltunnel 28 G
W26 Masse Mitteltunnel 36 E
W26 Masse Mitteltunnel 37 E
W26 Masse Mitteltunnel 41 E
W26 Masse Mitteltunnel 43 E
W26 Masse Mitteltunnel 47 E
W26 Masse Mitteltunnel 63 F
W26 Masse Mitteltunnel 68 H
W26 Masse Mitteltunnel 70 F
W43 Masse Stirnwand links außen 50 D
W43 Masse Stirnwand links außen 51 D
W6 Masse Kofferraum Radlauf links 56 G
W6 Masse Kofferraum Radlauf links 58 G
W9 Masse vorn links (bei Leuchteinheit) 36 E
W9 Masse vorn links (bei Leuchteinheit) 38 E
W9 Masse vorn links (bei Leuchteinheit) 42 E
W9 Masse vorn links (bei Leuchteinheit) 44 E
W9 Masse vorn links (bei Leuchteinheit) 61 H
W9 Masse vorn links (bei Leuchteinheit) 70 F
W9 Masse vorn links (bei Leuchteinheit) 76 H
X10 Steckverbindung IR- Empfänger 37 J
X10 Steckverbindung IR- Empfänger 42 J
X11/4 Prüfkupplung Diagnose 9 L
X23/7 Steckverbindung Verdeck 52 F
X26 Steckverbindung Innenraum-Motor 8 H
X35/1 Türtrennstelle links 49 F
X35/2 Türtrennstelle rechts 50 F
X4/42 Steckverbindung Lenkradschaltung 74 E
Z21/6 Endhülse ZV- Zustand offen 57 E
Z29/4 Endhülse Klemme 58R, gesichert 23 H
Z29/4 Endhülse Klemme 58R, gesichert 29 H
Z29/4 Endhülse Klemme 58R, gesichert 60 H
Z3/44 Endhülse Klemme 15 gesichert Kombi Radio 20 H
Z30/6 Endhülse Nebellicht 64 H
Z50/23 Endhülse Klemme 30 gesichert Kombi Funk IR 24 H
Z50/23 Endhülse Klemme 30 gesichert Kombi Funk IR 30 H
Z50/23 Endhülse Klemme 30 gesichert Kombi Funk IR 34 E
Z50/23 Endhülse Klemme 30 gesichert Kombi Funk IR 39 E
Z50/23 Endhülse Klemme 30 gesichert Kombi Funk IR 40 E
Z50/23 Endhülse Klemme 30 gesichert Kombi Funk IR 45 E
Z50/23 Endhülse Klemme 30 gesichert Kombi Funk IR 48 E
Z52/5 Endhülse Innenraum Klemme 58 12 H
Z6/35 Endhülse Masse, Tür links 50 H
Z6/36 Endhülse Masse, Tür rechts 52 H
Z60/2 Endhülse Nebelleuchte 14 H

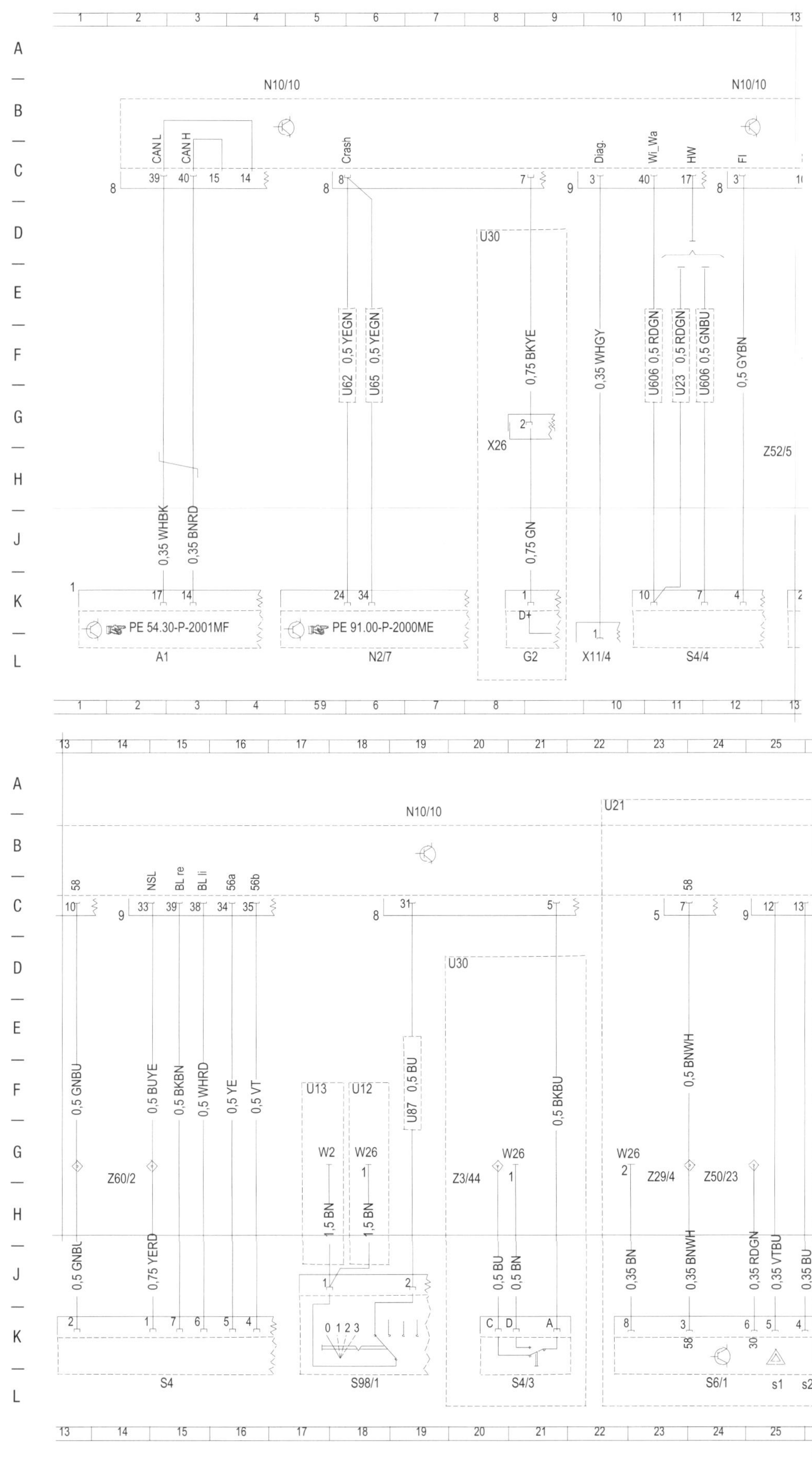
N10/10
CAN L
CAN H
Crash
Diag.
Wi_Wa
HW
Fl
U30
X26
Z52/5
0,35 WHBK
0,35 BNRD
U62 0,5 YEGN
U65 0,5 YEGN
0,75 BKYE
0,75 GN
0,35 WHGY
U606 0,5 RDGN
U23 0,5 RDGN
U606 0,5 GNBU
0,5 GYBN
PE 54.30-P-2001MF
PE 91.00-P-2000ME
A1
N2/7
G2
X11/4
S4/4
U21
NSL
BL re
BL li
56a
56b
U13
U12
W2
W26
U87 0,5 BU
0,5 GNBU
0,5 BUYE
0,5 BKBN
0,5 WHRD
0,5 YE
0,5 VT
0,5 BKBU
0,5 BNWH
Z60/2
Z3/44
Z29/4
Z50/23
1,5 BN
0,5 GNBL
0,75 YERD
0,5 BU
0,5 BN
0,35 BN
0,35 BNWH
0,35 RDGN
0,35 VTBU
0,35 BU
S4
S98/1
S4/3
S6/1
s1
s2

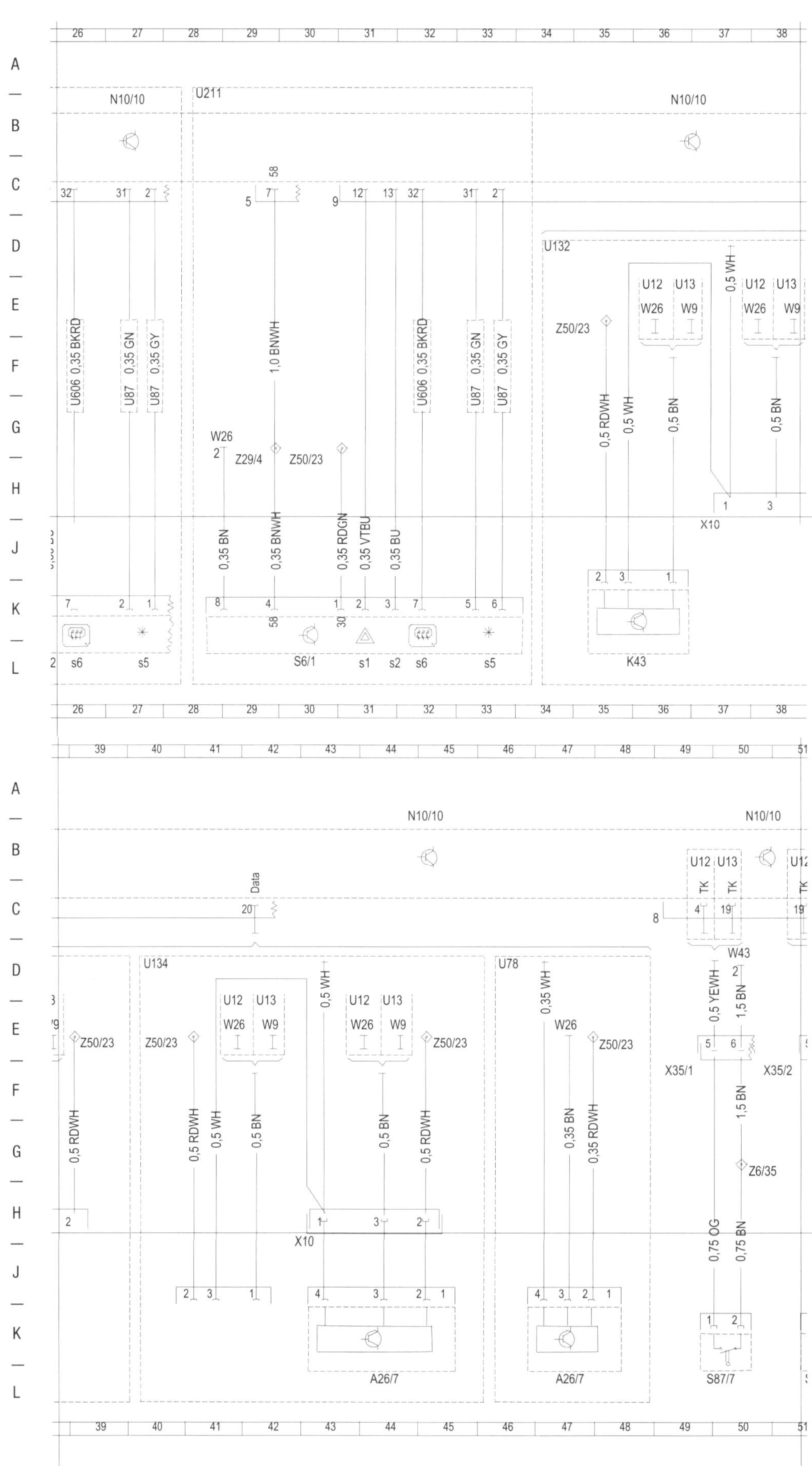

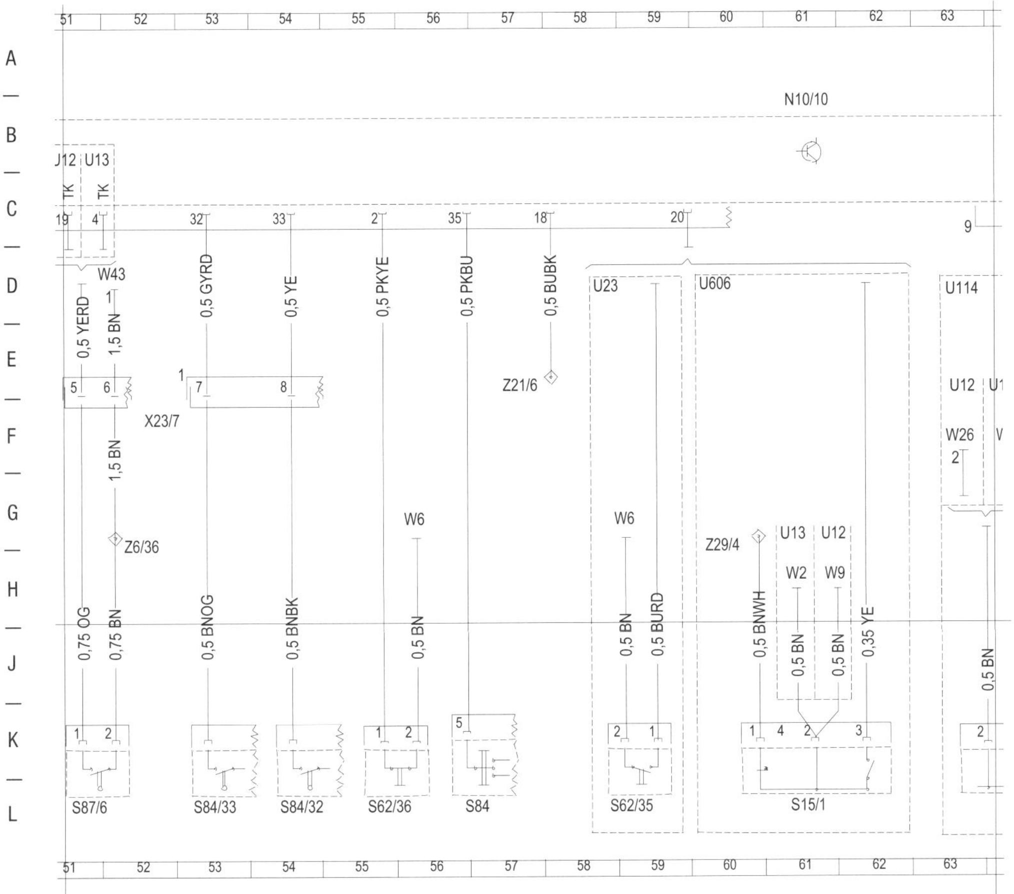
N10/10
U12 U13
W43
0,5 YERD
1,5 BN
X23/7
0,5 GYRD
0,5 YE
0,5 PKYE
0,5 PKBU
0,5 BUBK
Z21/6
U23
U606
U114
Z6/36
W6
Z29/4
U13 U12
W2 W9
0,75 OG
0,75 BN
0,5 BNOG
0,5 BNBK
0,5 BN
0,5 BURD
0,5 BNWH
0,35 YE
S87/6
S84/33
S84/32
S62/36
S84
S62/35
S15/1

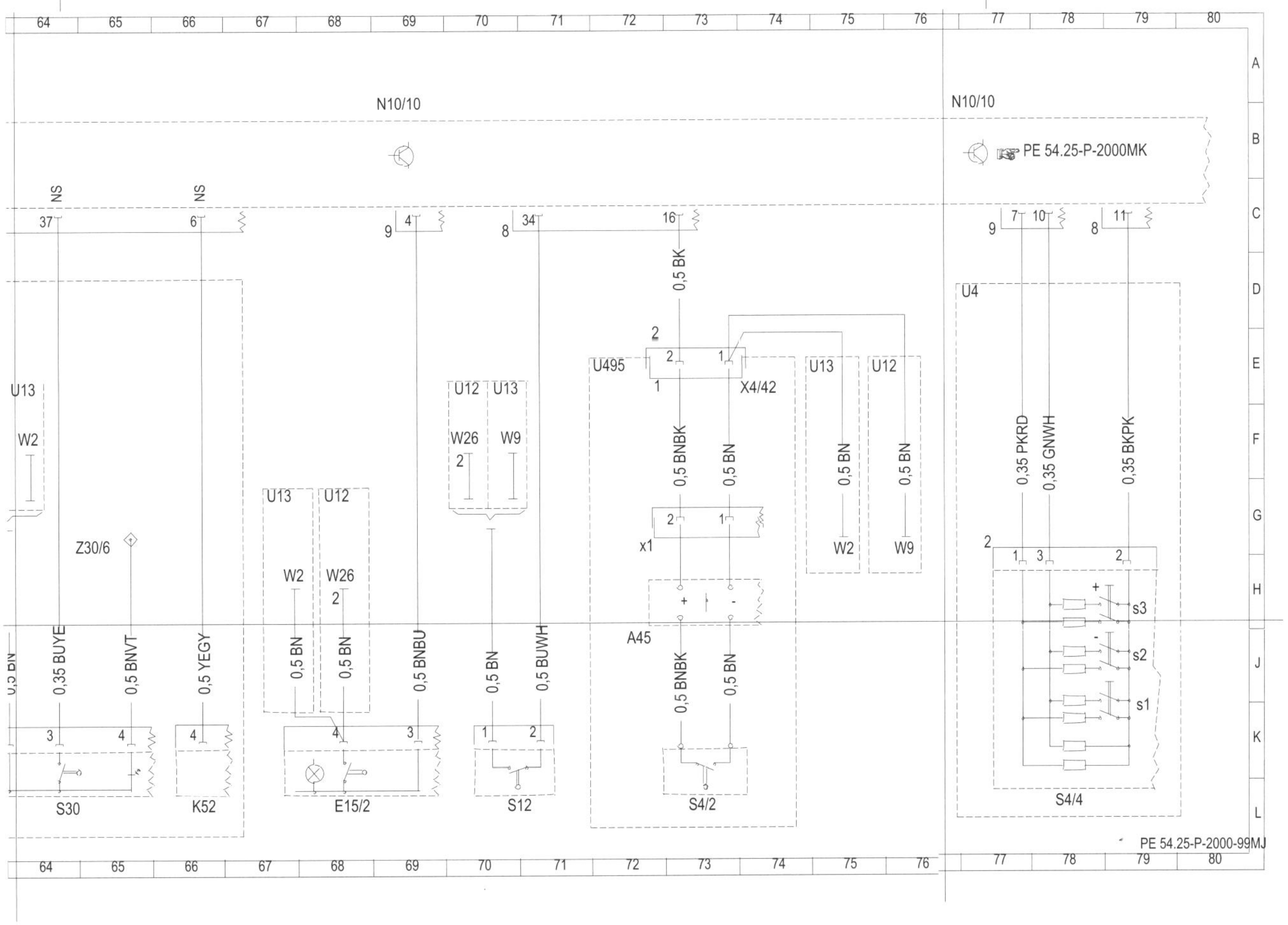
N10/10
PE 54.25-P-2000MK
U13
W2
Z30/6
U12 U13
W26 W9
U495
X4/42
0,5 BK
0,5 BNBK
0,5 BN
x1
A45
U4
0,35 PKRD
0,35 GNWH
0,35 BKPK
s3
s2
s1
0,35 BUYE
0,5 BNVT
0,5 YEGY
0,5 BNBU
0,5 BUWH
S30
K52
E15/2
S12
S4/2
S4/4
PE 54.25-P-2000-99MJ

Schaltplan Zentralelektrik 2003

Kurzbezeichnung/Benennung/Koordinate:

A1	Kombiinstrument 70 L
A9	Kältemittelverdichter 36 L
E1	Leuchteinheit vorn links 65 L
E1e1	Fernlicht links 65 L
E1e2	Abblendlicht links 66 L
E1e3	Standlicht und Parklicht links 67 L
E1m1	Motor Leuchtweitenregulierung links 64 L
E2	Leuchteinheit vorn rechts 73 L
E2e1	Fernlicht rechts 74 L
E2e2	Abblendlicht rechts 75 L
E2e3	Standlicht und Parklicht rechts 76 L
E2m1	Motor Leuchtweitenregulierung rechts 72 L
E3	Schlussleuchte links 61 L
E3	Schlussleuchte links 62 L
E3e2	Schlusslicht und Parklicht links 60 L
E3e2	Schlusslicht und Parklicht links 62 L
H2	Hupe 50 L
K71/1	Relais Fensterheber auf 46 L
M1	Starter 23 L
M12	Antriebseinheit Schiebedach 32 L
M14/3	Motor ZV Heckdeckel 53 L
M14/7	Motor ZV Rückwandtür 52 L
M2	Gebläsemotor 38 L
M2	Gebläsemotor 39 L
M3/3	Kraftstoffpumpe mit Tankgeber 21 L
M33	Elektrische Luftpumpe 10 L
M4/2	Lüftermotor Kühlwasser 24 L
M44	Lüftermotor Ladeluft 48 L
M6/1	Wischermotor 26 L
M6/4	Wischermotor Rückwandtür 30 L
N10/10	Steuergerät SAM 5 A
N10/10	Steuergerät SAM 12 A
N10/10	Steuergerät SAM 22 A
N10/10	Steuergerät SAM 28 A
N10/10	Steuergerät SAM 36 A
N10/10	Steuergerät SAM 44 A
N10/10	Steuergerät SAM 52 A
N10/10	Steuergerät SAM 62 A
N10/10	Steuergerät SAM 69 A
N10/10	Steuergerät SAM 76 A
N10/10f1	Sicherung 1 20 A
N10/10f10	Sicherung 10 14 A
N10/10f15	Sicherung 15 48 A
N10/10f16	Sicherung 16 18 A
N10/10f17	Sicherung 17 30 A
N10/10f2	Sicherung 2 26 A
N10/10f22	Sicherung 22 75 A
N10/10f23	Sicherung 23 67 A
N10/10f24	Sicherung 24 74 A
N10/10f25	Sicherung 25 65 A
N10/10f27	Sicherung 27 2 A
N10/10f28	Sicherung 28 34 A
N10/10f29	Sicherung 29 56 A
N10/10f3	Sicherung 3 39 A
N10/10f30	Sicherung 30 4 A
N10/10f31	Sicherung 31 49 A
N10/10f32	Sicherung 32 11 A
N10/10f37	Sicherung 37 32 A
N10/10f4	Sicherung 4 43 A
N10/10f43	Sicherung 43 58 A
N10/10f6	Sicherung 6 59 A
N10/10f7	Sicherung 7 61 A
N10/10f8	Sicherung 8 13 A
N10/10f9	Sicherung 9 9 A
N10/10k1	Relais heizbare Heckscheibe 35 C
N10/10k10	Relais Frontwischer 28 C
N10/10k11	Relais Heizgebläse 40 C
N10/10k12	Relais Standlicht 60 C
N10/10k13	Relais Heckwischer 31 C
N10/10k2	Relais Verdeck auf und Verdeck zu 55 C
N10/10k2	Relais Verdeck auf und Verdeck zu 57 C
N10/10k3	Starter Relais 19 C
N10/10k4	Relais Elektrokraftstoffpumpe 17 C
N10/10k5	Relais Sekundärluftpumpe 10 C
N10/10k6	Relais Fernlicht 64 B
N10/10k7	Haupt Relais 7 C
N10/10k8	Relais Abblendlicht 67 C
N10/10k820	Relais Lüftermotor Ladeluft und Hupe 47 C
N10/10k820	Relais Lüftermotor Ladeluft und Hupe 49 C
N10/10k830	Relais ZV auf und ZV zu 50 C
N10/10k830	Relais ZV auf und ZV zu 51 C
N10/10k840	Relais ZV Heckdeckel/ Rückwandtür 53 C
N10/10k9	Relais automatisiertes Schaltgetriebe 4 C
N3/10	Steuergerät Motorelektronik MEG 3 L
N3/10	Steuergerät Motorelektronik MEG 18 L
N3/9	Steuergerät EDG 7 L
N3/9	Steuergerät EDG 14 L
R1	Heizbare Heckscheibe 34 L
S21/1	Schalter Fensterheber, links 43 L
S21/2	Schalter Fensterheber, rechts 45 L
S4/4	Wischerschalter rechts 25 L
S4/4	Wischerschalter rechts 27 L
U12	Gültig für Linkslenker 30 F
U13	Gültig für Rechtslenker 30 F
U21	Gültig für Sitzheizung 39 H
U211	Nicht gültig für Sitzheizung 37 H
U23	Gültig für Cabriolet 52 G
U23	Gültig für Cabriolet 54 D
U23	Gültig für Cabriolet 61 F
U30	Gültig für Dieselmotoren 5 G
U30	Gültig für Dieselmotoren 13 G
U30	Gültig für Dieselmotoren 49 G
U579	Gültig für Standheizung (STH) 40 E
U606	Gültig für alle außer Cabriolet 29 D
U606	Gültig für alle außer Cabriolet 31 D
U606	Gültig für alle außer Cabriolet 53 G
U606	Gültig für alle außer Cabriolet 60 F
U75	Gültig für Benzinmotoren 2 G
U75	Gültig für Benzinmotoren 10 D
U75	Gültig für Benzinmotoren 17 G
U75	Gültig für Benzinmotoren 48 G
U78	Gültig für Japan 46 D
U87	Gültig für Klimaanlage 35 D
U94	Nicht gültig für Japan 44 D
W11	Masse Motor 48 G
W11/6	Masse Kraftstoffpumpe 11 H
W11/6	Masse Kraftstoffpumpe 21 G
W16	Masse Aggregateraum 49 G
W43	Masse Stirnwand links außen 24 G
W43	Masse Stirnwand links außen 50 H
W43	Masse Stirnwand links außen 65 G
W43	Masse Stirnwand links außen 73 G
W6	Masse Kofferraum Radlauf links 34 D
W6	Masse Kofferraum Radlauf links 52 H
W6	Masse Kofferraum Radlauf links 53 H
W9	Masse vorn links (bei Leuchteinheit) 56 E
X18/1	Steckverbindung Masse Innenraum/Heckdeckel 34 E
X18/19	Steckverbindung Heckdeckel 29 H
X18/24	Trennstelle 1 Schiebedach 31 E
X19	Steckverbindung heizbare Heckscheibe 33 H
X23/7	Steckverbindung Verdeck 55 H
X23/7	Steckverbindung Verdeck 57 H
X26	Steckverbindung Innenraum-Motor 11 E
X26	Steckverbindung Innenraum-Motor 20 E
X26	Steckverbindung Innenraum-Motor 35 E
X26	Steckverbindung Innenraum-Motor 48 E
X35/1	Türtrennstelle links 43 E
X35/2	Türtrennstelle rechts 44 E
Z19/1	Endhülse ZV auf 50 E
Z19/2	Endhülse ZV zu 52 E
Z29/4	Endhülse Klemme 58R, gesichert 58 E
Z29/4	Endhülse Klemme 58R, gesichert 75 E
Z3/3	Endhülse Klemme 15, Zündspule 1 bis 3 11 G
Z30/1	Endhülse Blinker links 78 G
Z30/2	Endhülse Blinker rechts 79 G
Z43	Endhülse Heizbare Heckscheibe 33 F
Z5/1	Endhülse Gebläse/Lüfter 37 J
Z5/1	Endhülse Gebläse/Lüfter 39 J
Z53/8	Endhülse Innenraum Sitzheizung 39 H
Z54/15	Endhülse Verdeck Klemme 30 Relais 57 K
Z54/16	Endhülse Verdeck Steuerung auf 55 K
Z54/17	Endhülse Verdeck Steuerung zu 56 K
Z6/20	Endhülse Masse Heckdeckel 34 G
Z7/24	Endhülse Klemme 87/1 3 E
Z7/35	Endhülse Klemme 87M1e 12 G
Z7/36	Endhülse Klemme 87 M2e 8 E

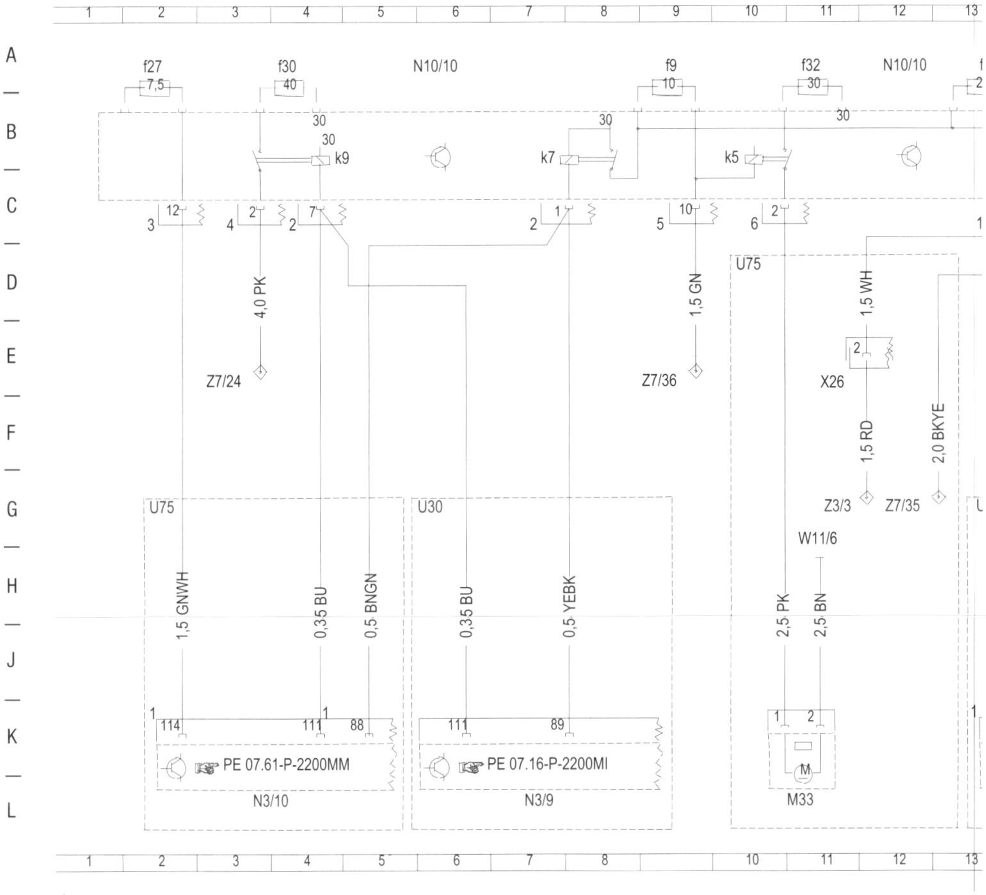

1 2 3 4 5 6 7 8 9 10 11 12 13

A B C D E F G H J K L

f27 7,5
f30 40
N10/10
f9 10
f32 30
N10/10

30 30 k9
30 k7
k5
30

3 12 4 2 2 7
2 1
5 10
6 2
1

U75
4,0 PK
1,5 GN
1,5 WH
2
X26
Z7/24
Z7/36
1,5 RD
2,0 BKYE
Z3/3
Z7/35
W11/6

U75
U30
1,5 GNWH
0,35 BU
0,5 BNGN
0,35 BU
0,5 YEBK
2,5 PK
2,5 BN

1 114 1 111 88
111 89
1 2
PE 07.61-P-2200MM
PE 07.16-P-2200MI
M
N3/10
N3/9
M33

1 2 3 4 5 6 7 8 10 11 12 13

13 14 15 16 17 18 19 20 21 22 23 24 25

A B C D E F G H J K L

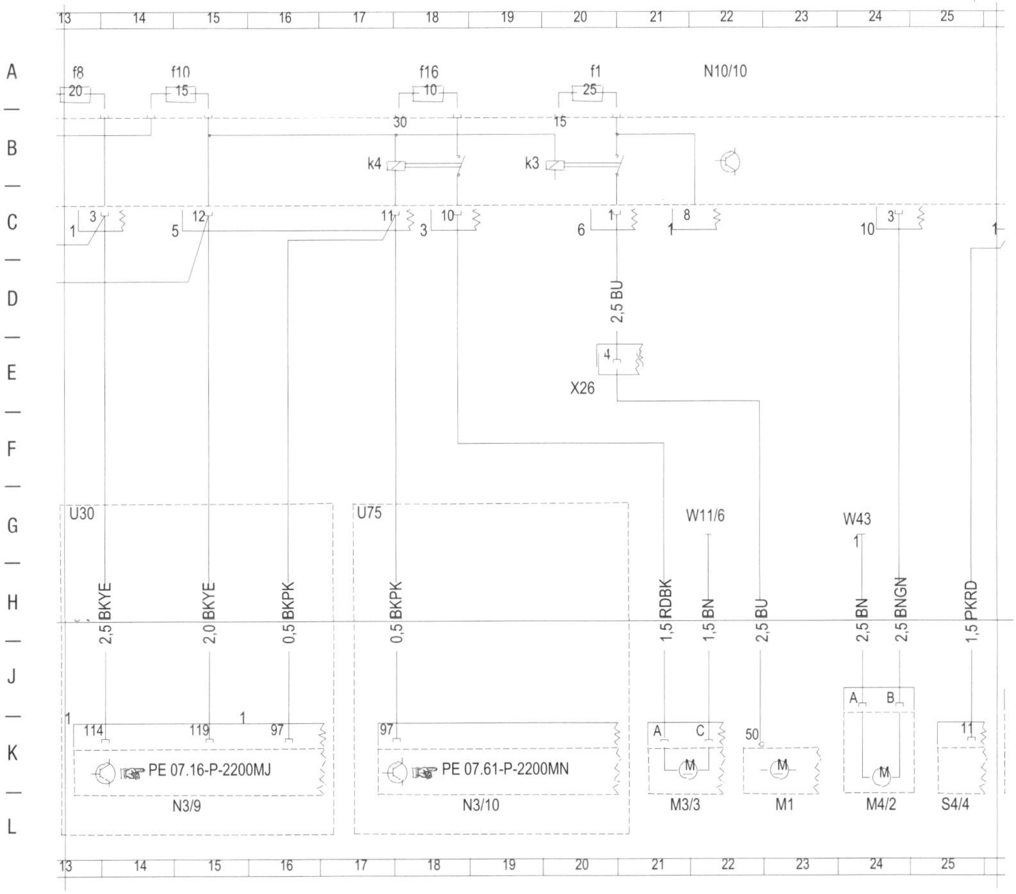

f8 20
f10 15
f16 10
f1 25
N10/10

30
15
k4
k3

3 1 12 5
11 3 10
1 6 1 8
3 10
1

2,5 BU
4
X26

U30
U75
W11/6
W43
1

2,5 BKYE
2,0 BKYE
0,5 BKPK
0,5 BKPK
1,5 RDBK
1,5 BN
2,5 BU
2,5 BN
2,5 BNGN
1,5 PKRD

1 114 119 1 97
97
A C
50
A B
11
PE 07.16-P-2200MJ
PE 07.61-P-2200MN
M
M
M
N3/9
N3/10
M3/3
M1
M4/2
S4/4

13 14 15 16 17 18 19 20 21 22 23 24 25

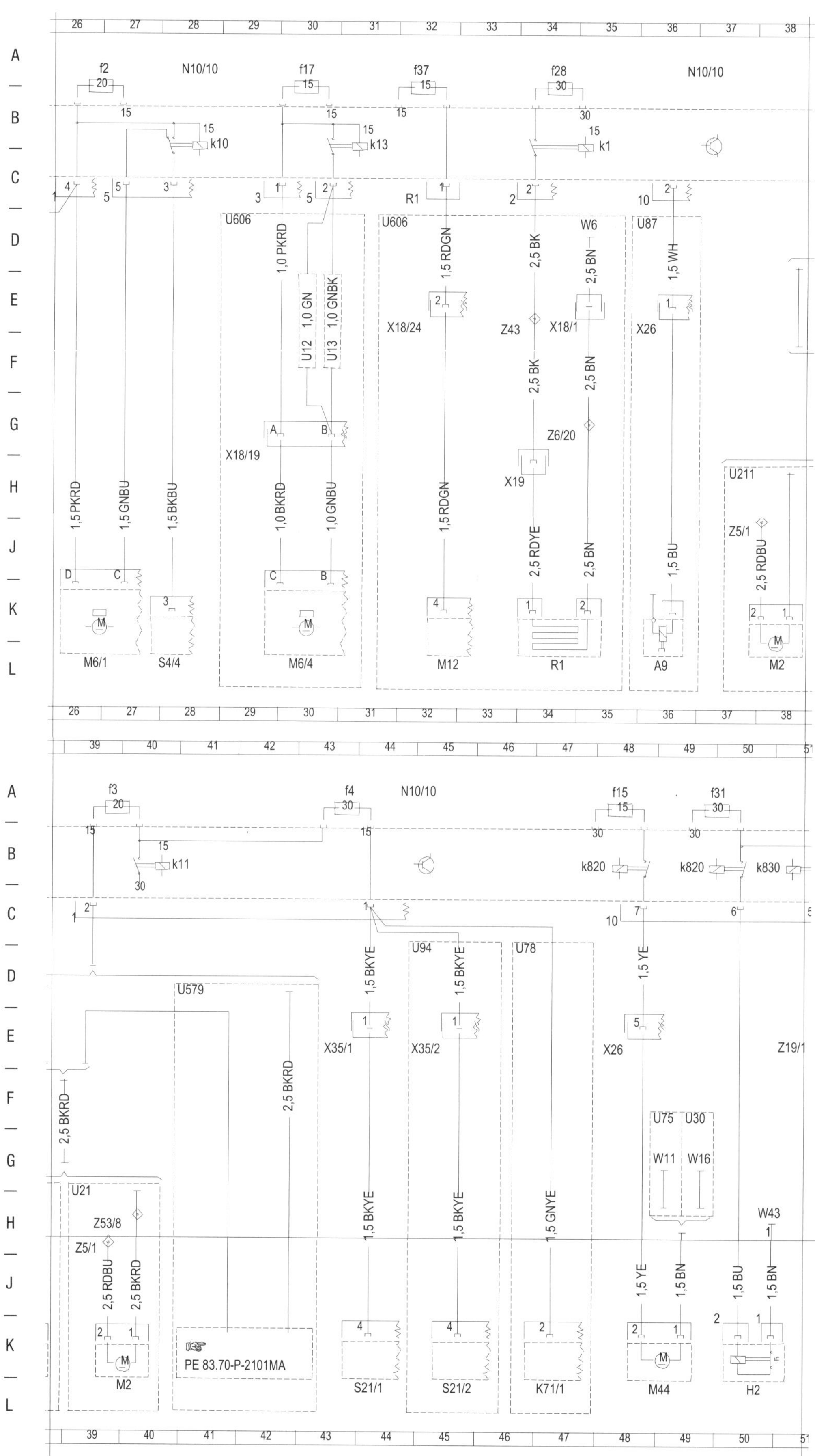
N10/10
f2
f17
f37
f28
k10
k13
k1
U606
U87
W6
X18/24
Z43
X18/1
X26
X18/19
Z6/20
X19
U211
Z5/1
M6/1
S4/4
M6/4
M12
R1
A9
M2
f3
f4
f15
f31
k11
k820
k830
U94
U78
U579
X35/1
X35/2
Z19/1
U75
U30
W11
W16
W43
U21
Z53/8
PE 83.70-P-2101MA
S21/1
S21/2
K71/1
M44
H2

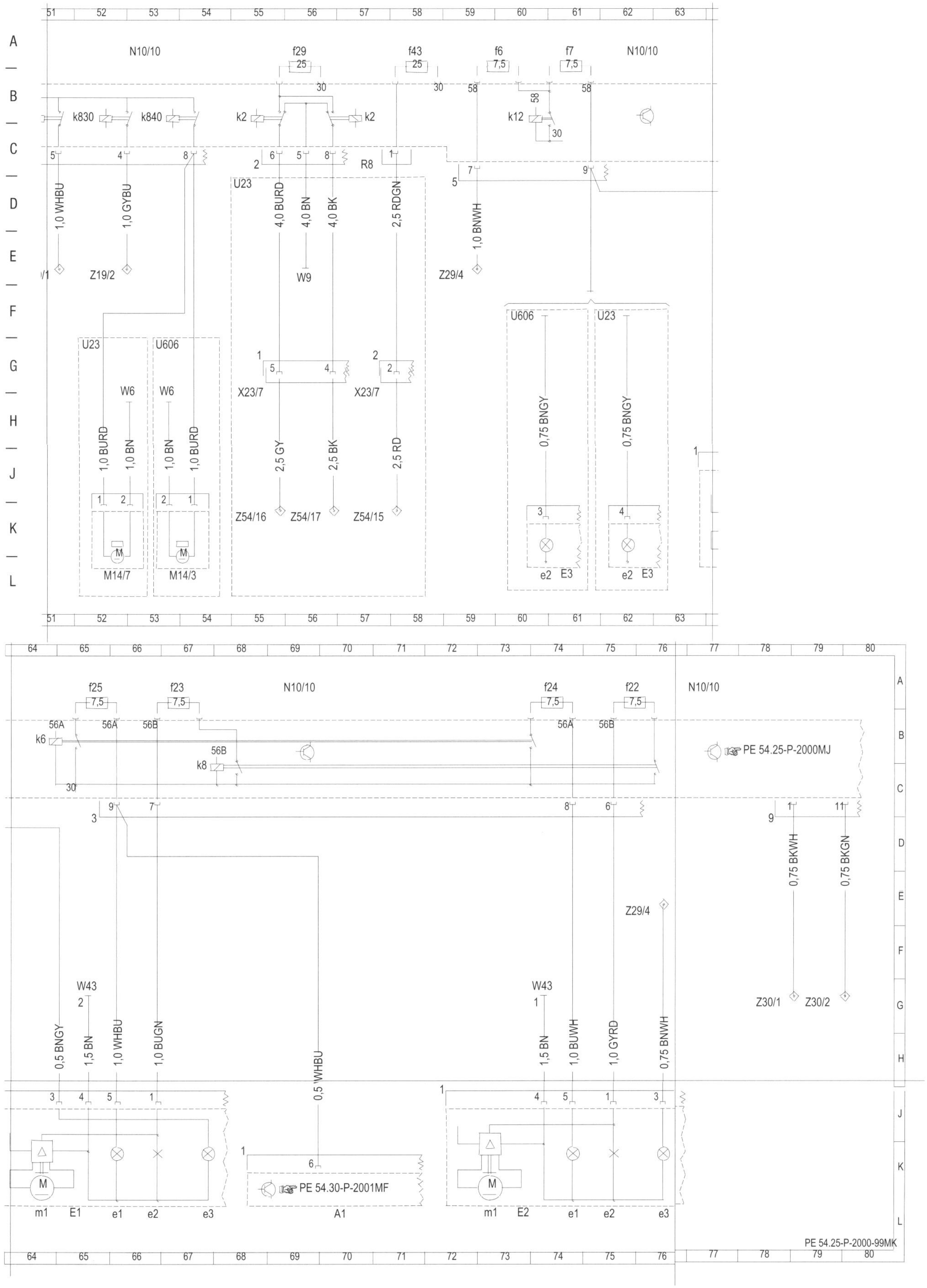

N10/10
f29 25
f43 25
f6 7,5
f7 7,5
k830
k840
k2
k12
R8
U23
U606
1,0 WHBU
1,0 GYBU
4,0 BURD
4,0 BN
4,0 BK
2,5 RDGN
1,0 BNWH
Z19/2
W9
Z29/4
W6
1,0 BURD
1,0 BN
X23/7
2,5 GY
2,5 BK
2,5 RD
0,75 BNGY
M14/7
M14/3
Z54/16
Z54/17
Z54/15
e2 E3
f25 7,5
f23 7,5
f24 7,5
f22 7,5
k6
k8
PE 54.25-P-2000MJ
0,75 BKWH
0,75 BKGN
Z30/1
Z30/2
W43
0,5 BNGY
1,5 BN
1,0 WHBU
1,0 BUGN
0,5 WHBU
1,0 BUWH
1,0 GYRD
0,75 BNWH
PE 54.30-P-2001MF
A1
m1 E1 e1 e2 e3
m1 E2 e1 e2 e3
PE 54.25-P-2000-99MK

Schaltplan Zentralelektrik 2003 bis 2005

Kurzbezeichnung/Benennung/Koordinate:

A1	Kombiinstrument 2 L
A26/7	Empfängereinheit Infrarot-Fernbedienung Innenspiegel 46 L
A45	Kontaktspirale Fanfaren und Airbag 72 J
A45x1	Steckverbindung Kontaktspirale und Airbag 72 H
E15/2	Innenraumleuchte Mittelkonsole 68 L
G2	Generator 8 L
K43	Relais Funk 37 L
K52	Relais Nebelscheinwerfer 66 L
N10/10	Steuergerät SAM 4 B
N10/10	Steuergerät SAM 12 B
N10/10	Steuergerät SAM 19 B
N10/10	Steuergerät SAM 27 B
N10/10	Steuergerät SAM 36 B
N10/10	Steuergerät SAM 44 B
N10/10	Steuergerät SAM 50 B
N10/10	Steuergerät SAM 61 B
N10/10	Steuergerät SAM 69 B
N10/10	Steuergerät SAM 76 B
N2/7	Steuergerät Rückhaltesysteme 6 L
S12	Schalter Feststellbremskontrolle 70 L
S15/1	Schalter Heckdeckelentriegelung 61 L
S30	Schalter Nebelscheinwerfer 64 L
S4	Kombi-Schalter 15 L
S4/2	Schalter Fanfaren 73 L
S4/3	Schalter Zuheizer 20 L
S4/4	Wischerschalter rechts 11 L
S4/4	Wischerschalter rechts 78 L
S4/4s1	Tastschalter TPM mit variabler Geschwindigkeitsbegrenzung 79 K
S4/4s2	Verzögern und Fixieren 79 J
S4/4s3	Beschleunigen und Fixieren 79 H
S6/1	Schaltergruppe Cockpit 24 L
S6/1	Schaltergruppe Cockpit 30 L
S6/1s1	Warnblinkschalter 25 L
S6/1s1	Warnblinkschalter 31 L
S6/1s2	Schalter ZV Innenbetätigung 25 L
S6/1s2	Schalter ZV Innenbetätigung 31 L
S6/1s5	Schalter Klimaanlage 27 L
S6/1s5	Schalter Klimaanlage 33 L
S6/1s6	Schalter Heckscheibenheizung 26 L
S6/1s6	Schalter Heckscheibenheizung 32 L
S62/35	Taster Rückwandtür 58 L
S62/36	Schalter Rückwandtürschließung 55 L
S84	Schalter Verdeckbetätigung 56 L
S84/32	Endschalter Verdeck Vorrasthaken rechts 54 L
S84/33	Endschalter Verdeck Vorrasthaken links 53 L
S87/6	Mikroschalter Drehfalle, Tür rechts 51 L
S87/7	Mikroschalter Drehfalle, Tür links 49 L
S98/1	Gebläseschalter 18 L
U114	Gültig für Nebelscheinwerfer 63 D
U12	Gültig für Linkslenker 18 F
U12	Gültig für Linkslenker 38 E
U12	Gültig für Linkslenker 39 E
U12	Gültig für Linkslenker 43 E
U12	Gültig für Linkslenker 45 E
U12	Gültig für Linkslenker 49 B
U12	Gültig für Linkslenker 51 B
U12	Gültig für Linkslenker 61 G
U12	Gültig für Linkslenker 63 E
U12	Gültig für Linkslenker 68 G
U12	Gültig für Linkslenker 70 E
U12	Gültig für Linkslenker 75 E
U13	Gültig für Rechtslenker 17 F
U13	Gültig für Rechtslenker 38 E
U13	Gültig für Rechtslenker 40 E
U13	Gültig für Rechtslenker 44 E
U13	Gültig für Rechtslenker 46 E
U13	Gültig für Rechtslenker 50 B
U13	Gültig für Rechtslenker 51 B
U13	Gültig für Rechtslenker 61 G
U13	Gültig für Rechtslenker 64 E
U13	Gültig für Rechtslenker 67 G
U13	Gültig für Rechtslenker 70 E
U13	Gültig für Rechtslenker 74 E
U132	Gültig für Funkfernbedienung 36 D
U133	Gültig für IR Fernbedienung 42 D
U21	Gültig für Sitzheizung 22 B
U211	Nicht gültig für Sitzheizung 28 B
U23	Gültig für Cabriolet 11 G
U23	Gültig für Cabriolet 58 D
U30	Gültig für Dieselmotoren 8 D
U30	Gültig für Dieselmotoren 19 D
U4	Gültig für Tempomat 77 D
U495	Nicht gültig für SAL 71 E
U606	Gültig für alle außer Cabriolet 11 G
U606	Gültig für alle außer Cabriolet 12 G
U606	Gültig für alle außer Cabriolet 26 G
U606	Gültig für alle außer Cabriolet 32 G
U606	Gültig für alle außer Cabriolet 60 D
U62	Nicht gültig für Sidebag 6 G
U65	Gültig für Sidebag 6 G
U87	Gültig für Klimaanlage 19 G
U87	Gültig für Klimaanlage 27 G
U87	Gültig für Klimaanlage 27 G
U87	Gültig für Klimaanlage 33 G
U87	Gültig für Klimaanlage 33 G
W2	Masse vorn rechts (bei Leuchteinheit) 17 G
W2	Masse vorn rechts (bei Leuchteinheit) 61 H
W2	Masse vorn rechts (bei Leuchteinheit) 64 F
W2	Masse vorn rechts (bei Leuchteinheit) 67 H
W2	Masse vorn rechts (bei Leuchteinheit) 75 H
W26	Masse Mitteltunnel 18 G
W26	Masse Mitteltunnel 20 G
W26	Masse Mitteltunnel 22 G
W26	Masse Mitteltunnel 28 G
W26	Masse Mitteltunnel 38 E
W26	Masse Mitteltunnel 39 E
W26	Masse Mitteltunnel 43 E
W26	Masse Mitteltunnel 45 E
W26	Masse Mitteltunnel 63 F
W26	Masse Mitteltunnel 68 H
W26	Masse Mitteltunnel 70 F
W43	Masse Stirnwand links außen 50 D
W43	Masse Stirnwand links außen 51 D
W6	Masse Kofferraum Radlauf links 56 G
W6	Masse Kofferraum Radlauf links 58 G
W9	Masse vorn links (bei Leuchteinheit) 38 E
W9	Masse vorn links (bei Leuchteinheit) 40 E
W9	Masse vorn links (bei Leuchteinheit) 44 E
W9	Masse vorn links (bei Leuchteinheit) 46 E
W9	Masse vorn links (bei Leuchteinheit) 61 H
W9	Masse vorn links (bei Leuchteinheit) 70 F
W9	Masse vorn links (bei Leuchteinheit) 76 H
X10	Steckverbindung IR- Empfänger 39 J
X10	Steckverbindung IR- Empfänger 44 J
X11/4	Prüfkupplung Diagnose 9 L
X23/7	Steckverbindung Verdeck 52 F
X26	Steckverbindung Innenraum-Motor 8 H
X35/1	Türtrennstelle links 49 F
X35/2	Türtrennstelle rechts 50 F
X4/42	Steckverbindung Lenkradschaltung 74 E
Z21/6	Endhülse ZV- Zustand offen 57 E
Z29/4	Endhülse Klemme 58R, gesichert 23 H
Z29/4	Endhülse Klemme 58R, gesichert 29 H
Z29/4	Endhülse Klemme 58R, gesichert 60 H
Z3/44	Endhülse Klemme 15 gesichert Kombi Radio 20 H
Z30/6	Endhülse Nebellicht 64 H
Z50/23	Endhülse Klemme 30 gesichert Kombi Funk IR 24 H
Z50/23	Endhülse Klemme 30 gesichert Kombi Funk IR 30 H
Z50/23	Endhülse Klemme 30 gesichert Kombi Funk IR 36 E
Z50/23	Endhülse Klemme 30 gesichert Kombi Funk IR 41 E
Z50/23	Endhülse Klemme 30 gesichert Kombi Funk IR 42 E
Z50/23	Endhülse Klemme 30 gesichert Kombi Funk IR 47 E
Z52/5	Endhülse Innenraum Klemme 58 12 H
Z6/35	Endhülse Masse, Tür links 50 H
Z6/36	Endhülse Masse, Tür rechts 52 H
Z60/2	Endhülse Nebelleuchte 14 H

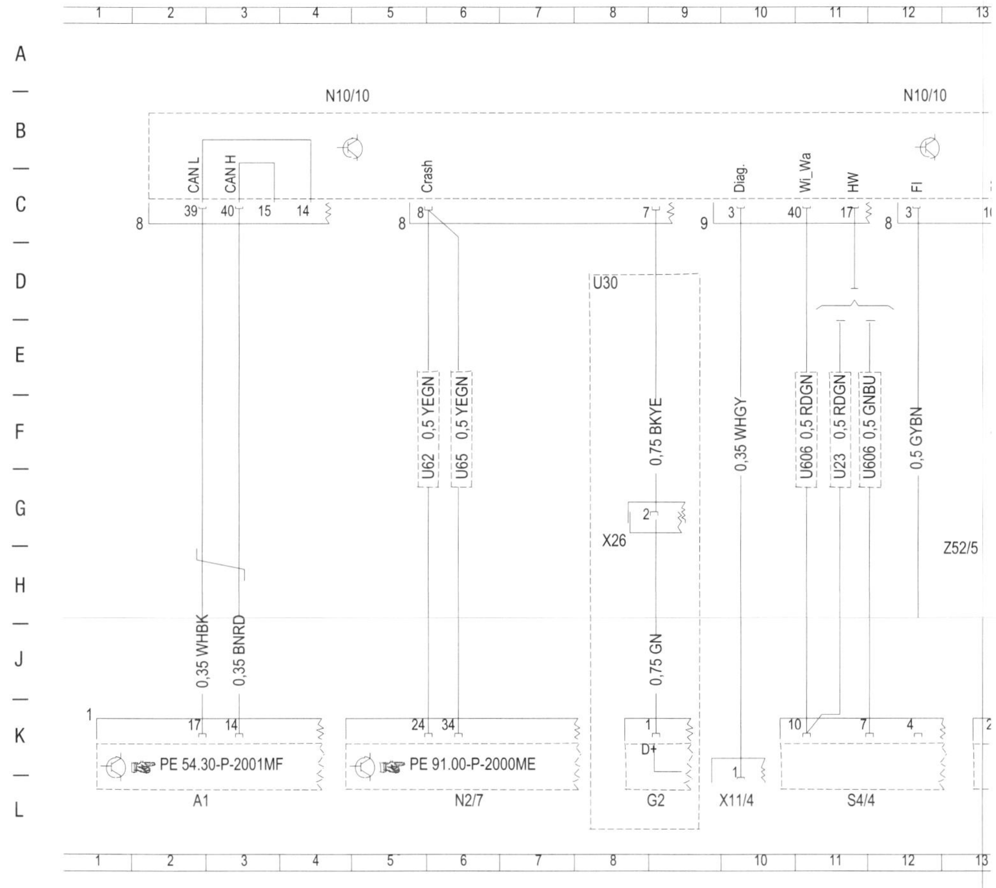

N10/10
CAN L
CAN H
Crash
Diag.
Wi_Wa
HW
Fl
0,35 WHBK
0,35 BNRD
U62 0,5 YEGN
U65 0,5 YEGN
0,75 BKYE
0,75 GN
0,35 WHGY
U606 0,5 RDGN
U23 0,5 RDGN
U606 0,5 GNBU
0,5 GYBN
U30
X26
Z52/5
PE 54.30-P-2001MF
PE 91.00-P-2000ME
D+
A1
N2/7
G2
X11/4
S4/4
U21
58
NSL
BL re
BL li
56a
56b
0,5 GNBU
0,5 BUYE
0,5 BKBN
0,5 WHRD
0,5 YE
0,5 VT
0,75 YERD
U13
U12
W2
W26
1,5 BN
U87 0,5 BU
0,5 BKBU
0,5 BNWH
Z60/2
Z3/44
Z29/4
Z50/23
0,5 BU
0,5 BN
0,35 BN
0,35 BNWH
0,35 RDGN
0,35 VTBU
0,35 BU
0 1 2 3
S4
S98/1
S4/3
S6/1
s1
s2

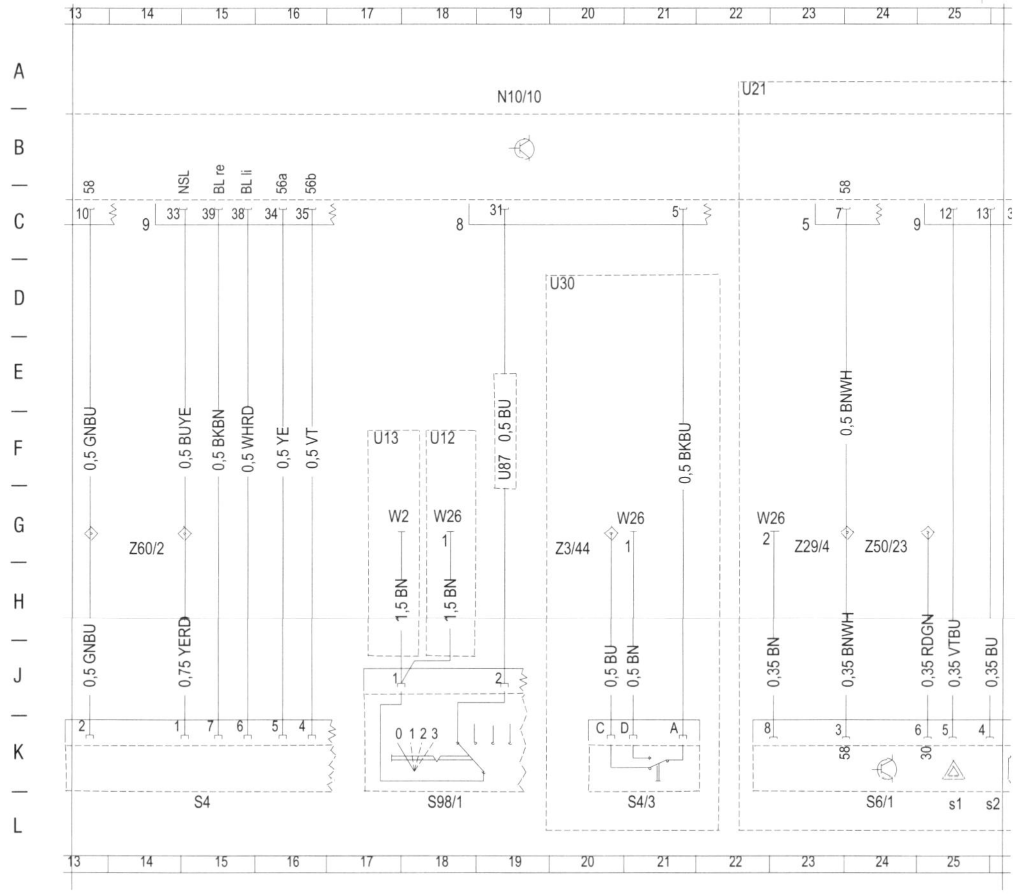

Sichtprüfung

Messen

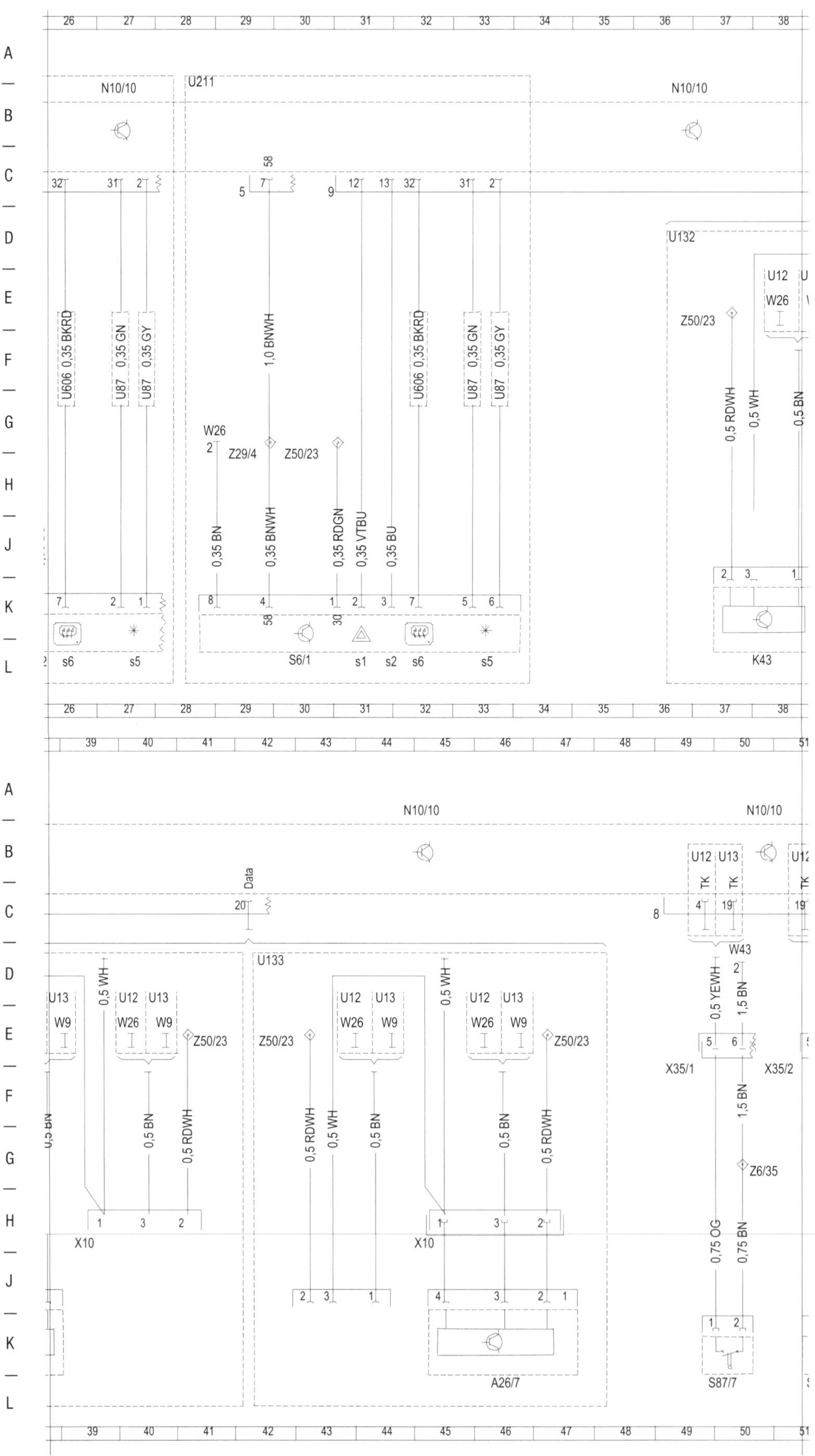

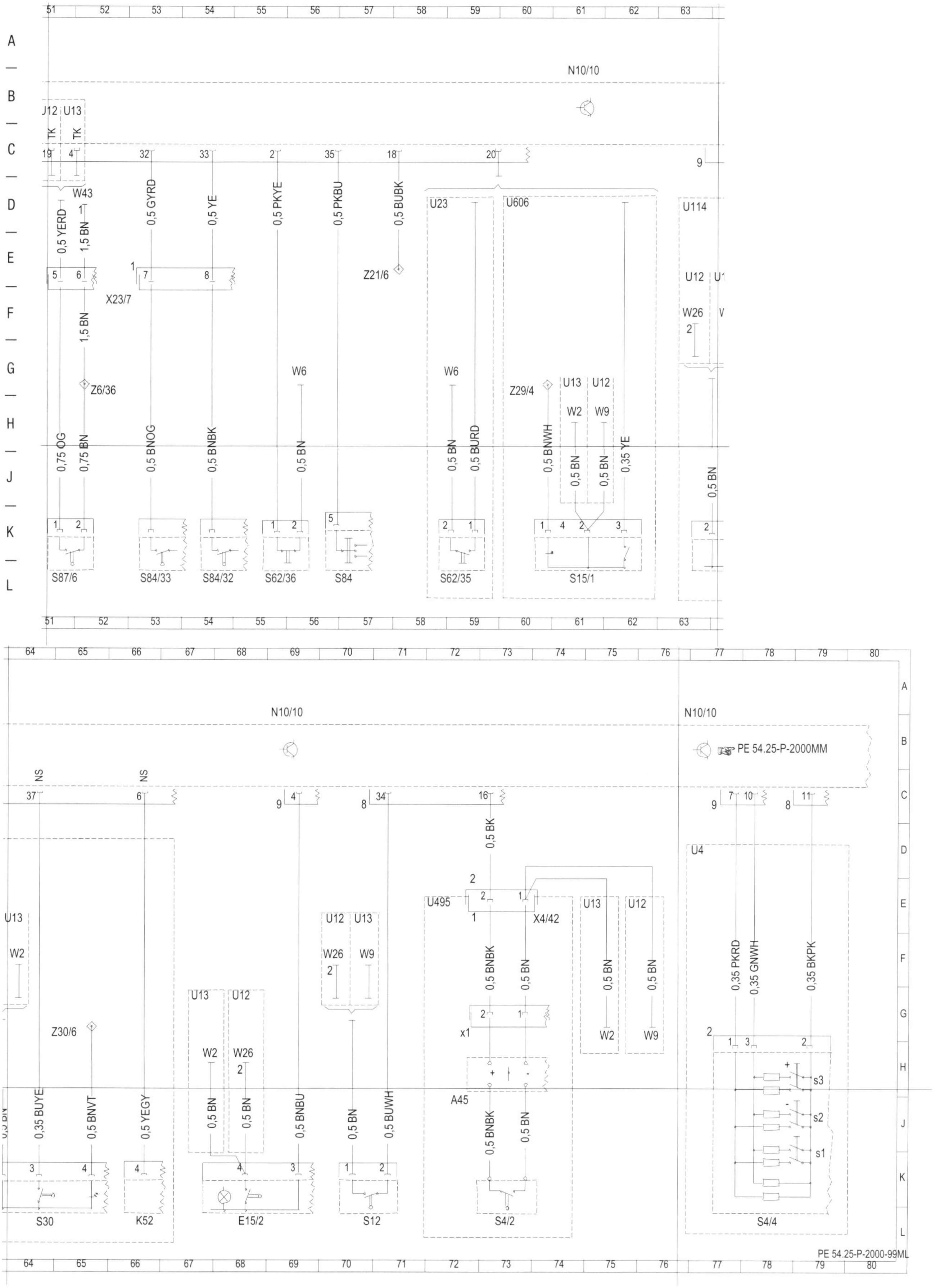

N10/10
U12 U13
TK TK
19 4 32 33 2 35 18 20 9
W43
0,5 YERD 1,5 BN
0,5 GYRD 0,5 YE 0,5 PKYE 0,5 PKBU 0,5 BUBK
U23 U606 U114
Z21/6
X23/7
1,5 BN
Z6/36
W6 W6
Z29/4 U13 U12 W2 W9
U12 W26
0,75 OG 0,75 BN 0,5 BNOG 0,5 BNBK 0,5 BN 0,5 BN 0,5 BURD 0,5 BNWH 0,5 BN 0,5 BN 0,35 YE 0,5 BN
S87/6 S84/33 S84/32 S62/36 S84 S62/35 S15/1
N10/10
N10/10
PE 54.25-P-2000MM
NS NS
37 6 9 4 8 34 16 9 7 10 8 11
0,5 BK
U4
U495 X4/42
U13 U12
U12 U13 W26 W9
0,5 BNBK 0,5 BN 0,5 BN 0,5 BN
0,35 PKRD 0,35 GNWH 0,35 BKPK
U13 U12 W2 W26
Z30/6
x1
W2 W9
A45
0,35 BUYE 0,5 BNVT 0,5 YEGY 0,5 BN 0,5 BN 0,5 BNBU 0,5 BN 0,5 BUWH 0,5 BNBK 0,5 BN
s3 s2 s1
S30 K52 E15/2 S12 S4/2 S4/4
PE 54.25-P-2000-99ML

Schaltplan Zentralelektrik ab 2005

Kurzbezeichnung/Benennung/Koordinate:

A1 Kombiinstrument 70 L
A9 Kältemittelverdichter 34 L
E1 Leuchteinheit vorn links 65 L
E1e1 Fernlicht links 65 L
E1e2 Abblendlicht links 66 L
E1e3 Standlicht und Parklicht links 67 L
E1m1 Motor Leuchtweitenregulierung links 64 L
E2 Leuchteinheit vorn rechts 73 L
E2e1 Fernlicht rechts 74 L
E2c2 Abblcndlicht rcchts 75 L
E2e3 Standlicht und Parklicht rechts 76 L
E2m1 Motor Leuchtweitenregulierung rechts 72 L
E3 Schlussleuchte links 61 L
E3 Schlussleuchte links 62 L
E3e2 Schlusslicht und Parklicht links 60 L
E3e2 Schlusslicht und Parklicht links 62 L
H2 Hupe 48 L
K71/1 Relais Fensterheber auf 45 L
M1 Starter 23 L
M12 Antriebseinheit Schiebedach 54 L
M14/3 Motor ZV Heckdeckel 51 L
M14/7 Motor ZV Rückwandtür 50 L
M2 Gebläsemotor 36 L
M2 Gebläsemotor 38 L
M3/3 Kraftstoffpumpe mit Tankgeber 21 L
M33 Elektrische Luftpumpe 10 L
M4/2 Lüftermotor Kühlwasser 24 L
M44 Lüftermotor Ladeluft 47 L
M6/1 Wischermotor 26 L
M6/4 Wischermotor Rückwandtür 30 L
N10/10 Steuergerät SAM 5 A
N10/10 Steuergerät SAM 12 A
N10/10 Steuergerät SAM 20 A
N10/10 Steuergerät SAM 28 A
N10/10 Steuergerät SAM 36 A
N10/10 Steuergerät SAM 44 A
N10/10 Steuergerät SAM 52 A
N10/10 Steuergerät SAM 61 A
N10/10 Steuergerät SAM 69 A
N10/10 Steuergerät SAM 76 A
N10/10f1 Sicherung 1 21 A
N10/10f10 Sicherung 10 14 A
N10/10f15 Sicherung 15 46 A
N10/10f16 Sicherung 16 18 A
N10/10f17 Sicherung 17 30 A
N10/10f2 Sicherung 2 26 A
N10/10f22 Sicherung 22 75 A
N10/10f23 Sicherung 23 67 A
N10/10f24 Sicherung 24 74 A
N10/10f25 Sicherung 25 65 A
N10/10f27 Sicherung 27 2 A
N10/10f28 Sicherung 28 33 A
N10/10f29 Sicherung 29 53 A
N10/10f3 Sicherung 3 38 A
N10/10f30 Sicherung 30 4 A
N10/10f31 Sicherung 31 48 A
N10/10f32 Sicherung 32 11 A
N10/10f4 Sicherung 4 42 A
N10/10f40 Sicherung 40 57 A
N10/10f6 Sicherung 6 59 A
N10/10f7 Sicherung 7 63 A
N10/10f8 Sicherung 8 13 A
N10/10f9 Sicherung 9 9 A
N10/10k1 Relais heizbare Heckscheibe 33 C
N10/10k10 Relais Frontwischer 28 C
N10/10k11 Relais Heizgebläse 39 C
N10/10k12 Relais Standlicht 60 C
N10/10k13 Relais Heckwischer 31 C
N10/10k2 Relais Verdeck auf und Verdeck zu 54 C
N10/10k2 Relais Verdeck auf und Verdeck zu 56 C
N10/10k3 Starter Relais 19 C
N10/10k4 Relais Elektrokraftstoffpumpe 17 C
N10/10k5 Relais Sekundärluftpumpe 10 C
N10/10k6 Relais Fernlicht 64 B
N10/10k7 Haupt Relais 7 C
N10/10k8 Relais Abblendlicht 67 C
N10/10k820 Relais Lüftermotor Ladeluft und Hupe 45 C
N10/10k820 Relais Lüftermotor Ladeluft und Hupe 47 C
N10/10k830 Relais ZV auf und ZV zu 48 C
N10/10k830 Relais ZV auf und ZV zu 50 C
N10/10k840 Relais ZV Heckdeckel/Rückwand tür 51 C
N10/10k9 Relais automatisiertes Schaltgetriebe 4 C
N3/10 Steuergerät Motorelektronik MEG 3 L
N3/10 Steuergerät Motorelektronik MEG 18 L
N3/9 Steuergerät EDG 7 L
N3/9 Steuergerät EDG 14 L
R1 Heizbare Heckscheibe 33 L
S21/1 Schalter Fensterheber, links 42 L
S21/2 Schalter Fensterheber, rechts 43 L
S4/4 Wischerschalter rechts 25 L
S4/4 Wischerschalter rechts 27 L
U21 Gültig für Sitzheizung 37 H
U211 Nicht gültig für Sitzheizung 35 H
U23 Gültig für Cabriolet 50 G
U23 Gültig für Cabriolet 55 F
U23 Gültig für Cabriolet 61 F
U30 Gültig für Dieselmotoren 5 G
U30 Gültig für Dieselmotoren 13 G
U30 Gültig für Dieselmotoren 47 G
U579 Gültig für Standheizung (STH) 39 E
U606 Gültig für alle außer Cabriolet 28 D
U606 Gültig für alle außer Cabriolet 31 D
U606 Gültig für alle außer Cabriolet 51 G
U606 Gültig für alle außer Cabriolet 60 F
U75 Gültig für Benzinmotoren 2 G
U75 Gültig für Benzinmotoren 10 D
U75 Gültig für Benzinmotoren 17 G
U75 Gültig für Benzinmotoren 47 G
U78 Gültig für Japan 45 D
U87 Gültig für Klimaanlage 34 D
U89 Gültig für Schiebedach 53 F
U94 Nicht gültig für Japan 43 D
W11 Masse Motor 47 G
W11/6 Masse Kraftstoffpumpe 11 H
W11/6 Masse Kraftstoffpumpe 21 G
W16 Masse Aggregateraum 47 G
W43 Masse Stirnwand links außen 23 G
W43 Masse Stirnwand links außen 48 H
W43 Masse Stirnwand links außen 65 G
W43 Masse Stirnwand links außen 74 G
W6 Masse Kofferraum Radlauf links 33 D
W6 Masse Kofferraum Radlauf links 51 H
W6 Masse Kofferraum Radlauf links 51 H
W9 Masse vorn links (bei Leuchteinheit) 55 E
X18/1 Steckverbindung Masse Innenraum/ Heckdeckel 33 E
X18/19 Steckverbindung Heckdeckel 29 H
X19 Steckverbindung heizbare Heckscheibe 32 H
X23/7 Steckverbindung Verdeck 55 J
X23/7 Steckverbindung Verdeck 57 J
X26 Steckverbindung Innenraum-Motor 11 E
X26 Steckverbindung Innenraum-Motor 20 E
X26 Steckverbindung Innenraum-Motor 34 E
X26 Steckverbindung Innenraum-Motor 46 E
X35/1 Türtrennstelle links 41 E
X35/2 Türtrennstelle rechts 43 E
Z19/1 Endhülse ZV auf 49 E
Z19/2 Endhülse ZV zu 50 E
Z29/4 Endhülse Klemme 58R, gesichert 59 E
Z29/4 Endhülse Klemme 58R, gesichert 75 E
Z3/3 Endhülse Klemme 15, Zündspule 1 bis 3 11 G
Z30/1 Endhülse Blinker links 78 G
Z30/2 Endhülse Blinker rechts 79 G
Z43 Endhülse Heizbare Heckscheibe 32 F
Z5/1 Endhülse Gebläse/Lüfter 35 J
Z5/1 Endhülse Gebläse/Lüfter 37 J
Z53/8 Endhülse Innenraum Sitzheizung 37 H
Z54/15 Endhülse Verdeck Klemme 30 Relais 58 L
Z54/16 Endhülse Verdeck Steuerung auf 56 L
Z54/17 Endhülse Verdeck Steuerung zu 57 L
Z6/20 Endhülse Masse Heckdeckel 33 G
Z7/24 Endhülse Klemme 87/1 3 E
Z7/35 Endhülse Klemme 87M1e 12 G
Z7/36 Endhülse Klemme 87 M2e 8 E

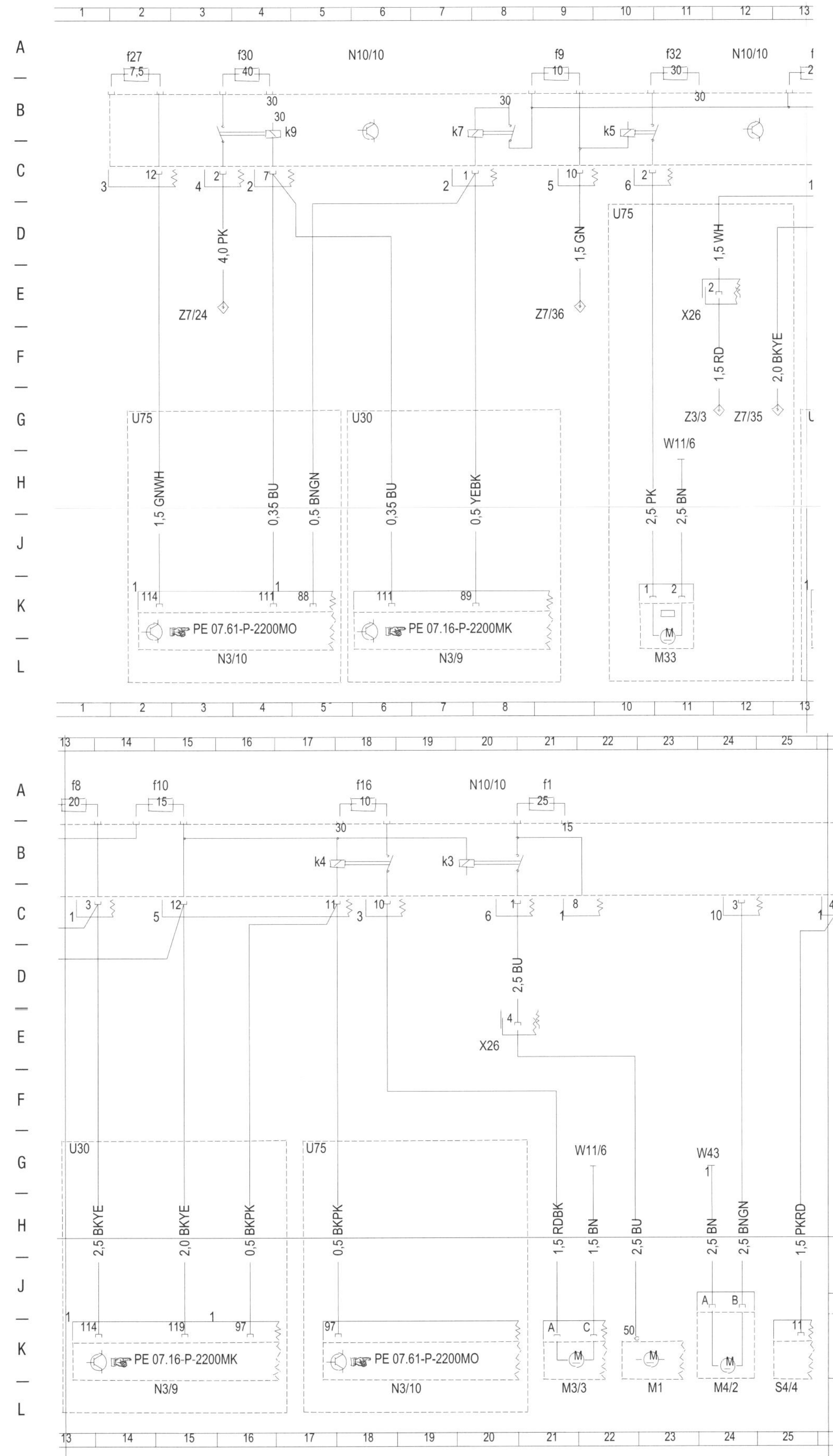
f27
7,5
f30
40
N10/10
f9
10
f32
30
N10/10
k9
k7
k5
4,0 PK
Z7/24
1,5 GN
Z7/36
U75
1,5 WH
X26
1,5 RD
2,0 BKYE
Z3/3
Z7/35
W11/6
U75
U30
1,5 GNWH
0,35 BU
0,5 BNGN
0,35 BU
0,5 YEBK
2,5 PK
2,5 BN
PE 07.61-P-2200MO
N3/10
PE 07.16-P-2200MK
N3/9
M33
f8
20
f10
15
f16
10
N10/10
f1
25
k4
k3
2,5 BU
X26
U30
U75
W11/6
W43
2,5 BKYE
2,0 BKYE
0,5 BKPK
0,5 BKPK
1,5 RDBK
1,5 BN
2,5 BU
2,5 BN
2,5 BNGN
1,5 PKRD
PE 07.16-P-2200MK
N3/9
PE 07.61-P-2200MO
N3/10
M3/3
M1
M4/2
S4/4

Sichtprüfung

Messen

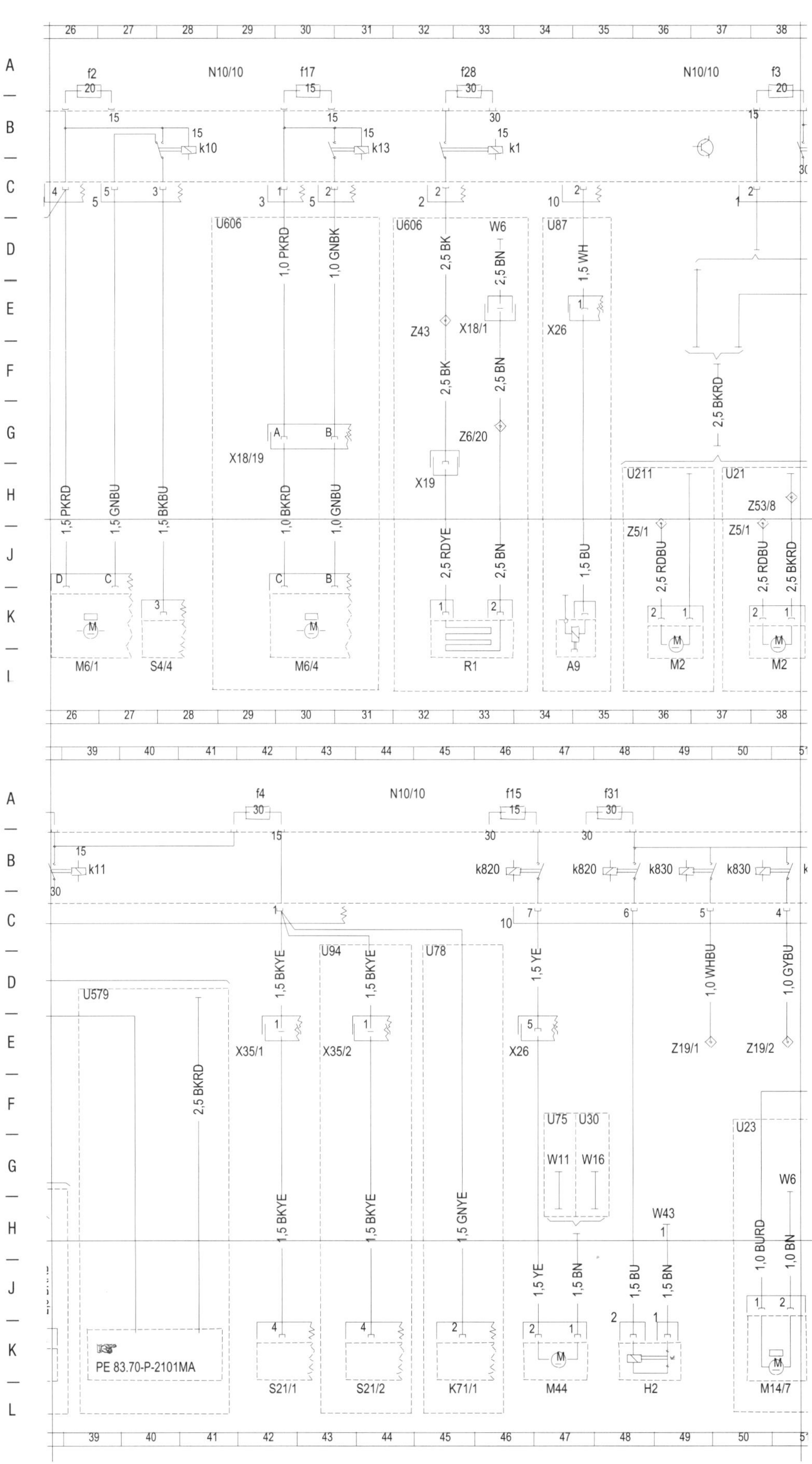

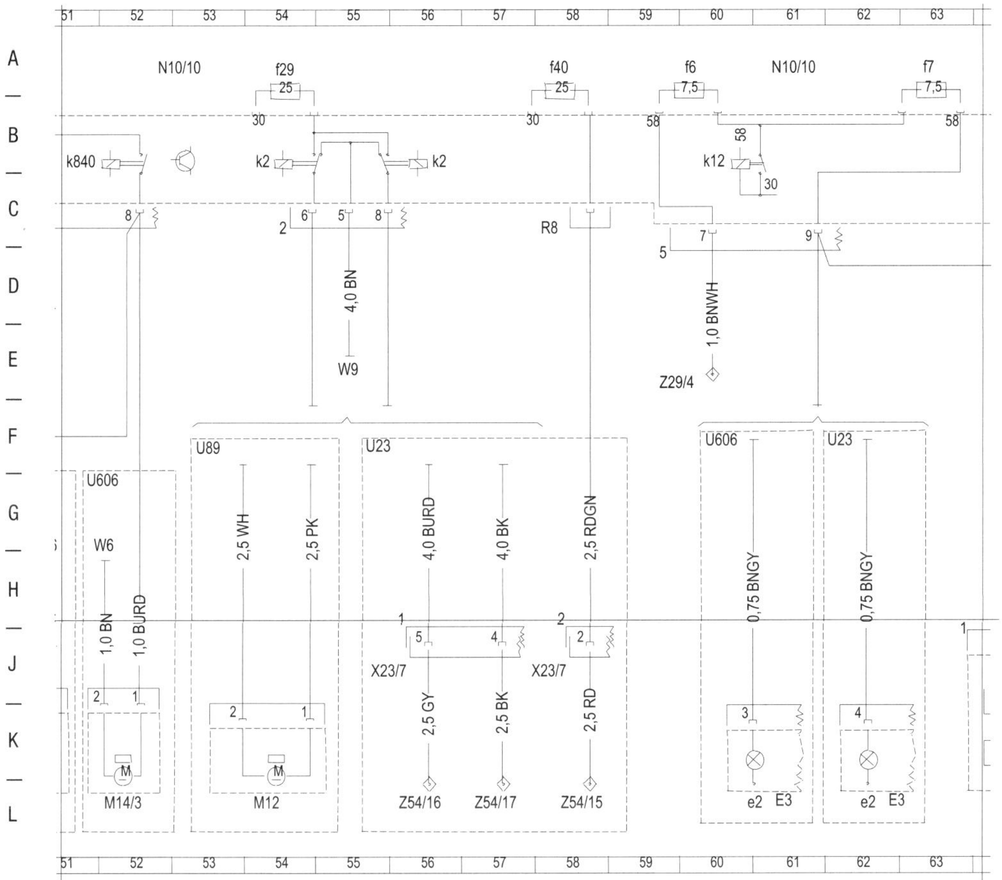
N10/10
f29
25
f40
25
f6
7,5
f7
7,5
k840
k2
k2
k12
R8
4,0 BN
W9
1,0 BNWH
Z29/4
U606
U89
U23
U606
U23
W6
1,0 BN
1,0 BURD
2,5 WH
2,5 PK
4,0 BURD
4,0 BK
2,5 RDGN
0,75 BNGY
0,75 BNGY
X23/7
X23/7
2,5 GY
2,5 BK
2,5 RD
M14/3
M12
Z54/16
Z54/17
Z54/15
e2 E3
e2 E3

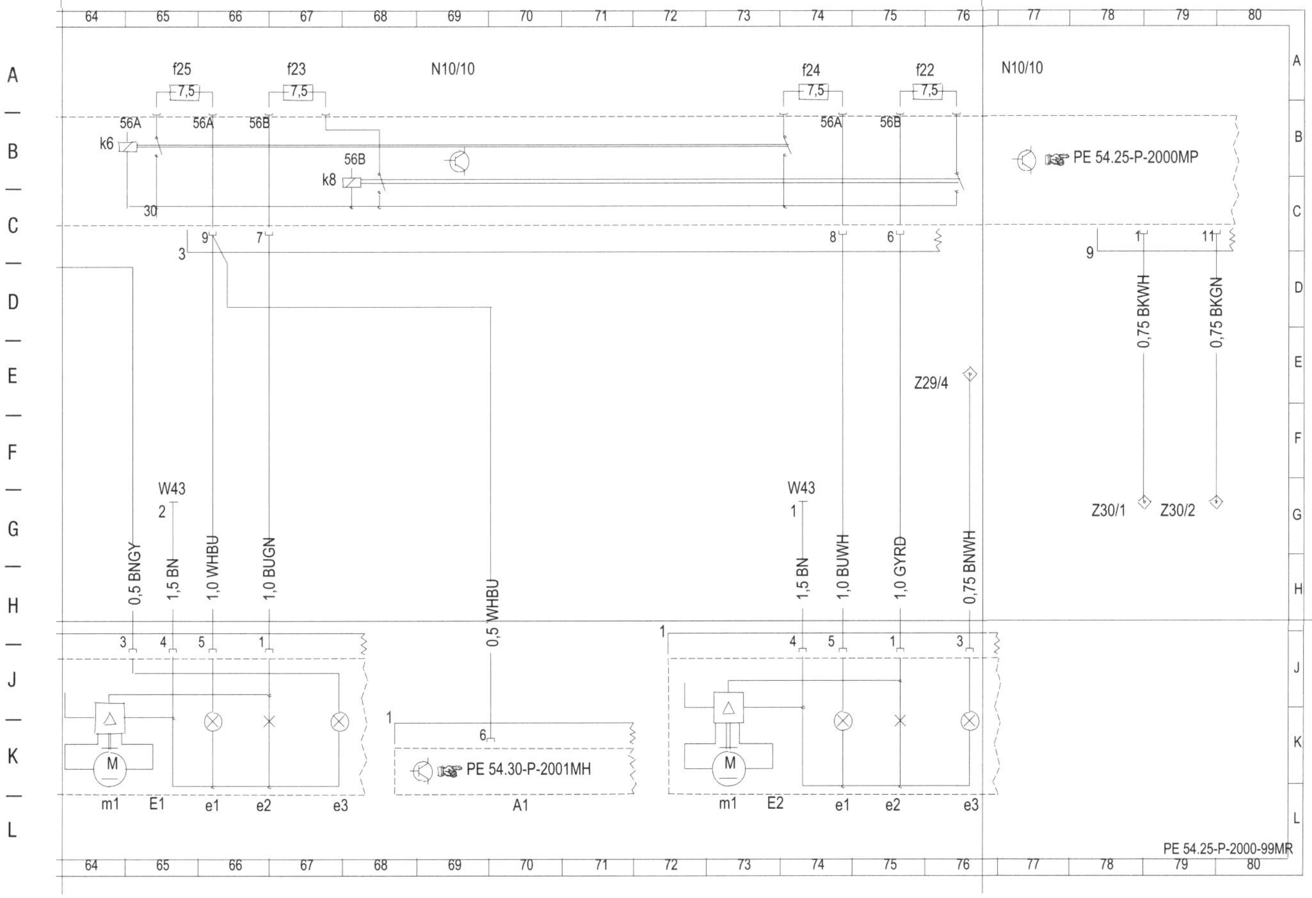
f25
7,5
f23
7,5
N10/10
f24
7,5
f22
7,5
N10/10
k6
k8
56A
56B
PE 54.25-P-2000MP
0,75 BKWH
0,75 BKGN
Z29/4
Z30/1
Z30/2
W43
W43
0,5 BNGY
1,5 BN
1,0 WHBU
1,0 BUGN
0,5 WHBU
1,5 BN
1,0 BUWH
1,0 GYRD
0,75 BNWH
PE 54.30-P-2001MH
m1 E1 e1 e2 e3
A1
m1 E2 e1 e2 e3
PE 54.25-P-2000-99MR

Kurzbezeichnung/Benennung/ Koordinate:

A2	Radio 15 A
A2	Radio 20 A
A2/21	Antenne, Radio/Telefon/Funk 17 L
F1	Sicherungs- und Relaismodul 9 B
F1f1	Sicherung 1 3 A
F1f11	Sicherung 11 6 A
F1f14	Sicherung 14 5 A
G1	Batterie 5 L
H4/10	Lautsprecher vorn rechts 22 L
H4/9	Lautsprecher vorn links 20 L
W10	Masse Batterie 5 G
W26	Masse Mitteltunnel 14 G
Z29/4	Endhülse Klemme 58R, gesichert 2 H
Z29/4	Endhülse Klemme 58R, gesichert 13 H
Z4/10	Endhülse Klemme 30 ungesichert 4 H

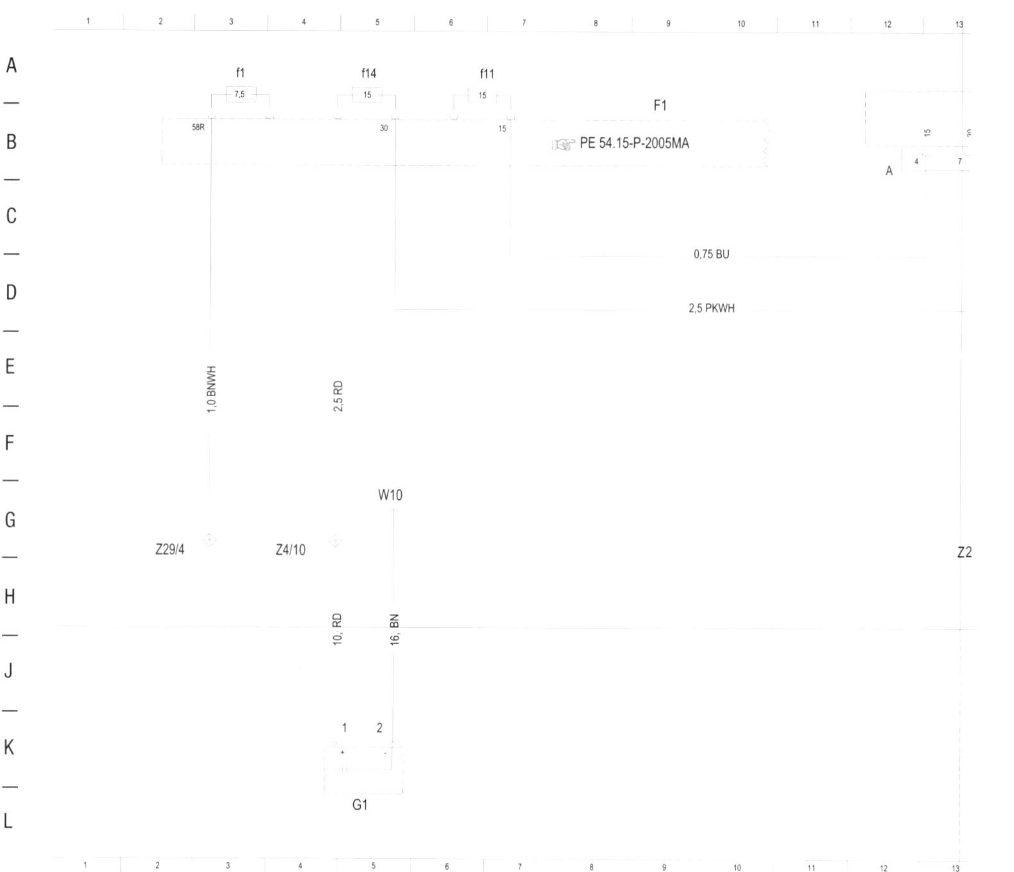

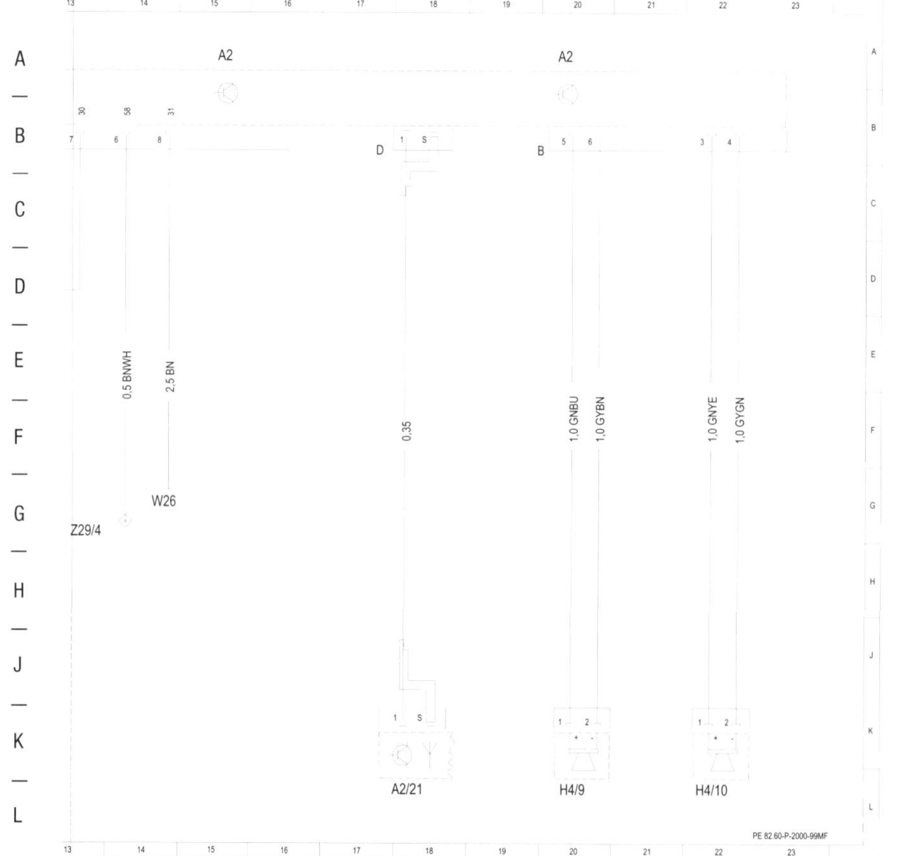

Schaltplan Radio 1999 bis 2001

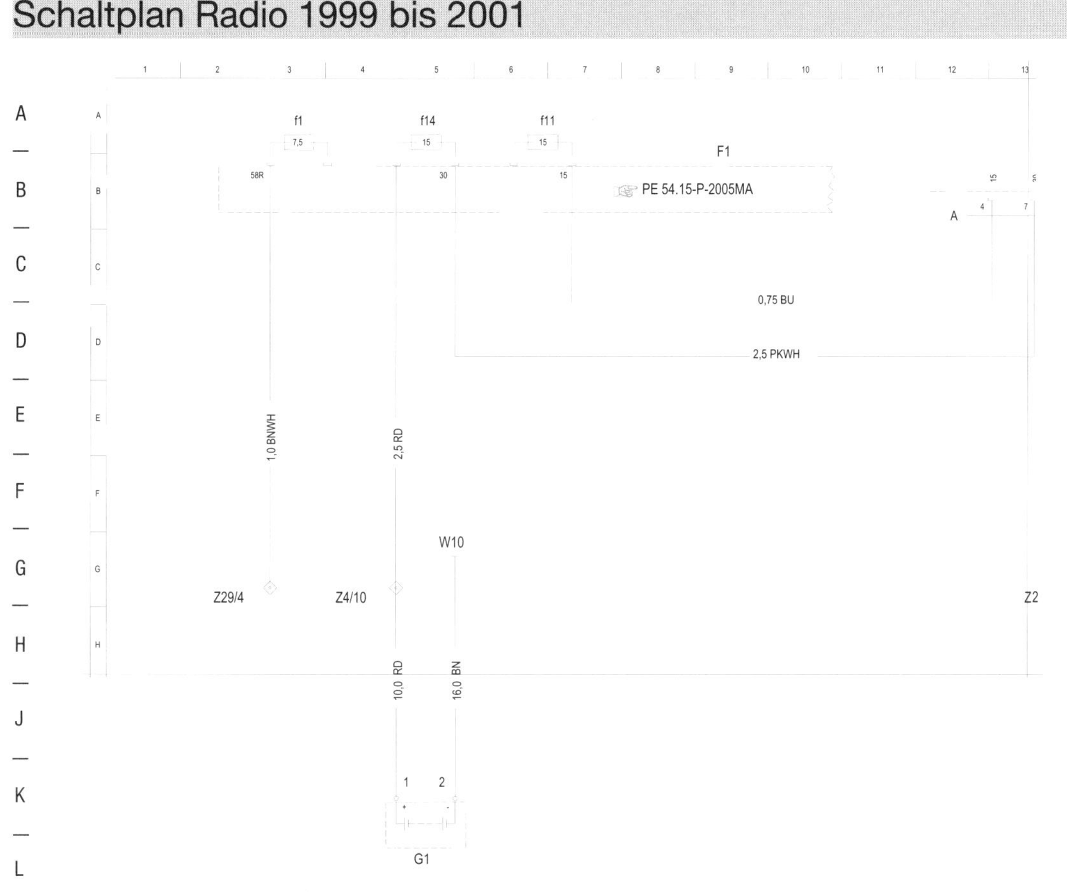

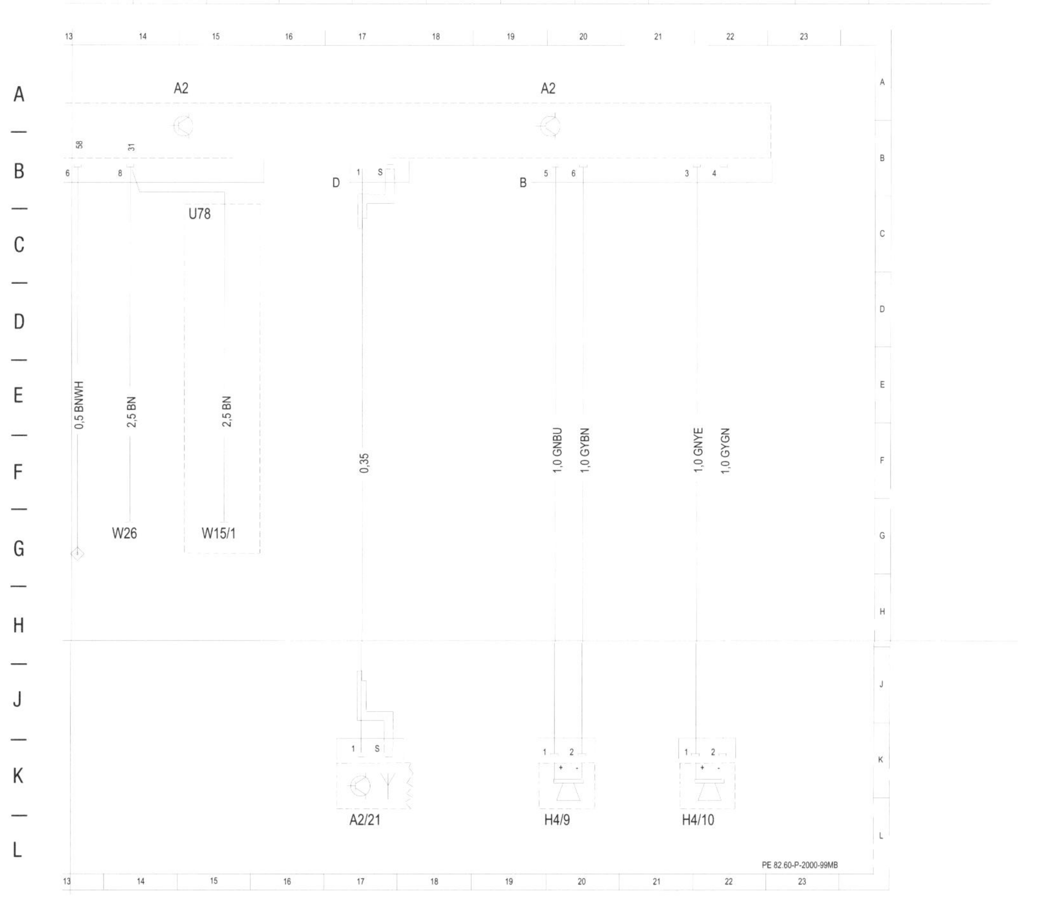

Kurzbezeichnung/Benennung/Koordinate:

A2 Radio 14 A
A2 Radio 19 A
A2/21 Antenne, Radio/Telefon/Funk 17 L
F1 Sicherungs- und Relaismodul 8 B
F1f11 Sicherung 11 7 A
F1f13 Sicherung 13 4 A
F1f14 Sicherung 14 5 A
G1 Batterie 5 L
H4/10 Lautsprecher vorn rechts 21 L
H4/9 Lautsprecher vorn links 19 L
U78 Gültig für Japan 15 C
W10 Masse Batterie 6 G
W15/1 Masse Fußraum rechts 15 G
W26 Masse Mitteltunnel 14 G
Z29/4 Endhülse Klemme 58R, gesichert 12 H
Z4/10 Endhülse Klemme 30 ungesichert 4 H

Sichtprüfung Messen

Kurzbezeichnung/Benennung/ Koordinate:

A2 Radio 14 A
A2 Radio 20 A
A2/21 Antenne, Radio/ Telefon/Funk 18 L
F1 Sicherungs- und Relaismodul 8 B
F1f11 Sicherung 11 7 A
F1f13 Sicherung 13 4 A
F1f14 Sicherung 14 5 A
G1 Batterie 5 L
H4/10 Lautsprecher vorn rechts 22 L
H4/9 Lautsprecher vorn links 20 L
U12 Gültig für Linkslenker 5 F
U13 Gültig für Rechtslenker 6 F
W10 Masse Batterie 5 G
W26 Masse Mitteltunnel 6 G
W26 Masse Mitteltunnel 14 G
Z29/4 Endhülse Klemme 58R, gesichert 12 H
Z4/10 Endhülse Klemme 30 ungesichert 4 H

Schaltplan Radio 2001 bis 2003

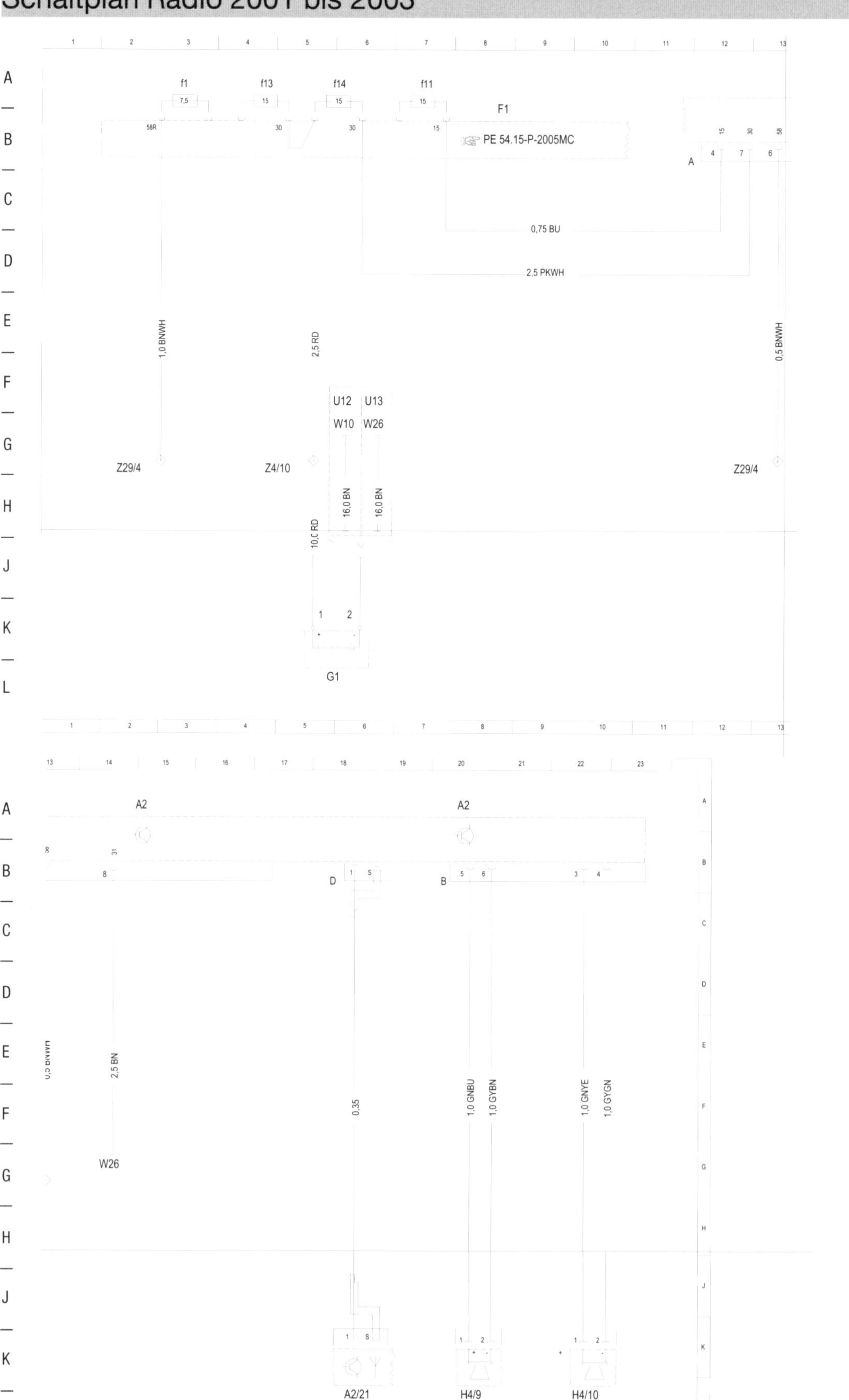

Schaltplan Radio ab 2003

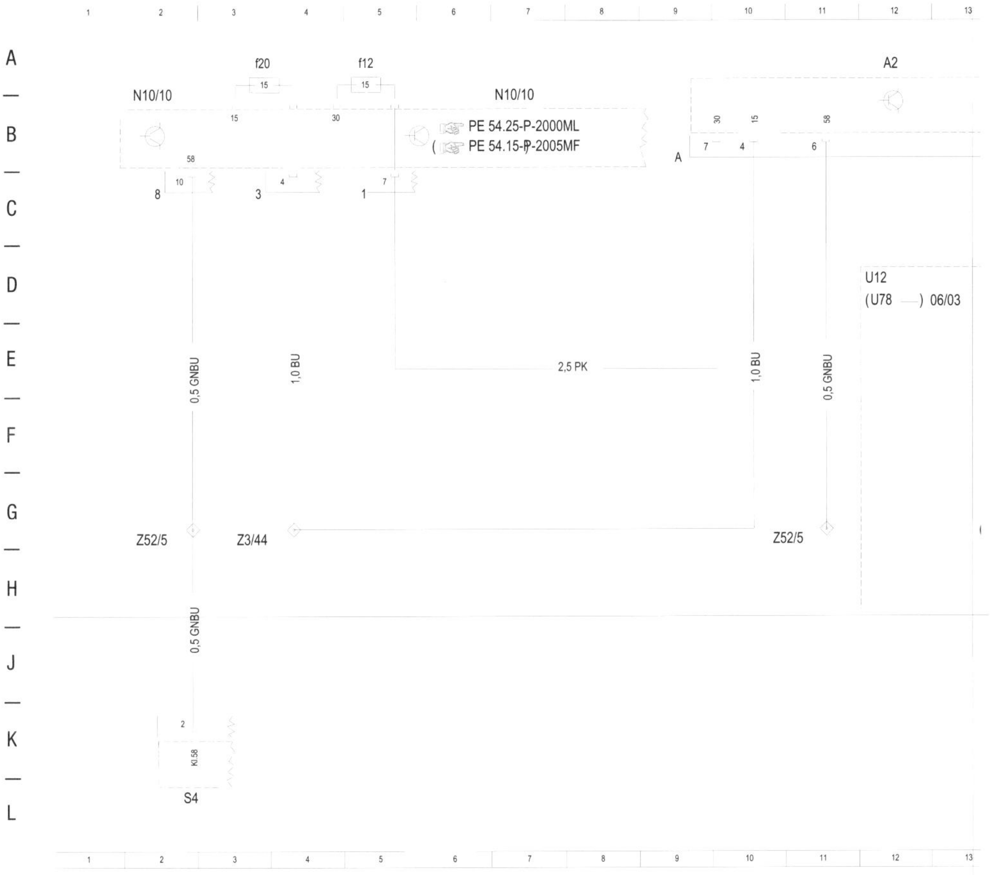

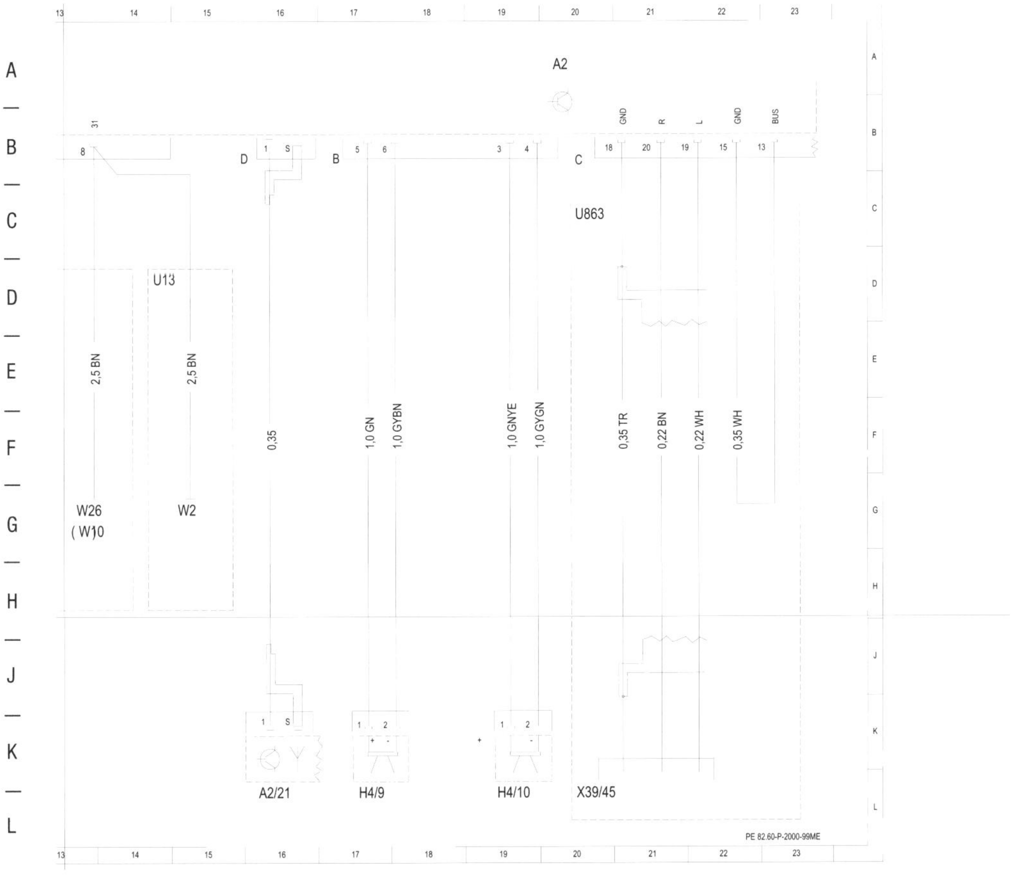

Kurzbezeichnung/Benennung/ Koordinate:

A2	Radio 12 A
A2	Radio 20 A
A2/21	Antenne, Radio/Telefon/ Funk 16 L
H4/10	Lautsprecher vorn rechts 19 L
H4/9	Lautsprecher vorn links 17 L
N10/10	Steuergerät SAM 2 B
N10/10	Steuergerät SAM 7 B
N10/10f12	Sicherung 12 5 A
N10/10f20	Sicherung 20 3 A
S4	Kombi-Schalter 2 L
U12	Gültig für Linkslenker 12 D
U13	Gültig für Rechtslenker 14 D
U78	Gültig für Japan 12 D
U863	Gültig für externe Audioquelle 20 C
W10	Masse Batterie 13 G
W2	Masse vorn rechts (bei Leuchteinheit) 15 G
W26	Masse Mitteltunnel 13 G
X39/45	Trennstelle externe Audioquelle 20 L
Z3/44	Endhülse Klemme 15 gesichert Kombi Radio 3 H
Z52/5	Endhülse Innenraum Klemme 58 2 H
Z52/5	Endhülse Innenraum Klemme 58 10 H

Schaltplan Verdeck 2001 bis 2002

Kurzbezeichnung/Benennung/Koordinate:

E15/2 Innenraumleuchte Mittelkonsole 30 A
E15/3 Innenraumleuchte hinten 28 L
E21 3. Bremsleuchte 14 L
F1 Sicherungs- und Relaismodul 4 B
F1 Sicherungs- und Relaismodul 27 B
F1f1 Sicherung 1 3 B
F1f11 Sicherung 11 2 B
F1f13 Sicherung 13 28 B
F1f18 Sicherung 18 20 B
F1f19 Sicherung 19 23 B
F1kB „Relais ZV auf (bis 15.11.99); Heckdeckelfernöffnung (ab 16.11.99)" 18 A
F1kC „Relais ZV zu (bis 15.11.99); Heckwischer (ab 16.11.99)" 21 A
K66/2 Relais Verdeck schließen 23 L
M12/7 Antrieb Verdeck links 16 L
M12/8 Antrieb Verdeck rechts 20 L
N10 Zentralelektronik 5 B
N10 Zentralelektronik 12 B
N10 Zentralelektronik 17 B
N10 Zentralelektronik 23 B
S84 Schalter Verdeckbetätigung 3 L
S84/30 Endschalter Verdeck auf rechts 10 L
S84/31 Endschalter Verdeck auf links 8 L
S84/32 Endschalter Verdeck Vorrasthaken rechts 12 L
S84/33 Endschalter Verdeck Vorrasthaken links 7 L
W26 Masse Mitteltunnel 4 G
W6 Masse Kofferraum Radlauf links 10 C
W6 Masse Kofferraum Radlauf links 24 C
X23/7 Steckverbindung Verdeck 6 E
Z29/4 Endhülse Klemme 58R, gesichert 2 G
Z3/11 Endhülse Klemme 15 gesichert 2 G
Z40 Endhülse Bremslichtsignal 13 D
Z54/12 Endhülse Verdeck Microschalter links 8 H
Z54/13 Endhülse Verdeck Microschalter rechts 11 H
Z54/14 Endhülse Verdeck Klemme 31 Relais 24 H
Z54/15 Endhülse Verdeck Klemme 30 Relais 22 H
Z54/16 Endhülse Verdeck Steuerung auf 17 F
Z54/17 Endhülse Verdeck Steuerung zu 21 G
Z6/16 Endhülse Masse Verdeck 9 H
Z6/16 Endhülse Masse Verdeck 13 H

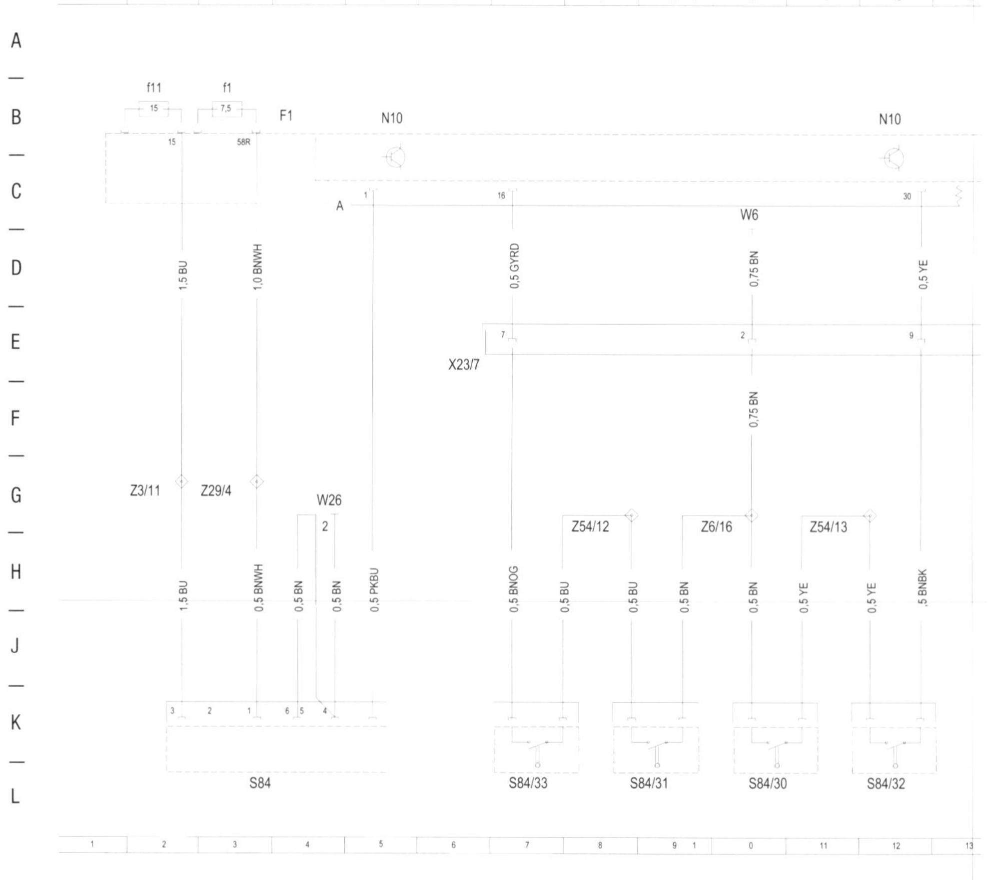

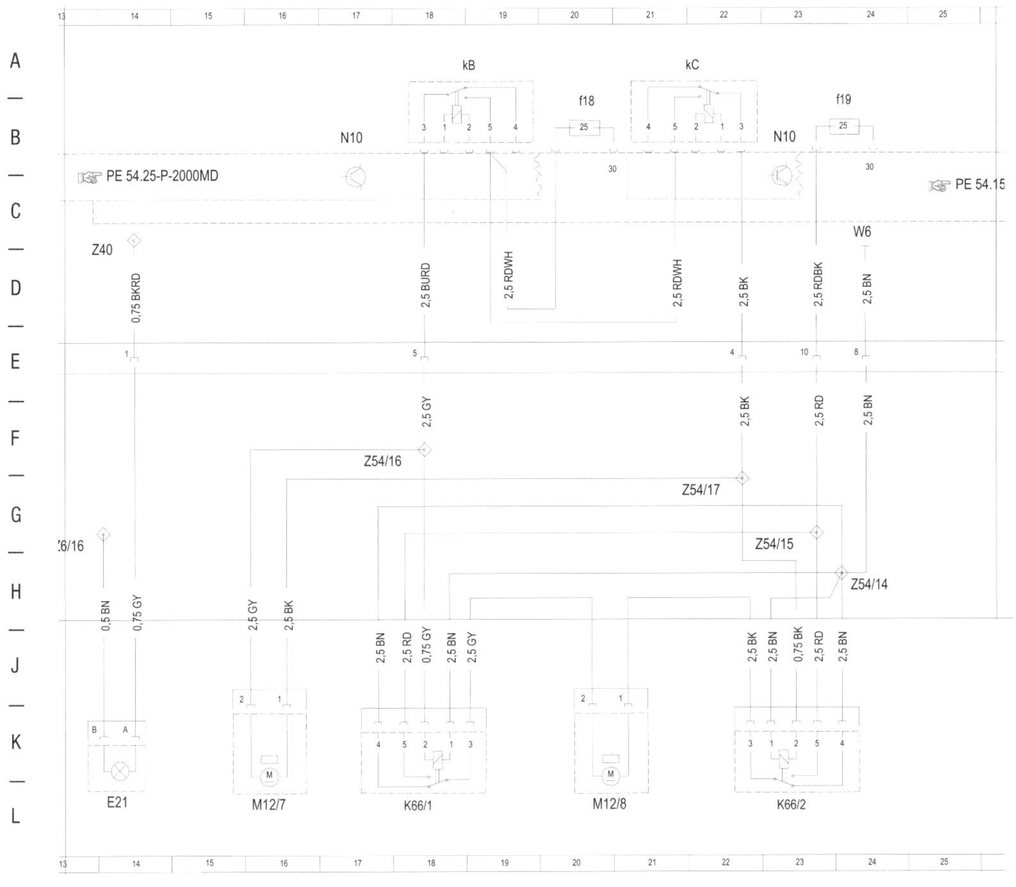
kB
kC
f18
f19
N10
N10
PE 54.25-P-2000MD
PE 54.15
Z40
W6
0,75 BKRD
2,5 BURD
2,5 RDWH
2,5 RDWH
2,5 BK
2,5 RDBK
2,5 BN
2,5 GY
2,5 BK
2,5 RD
2,5 BN
Z54/16
Z54/17
Z54/15
Z54/14
Z6/16
0,5 BN
0,75 GY
2,5 GY
2,5 BK
2,5 BN
2,5 RD
0,75 GY
2,5 BN
2,5 GY
2,5 BK
2,5 BN
0,75 BK
2,5 RD
2,5 BN
E21
M12/7
K66/1
M12/8
K66/2

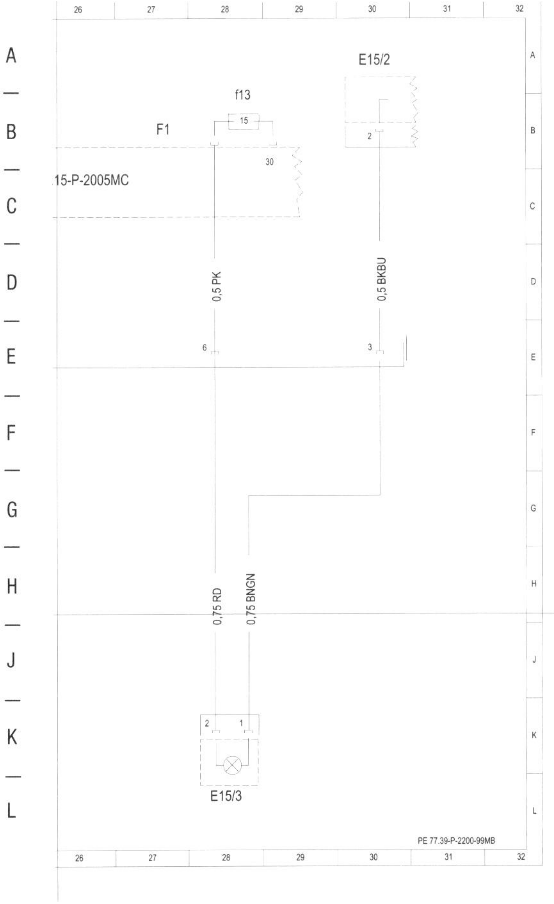
E15/2
f13
F1
15-P-2005MC
0,5 PK
0,5 BKBU
0,75 RD
0,75 BNGN
E15/3
PE 77.39-P-2200-99MB

Schaltplan Verdeck 2002 bis 2003

Kurzbezeichnung/Benennung/Koordinate:
E15/2 Innenraumleuchte Mittelkonsole 30 A
E15/3 Innenraumleuchte hinten 28 L
E21 3. Bremsleuchte 14 L
F1 Sicherungs- und Relaismodul 3 B
F1 Sicherungs- und Relaismodul 27 B
F1f1 Sicherung 1 4 B
F1f11 Sicherung 11 2 B
F1f13 Sicherung 13 28 B
F1f18 Sicherung 18 20 B
F1f19 Sicherung 19 23 B
F1kB „Relais ZV auf (bis 15.11.99); Heckdeckelfernöffnung (ab 16.11.99)“ 18 A
F1kC „Relais ZV zu (bis 15.11.99); Heckwischer (ab 16.11.99)“21 A
K66/2 Relais Verdeck schließen 23 L
M12/7 Antrieb Verdeck links 16 L
M12/8 Antrieb Verdeck rechts 20 L
N10 Zentralelektronik 6 B
N10 Zentralelektronik 12 B
N10 Zentralelektronik 17 B
N10 Zentralelektronik 23 B
S84 Schalter Verdeckbetätigung 3 L
S84/30 Endschalter Verdeck auf rechts 10 L
S84/31 Endschalter Verdeck auf links 8 L
S84/32 Endschalter Verdeck Vorrasthaken rechts 12 L
S84/33 Endschalter Verdeck Vorrasthaken links 7 L
W26 Masse Mitteltunnel 3 G
W6 Masse Kofferraum Radlauf links 10 C
W6 Masse Kofferraum Radlauf links 24 C
X23/7 Steckverbindung Verdeck 6 E
Z29/4 Endhülse Klemme 58R, gesichert 4 G
Z3/11 Endhülse Klemme 15 gesichert 2 G
Z40 Endhülse Bremslichtsignal 13 D
Z54/12 Endhülse Verdeck Microschalter links 8 H
Z54/13 Endhülse Verdeck Microschalter rechts 11 H
Z54/14 Endhülse Verdeck Klemme 31 Relais 24 H
Z54/15 Endhülse Verdeck Klemme 30 Relais 22 H
Z54/16 Endhülse Verdeck Steuerung auf 17 F
Z54/17 Endhülse Verdeck Steuerung zu 21 G
Z6/16 Endhülse Masse Verdeck 9 H
Z6/16 Endhülse Masse Verdeck 13 H

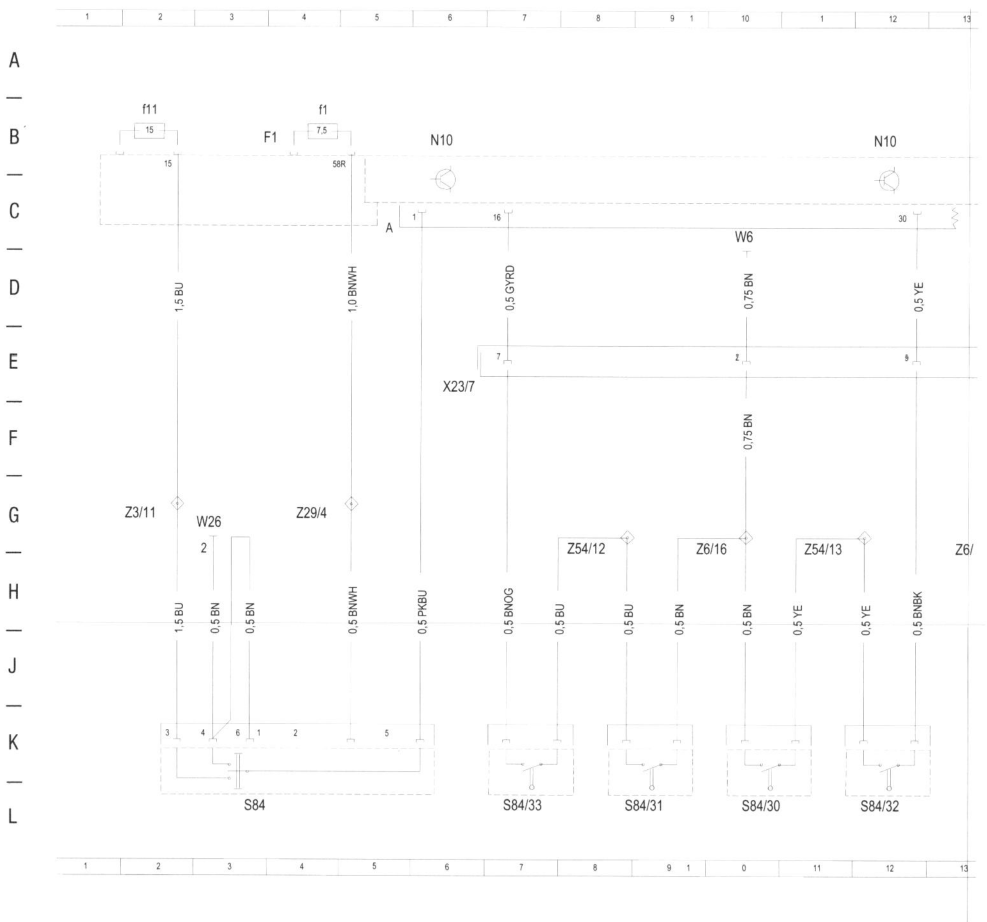

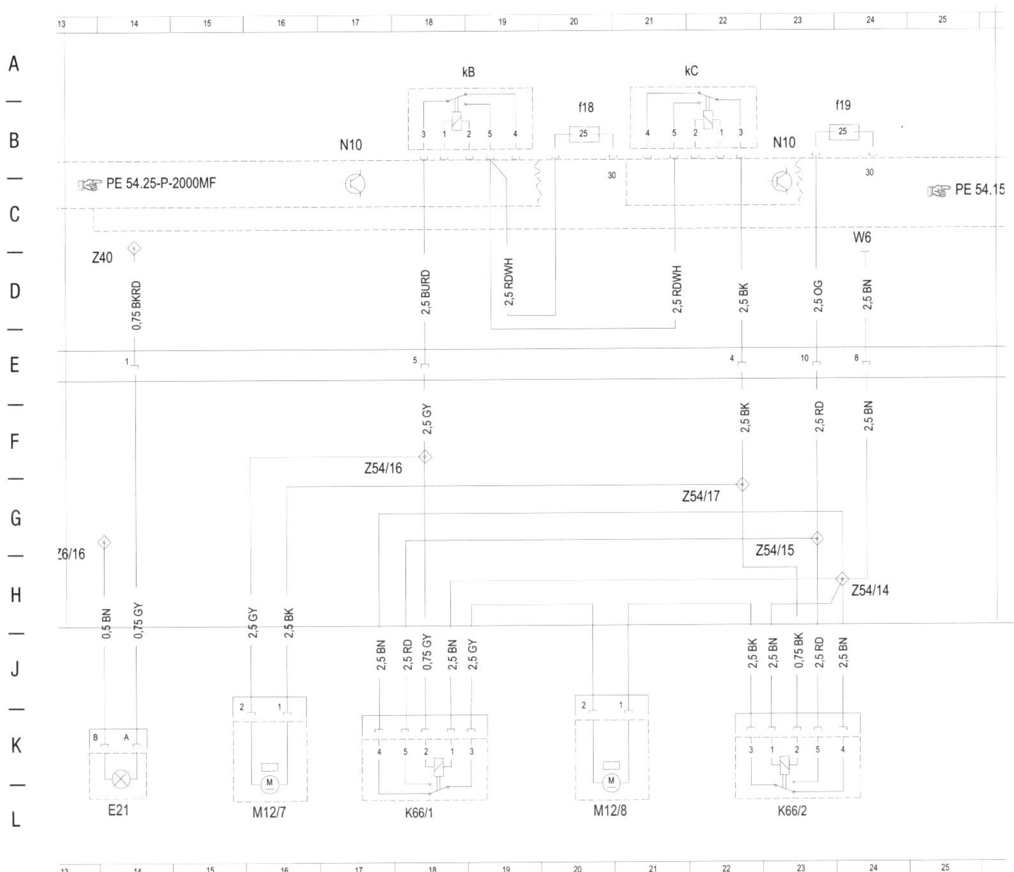

kB
kC
f18
f19
N10
N10
PE 54.25-P-2000MF
PE 54.15
W6
Z40
0,75 BKRD
2,5 BURD
2,5 RDWH
2,5 RDWH
2,5 BK
2,5 OG
2,5 BN
2,5 GY
2,5 BK
2,5 RD
2,5 BN
Z54/16
Z54/17
Z54/15
Z54/14
0,5 BN
0,75 GY
2,5 GY
2,5 BK
2,5 BN
2,5 RD
0,75 GY
2,5 BN
2,5 GY
2,5 BK
2,5 BN
0,75 BK
2,5 RD
2,5 BN
E21
M12/7
K66/1
M12/8
K66/2

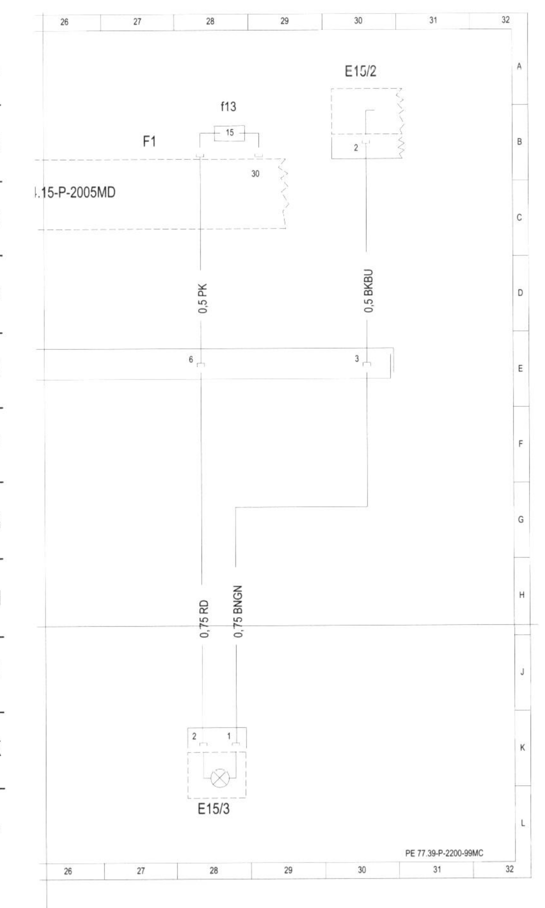

E15/2
f13
F1
.15-P-2005MD
0,5 PK
0,5 BKBU
0,75 RD
0,75 BNGN
E15/3
PE 77.39-P-2200-99MC

Schaltplan Verdeck ab 2003

Kurzbezeichnung/Benennung/Koordinate:

E15/2 Innenraumleuchte Mittelkonsole 1 A
E15/3 Innenraumleuchte hinten 2 L
E21 3. Bremsleuchte 11 L
K66/1 Relais Verdeck öffnen 13 L
K66/2 Relais Verdeck schließen 17 L
M12/7 Antrieb Verdeck links 12 L
M12/8 Antrieb Verdeck rechts 15 L
N10/10 Steuergerät SAM 4 A
N10/10 Steuergerät SAM 12 A
N10/10 Steuergerät SAM 20 A
N10/10f12 Sicherung 12 3 A
N10/10f20 Sicherung 20 21 A
N10/10f29 Sicherung 29 13 A
N10/10f40 Sicherung 40 18 A
N10/10k2 Relais Verdeck auf und Verdeck zu 12 B
N10/10k2 Relais Verdeck auf und Verdeck zu 17 B
S84 Schalter Verdeckbetätigung 22 L
S84/30 Endschalter Verdeck auf rechts 7 L
S84/31 Endschalter Verdeck auf links 6 L
S84/32 Endschalter Verdeck Vorrasthaken rechts 9 L
S84/33 Endschalter Verdeck Vorrasthaken links 4 L
U12 Gültig für Linkslenker 21 F
U13 Gültig für Rechtslenker 22 F
W2 Masse vorn rechts (bei Leuchteinheit) 22 G
W26 Masse Mitteltunnel 21 G
W6 Masse Kofferraum Radlauf links 7 C
W6 Masse Kofferraum Radlauf links 19 C
W9 Masse vorn links (bei Leuchteinheit) 15 E
X23/7 Steckverbindung Verdeck 1 E
X23/7 Steckverbindung Verdeck 18 E
Z3/44 Endhülse Klemme 15 gesichert Kombi Radio 20 G
Z40 Endhülse Bremslichtsignal 10 D
Z50/32 Endhülse Klemme 30 gesichert 3 E
Z54/12 Endhülse Verdeck Mikroschalter links 5 H
Z54/13 Endhülse Verdeck Mikroschalter rechts 8 H
Z54/14 Endhülse Verdeck Klemme 31 Relais 18 H
Z54/15 Endhülse Verdeck Klemme 30 Relais 17 H
Z54/16 Endhülse Verdeck Steuerung auf 13 F
Z54/17 Endhülse Verdeck Steuerung zu 16 G

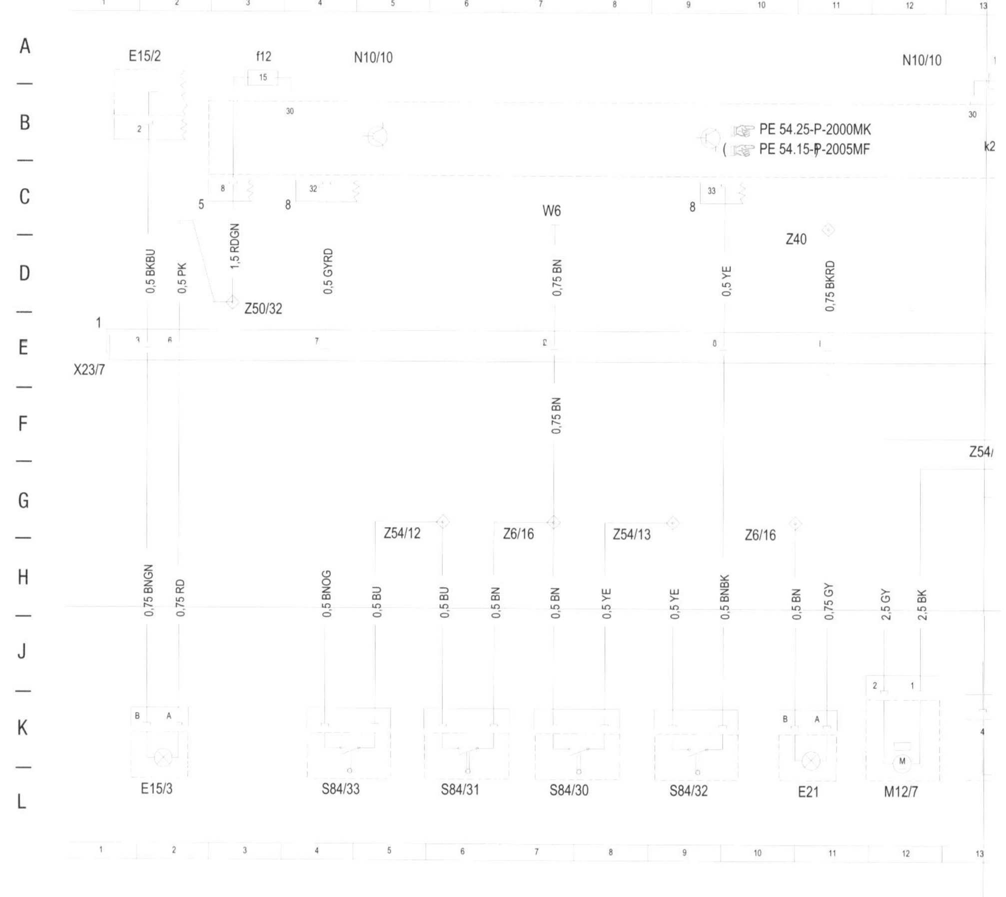